复合材料手册 4

CMH-17协调委员会 编著

乔 菁 杨文澍 武高辉 译

共 6 卷

金属基复合材料

Metal Matrix Composites

CMH-17
COMPOSITE MATERIALS HANDBOOK

上海交通大学出版社
SHANGHAI JIAO TONG UNIVERSITY PRESS

内容提要

本书是《复合材料手册》(简称 CMH‐17)的第 4 卷,主要介绍了金属基复合材料体系、组分及其制备工艺,给出了金属基复合材料性能测试方法、数据处理、数据报告、统计分析,特别是设计方法等相关指南。书中还包含了以统计为基础的金属基复合材料性能数据,它们满足 CMH‐17特定母体取样要求和数据文件要求,并涵盖了普遍感兴趣的材料体系。

本书可供材料领域及其相关行业的工程技术人员、研发人员、管理人员,以及高等院校相关专业师生参考使用。

Originally published in the English language by SAE International, Warrendale Pennsylvania, USA, as *Composite Materials Handbook*, *Volume 4: Metal Matrix Composites*. Copyright 2013 Wichita State University/National Institute for Aviation.

上海市版权局著作权合同登记号:09‐2015‐748

图书在版编目(CIP)数据

复合材料手册第 4 卷:金属基复合材料/美国 CMH‐17 协调委员会编著;乔菁,
杨文澍,武高辉译.—上海:上海交通大学出版社,2017

大飞机出版工程
ISBN 978‐7‐313‐17363‐8

Ⅰ.①金…　Ⅱ.①美…②乔…③武…④杨…　Ⅲ.①航空材料—金属基复合材料—研究　Ⅳ.①V257

中国版本图书馆 CIP 数据核字(2017)第 142805 号

复合材料手册第 4 卷
金属基复合材料

编　著:【美】CMH‐17 协调委员会　　　　　　　译　者:乔　菁　杨文澍　武高辉
出版发行:上海交通大学出版社　　　　　　　　　地　址:上海市番禺路 951 号
邮政编码:200030　　　　　　　　　　　　　　　　电　话:021‐64071208
出 版 人:郑益慧
印　制:苏州市越洋印刷有限公司　　　　　　　　经　销:全国新华书店
开　本:710mm×1000mm　1/16　　　　　　　　　印　张:30
字　数:583 千字
版　次:2017 年 8 月第 1 版　　　　　　　　　　　印　次:2017 年 8 月第 1 次印刷
书　号:ISBN 978‐7‐313‐17363‐8/V
定　价:248.00 元

《复合材料手册》(CMH - 17G) 译校工作委员会

顾　问　林忠钦　姜丽萍　郭延生

主　任　汪　海　沈　真

成　员（按姓氏笔画排列）

　　　　丁惠梁　白嘉模　朱　珊　杨楠楠

　　　　李新祥　沈　真　汪　海　宋恩鹏

　　　　张开达　陈普会　徐继南　梁中全

　　　　童贤鑫　谢鸣九

译 者 序

CMH‐17《复合材料手册》(*Composite Materials Handbook* ‐17)原名《航空飞行器用塑料》(Plastic for Air Vehicles),作为《美国军用手册》第 17 分册(MIL‐HDBK‐17)于 1971 年 1 月正式颁布第一版 MIL‐HDBK‐17A。当时手册中几乎没有关于复合材料的内容。随后,1978 年美国在国防部内成立了《美国军用手册》第 17 分册协调委员会,该委员会于 1988 年颁布了 MIL‐HDBK‐17B,并将手册名称改为《复合材料手册》。为适应先进复合材料应用重心从军用为主转向民用领域,该手册协调委员会的归口管理机构于 2006 年从美国国防部变更为美国联邦航空局,手册正式退出军用手册系列,改为 CMH‐17,但协调委员会的组成保持不变。

CMH‐17《复合材料手册》是对美国和欧洲 40 余年复合材料研究、设计和使用经验的全面总结。手册中收录的数据在测试、处理和使用等各个环节上符合相关规范和标准,收录的设计、分析、试验、制造和取证等方面经过严格验证。因此,该手册具有权威性和实用性,目前已成为美国联邦航空局(Federal Aviation Administration)适航审查部门认可的指导文件,在国际航空航天和复合材料工业界得到广泛采纳。

迄今该手册已经过 7 次改版,2002 年 6 月 17 日颁布的 MIL‐HDBK‐17F 版本,增加了第 4 卷《金属基复合材料》和第 5 卷《陶瓷基复合材料》。此译本为第 4 卷《金属基复合材料》,共分为 3 章:第 1 章是金属基复合材料的总体指南,包括金属基复合材料体系及其组分、制备工艺以及材料性能分析;第 2 章是金属基复合材料设计的指南,主要介绍了复合材料中常用的理论分析方法;第 3 章列举了金属基复合材料典型基础性能数据,涵盖了普遍感兴趣的材料体系。

本译本是根据 2013 年 7 月颁布的最新版(CMH‐17‐4B)翻译而成。此前,中国飞机强度研究所沈真研究员曾主持翻译过 MIL‐HDBK‐17‐4A,与之相比,CMH‐17‐4B 在内容的完整性上大幅改善,特别是增加了金属基复合材料性能表征、结构设计与应用等方面的最新研究成果,对于金属基复合材料研究和设计具有指导性意义。

全书由哈尔滨工业大学乔菁和杨文澍主译、审校,武高辉教授最终统稿。参加翻译和校正的人员还有:姜龙涛、张强、陈国钦、修子扬、康鹏超。针对本书的翻译,译者反复推敲,力求做到翻译准确、术语规范、语言流畅。尽管如此,仍恐出现错误、疏漏之处,恳切希望读者给以指正,以便在今后重印时加以改正。

承蒙沈真研究员热情推荐,我们有幸参与这部手册的正式翻译工作,在此深表谢意。

译者

2016 年 12 月

前　　言

本复合材料手册 CMH–17 提供了设计和制造复合材料结构组件的资讯和必要的指导。其主要目的是：①关于现有及新兴复合材料的检测、数据处理和性能数据报告的工程数据开发方法的标准化；②关于本手册提供的材料和工艺规范以及材料数据使用程序的相关指南；③关于复合结构的设计、分析、认证、制造和现场支持的方法。为此，本手册收录了一些满足特定数据要求的复合材料性能数据。复合材料技术与工程是一个快速发展和变化的领域，本手册是对这一领域的概述。因此，手册的章节会不断地添加或者修订，以反映最新进展。

CMH–17 任务

本复合材料手册的编著机构创建、发布和维护经验证的、可靠的工程资讯和标准，并对其进行彻底地技术审查，从而为复合材料和结构的开发和应用提供支持。

CMH–17 远景

本复合材料手册将是复合材料与结构技术资讯的权威宝典。

支持 CMH–17 任务的目标和计划

● 要定期与该领域的专家召开会议，讨论复合结构应用的关键技术问题，重点是提高整体生产效率、质量和安全性。

● 针对复合材料和结构的设计、制备、表征、测试和维护，提供全面的、实用的可靠工程指导。

● 提供与工艺控制及原材料相关联的可靠数据，成为行业内可共享的材料性能基础数据和设计信息的资源库。

● 为复合材料和结构专业教学提供一个包含大量案例、应用和具体工程工作参考方案的资源库。

● 建立使用手册中资讯的指南，识别所提供数据和方法的局限性。

●● 为参考已验证的标准和工程实践的参考提供指导。

●●● 定期更新，以维护资讯的全面性。

●● 以最适应使用者需求的方式提供资讯。

● 通过成员之间的行业会议和对话，利用团队合作和成员专业技术多样化为手册提供资讯，以满足国际复合材料界的需求。

备注

(1) 已尽可能的反映聚合物(有机)、金属和陶瓷复合材料的最新资讯。手册会不断修订，以确保其完整性和通用性。

(2) CMH‑17 为聚合物(有机)、金属和陶瓷基复合材料提供指导方针和材料性能数据。本手册前 3 卷内容主要集中于(但不限于)用于飞机及航天器的聚合物基复合材料。第 4～第 6 卷分别介绍了金属基复合材料(MMC)、陶瓷基复合材料(CMC)[包括碳‑碳复合材料(C‑C)]以及夹层结构复合材料。

(3) 本手册所包含的资讯主要来源于材料生产商、业界企业和学术专家、政府资助的研究报告、公开文献，以及与研究实验室和参与 CMH‑17 协作的其他单位的合同。本手册所包含资讯已经过严格的技术审查，并通过了委员会成员。

(4) 有益的意见(建议、添加或删除)和任何有可能改进该文件的相关数据都可以通过信函邮寄到材料科学公司 CMH‑17 手册秘书处，135 Rock Road，Horsham，PA 19044。或通过电子邮件发送到：handbook@materials-sciences.com。

鸣谢

感谢来自政府、工业界和学术界的志愿者委员会成员开发、协调和审查本手册中提供的所有资讯。志愿者所付出的时间和努力，以及各部门、公司和大学的支持，确保了本手册能够反映复合材料技术的完整性、准确性和先进性。

复合材料手册(CMH‑17)必要的发展、支持和维护，由材料科学公司手册秘书处所提供。当前秘书处合同资金的主要来源是美国联邦航空管理局。

目　　录

变 动 汇 总

（续表）

1 指 南

1.1 概述

本手册给出了连续和非连续金属基复合材料(MMC)的工程方法,用于开发基于统计学的标准化材料性能数据,并且提供了满足 CMH-17 出版要求的大量相关复合材料体系的数据汇编。此外,对与复合材料相关的配套工程和制造技术以及其常见应用实例进行了概述。

1.1.1 引言

通常来说,基于统计学的标准化材料性能数据对一个高效的工程开发过程是必需的,这些数据不仅材料供应商需要,工程用户和系统终端客户也需要。由于材料的固有性能不依赖于具体应用,数据开发方法和材料性能数据可以适用于各行业部门,也是建立基于统计学的、采购机构和认证机构[①]所接受的设计值的主要技术基础。复合材料固有性能的评估如图 1.1.1 所示,是本手册关注的重点。

1.1.2 目的

本卷手册的主要目的是规范金属基复合材料的工程数据开发方法包括表征试验、数据约减和性能数据报告。为此,本卷手册给出了数据满足特定要求的复合材料体系的性能。另外,本卷手册还提供了典型金属基复合材料相关的其他技术主题,包括材料选择,材料规范,材料加工、设计、分析,质量控制和维修的精选指南。因此,本卷手册主要分为 3 大板块,并提供以下内容:

● 第 1 章 指南:给出了适应各种需求的材料特征数据开发方法指南,以及数据录入本手册所需满足的特定要求。大多数采购和认证机构倾向于,有些机构甚至要求在关键应用中使用的复合材料体系按本章提供的指南来表征或者从第 3 章给出的材料体系中选择。

---

① 采购机构为美国国防部(DoD)的下属部门;认证机构为联邦航空管理局(FAA)的某个部门。

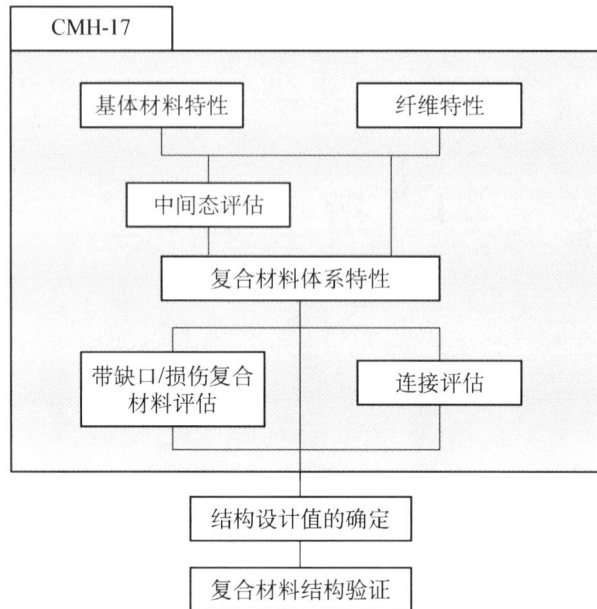

图 1.1.1　阴影区为本卷手册关注的重点

● 第 2 章　金属基复合材料设计指南：这部分给出了金属基复合材料数据统计分析的指南。另外，还给出了关于设计、建模、连接、结构可靠性和维修的方法和建议。

● 第 3 章　材料性能数据：提供了潜在设计数据库。以文档形式给出的材料体系性能汇总表，提供了满足本手册任一收录标准（筛选和完全批准）的性能数据。

1.1.3　适用范围

本卷手册可作为金属基复合材料技术信息的常规参考，包括：

1.1.3.1　第 1 章　指南

本卷给出了确定复合材料体系性能、成分和一般结构组元的指南，包括试验计划、测试矩阵、取样、环境调节、试验方法选择、数据报告、数据处理、统计分析和其他相关问题。重点关注数据的统计处理和分析。第 1 章也包含了材料特征数据的一般开发指南，以及本手册收录金属基复合材料数据的具体要求。

需要强调的是，本手册对材料基准值（材料许用值）和设计许用值进行了区分。作为复合材料体系固有性能的材料基准值是本手册关注的重点。设计许用值虽然往往以材料基准值为基础，但与具体应用相关，需考虑并包括进一步影响结构强度或刚度的其他具体注意事项。同时，建立应用设计许用值可能还需要附加认证或采购机构的要求，已超出本手册的讨论范围。

1.1.3.2　第 2 章　金属基复合材料设计指南

第 2 章提供了用于复合结构设计、制造、分析和保障，以及如何使用第 3 章中提供的、与第1章所给指南相一致的材料数据的方法和经验。第2章讨论的内容包括材料与工艺、质量控制、设计与分析、连接、可靠性和保障。

1.1.3.3　第3章　材料性能数据

第3章给出了基于统计分析的数据，其满足本手册的母体抽样和数据文件的具体要求，并覆盖了常用的组分和材料体系。这些数据经过了数据审核工作组的审核和总体协调小组的批准(手册协调组和工作组见1.1.5节)。当新材料体系数据以及现有体系的补充数据得到批准后，也会添加进来。

第3章中的材料性能定义覆盖各种可能的使用条件，会特别关注材料环境的上限和下限，因此，具体的使用环境不会限制这些数据的使用。如果有中间环境条件的数据，将提供材料响应和环境的关系。

虽然可从第3章提供的数据开始建立具体应用的结构设计值，但大多数应用要求收集补充数据，特别需要对层合板或复杂性更高的结构的数据时(结构复杂级别的讨论见卷3的第4章)。而且，必须向采购和认证机构证明可制备出具有与第3章所给性能等同的材料。这往往用有限的试验和数据比较来验证。有关这一评价的细节留待采购和认证机构裁量。

1.1.4　文档的使用和限制

1.1.4.1　信息来源

本卷包含的信息来源于材料生产商、加工商和制造商、政府赞助的研究报告、公开文献、与研究者的直接交流以及本手册协作活动的参与者。本手册公布的所有信息均得到了来自工业界、美国陆军、美国海军、美国空军、美国国家航空航天局(NASA)和美国航空管理局(FAA)代表的协调与审核。本手册尽可能地反映复合材料使用的最新信息，特别是复合材料在结构上的应用。为了保持手册的先进性，并确保完整性和准确性，本手册内容将不断地审核和修订。

1.1.4.2　数据使用和应用指南

本手册所包含数据均基于特定环境条件下的小尺寸试样，多数局限于单轴加载状态[①]。用户需自行确定手册数据是否适用于给定应用，如果选用本手册数据，可以根据应用需求对数据进行转化，或者按比例进行处理：

- 对多向层合板；
- 对不同特征尺寸和几何形状的结构；
- 多向应力状态；

---

① 若无说明，试验一律按照指定的具体方法实施。重点是用美国材料试验协会标准试验方法(ASTM)获得的先进复合材料的数据，但如果认为美国材料试验协会的标准试验方法不适合或者暂时没有相关标准，可用通用的非标准试验方法获得数据，这些数据也可接受并发布。具体的试验方法已在数据文件中指明，试验方法接受准则见1.3.2.1节。

- 当暴露在不同的环境；
- 当处于非静态加载。

第 2 章对上述问题及其他问题进行了进一步讨论。手册数据的具体使用已超出本手册职责和内容范围，手册具体条款的适用性和阐释可能需要合适的采购和认证机构的批准。

1.1.4.3　强度性能和许用值术语

本手册的目的是为获得材料性能数据提供指南，性能中包括在极端环境下基于统计分析的强度数据，这些极端环境涵盖了大多数中间状态的具体应用环境。其理念是避免具体应用问题制约一般材料性能的表征程序。如果有中间状态环境条件下的数据，则可以用来更完整地定义性能与影响性能的环境之间的关系。但是，部分情况下复合材料体系的环境极限与应用相关；此外，环境极限下的数据有可能也得不到。

当具备进行单层水平上的安全边际计算的应力和强度分析能力时，已有的基于统计分析的强度数据可用作建立结构设计许用值的起始点。此时，本手册提供的强度基准值也可称为材料设计许用值。根据具体应用，有些结构设计许用值可能需要依据本手册中未提供的层合板、组元或更高水平的试验数据凭经验确定。

1.1.4.4　参考文献的使用

虽然每章的结尾都提供了很多参考文献，但要注意的是文献中的信息未必与本手册中数据开发的一般指南或收录数据的具体要求的每个方面都一致。这些文献只是作为参考，并不一定是具体领域内完整的或是权威的其他相关信息的来源。

1.1.4.5　商标和专利产品名称的使用

商标和专利产品名称的使用并不代表美国政府或 CMH - 17 协作组对这些产品的推荐。

1.1.4.6　毒性、健康危害与安全

手册中讨论的某些工艺和试验方法可能涉及有害材料、危险操作或设备。这些方法可能没有陈述因其使用带来的安全问题（如果有的话）。这些方法的使用者需在使用前建立适当的安全与健康细则，并确定这些监管限制的适用性。使用者可参考美国陆军先进复合材料健康及安全暂行指南（Advanced Composite Materials U. S. Army Interim Health and Safety Guidance），这个指南讨论了复合材料加工和使用的健康及安全问题，是由美国陆军环境卫生署，Aberdeen 试验场医学部制定的。材料制造商以及各个复合材料用户团体也可就与复合材料有关的健康与安全问题提供指南。

1.1.4.7　消耗臭氧层化学制品

消耗臭氧层化学制品的限制使用问题已在 1991 年发布的美国空气洁净法令中进行了详细说明。

1.1.5　审批程序

手册的内容是经 CMH-17 金属基复合材料协作组编制和批准的,小组定期举行会议对手册的内容进行更改和补充。小组成员包括协调小组联合主席、协作员、秘书、工作组主席以及工作组积极参与者,参与者包括产业部门、学术研究所,以及美国各种采购和认证机构代表。CMH-17 金属基复合材料协调组的会议安排可在 CMH-17 主页上(http://www.cmh17.org/)查询。

虽然这些工作组的职能相似,但其可分为 3 种类型:**执行**,一个负有监管职能的工作组,由各工作组主席、手册主席团、协调员和秘书处组成;**常任**,包括数据审查、材料与工艺、统计以及试验工作组;**特立**,根据需要设立。协调组和工作组的成员和组织结构以及文件更改批准规程都在 CMH-17 主页上进行了概述。

对手册进行补充、删节或修改的建议应在公告投寄日期前,提交到相应的工作组和秘书处,提交内容应包括提议修改的具体说明、支撑数据或分析方法等必要文件。对文件中提议发表的图示、图纸或照片,应当给秘书处提供副本。在得到相应工作组的批准后,提议的更改将发表在下一个备忘录的特殊章节,即所谓的"黄页"中,供所有参与者对其进行评论。如果在截止日期前仍没有收到对任何条款的实质性评论意见,则认为其已被协调组批准,并认为自此日起生效(在本手册下一个版本发布前,所收集的修改内容将被美国国防部各部门审查,美国国防部的审查可能给出额外的补充建议)。

把材料性能数据纳入 CMH-17 的请求应当随同 1.3.2.5 节所规定的文件一起提交到协调员或秘书处。为帮助那些考虑提交数据纳入 CMH-17 的人们,建立了数据源信息包,可从协调员或秘书处获得。秘书处对所提交的数据进行审查和分析,并在下一次协调组会议时提交一份汇总,供数据审查工作组评估。纳入新材料的选择是由 CMH-17 协调组决定的。出于实际的考虑,未包括所有先进复合材料,但将合理适当地及时增加有用的复合材料体系。

1.1.6　符号、缩写和单位制

本节定义了在 CMH-17 中使用的符号和缩写,并描述了所采用的单位制。尽可能保持其习惯用法。本节信息主要来源于参考文献 1.1.6(a)～(c)。

1.1.6.1　符号与缩写

定义了除统计符号外本手册中所使用的符号和缩写,统计符号的定义见 1.11 节。用于单层/层合板所有性能的坐标系和力学性能符号的汇总如图 1.1.6.1 所示。

- 符号 f 和 m,用作上标或下标时,分别表示纤维和基体。
- 表示应力类型的符号(如 cy,压缩屈服)总用于上标位置。
- 方向标识符(如 x, y, z, 1, 2, 3 等)总用于下标位置。
- 铺层顺序标识符(如 1, 2, 3 等)用于上标位置,并用括号括起来以区别于数

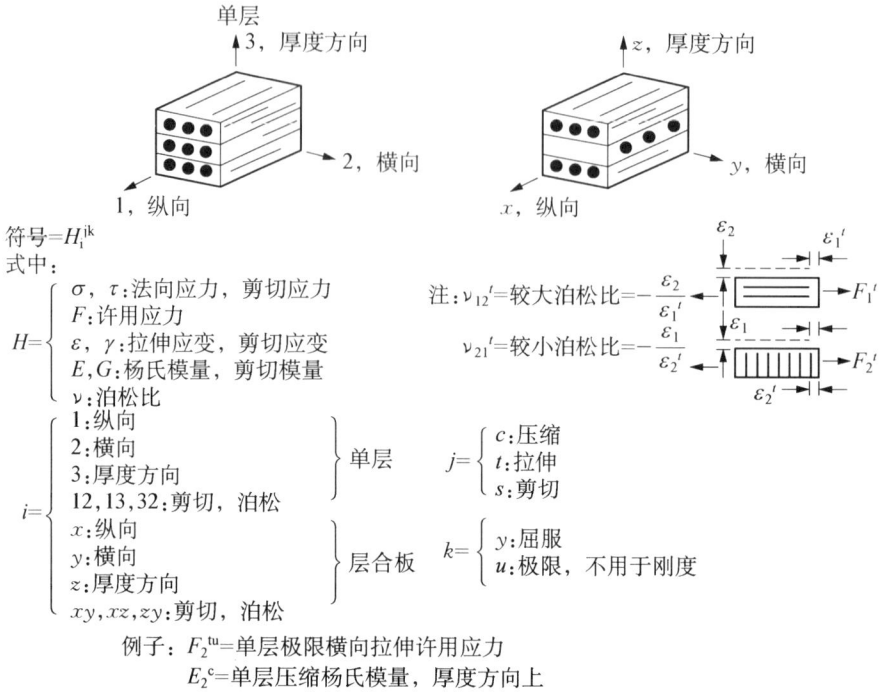

符号$=H_i^{ik}$

式中：

$$H=\begin{cases} \sigma,\ \tau: \text{法向应力，剪切应力} \\ F: \text{许用应力} \\ \varepsilon,\ \gamma: \text{拉伸应变，剪切应变} \\ E,G: \text{杨氏模量，剪切模量} \\ \nu: \text{泊松比} \end{cases}$$

注：$\nu_{12}{}'=\text{较大泊松比}=-\dfrac{\varepsilon_2}{\varepsilon_1{}'}$

$\nu_{21}{}'=\text{较小泊松比}=-\dfrac{\varepsilon_1}{\varepsilon_2{}'}$

$$i=\begin{cases} 1: \text{纵向} \\ 2: \text{横向} \\ 3: \text{厚度方向} \\ 12,13,32: \text{剪切，泊松} \end{cases}\Big\}\ \text{单层}$$

$$j=\begin{cases} c: \text{压缩} \\ t: \text{拉伸} \\ s: \text{剪切} \end{cases}$$

$$i=\begin{cases} x: \text{纵向} \\ y: \text{横向} \\ z: \text{厚度方向} \\ xy,xz,zy: \text{剪切，泊松} \end{cases}\Big\}\ \text{层合板}$$

$$k=\begin{cases} y: \text{屈服} \\ u: \text{极限，不用于刚度} \end{cases}$$

例子：$F_2^{tu}=$单层极限横向拉伸许用应力

$E_2^c=$单层压缩杨氏模量，厚度方向上

图 1.1.6.1　力学性能符号

学的幂指数。

● 其他标识符，只要明确清晰，用于下标或上标位置均可。

● 不符合上述规则的复合符号(比如基本符号＋标识符)，以下列特定形式表示。

下列的通用符号和缩写是 CMH‐17 中的标准用法，有例外情况时，会在正文和表格中注释。

A 　(1) 面积(m^2, in^2)*

　　(2) 交变应力与平均应力之比

　　(3) 力学性能 A‐基准值

Ann 　退火

a 　(1) 长度(mm, in)

　　(2) 加速度(m/s^2, ft/s^2)**

　　(3) 振幅

　　(4) 裂纹或缺陷尺寸(mm, in)

---

　　* in 为英制的长度单位英寸，1 in = 25.4 mm。

　　** ft 为英制的长度单位英尺，1 ft = 12 in。

a_c	临界半裂纹长度
a_0	初始半裂纹长度
B	(1) 力学性能 B 基准值
B	(2) 双轴比
Btu	英制热单位
BUS	个体或典型承载极限强度
BYS	个体或典型承载屈服强度
b	(1) 宽度(mm, in),如垂直于载荷方向的承载面或压板宽度,或梁截面宽度
	(2) 断面宽度
b	下标"bending"
br	下标"bearing"
C	比热容[kJ/(kg · ℃), Btu*/(lb · ℉)]
C	摄氏度
CC	中心断裂
CEM	自耗电极熔融
CF	离心力(N, lbf)
CPF	正交铺层系数
CG	(1) 质心,"重心"
	(2) 面积或体积质心
℄	中心线
CT	紧凑拉伸
c	柱屈曲端固定系数
c/min	每分钟周数
D	(1) 直径(mm, in)
	(2) 孔或紧固件直径(mm, in)
	(3) 板刚度(N/m, lbf/in)
d	表示微分的数学运算符
E	拉伸弹性模量,应力低于比例极限时应力与应变之比的平均比值(GPa, Msi)
E_c	压缩弹性模量,应力低于比例极限时应力与应变之比的平均比值(GPa, Msi)
$E_c{}'$	垂直于夹层结构面板方向的蜂窝芯弹性模量(GPa, Msi)
E^{sec}	割线模量(GPa, Msi)
E^{tan}	切线模量(GPa, Msi)

---

* Btu 为英制的热量单位,1 Btu = 1.055 06×10³ J。

ELI   超低间隙元素(钛合金等级)

ER   等效圆

ESR   电渣重熔

e (1) 端距,孔中心到板边的最小距离(mm, in)

        (2) 伸长率,材料在拉伸试验时表示延性的一种方法

        (3) 应变或单位变形

e   下标"疲劳或耐久性"

e/D 端距与孔直径之比(承载强度)

F 应力(MPa, ksi)

F   华氏温度

F^b 弯曲应力(MPa, ksi)

F^{ccr} 压损或折损应力(失效时柱应力的上限)(MPa, ksi)

F^{pl} 比例极限(MPa, ksi)

F^{su} 纯剪切极限应力(此值表示该横截面的平均剪应力)(MPa, ksi)

F^{tu} 拉伸极限应力(MPa, ksi)

FV   纤维体积(%)

f (1) 内(或计算)应力(MPa, ksi)

        (2) 含缺陷毛截面上的应力(MPa, ksi)

        (3) 蠕变应力(MPa, ksi)

f^c 压缩内应力(或计算压缩应力)(MPa, ksi)

f_c (1) 断裂时的最大应力(MPa, ksi)

        (2) 毛应力极限(用于筛选弹性断裂数据)(MPa, ksi)

ft   英尺

G   刚性模量(剪切模量)(GPa, Msi)

GPa   千兆帕斯卡(gigapascal(s))

g   克

g 重力加速度(m/s^2, ft/s^2)

H/C   蜂窝夹芯(夹层结构)

h 高度(mm, in),如梁截面高度

h   小时

I 面积惯性矩(mm^4, in^4)

i 梁的中性面(由于弯曲导致的)斜度,单位为弧度

in   英寸

J 扭转常数($=I_p$ 对圆管)(mm^4, in^4)

J   焦耳

K　　　开尔文

K　　　(1) 应力强度因子(MPa $\sqrt{m}$，ksi* $\sqrt{in}$)

　　　　(2) 导热系数[W/(m・℃)，Btu/(ft² ・ h ・ in ・ ℉)]

　　　　(3) 校正因子

　　　　(4) 介电常数

K_{app}　表观平面应变断裂韧性或剩余强度(MPa $\sqrt{m}$，ksi $\sqrt{in}$)

K_c　　临界平面应变断裂韧性,对裂纹扩展失稳点断裂韧性的度量(MPa $\sqrt{m}$，ksi $\sqrt{in}$)

K_{Ic}　平面应变断裂韧性(MPa $\sqrt{m}$，ksi $\sqrt{in}$)

K_N　　按经验计算的疲劳缺口系数

K_s　　板或圆筒剪切屈曲系数

K_t　　(1) 理论弹性应力集中系数

　　　　(2) 蜂窝夹芯板 t_w/c 比

K_V　　介电强度(kV/mm，V/mil)

K_x, K_y　板或圆筒压缩屈曲系数

k　　　单位应力下的应变(m/m, in/in)

ksi　　千磅每平方英寸

L　　　圆筒、梁、圆柱的长度(mm，in)

L'　　有效柱长(mm，in)

LT　　长横向(晶粒方向)

lb　　　磅

l_0　　标距

M　　　外力矩或力偶(N・m, lbf・in)

Mg　　兆克

MIG　熔化极惰性气体保护焊

MPa　兆帕

MS　　军用标准

M. S.　安全边际

MW　　分子质量

MWD　分子质量分布

m　　　(1) 质量(kg, lb)

　　　　(2) 半波数

---

* ksi(4 磅/英寸²)为英制的应力单位,1 ksi = 6.895 N/mm² = 6.895 MPa。

	（3）斜率
m	米
mm	毫米
N	（1）疲劳循环至断裂的次数
	（2）层合板中单层数
	（3）板面内分布力（lbf/in）
N	（1）牛顿
	（2）归一化
NA	中性轴
n	（1）一个集合内的次数
	（2）半波数或全波数
	（3）经历的疲劳循环数
	（4）失效时的循环数
	（5）标准应力应变曲线的形状参数（Ramberg-Osgood 参数）
n	表示"正常"的下标
P	（1）载荷（N，lbf）
	（2）暴露参数
	（3）概率
	（4）比电阻（Ω）
P^u	测试的极限载荷（N，lbf/每个紧固件）
P^y	测试的屈服载荷（N，lbf/每个紧固件）
p	法向压力（Pa，psi）
psi	磅每平方英寸
Q	横截面的静面距（mm^3，in^3）
Q & T	淬火和回火
q	剪切流（N/m，lbf/in）
R	（1）循环载荷中最小载荷和最大载荷的代数比
	（2）减缩比
RA	面积的减缩
R. H.	相对湿度
RMS	均方根
RT	室温
r	（1）半径（mm，in）
	（2）根部半径（mm，in）
	（3）缩减比（回归分析）

S	（1）剪切力（N，lbf）
	（2）疲劳中的名义应力（MPa，ksi）
	（3）力学性能的 S 基准值
S_a	疲劳中的应力幅值（MPa，ksi）
S_e	疲劳极限（MPa，ksi）
S_m	疲劳中的平均应力（MPa，ksi）
S_{max}	应力循环中应力最大代数值（MPa，ksi）
S_{min}	应力循环中应力最小代数值（MPa，ksi）
S_R	应力循环中最小和最大应力的代数差值（MPa，ksi）
S.F.	安全系数
SCC	应力腐蚀断裂
ST	短横向（晶粒方向）
STA	固溶时效处理
S-N	应力-疲劳寿命
s	（1）弧长（mm，in）
	（2）H/C 夹层单元尺寸（mm，in）
T	（1）温度（℃，℉）
	（2）施加的扭转力矩（N·m，lbf·in）
TIG	钨极惰性气体保护焊
T_F	暴露温度（℃，℉）
T_m	熔点（℃，℉）
t	（1）厚度（mm，in）
	（2）暴露时间（s）
	（3）运行时间（s）
V	（1）体积（mm^3，in^3）
	（2）剪切力（N，lbf）
W	（1）重量（N，lbf）
	（2）宽度（mm，in）
W	瓦特
x	沿一个坐标轴的距离
Y	关联构件几何学特性与缺陷尺寸的无量纲因子
y	（1）受弯梁弹性变形曲线的挠度（mm，in）
	（2）中性轴到给定点的距离
	（3）沿一个坐标轴的距离
Z	截面模量 I/y（mm^3，in^3）

z	沿一个坐标轴的距离
α	热膨胀系数[m/(m·℃)，in/(in·℉)]
γ	剪切应变(m/m，in/in)
Δ	差值(用于数量符号之前)
Φ	偏转角
δ	伸长量或挠度(mm，in)
ε	应变(m/m，in/in)
ε_e	弹性应变(m/m，in/in)
ε_p	塑性应变(m/m，in/in)
μ	磁导率
η	塑性折减系数
ν	泊松比
ρ	(1) 密度(g/cm^3，lb/in^3)
	(2) 回转半径(mm，in)
	(3) Neuber 常数(区间长度)
ρ'_c	H/C 夹层芯密度(kg/m^3，lb/in^3)
Σ	总数
σ	标准差
σ_{ij}，τ_{ij}	外法线为 i 方向的平面上沿 j 方向的应力(i，$j=1$，2，3 或 x，y，z)，(MPa，ksi)
T	施加的剪切应力(MPa，ksi)
$\overline{\omega}$	角速度(rad/s)
∞	无限

1.1.6.1.1　组分性能

下列符号专用于典型复合材料组分的性能。

E^f	纤维杨氏模量(MPa，ksi)
E^m	基体杨氏模量(MPa，ksi)
E^R	增强体杨氏模量(MPa，ksi)
G^f	纤维剪切模量(MPa，ksi)
G^m	基体剪切模量(MPa，ksi)
G^R	增强体剪切模量(MPa，ksi)
G'_{cx}	夹芯沿 x 轴的剪切模量(MPa，ksi)
G'_{cy}	夹芯沿 y 轴的剪切模量(MPa，ksi)
l	纤维长度(mm，in)
α^f	纤维材料的热膨胀系数[m/(m·℃)，in/(in·℉)]

α^{m}	基体材料的热膨胀系数[m/(m・℃)，in/(in・°F)]
ν^{f}	纤维材料的泊松比
ν^{m}	基体材料的泊松比
σ	作用于某点的轴向应力，用于微观力学分析(MPa，ksi)
τ	作用于某点的剪切应力，用于微观力学分析(MPa，ksi)

1.1.6.1.2　单层与层合板

下列符号、缩写及记号适用于复合材料单层及层合板。

$A_{ij}(i, j=1, 2, 6)$	拉伸刚度(N/m，lbf/in)
$B_{ij}(i, j=1, 2, 6)$	耦合矩阵(N，lbf)
$C_{ij}(i, j=1, 2, 6)$	刚度矩阵元素(Pa，psi)
D_x，D_y	弯曲刚度(N/m，lbf/in)*
D_{xy}	扭转刚度(N/m，lbf/in)*
$D_{ij}(i, j=1, 2, 6)$	弯曲刚度(N/m，lbf/in)*
E_1	单层沿平行于纤维方向或经向的杨氏模量(GPa，Msi)
E_2	单层沿垂直于纤维方向或经向的杨氏模量(GPa，Msi)
E_x	层合板沿 x 轴方向的杨氏模量(GPa，Msi)
E_y	层合板沿 y 轴方向的杨氏模量(GPa，Msi)
G_{12}	单层在 12 平面内的剪切模量(GPa，Msi)
G_{xy}	层合板在 xy 平面内的剪切模量(GPa，Msi)
h_i	第 i 铺层或单层的厚度(mm，in)
M_x，M_y，M_{xy}	弯矩和扭矩分量(N・m，lbf・in,在平面或壳体分析中)**
n_{f}	每单层单位长度内含有的纤维数
Q_x，Q_y	分别垂直于 x 轴及 y 轴的截面上与 z 轴平行的剪切力(N/m，lbf/in)
$Q_{ij}(i, j=1, 2, 6)$	缩减刚度矩阵(Pa，psi)
u_x，u_y，u_z	位移向量的分量(mm，in)
u_x^0，u_y^0，u_y^0	层合板中面的位移向量分量(mm，in)
V_v	孔隙含量[%(体积)]
V_{f}	纤维含量或纤维体积[%(体积)]
V_{m}	基体含量[%(体积)]
V_x，V_y	边缘或支撑剪切力(N/m，lbf/in)
W_{f}	纤维含量[%(重量)]

---

* 原文表示为 N-m, lbf-in。——译注

** 原文表示为 N-m/m, in-lbf/in。——译注

W_m	基体含量[%(重量)]
W_s	单位表面积层合板的重量(N/m^2,lbf/in^2)
α_1	单层沿 1 轴的热膨胀系数[$m/(m \cdot ℃)$,$in/(in \cdot ℉)$]
α_2	单层沿 2 轴的热膨胀系数[$m/(m \cdot ℃)$,$in/(in \cdot ℉)$]
α_x	层合板沿广义参考轴 x 方向的热膨胀系数[$m/(m \cdot ℃)$,$in/(in \cdot ℉)$]
α_y	层合板沿广义参考轴 y 的单层热膨胀系数[$m/(m \cdot ℃)$,$in/(in \cdot ℉)$]
α_{xy}	层合板的热膨胀剪切畸变系数[$m/(m \cdot ℃)$,$in/(in \cdot ℉)$]
θ	单层在层合板中的方位角,即 1 轴与 x 轴间的夹角(°)
λ_{xy}	ν_{xy} 和 ν_{yx} 的乘积
ν_{12}	由 1 方向伸长引起 2 方向收缩的泊松比[1]
ν_{21}	由 2 方向伸长引起 1 方向收缩的泊松比[1]
ν_{xy}	由 x 方向伸长引起 y 方向收缩的泊松比[1]
ν_{yx}	由 y 方向伸长引起 x 方向收缩的泊松比[1]
ρ_c	(1) 单层密度(g/cm^3,lb/in^3)
	(2) 层合板密度(g/cm^3,lb/in^3)
ϕ	(1) 广义角坐标(°)
	(2) 偏轴加载中,x 轴与载荷方向之间的夹角(°)

1.1.6.1.3 下标

下列下标记号是 CMH-17 的标准记号。

1,2,3	单层的自然直角坐标(1 是纤维方向)
A	轴向的
a	(1) 胶黏的
	(2) 交变的
app	表观的
byp	旁路的
c	(1) 复合材料体系,特指纤维/基体组合
	(2) 临界的
	(3) 压缩
cf	离心力
e	疲劳或耐久性
eff	有效的

---

[1] 由于使用了不同定义,在对比不同来源的泊松比之前,应当检查其定义。

eq	等效的
f	纤维
H	圈
i	系列中第 i 个位置
L	横向
m	(1) 基体
	(2) 平均值
max	最大值
min	最小值
n	系列中第 n 个(最后的)位置
n	法向
p	极的、极性的
s	对称的
st	加强筋
T	横向的
t	t 时刻的参数值
x，y，z	广义坐标轴
Σ	总数或求和
o	初始数据或参考数据
(　)	括号内的项对应特定温度的格式。RT-室温(21℃，70℉)；除非特别说明，所有温度单位均为℉

1.1.6.1.4　上标

下列上标记号是 CMH-17 的标准记号。

b	弯曲
br	承重
c	(1) 压缩
	(2) 蠕变
cc	压缩折曲
cr	压缩屈曲
e	弹性
f	纤维
(i)	第 i 铺层或单层
lim	极限,指极限载荷
m	基体
ohc	开孔压缩

oht	开孔拉伸
p	塑性
pl	比例极限
rup	断裂
s	剪切
scr	剪切屈曲
sec	割线（模量）
so	偏轴剪切
T	温度或热
t	拉伸
tan	切线（模量）
u	极限
y	（1）屈服
	（2）二次（模量），与下标 c 连用时指 H/C 夹芯的性能

1.1.6.1.5　首字母缩写词

下列缩写词用于 CMH-17 卷 4 中。

AA	atomic absorption 原子吸收
AES	Auger electron spectroscopy 俄歇电子能谱
AIA	Aerospace Industries Association 航宇工业协会
AISI	American Iron & Steel Institute 美国钢铁协会
AMPTIAC	Advanced Materials & Processes Technical Information and Analysis Center 先进材料与加工技术信息分析中心
AMS	aerospace materials specification 空间材料规范
ANOVA	analysis of variance 方差分析
ARL	Army Research Laboratory 陆军研究所
ASM	ASM International 美国国际金属学会
CAD	computer aided design 计算机辅助设计
CAI	compression after impact 冲击后压缩
CAT	computer aided tomography 计算机辅助层析 X 射线断层摄影术
CIP	cold isostatic pressing 冷等静压
CTE	coefficient of thermal expansion 热膨胀系数
CV	coefficient of variation 离散系数
CVD	chemical vapor deposition 化学气相沉积
CVI	chemical vapor infiltration 化学气相浸渗
DCB	double cantilever beam 双悬臂梁

DLL　　design limit load 设计极限载荷

DOD　　Department of Defense 国防部

DOE　　Department of Energy 能源部

DRA　　discontinuously reinforced aluminum 非连续增强铝合金

DSC　　differential scanning calorimetry 差示扫描量热法

DTA　　differential thermal analysis 差热分析

EAC　　environmentally assisted cracking 环境致裂

EDM　　electric discharge machining 电火花加工

ENF　　end notched flexure 端部缺口弯曲

ESCA　electron spectroscopy for chemical analysis 化学分析电子能谱法

FAA　　Federal Aviation Administration 联邦航空管理局

FEA　　finite element analysis 有限元分析

FEM　　finite element method 有限元方法

FOD　　foreign object damage 外来物损伤

GC　　gas chromatography 气相色谱分析

GTAW　gas tungsten arc welding 钨极气体保护电弧焊

HAC　　hydrogen assisted cracking 氢蚀开裂

HIP　　hot isostatic pressing 热等静压

ICP　　inductively coupled plasma 电感耦合等离子体

IGA　　intergranular attack 晶间腐蚀

LMI　　liquid metal infiltration 液体金属浸渗

LPT　　laminate plate theory 层合板理论

LSS　　laminate stacking sequence 层合板铺层顺序

MMB　mixed mode bending 混合模式弯曲

MMC　metal matrix composite 金属基复合材料

MOL　　material operational limit 材料工作极限

MS　　mass spectroscopy 质谱分析

MSDS　material data safety sheets 材料安全数据表

MTBF　mean time between failure 平均故障间隔时间

NAS　　national aerospace standard 国家航空航天标准

NASA　National Aeronautics & Space Administration 美国国家航空航天局

NDC　　nondestructive characterization 无损表征

NDE　　nondestructive evaluation 无损评价

NDI　　nondestructive inspection 无损检测

NDT	nondestructive testing 无损检验
PEL	precision elastic limit 精确弹性极限
RT	room temperature 室温
SACMA	Suppliers of Advanced Composite Materials Association 先进复合材料供应联合会
SAE	Society of Automotive Engineers 汽车工程师协会
SAMPE	Society for the Advancement of Materials & Process Engineering 国际先进材料与工艺技术学会
SBS	short beam shear strength 短梁剪切强度
SCC	stress corrosion cracking 应力腐蚀断裂
SEM	scanning electron microscopy 扫描电子显微镜
SI	international system of units (Le système international d'Unités)国际单位制
SIMS	secondary ion mass spectroscopy 二次离子质谱仪
TEM	transmission electron microscopy 透射电子显微镜
TMA	thermomechanical analysis 热力学分析
TMS	The Metals,Minerals & Materials Society 美国金属矿物与材料学会
TMP	thermomechanical processing 热机械加工
VNB	V-notched beam V 型缺口梁
WOF	work of fracture 断裂功
XRF	X-Ray fluorescence X 射线荧光光谱法
XRD	X-Ray diffraction X 射线衍射

1.1.6.2　材料体系编码

手册中所用的材料体系编码由纤维体系编码和基体材料编码组成,两者通过斜杠(/)分开。例如,AlO/Al 表示氧化铝增强铝合金。纤维体系编码和基体材料编码分别如表 1.1.6.2(a)和(b)所示。

表 1.1.6.2(a)　纤维体系编码

编码	材料	编码	材料
Al_2O_3	氧化铝	Gr	石墨
B	硼	SiC	碳化硅
B_4C	碳化硼	—	钢
C	碳	W	钨

表 1.1.6.2(b)　基体材料编码

编码	材料	编码	材料
Al	铝	Mg	镁
Cu	铜	Ni	镍
Fe	铁	Ti	钛

1.1.6.3　单位制

按照 1991 年 2 月 23 日国防部发布的 5000.2 号条例第 6 条第 M 节"使用公制系统"的规定,CMH‑17 中的数据同时使用国际单位制(SI)和美国惯用单位制(英制)。ASTM D380《度量实践标准》对作为世界标准度量单位的 SI 制[见文献 1.1.6.3(a)]提供了应用指南。下列出版物[见文献 1.1.6.3(b)~(e)]提供了使用 SI 制及换算因子的进一步指南:

(1) DARCOM P 706‑470, "Engineering Design Handbook: Metric Conversion Guide", July 1976.

(2) NBS Special Publication 330, "The International System of Units (SI)", National Bureau of Standards, 1986 edition.

(3) NBS Letter Circular LC 1035, "Units and Systems of Weights and Measures, Their Origin, Development, and Present Status", National Bureau of Standards, November 1985.

(4) NASA Special Publication 7012, "The International System of Units Physical Constants and Conversion Factors", 1964.

(5) IEEE SI 10, "International System of Units (SI): The Modern Metric System", Institute of Electrical and Electronic Engineers (IEEE), November 1997.

表 1.1.6.3 给出了与 CMH‑17 数据有关的、由英制向 SI 制换算的因子。

表 1.1.6.3　英制与 SI 制换算因子

由	换算为	乘以
Btu(热力学)/(in² · s)	瓦/平方米(W/m²)	$1.634\,246 \times 10^6$
Btu · in/(s · ft² · ℉)	W/(m · K)	$5.192\,204 \times 10^2$
Btu/(lb · ℉)	J/(g · K)	$4.186\,8^*$
Btu/[(h · ft² · ℉)/ft]	W/(m · K)	$1.730\,7$
华氏度(℉)	摄氏度(℃)	$T_C = (T_F - 32)/1.8$
华氏度(℉)	开氏度(K)	$T_K = (T_F + 459.67)/1.8$
英尺	米(m)	$3.048\,000 \times 10^{-1}$
平方英尺	m²	$9.290\,304 \times 10^{-2}$

（续表）

由	换算为	乘以
英尺/秒	米/秒(m/s)	$3.048\,000\times10^{-1}$
英尺/平方秒	m/s^2	$3.048\,000\times10^{-1}$
英寸	米(m)	$2.540\,000\times10^{-2}$
平方英寸	平方米(m^2)	$6.451\,600\times10^{-4}$
立方英寸	m^3	$1.638\,706\times10^{-5}$
in/(in・℉)	m/(m・K)	1.8
公斤力(kgf)	牛顿(N)	9.806\,650
kgf/m^2	帕斯卡(Pa)	9.806\,650
kip(1 000 lbf)	牛顿(N)	$4.448\,222\times10^3$
ksi(kip/in^2)	MPa	6.894\,757
ksi$\sqrt{in}$	MPa$\sqrt{m}$**	1.098\,9
lbf・in	N・m	$1.129\,848\times10^{-1}$
lbf・ft	N・m	1.355\,818
lbf/in^2(psi)	帕斯卡(Pa)	$6.894\,757\times10^3$
lb/in^2	gm/m^2	$7.030\,696\times10^5$
lb/in^3	kg/m^3	$2.767\,990\times10^4$
Msi(10^6 psi)	GPa	6.894\,757
磅力(lbf)	牛顿(N)	4.488\,222
磅质量(lb 重)	千克(kg)	$4.535\,924\times10^{-1}$
托(torr)	帕斯卡(Pa)	$1.333\,22\times10^2$

＊1 帕斯卡(Pa)＝1 N/m^2。

＊＊换算因子是准确的。

1.1.7　定义

CMH－17 中使用了下列定义。这个术语表还不是很完备，但给出了几乎所有的常用术语。当其他术语出现时，正文和表格中会给予说明。定义按照英文术语字母表顺序排列以方便查找。

A 基准值（A-basis）或 **A 值**（A-value）——基于统计学的材料性能；数据抽样母体第一个百分位的 95% 置信下限，99% 数值群的性能值高于此值。

准确度（accuracy）——测量值或计算值与一些已被认可的标准或规定值的符合程度。准确度包含了操作的系统误差。

ADK——表示 k 样本 Anderson-Darling 统计量，用于检测 k 批数据具有相同分布的假设。

时效（aging）——金属中第二相析出的热处理过程，通常导致硬化；人工时效在高温中实施，自然时效可在室温下进行。

大气环境（ambient）——周围环境情况，如压力与温度。

斜交铺层（angleply）——单层取向与载荷轴向不一致。

各向异性（anisotropic）——非各向同性；具有随取向（相对于材料固有自然参考轴）变化的力学和/或物理学性能。

长径比（aspect ratio）——对于基本为二维矩形形状的结构（如面板），指其长向尺寸和短向尺寸之比。然而在压缩加载时，长径比有时指载荷方向尺寸与横向尺寸之比。此外，对于增强体而言，指其长度和直径之比。

B 基准值（B-basis）**或 B 值**（B-value）——基于统计学的材料性能；数据抽样母体第十个百分位的 95% 置信下限，90% 数值群的性能值高于此值（见卷 1，8.1.4 节）。

均衡层合板（balanced laminate）——一种复合材料层合板，其所有非 0° 和非 90° 的单层均正负成对出现（但未必相邻）。

批次（batch 或者 lot）——n，利用已知的原材料在同一时间和相同条件下生产的一定数量的材料。

讨论——批次的具体定义取决于材料的预期用途。

更多关于"批次"的具体定义，如纤维、织物、树脂、预浸渍材料和产品的混合过程在卷 3,5.5.3 节中讨论。对于向本手册卷 2 提交数据的具体预浸料批次的要求参见卷 1,2.5.3.1 节。

承载面积（bearing area）——销的直径与试样厚度的乘积。

承载力（bearing load）——界面处的压力载荷。

承载屈服强度（bearing yield strength）——材料承载应力与承载应变的比例表现出一个特定的极限偏差时所对应的承载应力。

弯曲测试（bend test）——用弯曲或折叠的方式来测试材料延性的实验，通常采用稳定加载的方法。在某些情况下，当试样的截面沿一定长度是基本均匀的且该长度是截面最大尺寸的几倍时，测试中可能包含对试样的敲击。

二项随机变量（binomial random variable）——指一些独立实验中的成功次数；其中每次实验的成功概率是相同的。

脆性（brittleness）——没有或仅有少量塑性变形且几乎没有能量吸收条件下就趋于断裂。

（复合材料）屈曲（buckling（composite））——一种结构响应模式。其特征是由于对结构组元的压缩作用而导致材料的面外挠曲变形。在先进复合材料里，屈曲不仅可能表现为常规的总体或局部失稳形式，同时也可能表现为纤维个体的微观失稳形式。

束（bundle）——一个通用术语，指一束基本平行的长丝或纤维。

铸造（casting）——将液体材料注入模具使其凝固而获得所需形状的成型过程。

碳纤维（carbon fibers）——将有机前驱体纤维（如人造纤维、聚丙烯腈（PAN））进行高温分解，再置于一种惰性气体内，从而生产出的纤维。

删失（censoring）——当观察值小于或等于 M 时，则称数据在 M 处是右删失的，记录其实际观测值;若观测值超过 M,则称数据在 M 处是左删失的,观测值记为 M。

CMC——陶瓷基复合材料(CMC—ceramic matrix composite)———一种包含两种或两种以上组分的材料,通常陶瓷基体是主要成分,而添加的组分用来增加强度、韧性和/或增强热物理性能。

涂层(coating)———一种应用于另一种材料表面的材料,如基底层,用来改变基底性质;涂覆涂层的工艺。

线性热膨胀系数(coefficient of linear thermal expansion)———温度每升高一度所带来材料在单位长度上的长度变化。

离散系数(coefficient of variation)———母体(或样本)标准差与母体(或样本)平均值之比。

准直(collimated)———呈现平行。

复合材料(composite material)———复合材料是由成分或形式在宏观尺度都不同的材料构成的复合物。各组分在复合材料中保持原有的特性,即各组分尽管变形一致,但其彼此间不完全溶解或者说相互不完全合并。通常,各组分能够从物理上区别,并且相互间存在界面。

置信系数(confidence coefficient)———见**置信区间**(confidence interval)。

置信区间(confidence interval)———置信区间按以下三者之一进行定义:

(1) $p\{a<\theta\}\leqslant 1-a$

(2) $p\{\theta<b\}\leqslant 1-a$

(3) $p\{a<\theta<b\}\leqslant 1-a$

其中 $1-a$ 是置信系数。类型(1)或(2)称为单侧置信区间,而类型(3)为双侧置信区间。类型(1)中 a 为置信下限,类型(2)中 b 为置信上限。置信区间内包含 θ 的概率至少为 $1-a$。

固结(consolidation)———把基体和增强体组分结合成一种固体材料来制备复合材料或结构的工艺。

组分(constituent)———在金属基复合材料中的组元材料。在先进复合材料中,主要组分为增强体组分和基体组分。

连续纤维(continuous fiber)———横跨试样尺寸的纱或单丝。

腐蚀(corrosion)———在含有液体的环境中由于化学反应导致退化的过程。

蠕变(creep)———在外加应力作用下产生的永久应变中与时间有关的部分。

蠕变率(creep, rate of)———给定时间下蠕变-时间曲线的斜率。

临界值(critical value(s))———单侧统计假设检验时,其临界值是指如果该检验的统计大于(小于)此临界值时,这个假设将被拒绝。

累积分布函数(cumulative distribution function)———见卷1,8.1.4节。

化学气相沉积(chemical vapor deposition)———通过引入气相反应物,利用化学反应将固体材料沉积在表面上的工艺。

正交铺层(crossply)——指任意非单向的长纤维层合板,与斜交铺层相同。在一些文献中,正交铺层只是指各层间彼此成直角的层合板,而斜交铺层是用来指代其他铺层方式。

脱粘(debond)——指有意分离黏合接头或界面,通常为了修复或者返工。在复合材料中任意组分间界面的分离,检验一个双边统计假设,确定了两个临界值。如果该检验的统计小于较小的临界值,或大于较大的临界值时,这个假设将被拒绝。在以上这两种情况下,所选取的临界值取决于预期风险,即当此假设为真实但却被拒绝的风险(通常为 0.05)。

变形(deformation)——材料形状的改变。

退化(degradation)——在化学结构、物理性能或外观上的有害变化。

分层(delamination)——层合板中铺层材料之间的分离。分层可能出现在层合板中的局部区域,也可能覆盖很大的区域。在层合板制备过程或在随后使用过程的任意时间,都可能由于各种原因而出现分层。

旦(denier)——一种表示线性密度的直接计量体系,等于 9 000 m 长的纱、长丝、纤维或其他纺纱纺线所具有的质量(g)。

密度(density)——单位体积的质量。

偏差(deviation)——相对于规定尺度或要求的差异,通常规定其上限或下限。

扩散结合(diffusion bonding)——把两种固态材料表面紧密接触,使其发生化学扩散来促进界面结合的过程。

非连续增强体(discontinuous reinforcement)——增强体组分长径比小于50：1,即颗粒、晶须,也可指不超过材料某一尺寸长度的纤维。

分布(distribution)——给出某个数值落入指定范围内的概率的公式(见正态分布、韦布尔分布和对数正态分布,见卷 1,8.1.4 节)。

延展性(ductility)——材料在断裂前发生塑性变形的能力;在拉伸试验中延展性表现为延伸率。

弹性(elasticity)——在卸除引起变形的外力后,材料立刻恢复初始尺寸和形状的特性。

弹性极限(elastic limit)——对应于材料最大弹性变形时的表观应力值,弹性极限的值取决于应变测量的精度。

延伸率(elongation)——在拉伸试验中,试样标距的增加或伸长;用初始标距的百分数来表示。

经纱(end)——指正被织入或已被织入到产品中的单根纤维、股纱、粗纱或纱。经纱可以是机织织物中的一支经纱或细线。对于芳纶和玻璃纤维,经纱通常是未加捻的连续长丝纤维。

引伸计（extensometer）——测试线性应变的仪器。

疲劳（fatigue）——循环加载的条件下，材料损伤累积的现象。

疲劳裂纹扩展率（fatigue crack propagation rate）——疲劳裂纹在每一个应变循环内的增长率，用 da/dn 表示。

疲劳损伤（fatigue damage）——由于循环应力导致的宏观或微观缺陷而出现的累积恶化。

疲劳极限（fatigue limit）——不发生疲劳破坏的最大循环应力幅值。

F-分布（F-distribution）——见卷 1，8.1.4 节。

纤维（fiber）——丝状材料的通用术语。通常纤维是长丝（filement）的同义词。是有限长度纤维的常用术语。天然或人造材料的一个单元，构成了织物或其他纺织结构的基本要素。

纤维含量（fiber content）——复合材料中纤维的含量。通常用体积分数或质量分数表示。

纤维支数（fiber count）——在复合材料指定截面上，单位铺层宽度上的纤维数目。

纤维方向（fiber direction）——相对于给定的参考轴纤维纵轴的取向或排列方向。

纤维体系（fiber system）——先进复合材料中，纤维组分的材料类型及排列方式。例如平行纤维或纤维纱、机织织物、随机取向短纤维、随机纤维毡、晶须等。

单丝（filament）——纤维材料的最小单元。这是在抽丝过程中形成的基本单元，聚集构成纤维束（以用于复合材料）。通常，长丝的长度很长、直径很小。长丝一般不单独使用，当某些纺织长丝具有足够的强度和韧性时，可以用作纱线。

纤维复合材料（filamentary composites）——先进复合材料的主要形式，其中纤维组分由连续长丝构成。具体地说，纤维复合材料是由大量的单层铺排而成的层合板，其中每一单层由非纺织的、平行的、单轴的、平面的嵌入在所选择的基体材料中的长丝（或丝纱）阵列组成。每一单层都是定向取向的并组合成特定的多轴层合板，可以应用于特定的强度和刚度要求的场合。

固定效应（fixed effect）——由于处理或条件发生特定水平变化而引起的测定量发生的系统性偏移（见卷 1，8.1.4 节）。

飞边（flash）——在一个铸模或冲模的分型线处形成的多余材料，或者是从一个封闭的模具中挤出的多余材料。

箔-纤维-箔（foil-fiber-foil）——一种将纤维粘贴在两层金属箔之间，通过扩散结合的方式制备三明治式金属基复合材料的工艺。

成型（forming）——采用温度和机械力诱导使材料发生永久塑性变形和形状变化的二次制造工艺。

断裂延性（fracture ductility）——断裂时的真实塑性应变。

断裂韧性（fracture toughness）——反映材料抵抗裂纹扩展的能力；通常指的是平

面应变断裂韧性 K_{IC}。

　　标距（gage length）——试样上用于测量应变或长度变化的区域的原始长度。

　　石墨纤维（graphite fibers）——参见碳纤维。

　　手工铺层（hand lay-up）——将片材放到模具或工作台面上，然后用手工逐层铺贴并处理的工艺方法。

　　硬度（hardness）——抵抗变形的能力，通常通过压痕来测量硬度。标准试验方法包括布氏硬度、洛氏硬度、努氏硬度和维氏硬度。

　　多相（heterogeneous）——描述性术语，表示材料是由可单独识别的不同组分构成的；也指由具有不同性能且被内部边界分开的区域所组成的介质（注意所有非均质材料不一定是多相的）。

　　均质（homogeneous）——描述性术语，指材料成分处处均匀；也指无内部物理边界的介质；还指内部每一点性能均相同的材料，即材料性能相对于空间坐标为常数（但是对方向坐标则不一定）。

　　水平剪切（horizontal shear）——有时用于指层间剪切。在本手册中，这是一个未经批准的术语。

　　热压（hot pressing）——是指使用温度和单轴压力来实现复合材料固结的制备工艺。

　　相对湿度（humidity，relative）——当前蒸汽压与相同温度下的饱和蒸汽压之比。

　　混杂（hybrid）——指由两种或两种以上复合材料单层组成的层合板。或指结构中包含两种或两种以上不同的纤维，例如碳纤维和玻璃纤维，或者碳纤维和芳纶纤维（也可包含带、织物及其他形式材料）。

　　滞后（hysteresis）——指在一个完整的加载和卸载的循环中所吸收的能量。

　　夹杂物（inclusion）——是指材料或部件内部出现的物理或机械突变点，通常由固态的、被包裹的有害第二相材料组成。夹杂往往能够传递部分结构应力和能力场，但是以与母体材料明显不同的方式。

　　整体复合材料结构（integral composite structure）——包含多个结构单元的复合材料结构，这一结构是作为一个复杂的连续整体被铺层和固结的，而不是利用传统的工艺，分别制备各结构单元，再利用胶结或机械紧固件将其组装起来，例如机翼翼盒的翼梁、翼肋和加强蒙皮作为一个整体制备。这一术语有时也泛指任意不需要通过机械紧固件进行组装的复合结构。

　　界面（interface）——复合材料中可物理区分的组分间的边界，通常指增强体和基体间的边界。

　　层间（interlaminar）——关于两个或多个相邻单层间存在或发生的某些物体（如孔隙）、事件（如断裂）或势场（如剪切应力）的描述性术语。

　　层间剪切（interlaminar shear）——趋于使层合板中两个铺层沿其界面产生相

对位移的剪切力。

　　中间承载应力(intermediate bearing stress)——在承载载荷-变形曲线上某一点的承载应力,这一点的切线等于承载应力除以原始孔的指定百分比(通常为4%)。

　　板内(intralaminar)——完全存在于一个单层内、不涉及相邻单层的某些物体(如孔隙)、事件(如断裂)或势场(如温度梯度)的描述性术语。

　　等静压(isostatic pressing)——在固体材料致密化的过程中应用静水压力;通常在室温条件下(冷等静压CIP)通过液体介质或者在高温条件下(热等静压HIP)用气体介质加压来实现。

　　各向同性(isotropic)——在所有不同方向上均具有一致的性能。测试得到的各向同性材料的性能与测试轴向无关。

　　K-样本数据(k-sample data)——从K批样本中取样测试获得的数据集合。

　　单层(lamina)——由一系列的层或单向薄层组成的层合板中的一层。

　　单层(laminae)——lamina的复数。

　　层合板(laminate)——将两个或多个单层非单向的胶接在一起形成的产物。

　　铺层角度(laminate orientation)——交叉铺设复合材料层合板的结构形态,包括铺设角度、每个角度的单层数目以及准确的铺层顺序。

　　铺层(lay-up)——关于纤维层组装的制造过程。

　　液态金属浸渗(liquid metal infiltration)——一种将液体金属填充到增强相间孔隙中来制备复合材料的工艺技术。

　　对数正态分布(lognormal distribution)——从母体中随机抽取的观测值落在a和$b(0<a<b<B^*)$之间的概率分布,可由$\lg a$和$\lg b$正态分布曲线下重叠的面积给出。可采用常用对数(以10为底数)或自然对数(以e为底数)(见卷1,8.1.4节)。

　　批(lot)——见**批次**(batch)。

　　置信下限(lower confidence bound)——见**置信区间**(confidence interval)。

　　宏观(macro)——对于复合材料,表示复合材料作为结构元件的总体性能,而不考虑其各组分个体的性能或特性。

　　宏观应变(macrostrain)——在大于材料原子间距尺度上的平均应变。

　　芯模(mandrel)——通过铺设、缠绕或编织的方法生产部件时,用作基准的夹具或阳模。

　　材料验收(material acceptance)——对进料进行的测试,以确保其符合要求。

　　材料鉴定(material qualification)——公司或组织承认材料可用于生产使用的过程。

　　材料体系(material system)——按特定组分几何比例和排布方式制备而成,并可数字化表征其性能的特定复合材料。

---

　　* 原文无B的释义。——译注

　　材料体系类别（material system class）——正如本手册中所使用的，指由相同种类材料组分组成的，但每组分具体细节未定义的一组材料。如碳纤维/环氧树脂类复合材料。

　　材料变异性（material variability）——由于材料本身在空间和一致性方面的变化以及材料加工工艺的变化而产生的一种变异源。

　　基体（matrix）——复合材料中被嵌入纤维体系的、本质上是均质的材料。

　　平均值（mean）——见**样本均值**（sample mean）与**母体均值**（population mean）。

　　力学性能（mechanical properties）——指与材料在承受外力时的弹性和非弹性反应相关的性能，或指涉及应力和应变关系的材料性能。

　　中位数（median）——见**样本中位数**（sample median）与**母体中位数**（population median）。

　　介观（meso）——对于复合材料而言，指介于微观和宏观之间尺度的中间结构。

　　微观（micro）——对于复合材料而言，表示材料组分（即基体和增强相）的特性和界面，以及其对复合材料性能的影响。

　　显微硬度（microhardness）——微观尺度上材料硬度的度量，通常涉及对单个相或晶粒的测试。

　　微观应变（microstrain）——在材料原子间距尺度等级上的应变。

　　微观结构（microstructure）——在微观级别上的材料结构；前缀 micro 指百万分之一。

　　弦线模量（modulus, chord）——应力-应变曲线上任意两点间所引弦线的斜率。

　　初始模量（modulus, initial）——应力-应变曲线上初始直线部分的斜率。

　　割线模量（modulus，secant）——从原点到应力-应变曲线上的任意点所引割线的斜率。

　　切线模量（modulus，tangent）——在应力-应变曲线上的每点的斜率。

　　杨氏模量（modulus，Young's）——在材料弹性极限内，应力变化量和应变变化量之比（适用于拉伸和压缩）。

　　刚性模量（modulus of rigidity）（也称为**剪切模量**（shear modulus）或**扭转模量**（torsional modulus））——剪切应力和扭转应力低于比例极限时，其应力与应变之比。

　　弯曲断裂模量（modulus of rupture, in bending）——梁在弯曲受力条件下，发生失效时最外层纤维的最大拉伸或压缩应力值，可由弯曲公式计算：

$$F^b = MC/I \qquad\qquad 1.1.7(a)$$

式中：M 为由最大载荷与初始力臂计算得到的最大弯矩；C 为从中性轴到破坏的最外层纤维处的初始距离；I 为中性轴的横截面的初始惯性矩。

　　扭转断裂模量（modulus of rupture，in torsion）——圆形截面构件在扭转载荷

下发生失效时，其最外层纤维所受的最大剪切应力，可从下式计算：

$$F^s = TR/J \qquad\qquad 1.1.7(b)$$

式中：T 为最大扭矩；R 为初始外径；J 为初始截面极惯性矩。

单层（monolayer）——组成正交层合板或其他形式层合板的基本单元。

单带（monotape）——连续增强复合材料的最简单的形式，其中单层增强相材料嵌入金属基体中以产生一个带或带状材料。

NDE——无损评价。普遍认为与 NDI 同义。

NDI——无损检测。一种用于确定材料、零件或组件的质量或特性而又不永久改变受测物体或其属性的工艺或过程。

NDT——无损检验。普遍认为与 NDI 是同义词。

纯基体（neat matrix）——利用与复合材料类似的方法制备，但未加增强体的基体材料。

颈缩（necking）——材料在受到拉伸应力时可能出现的局部横截面面积减少的现象。

负偏斜（negatively skewed）——如果分布是不对称的并且最长的尾部是在左侧，则该分布被认为是负偏斜的。

名义试样厚度（nominal specimen thickness）——铺层的名义厚度乘以层数。

标称值（nominal value）——为了达到方便目的而指定的分配值。标称值仅是名义上的存在。

正态分布（normal distribution）——一种具有两参数(μ, σ)的概率分布族，其观察值落在 a 和 b 之间的概率由 a 和 b 之间曲线所围区域面积给出（见卷1，8.1.4 节）：

$$f(x) = 1/\sigma\sqrt{2\pi}\exp[-(x-u)^2/2\sigma^2] \qquad\qquad 1.1.7(c)$$

归一化（normalization）——将依赖于纤维作用的性能的原始测试数据调整到指定纤维体积含量情况下的数学方法。

归一化应力（normalized stress）——应力值调整到指定纤维体积含量上。本手册中提供的调整因子可以通过测量纤维体积的试验方法直接获得，也可以通过测量试样厚度和纤维面积重量后间接计算得到。

观察到的显著性水平（observed significance level，OSL）——当零假设为真时，获得一个检验统计量的更极端值的概率。

偏移剪切强度（offset shear strength）——（源于正确实施的材料剪切性能响应试验）弦线剪切弹性模量的平行线与剪切应力/应变曲线交点处对应的剪切应力值，在该点，这条平行线已经从原点沿剪切应变轴偏移了一个规定的应变偏移量。

单侧容限系数（one-sided tolerance limit factor）——见**容限系数**（tolerance limit factor）。

正交各向异性（orthotropic）——具有三个相互垂直的对称平面。

聚丙烯腈纤维（FAN fibers）——由聚丙烯腈纤维受控热解所制成的增强纤维。

平行层合板（parallel laminate）——由机织织物制成的层合板，板中每层的对齐位置与其在原织物卷中时的对齐位置相同。

颗粒（particulate）——对于复合材料而言，指基体或增强体材料的细碎形态，其长径比接近1。

pH 值（pH）——溶液酸性或碱性的度量，由数值7代表中性，其值越小表示酸性越大，其值越大表示碱性越大。

相变（phase transformation）——物理状态的改变（即由液体变为固体）或固态到固态的转变，如热处理时沉淀的析出。

物理性能（physical properties）——指材料力学性能以外的性能，如热膨胀系数、磁化率、热容量、密度等。

沥青纤维（pitch fibers）——由石油沥青或煤焦油沥青所制成的增强纤维。

等离子喷涂（plasma spray）——完全或部分熔化的材料在等离子弧的作用下喷射到一个表面，并在其上固化的一种制备工艺。

合股纱（plied yarn）——两根或两根以上的单纱经一次操作捻合在一起而形成的纱。

泊松比（Poisson's Ratio）——比例极限范围内，材料在均匀分布的轴向应力作用下发生的横向应变与相应的轴向应变比值的绝对值。

母体（population）——指要对其进行推论的测量值集合或在给定测试条件下获得的可能测量值的全体。例如，"碳/环氧树脂体系 A 在 95％相对湿度和室温条件下所有可能的极限拉伸强度测量值"。为了对母体进行推论，通常需要对其分布形式做出假设。假定的分布形式也可称为母体（见卷1，8.1.4节）。

母体均值（population mean）——按在给定母体中出现的相对频率加权后，母体中所有潜在测量值的平均值。

母体中位数（population median）——母体中的一个值，母体中的值超过该值的概率为 0.5，低于该值的概率也是 0.5（见卷1，8.1.4节）。

母体方差（population variance）——母体离差的一种度量。

孔隙度（porosity）——指固体材料中存在空气、气体或真空填充的空穴的状态，通常表示为单位量材料中总的非固体体积与总体积（固体加上非固体）的百分比。

正偏斜（positively skewed）——如果分布是不对称的并且最长的尾部是在右边，则认为是正偏斜。

粉末（powder）——见颗粒（particulate）；粉末这一术语常用于粉末冶金领域，用来指颗粒形态的金属。

精度（precision）——所获得的一组观测值或试验结果的一致程度。精度涉及可重复性和再现性。

预制体(preform)——为不同浸渗方法之一准备的纤维集合体。预制体可以通过缝合或其他稳定化手段来保持其形状。

压力(pressure)——三轴加载条件下,单位面积上的力或载荷。

概率密度函数(probability density function)——见卷1,8.1.4节。

比例极限(proportional limit)——应力与应变保持正比关系的应力最高限(也称为胡克定律)。

准各向同性层合板(quasi-isotropic laminate)——通过调整单层在多个方向上的取向而达到近似各向同性的层合板。

随机效应(random effect)——由于外部因素的一个特定水平的变化而导致的测定量的变化,通常是不可控的。

随机误差(random error)——由于未知或不可控因素而导致的数据变化,可独立地、不可预测地影响每个观测值。

断面收缩率(reduction of area)——拉伸试样的初始横截面积与其最小横截面积的差值,通常表示为原始面积的百分比。

增强体(reinforcement)——对于金属基复合材料而言,增强体是指为了获得优异的复合材料性能,例如刚度、强度、硬度等而加入的组分。

粗纱(roving)——由丝、束或纱束组成的,经过少量加捻或无加捻的平行束。在细纱生产,指处于条子和纱之间的一种中间状态。

越出(run-out)——被中止的疲劳试验,其中所施加的循环数达到或超过了预定循环数,表明处于或低于疲劳极限应力水平。

S基准值(s-basis)(或S值(s-value))——通常是指有关政府规范或SAE宇航材料规范对此材料规定的最小力学性能值。

样本(sample)——用以代表整体的材料或产品中的一小部分。统计学上,样本就是取自指定母体的一组测量值。

样本均值(sample mean)——样本中测量值的算术平均值。样品均值是母体均值的估计值。

样本中位数(sample median)——将观测值从最小到最大排序,当样本大小为奇数时,正中间的观测值就是样本中位数;当样本大小是偶数时,样本中位数是正中间两个观测值的平均值。如果母体关于其平均值是对称的,则样本中位数也是母体平均值的估计值。

样本标准差(sample standard deviation)——样本中各数据与样本方差的平方根。

样本方差(sample variance)——样本中的数据与样本均值偏差的平方和除以 $n-1$。

夹层结构(sandwich construction)——一种结构板的概念,其最简单的形式为,两片较薄且相互平行的结构材料板中间黏合一块较厚的轻质芯层。

残留应变(set)——产生变形的力完全卸载后仍残留的应变。

剪切断裂（shear fracture）（对于结晶型材料（crystalline type materials））——沿滑移面滑移而产生断裂的模式，滑移面沿剪切应力方向优先取向。

短梁强度（short beam strength，SBS）——有效执行 ASTM 测试方法 D2344 所获得的测试结果。

显著性（significant）——统计学上，如果某检验统计量的值（至少极值点）的概率小于或等于某个被称为检验的显著水平的预定值，则该检验统计量的值是显著的。

有效数字（significant digit）——定义一个值或数量所必需的任意数字。

偏斜（skewness）——见**正偏斜**（positively skewed）、**负偏斜**（negatively skewed）。

长细比（slenderness ratio）——均匀杆的有效自由长度与横截面的最小回转半径之比。

条子（sliver）——由松散纤维集聚成的连续缕条，纤维在横截面上近似均匀分布，并且不加捻。

熔体浸渗（slurry infiltration）——将部分固化的金属基体材料注入增强体间孔隙的制造工艺。

凝固（solidification）——由液态到固态的相变，对于纯物质来说，发生在一个固定的、恒温条件下，而对于多元合金，通常发生在一个温度范围内。

比重（specific gravity）——在恒定或规定的温度条件下，任意体积的某种物质的重量与作为标准的、具有相同体积的另一种物质重量的比值。固体和液体，通常与 39℉（4℃）下的水进行比较。

比热容（specific heat）——规定条件下，将单位质量的物质温度升高 1 度所需的热量。

试样（specimen）——从样品或其他待测材料上取下的一片或一部分。试样通常根据相关实验方法要求准备。

标准偏差（standard deviation）——见**样本标准差**（sample standard deviation）。

短纤维（staple）——天然存在的纤维或由长纤维短切而成。

应变（strain）——在力的作用下，物体的尺寸或者形状相对于其初始尺寸或者形状每单位尺寸上的变化量。应变是无量纲量，但其通常用英寸/英寸（in/in），米/米（m/m）或百分数（%）表示。

股纱（strand）——通常指作为单元使用的无捻束或连续纤维束，包括条子、丝束、经纱、纱等。

强度（strength）——材料能够承受的最大应力。

应力（stress）——物体内某点处力或力分量的强度，此力或力的分量通过该点作用在给定平面上。应力用单位面积上的力来表示[磅力/平方英寸（lbf/in^2），兆帕斯卡（MPa）等]。

应力松弛（stress relaxation）——在给定约束条件下，固体内的应力随时间的衰减。

应力-应变曲线（图）（stress-strain curve（diagram））——一种图形表示方法，给出了在外部施加应力的方向上试样的尺寸变化和所施加应力的大小之间的关系。应力值通常作为纵坐标（垂直方向），应变值作为横坐标（水平方向）。

结构元件（structural element）——一个更复杂的结构构件的基本组元（如蒙皮、长桁、剪切板、夹层板、连接件或接头）。

结构数据（structured data）——见卷 1，8.1.4 节。

对称层合板（symmetrical laminate）——一种复合材料层合板，其中相对于板的几何中面，两边各单层——对应成镜像的层合板。

韧性（tenacity）——拉伸应力，用无应变试样单位线密度上的力表示，即克重力/丹尼尔或克重力/特克斯。

终止的试验（terminated test）——失效前终止的试验。

特克斯（Tex）——表示线密度的单位，等于每 1 000 m 纤维、纱线或其他纺织线的质量或重量。

热导率（thermal conductivity）——材料导热的能力。一个表示单位体积物质在单位温差下和单位时间内直接传导的热量的物理量。

热疲劳（thermal fatigue）——在热循环条件下的疲劳过程。

容限（tolerance）——一个参量被允许变化的总量。

容许限（tolerance limit）——一个分布特定百分位的置信下（上）限。例如，B 基准值是一个分布的第十个百分位的 95% 置信下限。

容限系数（tolerance limit factor）——计算容许限时，与变异性估计量相乘的系数。

韧性（toughness）——见断裂韧性。韧性有时也用于表示从原点到断裂点载荷-伸长量曲线下的面积。

丝束（tow）——无捻连续纤维束。常用于指人造纤维，在复合材料领域，主要指碳纤维和石墨纤维。

变换（数据）（transformation（data））——数据值的变换是通过对所有数据值应用数学函数完成的测量单位的变化。例如，如果给定数据为 x，则 $y=x+1$，x，$1/x$，$\lg x$ 和 $\cos x$ 均为 x 的变换。

变换（相）（transformation（phase））——见相变（phase transformation）。

横观各向同性（transversely isotropic）——各向异性体的特殊情况，其性能在两个正交各向异性维度上是相同的，而在第三个维度上则不相同；在两个横向方向具有相同的性能，但在纵向上则不然。

捻度（twist）——单位长度纱线或其他纺织线具有的捻回数。可用每英寸内的捻回数目（t/in）或每厘米内的捻回数（t/cm）来表示。

加捻方向（twist，direction of）——纱线和其他纺织线加捻的方向，用大写字母 S 和 Z 表示。当把纱吊置时，如果纱围绕其中心轴的可见螺旋纹与字母 S 中心段倾斜方向一致,则称为 S 加捻,如果方向相反,称为 Z 加捻。

典型基准值(typical basis)——一个典型的属性值是样本平均值。注意,典型值定义为简单算术平均值,其统计含义为在 50% 的置信水平下可靠性为 50%。

极限强度(ultimate strength)——材料不发生断裂可以承受的最大(拉伸、压缩或剪切)应力;由试验中的最大载荷除以试样的初始横截面面积得到。

单向层合板(unidirectional laminate)——所有层以相同方向铺设的层合板。

非结构数据(unstructured data)——见卷 1,8.1.4 节。

置信上限(upper confidence limit)——见**置信区间**(confidence interval)。

方差(variance)——见**样本方差**(sample variance)。

黏度(viscosity)——材料内部抵抗类似流体流动的一种性能。

孔隙(void)——材料或部件中的物理和力学不连续性,可以是二维的(如脱粘、分层)或三维的(如真空、空气或气体填充的穴)。孔隙率是微孔隙的聚集。孔隙本质上不能够传递结构应力或非辐射性能量场(见夹杂)。

(双参数)韦布尔分布(Weibull distribution(two-parameter))——从母体中随机选择的观测值位于 a 和 b 之间($0 < a < b < \infty$)的概率分布,如式 1.1.7(d)所示,其中,α 为尺度参数,β 为形状参数(见卷 1,8.1.4 节)。

$$\exp\left[-(a/\alpha)^{\beta}\right] - \exp\left[-(b/\alpha)^{\beta}\right] \qquad 1.1.7(d)$$

晶须(whisker)——单根短纤维。晶须的直径通常为 1~25 微米(μm),长径比通常小于 50。

纱(yarn)——指连续纤维股或束,通常已加捻并适合于制造纺织织物。

合股纱(yarn, plied)——由两根或两根以上的单纱合股而成的线。通常情况下合股纱是捻合而成,虽然有时也可不加捻。

屈服强度(yield strength)——材料偏离应力应变的比例关系达到规定限制时所对应的应力值(偏离程度可用应变表示,如 0.2% 残余应变或 0.5% 总伸长量)。

x **轴**(X-axis)——复合材料层合板中,在层合板平面内作为 0° 基准,用以指明铺层角度的轴。

x-y **平面**(X-Y plane)——在复合材料层合板中,与层合板平面相平行的基准面。

y **轴**(Y-axis)——在复合材料层合板中,在层合板平面内垂直于 x 轴的基准轴。

z **轴**(Z-axis)——在复合材料层合板中,垂直于层合板平面的基准轴。

参 考 文 献

1.1.6(a)　　Military Standardization Handbook, Metallic Materials and Elements for Aerospace Vehicle Structures [S]. MIL-HDBK-5F, 1 November 1990.

1.1.6(b)　　DoD/NASA Advanced Composites Design Guide [M]. Air Force Wright

Aeronautical Laboratories, Dayton, OH, Rockwell International Corporation, 1983 (distribution limited).

1. 1. 6(c)　　ASTM D206. Definitions of Terms Relating to Fatigue Testing and the Statistical Analysis of Fatigue Data [S]. Annual Book of ASTM Standards, Vol. 3. 01, American Society for Testing and Materials, West Conshohocken, PA, 1984.

1. 1. 6. 3(a)　ASTM E380. Standard for Metric Practice [S]. Annual Book of ASTM Standards, Vol. 14. 01, American Society for Testing and Materials, West Conshohocken, PA, 1984.

1. 1. 6. 3(b)　Brown James. Metric Conversion Guide: Engineering Design Handbook [M]. University Press of the Pacific, October, 2004.

1. 1. 6. 3(c)　NIST Special Publication 330. The International System of Units (SI) [S]. National Institute of Standards and Technology, 2008 edition.

1. 1. 6. 3(d)　NBS Letter Circular LC 1035. Units and Systems of Weights and Measures, Their Origin, Development, and Present Status [M]. National Bureau of Standards, November 1985.

1. 1. 6. 3(e)　NASA Special Publication 7012. The International System of Units Physical Constants and Conversion Factors [M]. 1973.

1.2　金属基复合材料(MMC)简介

1.2.1　引言

1.2 节材料与工艺,面向设计师简明扼要地介绍了各种 MMC 材料(包括其基体和增强体组分),及其在固结与后续处理时所用的典型工艺。

1.2 节的重点在于明确 MMC、聚合物基复合材料(PMC)和陶瓷基复合材料(CMC)之间关于材料与工艺方面的区别。正如无增强的单一金属与单一陶瓷、单一聚合物间存在明显差别一样,MMC、PMC 和 CMC 之间也存在类似的差别。主要的差别表现在:①组分的性质与类型;②固结与工艺方法;③因①和②产生的对工程物理性能和力学性能的贡献与责任。

尽管 MMC 只是面向先进设计的现代工程材料体系中较新的成员,人们仍然可以期待在对其设计和性能特性方面的认识和可预测性有持续的发展。其在成本和实用性方面的改善将会导致未来重要的设计应用。

1.2 节中包含的 MMC 的范围包括:所有当前已商业化的或处于前沿研发阶段的,以及可满足当前或可预料未来的设计热点的 MMC 材料。没有包含在本节中的是那些作为基础研究的“模型”体系 MMC 材料,其目前尚未处于商业化或技术转化/实现阶段。

1.2.2　MMC 体系

1.2.2.1　体系定义

金属基复合材料体系通常可简单地由作为基体的金属合金名称以及陶瓷增强

体的材料类型、体积分数和形态来命名。如 6061Al/30v/o SiC$_p$ 指的是 30% 体积分数的碳化硅颗粒作为增强体的非连续增强 6061 铝合金,而连续增强的 MMC 可由 SiC$_f$ 来表示。

然而这些命名其实没有充分地描述出复合材料体系,因为其并没有提供例如基本的固结工艺(锭坯或粉末冶金固结)、后续热处理或特定的纤维取向等信息。

1.2.2.2 与其他材料/复合材料的区别

MMC 有几个方面不同于其他复合材料,其中一些主要的区别如下:

(1) MMC 的基体是纯金属或合金,而非聚合物或陶瓷。

(2) 尽管与相应的未增强的金属基体合金相比,MMC 的延展性和韧性较低,但与陶瓷或 CMC 相比,MMC 具有较高的延展性和韧性。

(3) 与 PMC 一样,MMC 中增强体的主要作用是提高强度和模量。而 CMC 中增强体通常用来改善材料的损伤容限。

(4) 通常来说,MMC 的承热能力高于 PMC,但低于陶瓷和 CMC。

(5) 低增强体含量到中等增强体含量的 MMC 通常可采用与未增强金属同样的加工成型工艺。

1.2.3 基体材料

金属是用途极为广泛的工程材料。通过选择适当的合金成分和热机械加工方法,金属材料可表现出多种易于控制的特性。金属合金之所以在工程中广泛应用不仅是因为其强度和韧性,还因为其拥有多种简单廉价的零部件加工工艺。金属基复合材料的发展反映了对使用单一金属无法获得的性能的需求。因此,通过在金属中添加增强体得到的复合材料可能同时提高比刚度、疲劳和耐磨损性,也可能在提高比强度的同时获得所需的热特性(如降低热膨胀系数和热导率)。然而,改进其性能所带来的高成本将是金属基复合材料潜在应用所面临的一大挑战。

与 PMC 或 CMC 相比,MMC 具有明显不同的性能组合和工艺方法,这很大程度上是由于作为基体材料的金属与聚合物和陶瓷间的固有区别,也少量取决于所用增强体的性质。纯金属是不透明且有光泽,一般具有良好的导热性和导电性;抛光后往往可反光;同时,大多数金属都具有良好的延展性但密度较高。这些特性反映了金属中原子结合的本质,这些原子有失去电子的趋向;产生的自由电子"气"固定了正价金属离子。相反,陶瓷和聚合物是元素的化合物,陶瓷中的分子间结合和聚合物中的分子间结合的特点是原子间的电子共用或原子间的电子迁移。陶瓷和聚合物中缺乏自由电子(由于分子间的范德华力结合,聚合物中没有自由电子)导致其导热性和导电性较差,并且与金属材料相比,可塑性和韧性也较差。

1.2.3.1 基体材料的作用

MMC 中基体合金的选择由几个因素决定。特别重要的是复合材料是否为连续或非连续增强。采用连续纤维作为增强体会使绝大部分的载荷施加到增强纤维上，因此，纤维强度决定了复合材料的强度。那么基体合金的主要作用是将载荷有效地传递给纤维，并在纤维发生失效时钝化裂纹，因此，这些连续增强金属基复合材料基体材料的选择更着重于韧性而不是强度。基于上述讨论，低强度、高延展性、高韧性基体合金可用于连续增强的金属基复合材料中。对于非连续增强金属基复合材料，可能由基体决定复合材料的强度。那么，基体的选择将受到复合材料强度需求的影响，可能需要更高强度的基体合金。

选择基体时还需考虑的因素有：在制备或服役过程中由于增强体/基体的潜在反应可能导致复合材料性能的下降；增强体和基体间由于热膨胀错配引起的热应力；基体疲劳行为对复合材料循环响应的影响。实际上，在循环加载条件下 MMC 的行为是一个特别需要考虑的方面。对于用于高温条件下的 MMC，还需附加考虑基体与增强体间熔点的不同造成的影响，当两者的熔点差异较大时，在基体熔点附近，基体已发生蠕变而增强体仍保持弹性；当两者熔点相差不多时，需同时考虑基体和增强体的蠕变行为。

1.2.3.2　基体材料的形式

金属材料通常可制成多种多样的产品形式为后续的加工生产做准备，这些形式有铸造重熔料和锻造材料，包括丝、箔材、板材、棒材、各种挤压型材以及粉末。许多这些不同形式的金属都可用于生产 MMC。像液态金属浸渗这样的熔融加工方法要求有可重熔组分。箔-纤维-箔法需要有合适厚度的基体箔材（通常是 0.1 mm 或 0.04 in）；一般来说，箔材指的是厚度小于 0.012 in(0.3 mm) 的轧制扁平产品。这样的厚度对于大多数延性基体合金可通过轧制得到，但对于可加工性较差的合金可能需要特殊的轧制方法。大多数金属可通过多种方法制成粉末。

1.2.3.3　基体材料的类型

许多金属基复合材料的应用需考虑多个方面而不只是强度（如电触头），因此，对基体材料的类型就有相应的要求。纯金属通常软且弱，具有较高的热导率和电导率。这是因为导致易塑性变形、低强度及高延展性的因素同时也使自由电子易于运动，从而也导致较高的热导率和电导率。因此，需同时满足高热导率或电导率、高强度以及高耐磨特性的材料，例如触电材料，可选用陶瓷增强纯金属基体的复合材料。

近年来，越来越多的人关注接近某些金属间化合物（如铝化钛）组分的合金，一方面，这些金属间化合物和基于它们的合金经常表现出具有吸引力的综合性能，例如低密度、高熔点和高的高温强度。然而，这些化合物的延展性通常很差，因为其通常是共价键和离子键结合，而非金属键。

基体合金也可以按熔点分类。具有超高熔点的材料，如钼、铌和钨称为耐火材料，意思是难以熔化。如铁、镍和铜等金属被认为表现出一般的熔化行为，而铝和镁是熔点较低的材料。

许多不同的金属已用于金属基复合材料的制备当中，基体材料的不同成为复合材料进一步分类的基础。目前,已用作金属基复合材料基体的合金体系包括铝、铜、铁(钢)、镁、镍以及钛,将在以下章节中分别讨论。

1.2.3.3.1　铝

铝是商业上应用最广泛的金属基复合材料基体材料[见文献 1.2.3.3.1(a)和(b)]。各种铝合金以多种形式应用于金属基复合材料行业中。大多数铝合金的密度都接近纯铝,大约是 0.1 lb/in³(2 698 kg/m³)。纯铝的熔点为 1 220℉(660℃),与绝大多数有潜力的基体金属相比,铝的熔点较低,有利于铝基复合材料的固相(如粉末冶金)和铸造法合成。铝合金可大致分为变形铝合金和铸造铝合金;而且,许多变形铝合金组分还可以粉末态供应。"变形"指的是材料主要以机械加工产品的形式供应,如辊轧薄板、金属板或金属箔、各种挤压型材、管材、锻件、金属丝、棒或条。铝合金箔的易加工性和相对较低的加工温度使得箔-纤维-箔法在 20 世纪 70 年代就得到了成功的发展和应用,此方法生产的连续硼纤维或带 SiC 涂层的硼纤维增强铝基复合材料也已应用到航空航天领域。6061 Al-Mg-Si 合金箔已有很多应用实例,而且与这种合金成分相同的铸造铝也已用作石墨/Al 连续增强复合材料和 SiC/Al 复合材料的基体。许多变形铝合金非常适用于挤压成形,因此对于大多数非连续增强铝基复合材料(DRA),无论其最初的固化是通过粉末冶金还是铸造的方法,都是通过这种方式成型的。用于铸造生产的铝合金通常是不同尺寸的铝锭或适合重熔的其他形态。这些铸造铝合金的应用包括用于 DRA 复合材料铸件生产,DRA 复合材料在铸造和凝固前,需通过搅拌使增强体颗粒悬浮在熔融金属中。

变形和铸造铝合金的牌号都是基于添加的主要合金元素。变形铝合金用 4 个数字表示,铸造铝合金用 3 个数字表示(见表 1.2.3.3.1)。这些合金的具体信息可从许多资料中获得。变形和铸造铝合金可根据获得力学性能的方法(可热处理或不可热处理)进一步分类。可热处理指的是铝合金可通过热处理得到强化。牌号为 2XXX、6XXX 和 7XXX 系的变形铝合金大多是可热处理的,那些以锂为主要合金元素(如某些 8XXX 系合金)的铝合金也是可热处理的。典型的热处理方法包括固溶热处理,在液态介质中淬火和后续的时效。合金牌号后缀一个状态代号来描述合金热处理后的状态。T4 指的是材料经过固溶热处理和淬火后在室温自然时效;而 T6 指人工时效到峰值强度。可后缀额外的数字代号来指示更详细的处理,如校直等。热处理的更多细节及其对性能的影响可在大量文献中查阅。增强体(尤其是颗粒和晶须)的添加对非连续增强铝基复合材料(DRA MMC)中基体材料的时效响应有显著影响,时效响应可能被加快或减缓,这样的影响是这类材料和处理过程所特有的。因此,用可热处理合金为基体的 MMC 的时效处理与无增强体的基体合金的时效处理相比,可能会大不相同。此外,大多数变形铝合金内含有少量合金元素,例如添加少量 Zr(锆)元素来控制变形铝合金在热加工中的再结晶。MMC 中增强体颗粒的存在也会有助于晶粒细化,这样可以避免在 MMC 中添加某些经常添加在变形铝合金中的微量元素。

　　不可热处理合金是那些不能通过热处理使其明显强化的材料。材料的强度是由固溶体中存在的合金元素和冷加工的程度决定的。变形铝合金(1XXX、3XXX、4XXX 和 5XXX 系铝合金)一般是不可热处理的。合金牌号后缀的状态代号通常是－O,指的是完全退火和软化状态,或是后缀字母 H 加数字。H 指的是采用塑性变形(通常是冷轧)来强化材料,附加的数字描述的是加工硬化的程度,以及为了控制强度、延展性和应力腐蚀敏感性等所采用的退火处理。用于可热处理变形铝合金的状态代号也同样适用于可热处理铸造铝合金(2XX、3XX、7XX 和 8XX 系铝合金)。因为铸件在生产时不需经历明显的塑性变形,不可热处理 1XX、4XX 和 5XX 系铸造铝合金可后缀状态代号－F(铸态)或－O(铸造后退火以释放应力)。Al－Si 合金(3XX 和 4XX 系)在铸造铝合金中占主要地位,因为其在熔融状态具有很好的流动性,因此,非常适合复杂形状和薄壁铸件。铸造法制备 MMC 时,流动性是选择 MMC 基体成分时需考虑的一个重要因素,例如其必须能完全填充整个模具。Si 在 Al 中的存在大大降低了 Al 发生化学反应、还原 SiC 并形成 Al_4C 的趋势。由于 Al_4C 即使含量很少也会使 SiC 增强 Al 基复合材料严重脆化,因此 SiC 颗粒增强的 Al 基复合材料常采用诸如 AA356(7%Si)和 AA359(9%Si)合金为基体;某些制造者甚至添加高达 12.5%的 Si。或者,SiC 可通过粉末冶金的方法添加到铝合金中;处于固态且使用较低的工艺温度降低了 Al_4C 形成的趋势,这样就可以在更大的范围内选择基体成分。许多 AA3XX 压铸铝合金用于 MMC 时也常添加少量 Fe 元素[约 1%(重量)]来减少熔融 Al 和钢模具表面的反应。

表 1.2.3.3.1　铝合金的牌号(铝协会－AA 和美国国家标准研究所－ANSI)

牌号		主要合金元素
变形铝合金	铸造铝合金	
1XXX	1XX	无
2XXX	2XX	Cu
3XXX	—	Mn
	3XX	Si＋Mg;Si＋Cu;Si＋Mg＋Cu
4XXX	4XX	Si
5XXX	5XX	Mg
6XXX	—	Mg＋Si
7XXX	7XX	Zn
8XXX	—	与以上各类不同
	8XX	Sn

1.2.3.3.2　铜

生产铜基复合材料的几种专利工艺已经得到发展,氧化铝颗粒增强铜基复合材料可在保持其导电性的同时获得可观的强度。

1.2.3.3.3　铁

本章节留待以后补充。

1.2.3.3.4　镁

镁基复合材料由于其轻质有望应用于汽车和航空领域。由于纯镁不易与碳纤维发生反应,镁基复合材料具有耐腐蚀性(见文献 1.2.3.3.4)。

1.2.3.3.5　镍

本章节留待以后补充。

1.2.3.3.6　钛

钛基复合材料已成功地由各种 β,α-β 和 α 相钛合金制备而成。因为钛合金的密度约为 0.18 lb/in³(4 317 kg/m³),比铝合金密度高 60%,比低合金钢(强度水平与退火钢相媲美)密度低 40%。钛合金在温度高达 315℃(600°F)时仍保持良好的结构特性和抗氧化性。相比于连续纤维增强的铝基复合材料,钛合金可以为复合材料体系提供更高的基体性能,所以人们对特殊合金的选择产生了更大的兴趣。

尽管钛合金主要以锻造产品的形式提供,但其高熔点[约 3 200°F(1 750℃)]和加工硬化特性使其比其他合金更难加工。通常来说,β 相合金比 α-β 相有更高的机械加工压缩率,但 α-β 相表现出更好的高温强度保持性。而且,钛是高活性元素,在高温下较难处理和加工。钛的熔/铸和快速凝固操作必须在真空环境中进行。

尽管一些特殊合金已经注册了商业名称(如 Timetal-21, Ti-1100),但钛合金通常是通过其主要合金组分(如 Ti-6Al-4V, Ti-15V-3Cr-3Al-3Sn)来区分的。在钛基复合材料中最常用的合金是 Ti-6-4, Ti-15-3-3-3, Ti-6-2-4-2和 Timetal-21。多种钛铝合金也受到了关注,包括 α-2,超级 α-2,γ 和大部分近斜方晶系合金。这些合金可以提供较高的高温强度、蠕变强度和微结构稳定性,并且很适合在一些燃气涡轮发电机上应用,然而,低延展性和间隙杂质容限低使得其加工非常困难。

1.2.4　增强体材料

MMC 的增强体材料可以是非连续纤维或添加到金属基体的第二相,其将导致一些性能的改善,通常是强度和/或刚度的提高。MMC 中最常用的增强体材料有陶瓷(氧化物、碳化物和氮化物等),其特性是在室温和高温环境下均具有高强度和高刚度。常用的 MMC 增强体材料有 SiC、Al₂O₃、TiB₂、B₄C 和石墨,金属增强体则不常用。

1.2.4.1　增强体种类

增强体可以分为两大类:①颗粒或晶须;②纤维。纤维增强体还可细分为连续和非连续。纤维增强了其铺设方向上的强度,但在垂直于纤维铺设方向上的强度低是连续纤维增强复合材料的特征。另外,非连续增强的 MMC 表现出更多各向同性特征。

在一些 MMC 体系中,两种或多种增强体的存在会使复合材料表现出特定的性能。

1.2.4.2　增强体的作用

增强体的作用取决于其在 MMC 中的形态。颗粒或晶须增强 MMC 中,基体是主要的承载组分。增强体的作用是通过机械约束作用阻止基体变形来使复合材料增强增硬。

这种约束通常是颗粒间间距与颗粒直径比值的函数。在连续纤维增强 MMC 中,增强体是主要的承载组分。金属基体的作用是将增强体结合到一起并且传递和分配载荷。非连续纤维增强 MMC 则显示出介于连续纤维增强和颗粒增强复合材料之间的特征。通常来说,增强体的加入提高了材料的强度、刚度和热容,但降低了所得 MMC 的热膨胀系数。当与高密度的金属基体结合时,增强体还可降低复合材料的密度,从而可以提高某些性能例如比强度。

1.2.4.3　增强体成分

在已商业化 MMC 体系中最常见的增强体是碳化硅(SiC)[见文献 1.2.3.3.1 (b)]。SiC 的掺入,根据最终的用途,给材料提供相当大的性能提高。用作结构材料通常添加 10%(重量)～40%(重量)的 SiC 增强体,而用于电子封装则会采用高达 70%(体积)的 SiC。应用于 MMC 的 SiC 有两个等级:标准的"黑色"SiC 常用于制备结构材料,而更纯(或更贵的)"绿色"SiC 由于具有更高的热导率,多用于电子封装。随 SiC 的纯度变化(见文献 1.2.4.3),SiC 的电阻率在 $10^{13} \sim 10^{-5}$ 范围内变化,因此增强体成分的差异是造成 SiC 增强金属基复合材料性能变化的可能原因之一。

1.2.5　增强体涂层

1.2.5.1　涂层的作用

对于许多 MMC,在增强体添加到金属基体中之前,有必要包覆一层薄的涂层。

一般来说,纤维包覆涂层,有以下优点:

(1) 作为一个扩散阻挡层,防止纤维与基体发生反应和扩散。

(2) 阻止纤维-纤维直接接触。

(3) 改善纤维与基体间的润湿和结合。

(4) 缓解纤维与基体间的热应力或应变集中。

(5) 在纤维的处理过程中保护纤维不受破坏。

某些情况下,在颗粒表面涂覆一层涂层来加强润湿和减少界面反应,从而提高复合材料的复合处理过程。

1.2.5.2　涂层的类型

给出了涂层的主要作用后,有几种技术可以用于在长纤维上沉积薄涂层,但很少用于短纤维和颗粒增强体。其中一种技术是化学气相沉积(CVD)。在此过程中,热纤维穿过一个反应区,在该区域中某些物质通过热分解或与其他气体反应,进而在纤维表面形成沉积层。有时沉积过程通过产生等离子放电(等离子辅助 CVD)来增强。物理气相沉积(PVD)、电镀和喷涂是用来生成纤维涂层的其他技术。当涂层目的是增强润湿性时,相较于用作保护层,对涂层的完整性和结构关注度下降。用来保护纤维不受基体化学侵蚀的隔离涂层除要求热力学稳定性外还必须能削弱反应物通过它而传递。活性盐涂层(如 K_2ZrF_6)的助熔反应可增强特别是 C 和 SiC 纤维在铝中的润湿性。在陶瓷纤维束丝上涂胶可用来提高加工特性。

1.2.6　制造过程

1.2.6.1　概述和总说明

制备 MMC 所选用的制造工艺取决于很多因素,其中最重要的是:

(1) 增强体强度的保持;

(2) 增强体损伤最小化;

(3) 促进基体与增强体之间的润湿和结合;

(4) 允许增强体在基体中适当衬垫、分布和取向的灵活性。

主要的工业制造工艺可分为液相和固态工艺。液相工艺的特点是界面接触紧密,因此结合力强,但可能产生脆性界面层。固态工艺包括粉末共混合后续固结工艺、扩散结合和气相沉积。液相工艺包括压力铸造和压力浸渗、喷射沉积、浆料浇注(混合砂铸造)和反应合成(原位复合材料)。

1.2.6.2　组合和固结

1.2.6.2.1　粉末共混合固结

粉末共混合固结是制备非连续增强 MMC 材料的常用方法。在这一工艺中,基体和增强体粉末首先混合并放入所需形状的模具中,混合过程可在干燥状态或在悬浮液中进行;然后加压使粉末更密实(冷压);随后将压块加热到低于熔点但足以产生明显固态扩散(烧结)的温度。共混后的混合物可以直接通过热压或热等静压(HIP)来获得较高密度;固结后的复合材料就可用于二次加工。因为非连续增强体趋向于保持团聚状态,其间隙空间很小使基体颗粒难以进入,所以共混时获得均匀混合物是制备 MMC 的一个关键要素。

1.2.6.2.2　固结扩散连接

这一方法一般是利用基体材料薄片、箔、粉末、粉带或丝,或涂覆基体的纤维来制备纤维增强金属基复合材料。增强纤维和基体合金的组合方式取决于纤维类型和纤维编排预成型方法。对单丝纤维,如 SiC 或硼,通过鼓缠绕、用金属带编织或将一根或多根丝添加到一个连续过程中的方法生产具有可控纤维间距的平行阵列。丝束纤维,如氧化铝或石墨(碳),通常用鼓轮或筒架连续缠绕。基体材料可以以单独组分的形式(如箔、粉末毡或带和线)添加到复合材料中或直接加入到纤维的排布中(如气相沉积和等离子喷涂)。复合单元可由纤维阵列和基体层的铺设(或缠绕成圆柱或环形)得到预设的纤维取向和复合材料厚度。复合材料的固结可以通过施加垂直于板层表面的高压和足以使基体合金原子发生扩散的温度来实现。这一工艺过程在真空环境中进行。

1.2.6.2.3　气相沉积

用于制备 MMC 的气相沉积技术比较突出的是电子束/物理气相沉积（EB/PVD）。在这一制备工艺中,纤维连续通过金属的局部高蒸气压力区以发生沉积,在该区域金属蒸气冷凝时在纤维上产生较厚的涂层。蒸气的产生是通过一束高功率（～10 kW）电子束轰击固态送料棒的端部来产生蒸气。这一技术的优点在于可用多种合金组分。当纤维有扩散阻挡层或设计的化学表面时,界面机械扰动可能非常明显,但使用气相沉积法,可使界面区域机械扰动很少甚至没有。复合材料的制备通常是将含涂层的纤维组配成束或一组,并利用热压或 HIP 操作使其固化。

1.2.6.2.4　挤压铸造和压力浸渗

熔融金属浸渗到多孔增强体预制块中来制备金属基复合材料的方法。增强体材料包括碳、石墨和陶瓷,如氧化物、碳化物或氮化物。增强体形式包括连续纤维、非连续纤维和颗粒。金属包括铝、镁、铜和银。金属基复合材料中的增强体的体积分数范围为 10%～70%,这取决于材料的具体应用。

一般来说,预制块的形状与模具轮廓匹配,并不被熔融金属润湿而必须借助压力浸渗。在挤压铸造中,采用液压柱塞将可控的低压力施加到液态金属使其渗入预制块中且不破坏预制块。浸渗过程可以是真空辅助,也可以不是,也可与惰性气体一并使用。一旦浸渗完成,采用高压力来消除液态金属固化收缩而导致的收缩孔隙率。完全固结（或不存在孔隙率）使挤压铸造的金属基复合材料具有优异的力学性能。

以上制备方法也可用于制备选择性增强的 MMC 材料,其中仅有特定的部分或区域含有增强材料。

无压浸渗法是以上制备方法的一个改进,是通过专利活性金属浸渗技术完成的。

1.2.6.2.5　喷射沉积

喷射沉积是指将一连串的金属液滴撞击到基底上来制备复合材料的方法,已发展出许多具体的工艺。如果增强体是颗粒,可以将其混入喷雾中喷射,而对于纤维排布材料,只喷射基体。根据液滴串是由熔池产生（如 Osprey 工艺）还是通过将冷金属不断加入到快速加热喷射器中产生（如热喷涂工艺）,喷射沉积技术可分为两种截然不同的类型。通常来说,喷射沉积法的特点是快速凝固、低氧化物含量和存在明显孔隙。通常沉积得到的材料随后会进行二次加工使其充分致密。

1.2.6.2.6　浆料浇铸（复合铸造法）

增强体颗粒添加到金属液中并进行搅拌以形成浆料,连续搅拌直至熔体冷却到金属形成半固态,且增强体均匀散布其中;进一步冷却和固化过程中不需再搅拌。浆料在彻底凝固前转移到成形的模具中,或直接凝固成坯锭或棒状,以便再加热至浆料状态进行下一步处理工艺（如压铸）。

1.2.6.2.7　反应合成(原位复合材料)

反应合成法包含几种不同的工艺。共晶定向凝固就是其中的一种工艺方法,在这过程中,有一相以纤维形式凝固。增强体在特性和体积分数方面的固有局限性,和与热梯度相关的形态不稳定性导致这种类型的复合材料关注度减弱。放热反应,如定向金属氧化,是制备原位复合材料的一种工艺方法。这一类的复合材料的主要优点是原位反应生成物热力学稳定性好。

1.2.6.3　热机械加工

本章节留待以后补充。

1.2.6.4　近净形制备工艺

本章节留待以后补充。

1.2.7　产品形式

1.2.7.1　中间体

本章节留待以后补充。

1.2.7.2　标准

本章节留待以后补充。

1.2.7.3　选择性增强体组分

本章节留待以后补充。

1.2.8　二次加工工艺

1.2.8.1　概述与总说明

本章节留待以后补充。

1.2.8.2　成形

本章节留待以后补充。

1.2.8.3　加工

本章节留待以后补充。

1.2.8.4　连接

为了用MMC制造结构,必须开发连接MMC与相同或不同材料的有效手段。本节综述了单一金属的标准连接方法用于MMC连接的潜在适用性。由于MMC中含有多种非金属增强体,如碳化硅、石墨、氧化铝和碳化硼等,这些增强体会对连接产生阻碍,需要对单一金属的标准连接方法进行改进。本节简述了可供选择的连接方法,并且定性地评估了其连接性能。

1.2.8.4.1　MMC连接方法的定性评估

1.2.8.4.1.1　定性性能评估

作为一般规则,常规连接方法对MMC的适用性将取决于以下几个因素:①增强体的种类和体积含量;②金属基体的熔点;③热能的管理控制。这三个因素的简要总结如下：

因素 1：由于 MMC 含有多种非金属的增强体，增强体体积分数越高，标准金属连接方法适用于 MMC 的可能性越小。非连续增强的 MMC 较连续增强的 MMC 更易于连接。

因素 2：熔化的金属基体与增强体的长时间接触会导致有害的化学反应发生，并且随着已熔金属温度的升高而加速。因此，金属基体-增强体的化学相容性是依赖于材料和温度的因素。综上，金属基体的熔点越高，熔焊的可能性越小。

因素 3：尽管在常规的连接过程中需要高热能，但过多的热能输入也是不利的。因此采用能在最短处理时间内提供良好控制的热能输入的自动化连接技术或特种连接技术可能改善对 MMC 的连接适应性。

1.2.8.4.1.2　连接方法的适用性、应用和选择

表 1.2.8.4.1.2 中给出了 17 种金属连接方法对 MMC 适用性的定性评价。在接下来的章节中更详细地介绍了每种连接技术并对其进行了分类。重要的是要认识到，MMC 的连接还不是很成熟的技术，很多重要的连接技术细节仍然缺乏。因此，对于具体连接方法适用性的准确认知是依赖于被连接材料和工艺的，需要用实验进行验证。然而采用固态或其他低温工艺，通常认为比高温熔化工艺更适用于 MMC 的连接。

结合连接方法应用准则及其对 MMC 的适用性，设计者是可以定性地实现连接方法的选择的。表 1.2.8.4.1.2 给出了连接方法应用准则，总共分为 8 类，如连接的刚度、强度、热和电传导性等。每一种连接性能标准可定性分为高、中和低三类。从表中，设计者能够定性选择适用于 MMC 的潜在连接方法，该方法对于具体的连接应用具有最高评价的性能等级。

表 1.2.8.4.1.2　对连接方法的适用性、应用和选择的定性评价

连接方法	连接应用								对 MMC 适用性
	要求强度	刚度需求	高温	导热性	导电性	尺寸稳定性	复杂形状	不相似材料	
惯性摩擦焊	○	○	○	○	○	◐	●	◪	○
搅拌摩擦焊	○	○	○	○	○	○	◕	◑	○
超声波焊接	○	○	○	○	○	○	●	○	○
扩散连接	◕	○	○	○	○	○	○	◑	◪
瞬时液相连接	◕	○	○	○	○	○	○	○	○
快速红外焊接	◔	○	○	○	○	○	◑	○	○
激光束焊接	○	○	○	○	○	◕	○	●	●
电子束焊接	○	○	○	○	○	○	◕	●	●
熔化极气体保护电弧焊	○	○	○	○	○	◔	○	●	●

（续表）

连接方法	连接应用								对 MMC 适用性
	要求强度	刚度需求	高温	导热性	导电性	尺寸稳定性	复杂形状	不相似材料	
钨极惰性气体保护电弧焊	○	○	○	○	○	◐	○	●	●
电阻点焊	○	○	○	○	○	◐	◐	●	●
电容放电焊	○	○	○	○	○	◐	◐	●	○
钎焊	○	○	◐	○	○	◐	○	○	○
软钎焊	◐	○	●	○	○	○	○	◐	○
胶接	◐	○	●	●	●	○	○	○	○
机械紧固	○	◐	○	○	○	◐	○	○	○
铸造镶嵌件连接	○	◐	○	◐	○	○	◐	○	○

连接性能评价　　○ 高　　◐ 中　　● 低

1.2.8.4.2　连接 MMC 时存在的潜在问题

通常，MMC 中含有各种非金属增强体，其体积分数含量为 $5\%\sim60\%$。因此，MMC 的连接存在很多潜在的问题。

1.2.8.4.2.1　固化影响

对于非连续增强的 MMC 而言，大部分增强体和基体的密度不同，因此当基体处于熔化状态时，增强体颗粒会发生明显的偏聚现象。一般来说，复合材料熔池黏性很高，不像未增强的金属基体一样具有很好的流动性。由于对流原理，熔池的高黏性会导致较低的热传导，这会影响得到的 MMC 的显微组织和应力分布。需要采取避免增强体材料溶解并通过向焊接区迁移导致密度不均匀的技术。

1.2.8.4.2.2　化学反应

一般在连接过程中，为了避免由于熔融基体和增强体的接触导致的增强体的溶解、相互扩散以及形成有害合金相，必须严格控制连接温度和时间。对于具体的连接工艺，金属基体-增强体的化学稳定性依赖于材料和工艺特性。因此，具体工艺的最终参数需要用实验确定。

1.2.8.4.2.3　连接准备

由于含有非金属增强体，大多数 MMC 具有很好的耐磨性，并且在用标准钢切割工具和锯带准备连接件过程中表现出脆性。切割和钻孔操作必须十分小心，以避免复合材料板边撕裂和对连续增强纤维增强体过度损伤。

1.2.8.4.2.4　连接后热处理

应考虑连接后热处理以便获得最好的连接性能并减少残余应力。

1.2.8.4.3　可选连接方法的分类和讨论

MMC 的连接方法可以分为三类：固态法、熔融法和其他工艺。在固态法中，通过使用机械变形或扩散工艺连接，连接温度低于基体金属的熔点。固态法通常会导致原始连接界面消失。熔融法是使母材（成分相似区域）熔化，并使熔融金属混合物凝固后形成连接。熔融焊接基本上可以看做是具有不同边界条件的微型铸造。其他工艺是用中间填充材料在低于基体金属熔点温度时发生连接。例如钎焊和软钎焊，特种合金或填充材料放在待连接的母材之间。可用各种方式加热组件。当填充材料变成液体时会覆盖在母材上，并且形成合金结合。MMC 也可以使用胶黏剂将机械镶嵌件和紧固件连接。

MMC 的连接技术目前还不是很成熟，许多重要的细节需要发展。因此具体 MMC 连接工艺的适用性取决于被连接 MMC 的类型。本节提供了一些可选连接方法的定性评论，这些连接方法主要是针对铝基复合材料的，分类情况如图1.2.8.4.3所示。

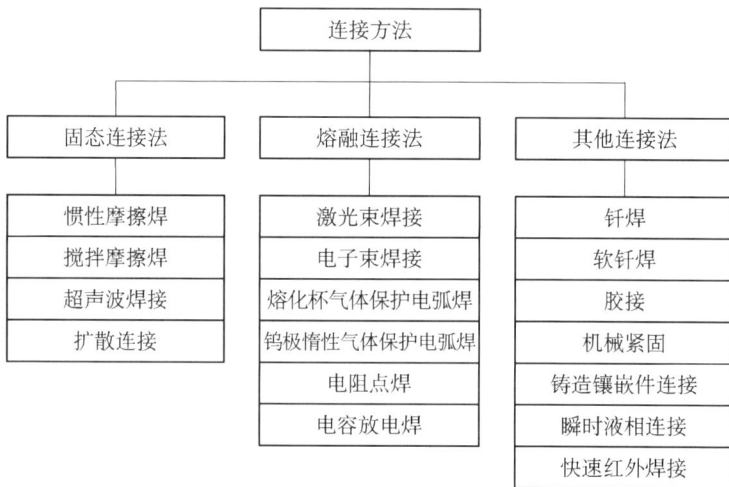

图 1.2.8.4.3　MMC 连接方法的分类

1.2.8.4.3.1　惯性摩擦焊

惯性摩擦焊是通过构件间的摩擦生热产生连接的方法，可分为两种：直接驱动焊接和惯性摩擦焊接。一般而言，传统的焊接方法只能应用于某些具有特定连接横截面尺寸和形状的工件。对于非连续增强 MMC 而言，摩擦焊被证明是可用的[见文献 1.2.8.4.3.1(a)和(b)]。在惯性摩擦焊接中，被快速旋转的飞轮带动的工件和另一固定工件强制接触。由于摩擦生热，在材料的界面形成软层，这正是存在于两工件间的结合层，将在顶锻压力下冷却。惯性摩擦焊是一个固态焊接过程，加工温度在基体金属熔点以下。因此，这个焊接技术不会产生不必要的化学反应，同时可能会促进摩擦焊接界面颗粒的均匀分布。连接过程伴随着界面处材料的挤压和锻造。对于 MMC

的连接,施加的力会大于传统金属,这是由于增强体颗粒会增加 MMC 的流动应力。

1.2.8.4.3.2　搅拌摩擦焊

搅拌摩擦焊是一种特殊的传统摩擦焊方法,由英国焊接研究所于 1991 年发明[见文献 1.2.8.4.3.2(a)]。其至对于连接单一材料而言,搅拌摩擦焊也是相对新的工艺。尽管这个工艺仍处于发展阶段,对于连接不同材料和 MMC 而言具有很大潜力[见文献 1.2.8.4.3.2(b)和(c)]。在搅拌摩擦焊中,为了防止连接面被强迫分离,工件要刚性固定在背垫上,一个特殊的具有圆柱形剖面的搅拌头旋转进入接缝处,通过摩擦生热在搅拌头周围产生一个材料塑性区。当搅拌头持续旋转并沿焊接方向缓慢移动时,搅拌头周围的塑性变形的材料从搅拌头前方向后方移动,从而形成固化的焊缝。搅拌摩擦焊是能够保持存在于基体中的增强体材料化学性质和均匀分布的固态焊接方法。该焊接方法在低于基体材料熔点的温度进行,所以减少了基体和增强体发生化学反应的可能。适当的固定是需要的。对于 MMC 而言,施加的力会大于传统金属,这是由于增强体颗粒会增加 MMC 的流动应力。搅拌摩擦焊的搅拌头必须用高强度、高耐磨性和高韧性的材料制备。

1.2.8.4.3.3　超声波焊接

超声波焊接是在加压条件下将高频振动波传输到待焊工件上而实现焊接的方法,焊接中,母材不发生明显熔化。与传统具有高局部塑性变形的摩擦焊不同,超声波焊接是一种机械熔接,对于一些 MMC 而言不会产生足以实现焊接的局部塑性变形。然而,由于超声波焊接引入的热能相对较低,因此不会促进有害的增强体与基体间的化学反应。对于一些连续增强 MMC 来说,夹持压力能导致纤维损伤和界面分层。然而,如果为了减少 MMC 的损伤而减小夹持力,焊接将不起作用。超声波焊接会由于高频振动的剪切作用引起纤维束损伤[见文献 1.2.8.4.3.3(a)和(b)]。通常传统超声波焊接是一个低温过程,在连接 MMC 方面的应用有限。

1.2.8.4.3.4　扩散连接(DFB)

扩散连接是一种固态工艺,商业上常见的激活扩散连接(ADB)和激活扩散愈合(ADH)实质上均为扩散连接。DFB 的关键是金属填料必须大量扩散进入母材中,这只有在正确的准备和清洁时才能实现。因此,DFB 过程通常会消除原始连接界面。使用 ADB 方法时,必须合理选择 MMC 和金属填料间的化学相容性来防止发生液态金属脆化效应(LME)。如果不发生 LME 时,ADB 可以为高温应用产生高的连接强度。温度和时间要最小化以减少有害化学反应物。DFB 的连接性能取决于被连接材料,且能够提供高的导热性和导电性。DFB 一般应用于传热器件,如热管、翼片、散热器和热交换器。然而,高温 DFB 会降低一些 MMC 的力学性能,并可能引入一些结构热变形[见文献 1.2.8.4.3.4(a)和(b)]。

1.2.8.4.3.5　激光束(LB)焊接

激光束焊接是一种快速热连接过程,会使增强体的重新分布降低到最小并得到非常细小的金属基体晶粒。激光束焊接将热能集中到非常小的光束,使焊缝和热影响区(HAZ)很窄。高热通量区的微观结构分析表明一些增强体(如碳化硅和石墨)已经完全反应并形成了有害的金属碳化物相。其他种类的增强体(如碳化硼和氧化铝)则不存在类似问题。实验数据表明相对于金属基体,激光会先被 MMC 中的非金属增强体吸收。因此对于含有碳化硅、碳和石墨的大多数 MMC 材料,使用激光束焊接很难获得很好的机械连接[见文献 1.2.8.4.3.3(b)和 1.2.8.4.3.4(a)]。

1.2.8.4.3.6　电子束(EB)焊接

该技术通常需要电子束设备和聚焦设备,并要求工件置于真空室内。对于 MMC 而言,电子束焊接质量与激光束焊接质量有点相似。激光束焊接和电子束焊接工艺都是能够提供很快的热循环和局部加热的熔融工艺。与可以在空气中操作的激光束焊接不同,电子束焊接由于对真空条件的需求而变得更加复杂。电子束移动速度加快和聚斑减小会降低碳化铝相的生成。通常在相同的焊接速度下,电子束焊接比激光束焊接产生更少的有害相。电子束焊接在碳化硅增强铝基和钛基 MMC 中取得了部分应用[见文献 1.2.8.4.3.3(b)和 1.2.8.4.3.6]。通过使用高速可控温度的自动焊机也许可以改善连接质量。

1.2.8.4.3.7　钨极惰性气体保护电弧(GTA)焊

GTA 是电弧焊接工艺,通过在单个钨电极和工件之间的电弧产生热。如果使用金属填料,可被预置在焊接接头中或在焊接时从外部填入电弧中。电弧焊时母体将显著熔化。因此通常会观察到 MMC 显微组织和性能的退化。一般而言,GTA 很难应用于连续纤维增强 MMC。然而对于非连续增强 MMC 而言,GTA 是一种商业可行的连接方法。在这些体系中使用 GTA 易形成对接接头而不是搭接接头[见文献 1.2.8.4.3.3(b)和 1.2.8.4.3.7]。

1.2.8.4.3.8　熔化极气体保护电弧焊(GMA)

GMA 是类似于 GTA 的电弧焊接工艺,不同之处在于 GMA 使用了可消耗的填充金属电极(单一合金或 MMC)而不是钨电极。可消耗金属电极通过焊枪填入并为焊接提供金属填料。GMA 焊接通常是一种具有高焊接速度的自动焊接方法,并被证明比 GTA 焊接更适用于 MMC。对非连续增强体,GMA 焊接已被证明可成功应用于氧化铝增强 MMC 与铝的连接[见文献 1.2.8.4.3.4(b)和 1.2.8.4.3.8]。对于多道焊接,需要移除表面污物并对 MMC 除气以减少热影响区的孔隙率和缺陷。GMA 焊接工艺为 MMC 提供了商业可行的连接方法。

1.2.8.4.3.9　电阻点焊(RS)

电阻点焊是利用在连接界面施加短时低电压、高电流产生热量实现焊接的一种工艺。通常,在施加电流的同时施加外力以确保实现连续的电接触并使加热工件锻压在一起形成连接。电阻点焊用于 MMC 时所用电流显著低于焊接非增强金属时所用电流,这是由于非金属增强体的存在使电阻大于纯金属基体。因为热输入是局部的,电阻点焊产生的有害反应是最少的。对于连续增强 MMC 来说,夹持力可能导致增强体纤维迁移到焊点熔核,通过提高纤维束和基体间的剥离强度使焊点熔核得到强化。然而,纤维的运动是不可预测的,并且可能会导致复杂的应力分布。控制焊点熔核开裂的重要工艺参数是电流密度、夹持力、工件间的接触时间和熔后循环[见文献 1.2.8.4.3.3(b)和 1.2.8.4.3.6]。

1.2.8.4.3.10　电容放电焊(CD)

CD 是一种类似于电阻焊接的焊接技术,热能通过直接电接触输入工件。在电容放电焊中,通过在加压条件下电容快速放电来输入热能。这确保了闭合电路的形成并使加热工件锻压在一起形成连接。由于电容放电速率快(在 $5\sim25\,\mu s$ 数量级),该工艺产生更少的有害反应并获得比界面电阻点焊(RSW)略好的性能。在电容放电焊过程中,界面处局部挤出金属是普遍存在的,同时也是选择该方法时必须考虑的问题。实验研究表明对几类碳化硅增强铝基复合材料而言,使用电容放电焊能够消除 $Al-C$ 化合物的形成(见文献 1.2.8.4.3.10)。

1.2.8.4.3.11　钎焊(BZ)

最普遍的钎焊方法是真空钎焊和浸沾钎焊。真空钎焊只限于在钎焊循环中可以在表面施加大法向压力的平板间的焊接。浸沾钎焊使用化学焊剂完成,最适合自固定组件。所有的钎焊都在高温下完成,因此可能会引起结构热变形。高温下长时间接触可能会由于形成有害相而导致焊接性能降低。钎焊铝基复合材料前要先除去表面氧化物。必须考虑 MMC 和钎焊金属的化学相容性以防止液态金属脆化效应的发生。钎焊由于使用了薄金属填料,因此具有较好的导电性和导热性。钎焊方法一般应用于传热器件,如热管、散热器和热交换器的连接[见文献 1.2.8.4.3.3(b)和 1.2.8.4.3.11]。

1.2.8.4.3.12　软钎焊(SD)

相对于钎焊、扩散连接和熔焊,这是一种相对低温的连接方法。但是将导致接头强度大幅下降。然而较低的工艺温度对于制备要求尺寸稳定的结构可能是有利的。低温软钎焊不会降低已经热处理过的铝基复合材料的性能。金属基体表面形成的强韧氧化层必须去掉,以保证焊料和母材的冶金连接。通常使用具有高腐蚀性的化学焊剂来提高表面润湿性。在去除这些化学焊剂时必须小心,因为如果把其留在接头中,将引起电化学腐蚀和液态金属脆化效应。因此,应使用带有焊剂去除技术的软钎焊或无焊剂软钎焊工艺[见文献 1.2.8.4.3.4(a)和 1.2.8.4.3.12]。

1.2.8.4.3.13　胶接(AB)

使用该技术连接 MMC 时,MMC 的潜在物理损伤最低。液态金属脆化效应和金属腐蚀效应在胶接过程中不会发生。由于目前大多数胶黏剂的固化温度低于 $350\,°F(180\,℃)$,胶接可以应用于已经热处理过的铝基复合材料中。通常,采用标准胶接工艺和适当的 MMC 表面处理可以获得强化学结合。应用各种胶接技术时,胶黏剂的析气是需要考虑的。真空析气可能会使安放在 MMC 胶接结构上的光学镜面和光敏感设备受到污染。胶接技术不适用于要求高热导率和电导率(垂直于界面)的连接界面。用金属填料的软钎焊、钎焊以及扩散连接更可能获得高热/电导率结构[见文献 1.2.8.4.3.3(b)和 1.2.8.4.3.4(a)]。

1.2.8.4.3.14　机械紧固(MF)

这是一种使用非熔化中介物质,如机械插入物、螺栓、螺帽和紧固件连接的方法。尽管机械紧固很容易实施,但也存在缺点。例如,MMC 和紧固件间的热膨胀差异会导致 MMC 在高温应用时对热应力敏感。紧固件孔相对于 MMC 板边缘和拐角的尺寸和位置必须仔细选择,以防止在加工紧固件孔时板边缘撕裂。在打孔穿过 MMC 时,尽量减少临近纤维损伤是非常重要的。对于非连续纤维增强 MMC 而言,机械紧固通常不会出现板的分层和边缘撕裂的问题。然而,为了防止由于紧固件过紧导致的分层和变形,必须选择合适的紧固件尺寸和拧紧力。机械紧固不推荐用于要求小变形、高尺寸稳定性的结构和高刚度 MMC 工件间的装配[见文献1.2.8.4.3.14(a)和(b)]。非连续增强 MMC 具有很高的销承载强度,适用机械紧固方法。

1.2.8.4.3.15　铸造镶嵌件连接(CI)

铸造镶嵌件连接是一种近净成形铸造具有内置金属镶嵌件的 MMC,从而为使用常规连接方法提供连接位置的方法。此外,通过设计镶嵌件可以将外加载荷传递到纤维增强体上,使铸造 MMC 结构更强硬。金属镶嵌件的热膨胀需要和 MMC 匹配以减少铸造过程的热应力(见文献 1.2.8.4.3.15)。

1.2.8.4.3.16　瞬时液相连接(TLP)

瞬时液相连接是利用填料在连接界面上产生瞬时液层而形成连接的方法。由于接头的连接是扩散的结果,为了保证润湿性,表面的氧化物必须去除。这种连接方式通常需要加压来改善中间层和母材的接触。处理时间和温度必须最小化以防止显微组织损伤。通常,连接质量取决于材料。瞬时液相连接能提供高导热性和导电性。然而,高温瞬时液相连接会使一些 MMC 的力学性能下降同时引入结构热变形。瞬时液相连接已可应用于碳化硅和氧化铝颗粒增强铝基复合材料[见文献 1.2.8.4.3.16(a)和(b)]。

1.2.8.4.3.17　快速红外焊接(RI)

这是一种相对较新的 MMC 连接工艺。可产生 212℉/s(100℃/s)量级的加热和冷却速率。这种快速率的热输入会减少由于连接时长时间加热 MMC 产生的不利影响。这项技术的开发是为了最小化高温钛基复合材料瞬时液相连接的处理时间(见文献 1.2.8.4.3.17)。红外焊接技术需要将带有金属填料的 MMC 工件利用适当的连接构造置于专用红外炉中。在整个焊接过程中,用惰性气体如氩气吹扫加热室以防止氧化。连接之后,MMC 置于保护性气氛中自然冷却。与大多数扩散连接相似,RI 可以提供高导电性和导热性。

1.2.8.5　热处理
本章节留待以后补充。

1.2.8.6　涂层和表面处理
本章节留待以后补充。

1.2.9　质量保证

1.2.9.1　组分
本章节留待以后补充。

1.2.9.2　预制体
本章节留待以后补充。

1.2.9.3　成品
本章节留待以后补充。

1.2.9.4　统计过程控制
本章节留待以后补充。

1.2.10　修理

1.2.10.1　加工中
本章节留待以后补充。

1.2.10.2　服役中
本章节留待以后补充。

参 考 文 献

1.2.3.3.1(a)	Harrigan W C. Metal Matrix Composites：Processing and Interfaces [M]. Academic Press，1991.
1.2.3.3.1(b)	Andreas Mortensen. Metal Matrix Composites in Industry：An Overview [M]. MMC Ⅷ conference, London, UK November 2001.
1.2.3.3.4	MMC ASSESS Thematic Network website [DB/OL]. http：//mmc-assess. tuwien. ac. at/data/cfrm/mg_c. htm.
1.2.4.3	Ichinose N. Introduction to Fine Ceramics [M]. John Wiley and Sons, 1987.
1.2.8.4.3.1(a)	Ahearn J S, Cooke D C. Joining Discontinuous SiC Reinforced Al Composites [R]. Martin Marietta Co. , Report No：NSWC TR－86－36, September 1,1985.
1.2.8.4.3.1(b)	Cola M J, Martin G, Albright C E. Inertia Friction Welding of 6061－T6/Al$_2$O$_3$ MMCs [M]. Research Report MR9108, Edison Welding Institute, June 1991.
1.2.8.4.3.2(a)	Thomas et al. Friction Stir Welding [P]. U S, Patent 5460317.
1.2.8.4.3.2(b)	Dawes C J, Thomas W M. Friction Stir Process Welds Aluminum Alloys [J]. Welding Journal, March 1996,41－45.
1.2.8.4.3.2(c)	Rhodes C G, Mahoney M W, et al. Effects of Friction Stir Welding on Microstructure of 7075 Al [J]. Script Metall. , 1997,36：69－75.

1.2.8.4.3.3(a)　Harrigan W C, Dolowy J F. Investigation of Joining Concepts for Graphite Fiber Reinforced Aluminum Composites [J]. DWA Inc. , NSWC TR-284-9, March 1980.

1.2.8.4.3.3(b)　Luhman T S, Williams R L. Development of Joint and Joining Techniques for Metal Matrix Composites [R]. Boeing Co. , Report: AMMRC TR-84-35, August 1984.

1.2.8.4.3.4(a)　Nedervelt P D, Burns R A. Metal Matrix Composites Joining and Assembly Technology [R]. Boeing Defense & Space, Report No. WL-TR-93-4083, September 1993.

1.2.8.4.3.4(b)　Lienert T, Lane C, Gould J. Selection and Weldability of Al. Metal Matrix Composites [M]. ASM Handbook, Vol 6, Materials Park, OH, ASM, 1995, 555-559.

1.2.8.4.3.6　Kissinger R D. Advanced Titanium Based Material Joining Technology [R]. G. E. Aircraft Engines, Naval Air Warfare Center, Phase 1 Report No. 8, January 1994.

1.2.8.4.3.7　Goddard D M, Pepper R T. A Preliminary Investigation of Joining Methods for Gr/Al Composites [M]. Aerospace Corp. , SAMSO-TR-71-149, August 1971.

1.2.8.4.3.8　Altshuller B, Christy W, Wiskel B. GMA Welding of Al-Alumina MMCs [M]. Weldability of Materials, Materials Park, OH, ASM, 1990,305-309.

1.2.8.4.3.10　Devletian J H. SiC/Al MMC Welding by a Capacitor Discharge Process [J]. Welding Journal, 1987: 33-39.

1.2.8.4.3.11　Rosenwasser S N, Auvil A J. Development of Low-Temp, Solid-State Bonding Approach for MMC Joints [M]. Sparta Inc. , NSWC-TR-89-302, Oct. 24,1989.

1.2.8.4.3.12　Nowitzky A M, Supan E C. Space Structures Concepts and Materials [R]. SBIR Phase 2 Final Report, DWA Inc. , NASA-MSFC, Contract No. NAS8-37257, June 1988.

1.2.8.4.3.14(a)　Kiely J D. Performance of Graphite Fiber Reinforced Aluminum Under Fastening Compression Loads [M]. Naval Surface Warfare Center, NAVSWC-TR-91-408, July 1991.

1.2.8.4.3.14(b)　Sawyer J W, Rothgeb T M. Thermal-Mechanical Test of TMC Highly Loaded Joints [M]. NASP TM-1176, April 1994.

1.2.8.4.3.15　Lee J A, Kashalika U. Casting of Weldable Gr/Mg MMC with Built-in Metallic Inserts [R]. NASA Conf. 3249, Vol 1, p. 371, Dec. 7-9,1993, Anaheim, CA.

1.2.8.4.3.16(a)　Sudhakar K. Joining of Aluminum Based Particulate-Reinforced MMCs [M]. Dissertation, The Ohio State University, 1990.

1.2.8.4.3.16(b)　Klehn R. Joining of 6061 Aluminum Matrix Ceramic Particulate Reinforced Composites [C]. M. S. thesis, Massachusetts Institute of Technology, Sept 1991.

1.2.8.4.3.17　Lin R Y, Warrier S G, et al. The Infrared Infiltration and Joining of Advanced Materials [J]. JOM, 1994,46: 26-30.

1.3　材料表征实验方案

1.3.1　引言

1.3.1.1　目标

这些指南的目的是为建立 MMC 体系力学性能 A 基准、B 基准和 S 基准所需最少数据量提出一些建议。这些建议涵盖了复合材料最终态、组分和中间态。

复合材料的优点之一是能够根据特定的应用来设计其性能。下面的建议为选择可用的试验矩阵和试件数量提供了灵活性。然而,每个试件在预期温度和应力范围内所有关键方向上仍需要统计学上有效的数据。

建议给出特定应用数据,即使其仅包含本手册所列方案中的一小部分。通常,也会进行一些列表外的实验。这些数据提供了非常有用的信息,应该报道。不参照本手册内的实验方法进行测试时,应该详细描述试件情况和实验方法。

1.3.1.2　数据分类

提交的供可能发布的材料性能数据按下列 2 类 CMH－17 数据类型进行分类,针对 1.3.4.2 节和 1.3.5.2 节讨论的性能,需审查数据的材料与工艺(1.2.6 节)、采样(1.3.2 节)、实验方法(1.4 节)和数据文档(1.3.2.5 节)是否满足需求。本手册中只有完全批准数据才给出 B 基准值(如果有足够的数据,也给出 A 基准值)。CMH－17 的 2 类金属基复合材料数据分类型为:

(1) 完全批准数据

满足最严格的总体采样标准(1.3.4.2 节和 1.3.5.2 节)、数据文档(1.3.2.5 节)和实验方法要求的基于统计学的材料性能数据。

(2) 筛选数据

任何提交的且不满足完全批准要求的数据被定义为筛选数据。需满足的最少数据和文档要求由数据评估工作组根据具体情况逐项决定。

1.3.2　要求

1.3.2.1　试验方法选择

当向 CMH－17 提交数据录入第 3 章时,需基于以下理念选择测试方法准则。理想情况下,一个实验方法应该由标准组织(可能包括来自材料供应商、最终用户、学术界或政府的代表)来严格审查其适用性、精度和偏差。该审查结果和实验方法应该可在供参考的公开文献出版物中查到,并包括不同实验室的比较试验(联合对比试验)。在没有满足上述准则的实验方法可用时,则必须选择满足不太严格准则(下列第 2 条)的试验方法。

当向 CMH－17 提交数据录入第 3 章时,其所使用的具体试验方法必须已被 CMH－17 MMC 协调组认同。这些方法将在 1.4 节～1.10 节具体介绍并满足下列准则中的一个或多个。

(1) 已经完成以下几项工作的先进复合材料试验方法和常规试验方法

- 在公认的标准制定组织的资助下进行联合对比试验;
- 精度和偏差的严格审查;
- 在公认的标准制定组织的公开文献中出版。

(2) 对于具体的结构或工艺/产品形式尚没有满足上述准则的标准时,可由 CMH - 17 MMC 协调组来选择其他实验方法。这些方法由 CMH - 17 工作组或其他组织开发出来并已开始标准化进程。

提交数据所用实验方法必须满足本手册提出的要求。

1.3.2.2　实验条件的选择

实验条件的选择由许多因素决定。一般而言,最好在材料的实际使用条件下进行实验。然而在每一使用条件下进行实验成本高并且时间上不允许,因此必须采用折衷的方法,既可覆盖材料的可用范围又使实验量最少。这通常是在材料极端应用条件下进行测试,并允许用户在这些极端条件之间使用材料。这就假设性能在极端条件之间线性变化。但是实际情况并非总是如此,因为有时会观测到局部极小值或者局部最大值(如塑性最小值)。如果发生这样的异常情况,那么需要在这些条件下进行额外的实验。

除了服役条件,还有其他目的会影响实验条件的选择。如果实验是为了表征一个模型,那么具体模型应该规定实验类型和进行试验的条件。有时在超出材料可用范围进行测试,目的是理解材料在极端条件下使用(即超载、过热等)时的行为。因此,材料可能在发生过量的蠕变、塑性变形、氧化或其他形式损伤的条件下进行测试。不应该在材料名义上是弹性的、没有施加热影响或者累积有限损伤这样的范围内进行过量的实验。

1.3.2.3　试样数和采样

概述:金属基复合材料体系设计许用值的产生通常意味着汇集了不同批次、不同位置甚至稍有不同工艺的实验数据。出于计算的目的,母体的定义必须有足够的限制以确保计算的设计变量是真实和有用的。用于数据汇集的均质母体不应该包括多于一种纤维和基体组分的复合材料体系、热处理状态、试验温度、纤维取向、纤维体积含量和实验方法。然后进行合并数据的统计分析以确认其来自同一母体。最后与取证机构讨论后给出结论,对于 CMH - 17 则由数据审查小组给出结论。

连续纤维增强金属基复合材料的采样

对于所有连续纤维增强的金属基复合材料,应该从每一板材中取样,以确保整批或整组材料的性能均一性。此外,应该从板材上任意位置随机取样以确保可精确代表整板性能。对于尺寸不大于 6 in×6 in(15 cm×15 cm)的板材需至少选取一个试件。对大于 6 in×6 in 的复合材料板应至少取 2 个试件。实验方法的选取应征得制造方和最终用户的一致同意,对于这样的筛选实验经常采用拉伸或低周疲劳实验。这些筛选实验是本手册的 1.3.3 节和 1.3.4 节所列测试要求的补充。

1.3.2.4 试样准备

本部分介绍复合材料试样的机械加工方法。为了表征这些前沿的先进材料的行为,测试试样将经受循环和单调载荷,然后材料的力学性能将用于表征模型并为设计提供数据,因此不得在加工过程中引入任何对材料性能有害的损伤。

这些材料通常以大约一平方英寸大小平板形式提供。如果已经用来加工过试样,可能只提供剩余的部分板材。板的厚度从 0.04 in(0.1 cm)(4 层复合材料)到 0.32* in(0.8 cm)(32 层复合材料)变化。这些材料十分昂贵(约 10 000 美元/ft²),并且从订货到交货需要很长的时间,因此要关心的是在没有失误和材料浪费最小化的情况下,从板中获得高质量的试样。由于这些材料具有不均匀性(即硬的陶瓷纤维和软的基体)和极度各向异性,所以很难加工。此外,加工过程引起很高的残余应力(由于纤维和基体的热膨胀系数不匹配,不规则的铺层即纤维没对齐,基体层不均匀)会使板材发生轻微翘曲。由于这些原因,常规的机械加工方法不适用。非常规加工方法已经成功地应用于这些材料。

有 3 种机械加工方法可用于加工这些材料:电火花线切割、磨料水射流切割以及整体试样金刚石切割/磨削。这些方法已经成功地应用于较薄的材料(8 层或更少)。对于较厚的材料,磨料水射流切割没有足够的力切透整块材料并保持精确的几何形状,因此必须使用其他机械加工方法。如果可能,应该在整个实验方案中选用相同的机加方法,以避免加工成为数据可能存在的潜在的改变。

当制备 0° 试样时,必须要小心以确保纤维平行于试样轴向。同样,当制备具有偏轴或正交纤维取向的试样时,也应该保持试样轴向和预期取向一致。过大的偏差会导致力学性能的误差。通常偏离允许值是 ±1°,取向上较大的偏差应记入报告。

如果试样标距部分(是一个机加表面)的边缘出现明显损伤,或者因为其太粗糙而无法使用引伸计,太不规则而难以得到横截面积的精确测量值,或者因为机加损伤影响实验结果,可以在切割试样时将标距和过渡段留约 0.020 in(0.050 cm)的余量,然后用金刚石研磨到最终尺寸。最终的研磨路径应该取纵向(加载方向)以避免可能引起损坏(裂纹)的划痕。

可以对试样边缘(机加表面)进行抛光以便通过光学或复制方法来观察裂纹。若试样的表面是最外层纤维上面的基体材料层,通常不用任何方式对其进行处理。这是因为基体层通常很薄,对其进行处理很可能会使纤维暴露在表面上,这可能损伤纤维或者至少为环境进入材料(SCS-6 纤维的涂层是氧的易扩散通道)提供了方便。无论出现哪一种情况都会损害力学性能。然而,在疲劳和疲劳裂纹扩展实验中需要抛光以便检测基体裂纹。如果需要对试样表面进行抛光,应小心地去除最少量的基体材料。轻抛光可以按下列步骤进行:依次使用 320、400 和 600 号砂纸磨削,然后用 6 μm 和 3 μm 的金刚石研磨膏研磨。

---

* 原文为 0.30。——译注

图 1.3.2.4(a)中给出了典型的机械加工实例,试样的几何尺寸在图 1.3.2.4
(b)中给出。该试样设计用于单向加载试验。此设计来源于有限元分析,通过最小
化和分散过渡区(圆弧段和工作段之间)的剪切和轴向应力集中来避免试样在过渡
区断裂[见文献 1.3.2.4(a)]。该几何形状在 ASTM 标准 D 3552 - 77 的修订版(最
新修订版为 ASTM D3552/D3552M - 96)"纤维增强金属基复合材料拉伸性能实验
方法"中给出,作为单向复合材料试样的推荐设计。也可以使用其他几何形状。图
1.3.2.4(c)给出了一个成功应用的狗骨状试样,其优点是用材较少。试样设计恰当
的关键是试样必须在标距内断裂,如果断裂频繁地发生在过渡区、圆弧段或夹持区,
那么从这些试样中获得的数据应标记为可疑的,并要寻找新的试样几何形状。

对于包含偏轴层的试样,还有额外的因素来决定试样工作段的长度/宽度。一
项研究表明,当工作段偏轴纤维起始、结束或起始和结束于圆弧段和夹持区,均对试样
产生附加约束,至少影响试样在室温下的拉伸性能[见文献 1.3.2.4(b)]。因此,虽然
工作段宽度可以保持与单向试样宽度一样,但工作段宽度与长度比值的选取必须使
得工作段纤维几乎不在圆弧段或夹持区结束。换句话说,工作段的纤维应该开始和
结束于直的工作段。根据纤维相对于试样轴向的倾斜度,可能需要更长的工作段。

试样通常需要进行热处理来对基体进行时效处理或者模拟部件可能经历的热机
械处理。热处理应该在机加之后进行的原因有多个,首先,热处理有助于释放机加引
起的残余应力;其次,一次只对少量试样进行热处理,如果热处理有问题,那么只有少
量试样损毁而不是整块板;最后,由于在复合材料中存在很高的残余应力,当把试样从

矩形截面工作段

(1) 磨削前,电火花加工的材料在工作段和圆弧段要留有 0.020 in 的余量
(2) 按所示尺寸用金刚石研磨至最终尺寸
(3) 用一系列轻微的操作去除最终余量以使损伤深度和加工硬化最小
(4) 供应的材料是唯一的且很难更换,因此在切割前要仔细确认尺寸
(5) 工作段截面宽度(0.390 in)与试样末端宽度(0.500 in)同心
(6) 工作段截面也应与试样长度方向(6 in)保持同心度在±0.001 in 内
(7) 标记为 A 的切割表面(工作段边缘和端部边缘)应该是笔直的而且是方形的
　　A 表面应该平行于试样的中心线,公差为±0.001 in
(8) 所有的圆弧段必须磨到没有刀痕和台阶
(9) 每一件试样要用永久性墨水编号并确定其在板上的位置
(10) 1 in 长的工作段和圆弧段的表面粗糙度为 32 rms* 或更小
(11) 厚度为所提供的材料厚度
(12) 返还所有材料和废料,保护好试样的研磨表面不受损伤

图 1.3.2.4(a)　加 工 细 则

---

* rms 表示 root mean square。——译注

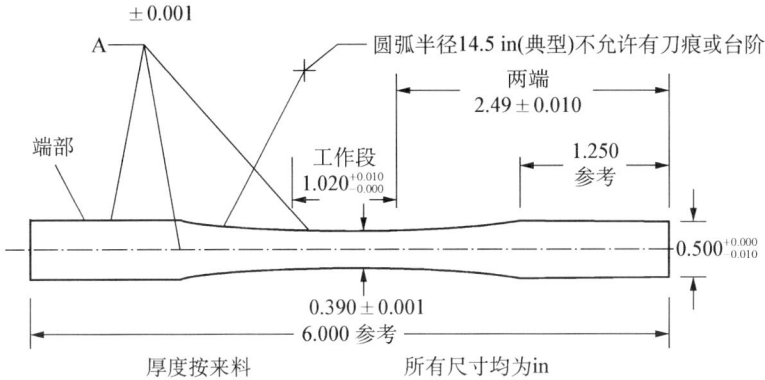

图 1.3.2.4(b)　MMC/IMC 狗骨状试样 - 14.5 in 半径

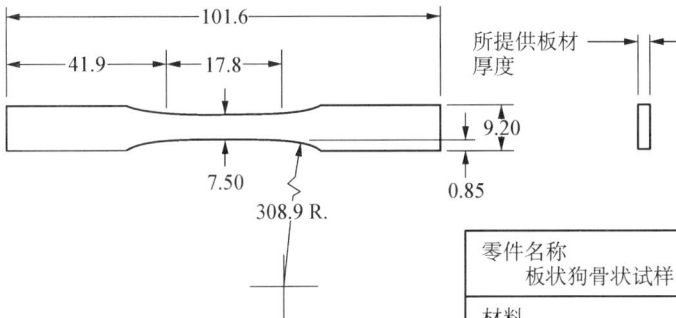

零件名称 　板状狗骨状试样		
材料 SCS-6/Ti-6Al-4V		
热处理 无		
后处理 无		
公差—除非另有说明 X.X±0.3, X.XX±0.05, X.XXX±0.005		
比例 1:1	单位 mm	校正 ——
文件名称 1732.DSF		数量
绘制者 David Maxwell	日期 08/07/96	第2页，共2页

图 1.3.2.4(c)　板状狗骨状试样

板上切割下来时,试样可能翘曲。这可以通过在试样随后的热处理过程中加重物使试样蠕变变平来解决。应该注意到由于在复合材料中存在很高的残余应力,最初的平试样从热处理炉中取出后可能不再是平坦的。在某些情况下,可以观察到试样发生严重弯曲和翘曲,从而导致报废。同样,在热处理过程中在试样上加重物可以解决这一问题。

1.3.2.5 数据文档要求清单

CMH - 17(MMC)

数据文档要求清单

材料名称：_____

数据提交者：_____

提交日期：_____

数据满足 CHM - 17 对完全批准数据的要求吗？是_____不是_____

对于完全批准数据,必须满足卷 4，1.3.4 节(连续纤维增强金属基复合材料)或 1.3.5 节(非连续纤维增强金属基复合材料)中列出的要求。此外,为了满足手册的完整文档要求,必须在提交者的数据表或此清单上提供以下所有标有箭头的项目。否则,如果未提供箭头标记的项目,则数据将被视为筛选数据。

姓名(段检人员)：_____

组织：_____

电话：_____

材料识别

□ ➜ 增强体 ID _____

□ ➜ 基体 ID _____

□ ➜ 连续或非连续_____

增强体信息

□ ➜ 形状(纤维、晶须、颗粒等)_____

□ ➜ 商业名称_____

□ ➜ 制造商_____

□ ➜ 化学组成_____

□ ➜ 芯材(如果连续)_____

□ ➜ 加工方法_____

□ ➜ 直径_____

□ ➜ 名义密度_____

□ ➜ 批号_____

□ ➜ 生产日期_____

增强体信息(连续)

□ ➜ 名义单丝数(如果适用)_____

□ ➜ 纤维排列方式(正交机织)_____

□ ➜ 纤维、丝束或纱束(/in)_____

□ ➜ 形状比(如果非连续)_____

□ 形状(如果非连续)_____

□ ➜ 尺寸分布(如果非连续)_____

基体信息

□ ➜ 基体成分_____

➜ 表示对完整文档要求　　　2/28/03

□ ➜ 基体供应商_____
□ ➜ 基体炉号_____

固结工艺信息

□ ➜ 制造商_____
□ 制造日期_____
□ ➜ 制备方法_____
□ ➜ 加工温度/压力/时间_____

复合材料信息

□ ➜ 产品形式_____
□ ➜ 材料批号/序列号/零件号_____
□ 产品形式维数_____
□ ➜ 增强体体积含量_____
□ ➜ 铺设和层数(如果适用)_____
□ ➜ 名义密度(g/cc)_____
□ ➜ 孔隙含量(如果铸造加工)_____

试样信息

□ ➜ 加工方法_____
□ ➜ 试样几何形状_____
□ ➜ 试样整体尺寸_____
□ ➜ 表面情况_____
□ ➜ 试样取向_____
□ ➜ 实验前预暴露_____
□ ➜ 加强片方法(如果适用)_____

力学实验

□ ➜ 实验类型_____
□ ➜ 实验方法/过程_____
□ ➜ 试样数_____
□ ➜ 标距_____
□ 实验日期_____
□ ➜ 实验温度_____

□ → 实验环境＿＿＿＿＿＿＿＿＿
□ → 失效模式和位置＿＿＿＿＿＿＿＿＿

→ 表示对完整文档要求　　　2/28/03

静态性能文档

对于静态性能,要求以表格(电子表格)形式提供每一个试样的下列信息,数据表格模板由 CMH-17 的秘书处提供。

□ 试样号
□ 纤维体积含量%
□ 批号(板号)
□ 实验温度(℉)
□ 应变率(s^{-1})
□ 弹性模量(E)(Msi)
□ 比例极限(ksi)
□ 0.02%屈服强度($F_y0.02$)(ksi)

□ 0.2%屈服强度($F_y0.2$)(ksi)
□ 极限强度(F_u)(ksi)
□ 延伸率(ε_f)(%)
□ 截面收缩率 RA(%)
□ 标距(in)
□ 工作段直径(in)
□ 工作段宽度(in)
□ 工作段厚度(in)

此外,数据提供者应该提供每一个试样所有容易得到的信息,如果需要的话可以在标准表格的右侧添加额外的列。示例信息如下:

□ 实验日期
□ 失效位置
□ 失效模式
□ 应力应变曲线

□ 试样尺寸(in)
□ 横截面积(in^2)
□ 泊松比(ν)

疲劳性能文档

对于疲劳性能,要求以表格(电子表格)形式提供每一个试样的下列信息,数据表格模板由 CMH-17 的秘书处提供。

□ 试样号
□ 纤维体积含量%
□ 批号(板号)
□ 实验温度(℉)
□ 控制参数速率($\dot{\varepsilon}$, $\dot{\sigma}$, f)
□ 实验前模量,(E)(Msi)
□ 初始加载模量,($E_{N_f<1}$)(Msi)
□ 半寿命模量,($E_{N_f/2}$)(Msi)
□ 波形

□ σ_{max} 和 σ_{min}(ksi)
□ 应力比,R_σ($\sigma_{min}/\sigma_{max}$)
□ ε_{max} 和 ε_{min}
□ 应变比,R_ε($\varepsilon_{min}/\varepsilon_{max}$)
□ 失效循环次数,N_f
□ 标距(in)
□ 工作段直径(in)
□ 工作段宽度(in)
□ 工作段厚度(in)

此外,数据提供者应该提供每一个试样所有容易得到的信息,如果需要的话可以在标准表格的右侧添加额外的列。示例信息如下:

☐ 实验日期　　　　　　　　　　　☐ 试样尺寸(in)
☐ 失效位置　　　　　　　　　　　☐ 横截面积(in²)
☐ 失效模式

腐蚀性能文档

对于腐蚀性能，要求以表格(电子表格)形式提供每一个试样的下列信息，数据表格模板由 CMH-17 的秘书处提供。

☐ 试样号　　　　　　　　　　　☐ 循环时间(min)
☐ 增强体体积含量(%)　　　　　☐ 材料质量损失(%)
☐ 批号　　　　　　　　　　　　☐ 实验时间(h)
☐ 实验温度(℉)　　　　　　　　☐ 实验日期
☐ 试样尺寸(in)　　　　　　　　☐ 失效模式? (点蚀、剥落等)
☐ 环境介质

此外，数据提供者应该提供每一个试样所有容易得到的信息，如果需要的话可以在标准表格的右侧添加额外的列。示例信息如下：

☐ 试样体积　　　　　　　　　　☐ 试样表面面积

1.3.3　材料谱系

当向本手册提交数据时，需要提交一套完整的谱系信息。这主要是确保制造商材料系统的物理、化学和力学性能数据库的有效性。这些要求是确定将数据纳入 CMH-17 的必要条件。文档要求确保了数据库建立过程的可追溯性和可控制性，主要包括采购、制备、加工、热处理、测量以及试验等。

提交的数据必须包含一个完整的数据文件清单(见 1.3.2.5 节)。在执行测试时，所使用的测试方法必须满足本手册的建议。此清单中所有的项目都是必需的。对于完全批准的数据，箭头所标记的项目必须提供。所有信息应可追溯并提交至秘书处。此数据文件清单基于复合材料力学性能试验所需信息。其他试验或材料所需信息与此类似。

1.3.3.1　增强体

本章节留待以后补充。

1.3.3.2　增强体尺寸

本章节留待以后补充。

1.3.3.3　增强体涂层

本章节留待以后补充。

1.3.3.4　基体

本章节留待以后补充。

1.3.3.5　中间形态表征

本章节留待以后补充。

1.3.3.5.1　金属化纤维

本章节留待以后补充。

1.3.3.5.2　单带

本章节留待以后补充。

1.3.3.5.3　单层

本章节留待以后补充。

1.3.3.5.4　特殊形式

本章节留待以后补充。

1.3.3.6　复合材料

本章节留待以后补充。

1.3.4　连续纤维增强金属基复合材料组分材料性能

提交的材料性能数据按下列数据类别进行分类,并针对 1.3.4.1～1.3.4.5 节中讨论的性能,检查其材料和处理工艺、取样、(试样状态)调节、试验方法以及数据文件要求是否满足。本手册仅对完全批准的静态数据提供 B 基准值。若满足1.3.4.1.3 节提到的 A55 和 A75 取样要求,完全批准数据的 A 基准值也将给出。CMH‐17 金属基复合材料数据类型将在下文中给出。

1.3.4.1　静态性能数据类型

复合材料静态性能测试,包括纵向和横向拉伸、压缩、剪切以及销型承载,按下述数据类型进行分类。这些数据类型主要包括筛选、平均值和完全批准数据。

1.3.4.1.1　筛选数据

任何提交的且不满足完全批准要求的数据都被定义为筛选数据。需满足的最少数据和文档要求由数据审核工作组依据具体情况确定。数据汇总表中用大写字母 S 表示。

1.3.4.1.2　平均值数据

材料性能平均值数据必须满足手册最严格级别的数据记录和试验方法要求。这一数据级别通常应用于模量、泊松比和其他不使用基准值的性能数据。在数据汇总表中用大写字母 M 表示。

1.3.4.1.3　完全批准数据

本节为完全批准级别的数据提供了测试建议。实验矩阵适用于生成复合材料、纤维和基体材料的数据。这些矩阵的设计允许进行统计分析和阐释材料的各向异性。然而由于这些材料的高成本,所推荐试验的总数将会保持在最小值。所有的测试都应遵循手册中所给的测试标准。完全批准数据包括下述静态性能测试子类[见表 1.3.4.1.3(a)]。表 1.3.4.1.3(b)给出了完全批准 B30 类数据的测试矩阵实例。对于其他完全批准子类的试验数目可以根据要求进行修改。

- A75 ‐鲁棒采样数据

基于统计学的材料性能,满足手册最严格级别的母体抽样、数据文件和测试方法要求。手册中给出了 A 基准值和 B 基准值。

● A55 -分层抽样数据

基于统计学的材料性能,满足手册最严格级别的数据文件和测试方法要求,对于特定的应用,使用分层抽样。手册中给出了 A 基准值和 B 基准值。

● B30 -鲁棒采样数据

基于统计学的材料性能,满足手册最严格级别的 B 基准值母体抽样、数据文件和测试方法要求。手册中给出 B 基准值。

● B18 -分层抽样数据

基于统计学的材料性能,满足手册最严格级别的母体抽样、数据文件和测试方法要求,对于特定的应用使用分层抽样。少于 5 组的数据,将不使用方差分析计算基准值。手册中给出 B 基准值。

表 1.3.4.1.3(a)　完全批准的子数据类

完全批准数据分类		最低要求	
数据分类	描述	批数	样本数量
A75	A 基准值-鲁棒采样	10	75
A55	A 基准值-分层抽样	5	55
B30	B 基准值-鲁棒采样	5	30
B18	B 基准值-分层抽样	5	18

表 1.3.4.1.3(b)　完全批准 B30 类复合材料静态性能测试

测试	纤维方向	批数	每批试件个数	每种试验条件下试验次数
拉伸	L	5	6	30
拉伸	T	5	6	30
压缩	L	5	6	30
压缩	T	5	6	30
剪切(平面)	L	5	6	30
剪切(平面)	T	5	6	30
销型承载拉伸	L	5	6	30
销型承载拉伸	T	5	6	30
蠕变/应力破坏	L	3	5	2
蠕变/应力破坏	T	3	5	2

注:L 为纵向,T 为横向。

1.3.4.2 复合材料疲劳性能测试

提交给手册的材料疲劳性能数据的取样和测试要求如表 1.3.4.2 所示。

表 1.3.4.2　复合材料疲劳性能测试

测试	纤维方向	批数	应力级别	重复次数	每种试验条件下试验次数
高周疲劳	L	3	5	2	30
高周疲劳	T	3	5	2	30
低周疲劳	L	3	5	2	30
低周疲劳	T	3	5	2	30
疲劳裂纹扩展速率	L	3	5	2	30
疲劳裂纹扩展速率	T	3	5	2	30

注：L 为纵向，T 为横向。

1.3.4.3　复合材料热机械性能测试

提交给手册的材料热机械性能数据的取样和测试要求如表 1.3.4.3 所示。

表 1.3.4.3　复合材料热机械性能测试

测试	纤维方向	批数	应力级别	重复次数	每种试验条件下试验次数
同相位热机械疲劳(IP)	L	2	3	2	12
同相位热机械疲劳(IP)	T	2	3	2	12
反相位热机械疲劳(OP)	L	2	3	2	12
反相位热机械疲劳(OP)	T	2	3	2	12
拉伸(热循环后)	L	2	—	6	30
拉伸(热循环后)	T	2	—	6	30

注：L 为纵向，T 为横向。

1.3.4.4　复合材料物理性能测试

提交给手册的材料物理性能数据的取样和测试要求如表 1.3.4.4 所示。

表 1.3.4.4　复合材料物理性能测试

测试	批数	每批试件个数	每种试验条件下试验次数
热膨胀系数(a)	5	1	15
比热(b)	5	1	5
热传导率(a)	5	1	15
电导率(a)	5	1	15
密度(c)	5	1	5
体积分数(c)	5	1	15

(a) 沿 L(纵向)，LT(长横向)和 WT(短横向)方向取样。
(b) 平行于纤维方向的性能。
(c) 与纤维取向无关的性能。

1.3.4.5　中间形态表征
本章节留待以后补充。

1.3.4.5.1　金属化纤维
本章节留待以后补充。

1.3.4.5.2　单带
本章节留待以后补充。

1.3.4.5.3　单层
本章节留待以后补充。

1.3.4.5.4　特殊形式
本章节留待以后补充。

1.3.4.6　组分表征
本章节留待以后补充。

1.3.4.6.1　纤维性能测试

表 1.3.4.6.1　纤维性能测试

测试	批数	每批试件个数	每种试验条件下试验次数
拉伸	5	30	150
微观组织（高倍）	5	3	15
化学分析	5	3	15
轴向热膨胀	5	3	15
直径（范围）	5	10	50
密度	5	1	5
电导率	1	1	1
热导率	1	1	1

1.3.4.6.2　基体

表 1.3.4.6.2　基体性能测试

测试	批数	每批试件个数	每种试验条件下试验次数
拉伸	5	3	15
疲劳	5	3	15
蠕变	5	3	15
裂纹扩展	5	3	15
硬度	5	3	15

（续表）

测试	批数	每批试件个数	每种试验条件下试验次数
显微组织（高倍）	5	3	15
化学分析	5	3	15
热膨胀系数	5	3	15
密度	5	1	5
电导率	1	1	1
热导率	1	1	1

1.3.5 非连续增强金属基复合材料组分材料性能

1.3.5.1 筛选

任何提交的且不满足完全批准要求的数据都定义为筛选数据。需满足的最少数据和文档要求由数据审核工作组依据具体情况确定。

1.3.5.2 完全批准数据测试要求

本节为完全批准级别的数据提供了测试建议。测试矩阵适用于生成复合材料、纤维和基体材料的数据。这些矩阵的设计允许进行统计分析和阐释材料的各向异性。然而由于这些材料的高成本，所推荐试验的总数将会保持在最小值。所有的测试都应遵循手册中所给的测试标准。

1.3.5.2.1 复合材料静态性能测试
本章节留待以后补充。

1.3.5.2.2 复合材料疲劳性能测试
本章节留待以后补充。

1.3.5.2.3 复合材料热机械性能测试
本章节留待以后补充。

1.3.5.2.4 复合材料物理性能测试
本章节留待以后补充。

1.3.5.2.5 复合材料腐蚀性能测试

表 1.3.5.2.5 复合材料性能测试

测试	批数	每批试件个数	每种试验条件下试验次数
静态	1	3	3
循环	1	3	3

参 考 文 献

1.3.2.4(a) Worthem D W. Flat Tensile Specimen Design for Advanced Composites [S]. NASA CR185261,1990.

1.3.2.4(b) Lerch B A, Saltsman J F. Tensile Deformation Damage in SiC Reinforced Ti-15V-3Cr3Al-3Sn [S]. NASA TM-103620,1991.

1.4 复合材料测试及分析方法

1.4.1 引言

1.4 节包含了表征金属基复合材料的测试和分析方法。该节的目的是提供标准化试验方法和常规技术来建立材料谱系并得到材料的性能。这些方法和技术都是在复合材料业界非常具有代表性的。有适用的现行标准时就直接引用,没有可用标准时本手册提供了测试方法。这些提供的测试方法是在工业、学术界以及政府部门中广泛使用的方法,且多数源自单一金属所用试验方法。但是由于金属基复合材料中存在脆性增强体相以及材料的高度各向异性,使用这些方法时需进行特殊考虑。许多的单一材料标准中都已经加入了注意事项,以便将其应用于金属基复合材料。

1.4.2 连续纤维增强金属基复合材料力学性能测试方法

1.4.2.1 拉伸

概述:金属基复合材料层合板的拉伸强度测试应按照 ASTM 标准 D 3552/D 3553M"纤维增强金属基复合材料拉伸性能"(见文献 1.4.2.1)进行,同时附加以下注意事项:

(1) 断裂位置位于离试样夹持端或加强片一个试样宽度距离以内,被认为是"夹持端"断裂。这些应在数据中特殊标出。

(2) 准备[0]试样过程中应特别注意纤维的方向平行于试样的轴向,同样对于偏轴和正交铺层的试样,也必须保证试样轴向与期望取向间保持良好的一致性,偏差过大会导致材料的强度和模量值出现误差。通常条件下,±0.5°是符合要求的。角度偏差较大时,要特别注明。

1.4.2.2 压缩

该试验方法是测试金属基复合材料压缩性能的优选方法。现阶段并没有测试金属基复合材料压缩性能的标准试验方法,但是,已可成功应用金属和聚合物复合材料的试验技术进行测试。已经设计出多种压缩试验夹具,可向试件施加压缩载荷并使夹持和未对准引起的应力集中最小化,如改进塞拉尼斯(Celanese)夹具、伊利诺斯研究院(IITRI)夹具和 Sendeckyj-Rolfes 夹具。到目前为止,IITRI 夹具是最常用的。

金属基复合材料的压缩试验遵循 ASTM 标准 D 3410 - 87(最新版本为 ASTM D 3410/D 3410M - 95)"单向或正交铺层纤维/树脂基复合材料压缩性能标准试验方法"(见文献 1.4.2.2)进行,同时附加以下注意事项:

(1) IITRI 压缩性能试验夹具是连续纤维增强金属基复合材料压缩性能测试的首选试验装置,对于长条形试样,需要选择合适的试样尺寸,端部加强片不是完全必要的。

(2) 应变片应该按照应变片制造商推荐的方法固定在试样上。两个应变片(每个面一个)同时使用来确定试样在弯曲过程中产生的应变量。使用两个应变片可以提供更多的信息,并且有助于精确地指明试验过程中出现的问题。应变片初始读数的偏差是由于试样/夹具未对准引起试样弯曲造成的,两个应变片之间的读数差距突然加大时,表明试样开始发生屈曲。一个或者两个应变片读数出现尖锐不连续现象说明夹具/楔形块位置异常。

(3) 对于金属基复合材料夹具校准对中是严格要求的,最大允许弯曲应力百分比(PBS,定义如下)失效时不得超过 5%。弯曲应力百分比在 3%~5%之间的试验应注明。

$$PBS = ABS[(G_1 - G_2)/(G_1 + G_2)] \times 100 \qquad (1.4.2.2)$$

式中:G_1 和 G_2 分别为 1 号和 2 号应变片读数。

(4) 失效位置在距离夹持端或者加强片一个试样宽度范围以内被认为是"夹持端"失效,这些要在数据中特别标出。

当对纵向增强金属基复合材料进行压缩试验时应加倍小心。这些试验需要很高的载荷,通常会出现夹持部位滑移的情况。这导致非线性的波状弹性线,给准确计算模量和确定屈服点带来问题。板状试样发生扭转和弯曲将加剧这些问题。建议每个试验都要安装大量的测量仪表(每个面上至少有一个应变片),并仔细检查每个测试结果,确保遵循正确的测试技术,从而获得准确和可重复的数据。

1.4.2.3 剪切(面内)

金属基复合材料剪切强度试验遵循 ASTM 标准 D 5379/D 5379M"使用 V 形缺口梁测试复合材料剪切性能的标准试验方法"(见文献 1.4.2.3)进行。该试验方法是测试金属基复合材料面内剪切性能的优选方法。同时附加以下注意事项:

应变片应该按照应变片制造商推荐的方法固定在试样上。两个应变片(每个面一个)同时使用来确定试样在剪切过程中产生的应变量。使用两个应变片可以提供更多的信息,必要时取平均值,并且有助于准确指明试验过程中出现的问题。应变片初始读数的偏差是由于试样/夹具未对准引起试样扭曲造成的。

1.4.2.4 疲劳

1.4.2.4.1 适用范围

该试验方法是测试金属基复合材料等温疲劳性能的标准方法,试验可以采用应力控制或者应变控制模式,并且可在任意的应力(应变)比(R_σ或R_ε)的条件下完成。试验应遵循 ASTM 标准 E466[见文献 1. 4. 2. 4. 1(a)]和 E606[见文献 1.4.2.4.1(b)]进行,同时需注意以下几点:

1.4.2.4.2 试样设计

按照 1.3.2.4 节推荐的方法进行疲劳试样的设计和准备。

1.4.2.4.3 波形

循环加载时可以采用三角波(即线性斜波)或正弦波。可以采用任意恒定的加载/卸载速率。加载速率过低将趋于导致蠕变的产生或者组分的应力松弛。加载速率大于约 10 Hz 时,可能由于纤维和基体界面的相对滑移而引起摩擦生热。除非材料具体应用需要,否则应尽量避免采用这样的加载速率。

1.4.2.4.4 控制模式

疲劳试验中包括应力控制和应变控制两种模式,当采用应力控制模式时,试样应变将在沿拉伸方向显著提高。对于高正应力比或者不包含 0° 的层合板试样尤为明显。

应变控制模式的试验通常会出现应力松弛的现象,从而导致压应力场的松弛。这会导致薄板试样发生屈曲[见文献 1.4.2.4.5(a)]。此外,应变模式下定义失效通常是个问题[见文献 1.4.2.4.5(b)]。

1.4.2.4.5 压缩加载

在压缩载荷的条件下测试金属基复合材料薄板可导致试样的失稳屈曲。这可能是由于施加的压缩载荷造成的,也可能是由于在应变控制模式试验中载荷松弛成压力造成的。为了避免试样屈曲有两个方法:第一是采用厚的试样,以便承受更大的压缩载荷,但是厚试样成本高,以及加工的困难性致使这并不是最佳的选择。第二是使用防屈曲导板,防屈曲导板最低限度地约束试样侧面以防止屈曲。该方法已经成功应用于对称循环载荷作用下钛基复合材料薄板试样的测试[见文献 1.4.2.4.5(a)和(b)]。此外,已证明带有防屈曲导板的试样与没有防屈曲导板的厚试样在相同的试验条件下具有相同的寿命。

值得注意的是,防屈曲导板设计不当时可能会通过承担过多的轴向载荷而使疲劳寿命增加,也可能因为接触表面引入摩擦磨损而降低疲劳寿命。因此,测试人员必须确认防屈曲导板在试验过程中不会影响试样的寿命[见文献 1.4.2.4.5(c)]。

1.4.2.4.6 失效

试验应该持续至失效发生时为止,用于定义失效的失效准则必须是明确的。

注 1:应力控制试验中,如果循环中存在拉伸载荷,试样应该断成两块。因此通常采用断成两块作为失效准则。但是也可以使用其他的失效准则,尤其对于应变控制试验[举例见文献 1.4.2.4.1(b)]。

1.4.2.4.7 数据报告

1)应在测试过程中周期性地数字化记录和/或模拟记录应力-应变迟滞回线。

2) 应建立每一个试样载荷(或应变,非可控参数)的最大值和最小值与循环次数的关系。

3) 应记录失效位置、失效准则以及任何异常裂纹萌生的原因(如热电偶接触点)。

1.4.2.5 疲劳裂纹扩展速率

概述:本标准允许使用中心裂纹拉伸试样 M(T)和单边缺口试样 SE(T)来测定复合材料的疲劳裂纹扩展速率。疲劳裂纹扩展速率可以用所加应力强度因子的循环范围、裂纹长度或裂纹尖端有效应力强度因子的循环范围来表征。若在疲劳裂纹扩展试验过程中形成桥接区,裂纹尖端有效应力强度因子可用纤维桥联模型预测,例如剪切滞后模型[见文献 1.4.2.5(a)~(c)]、弹簧模型[见文献 1.4.2.5(d)~(e)]和纤维压力模型[见文献 1.4.2.5(e)~(f)]。

这个标准只适用于裂纹自相似扩展的复合材料,如[0]、[90]或[0/90]纤维铺层。在其他的纤维铺层中,往往会在缺口处产生复杂的失效形式,形成大微裂纹群、多裂纹、分层和裂纹非自相似扩展。

疲劳裂纹扩展试验应遵循 ASTM 标准 E647"疲劳裂纹扩展速率测试标准方法[见文献 1.4.2.5(g)]",需注意以下要点。

试样说明

(1) 试样的厚度由原材料决定,通常以板材形式出现的材料不再加工成特定的厚度,而其他的尺寸将基于该厚度,采用 ASTM 标准 D647 中给出的公式计算。

(2) 由于机械加工孔附近可能会出现局部承载失效,因此不建议单向金属基复合材料试样采用销钉加载形式,而推荐使用类似于 ASTM 标准 D647 中所述的楔形加载夹具。带有中心裂纹的试样 M(T)试验时,楔形区域的长度要大于 $0.5W$(W 为试件的宽度),对于单边缺口试样 SE(T)长度为 W,这一长度的确定,主要是保证楔形夹具夹持试样时有足够的摩擦力,避免出现滑动。

(3) 带有中心裂纹的试样 M(T)——采用 ASTM 标准 D647 中的标准试样[见图 1.4.2.5(a)]作为使用楔形加载夹具进行试验的试件。当夹具间试样长度大于或等于 $3W$ 时,可采用更宽、更长的夹持区域。

(4) 单边缺口试样 SE(T)——SE(T)试样[见图 1.4.2.5.(b)]基本上是将一个 M(T)试样沿纵向切割一半而成。夹头之间的试样长度(H)应该大于 $2W$。对于 SE(T)试样,应力强度因子范围($\Delta K_{applied}{}^{*}$)对加载方式十分敏感,使用 SE(T)的试样测试时,需特别注意夹持和数据处理过程。

销钉载荷通过如图 1.4.2.5(c)所示的 U 形销孔加载,自由转动的夹具可以保证均匀的应力边界条件。对于销钉加载的单边缺口试样,应力强度因子范围($\Delta K_{applied}$)

---

* 原文为 $K_{applied}$。——译注

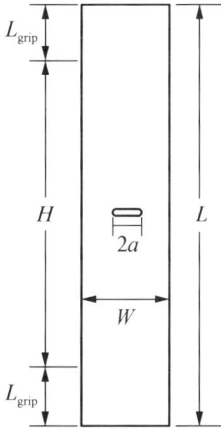

图 1.4.2.5(a) 带中心裂纹拉伸
试样,M(T)

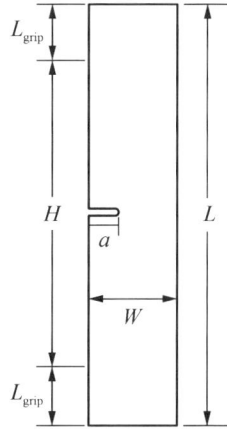

图 1.4.2.5(b) 单边缺口拉伸试
样,SE(T)

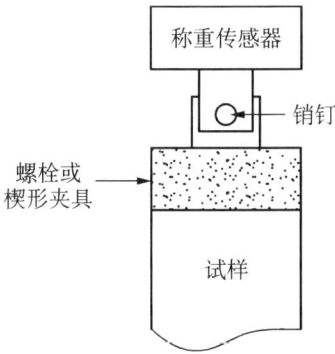

图 1.4.2.5(c) 销钉加载夹持模式

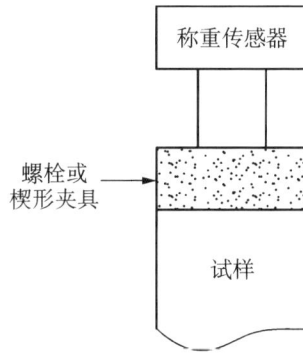

图 1.4.2.5(d) 刚性夹持模式

可以采用下式计算:

$$\Delta K_{applied} = \Delta \sigma \sqrt{(\pi a)} \cdot F(\alpha) \qquad 1.4.2.5(a)$$

式中:$\Delta \sigma$ 表示加载应力范围;

$$F(\alpha) = \sqrt{(2/\pi \alpha) \tan(\pi \alpha/2)} \cdot \frac{0.752 + 2.02(\alpha) + 0.37(1 - \sin(\pi \alpha/2))^3}{\cos(\pi \alpha/2)}$$

$$1.4.2.5(b)$$

式中:$\alpha = \dfrac{a}{W}$;对于任意的 α,表达式在 $\pm 0.5\%$ 内有效[见文献 1.4.2.5(h)]。

刚性夹持加载 SE(T)

刚性夹持加载 SE(T)试样的应力边界条件不同于销钉加载,试验过程中试样无法转动,具有均匀位移边界条件而非均匀应力边界条件。此时应力强度因子 $K_{applied}$

对试样的高宽比（H/W）非常敏感，当高宽比很大时，$K_{applied}$值接近于销钉加载［见文献1.4.2.5(h)～(k)］。当高宽比（H/W）在 2～10 之间时，刚性夹持加载 SE(T)中施加应力强度因子和裂纹张开位移的计算公式见文献 1.4.2.5(k)。

紧凑拉伸试样 C(T)

当测试增强体平行于加载方向的单向复合材料试样时，不建议使用 C(T)类型试样。材料的各向异性和较大的弯曲应力会导致裂纹非自相似扩展［见文献 1.4.2.5(l)］。但是，C(T)试样非常适用于测试相对较厚的横向（90°）单向试样［见文献 1.4.2.5(m)］。但是同样要考虑上文所提到的机械加工孔附近由于局部承载而发生失效的可能性。

缺口说明

机加缺口的细节对于保证裂纹的自相似扩展至关重要。建议采用 ASTM 标准 D647 中所述的长度小于 0.062 5W、裂纹尖端为 30°锥度的窄锯口或线切割加工缺口。如果此时采用圆形切口（如孔），可能会产生更多的裂纹，这样会导致裂纹张开位移的监测更加复杂。

裂纹长度测量

（1）测量裂纹长度的标准方法是利用柔度法测量，但是对于存在纤维桥联的情况是不适用的，因为纤维的桥联会屏蔽扩展裂纹的尖端。此外，由于未断裂桥联纤维的影响，直流电位法（DCEP）将不能精确测量裂纹的长度。因此必须在试验中采用高分辨率光学测量装置来精确定位裂纹尖端位置。对于自动化测试，也许可用直流电位法依据 ASTM 标准 D647 附件 3 来监测裂纹扩展；最后采用光学校正测量结果时，也要特别注意裂纹尾部的纤维断裂情况。

（2）在没有纤维桥联的情况下，采用柔度法测量裂纹长度而产生的误差可能是由于复合材料的各向异性造成的，因此采用此方法时应该使用有效模量。

桥联区的测量

尽管桥联区的长度（如果存在的话）是计算有效裂纹尖端驱动力的关键参数，但是到目前为止桥联区域的原位测量技术仍旧难以实现。纤维断裂之前，桥联区（$a_{bridgaged}$）是基体裂纹尖端的实际位置（a）和机加缺口长度（a_0）之间的差值：

$$a_{bridgaged} = a - a_0 \qquad\qquad 1.4.2.5(c)$$

纤维开始失效之后，桥联区域突然变小导致裂纹张开量迅速变化。可以采用声发射监测纤维的失效，从而为中断试验来测量新桥联区提供判据。然后可以使用无损检测技术（NDE）如超声扫描电子显微镜确定桥联区的长度。

桥联区长度的测量也可以通过试验过程中定期比较相对于全裂纹长度的裂纹张开位移和无桥联裂纹的预测值之间的差别来确定。由于桥联区域裂纹位移量很小，这些测量需要特殊的光学设备。桥联和非桥联裂纹的张开位移之间的差

异可以定性地描述桥联程度,并且结合适当的桥联模型可推导桥联长度[见文献
1.4.2.5(n)]。

裂纹尖端有效应力强度因子

当发生桥联时,桥联的纤维仍然可以承担部分载荷,因此总载荷无法全部施加
到裂纹尖端。此时,裂纹尖端有效应力强度因子由下式给出:

$$K_{\text{effective}} = K_{\text{applied}} - K_{\text{bridging}} \qquad 1.4.2.5(d)$$

K_{bridging} 是由于桥联纤维的存在而产生的闭合应力强度因子,作为基体裂纹尖端
的闭合压力。如果无桥联现象,则 $K_{\text{bridging}}=0$,否则 K_{bridging} 由下式计算:

$$K_{\text{bridging}} = \int_{a_0}^{a} C(x) \cdot g(x)\mathrm{d}x \qquad 1.4.2.5(e)$$

式中:$C(x)$ 为桥联区纤维的闭合载荷;$g(x)$ 为在距离裂纹尖端 x 位置处施加单位
点载荷时应力强度因子的权函数,该函数与几何形状关系密切,相关标准几何尺寸
可以在文献 1.4.2.5(h)和(k)中查询。

假设的纤维压力方程将闭合载荷与裂纹张开位移建立联系[即 $C(x) =
f(u(x))$,其中,$u(x)$ 为裂纹张开位移],采用迭代法可以求解闭合载荷和裂纹张开
位移,参考文献 1.4.2.5(a)～(f)和(o)中提供了多种方法来求解各种闭合公式中的
桥联应力强度因子。

1.4.2.6 蠕变/应力断裂
本章节留待以后补充。

1.4.2.7 销型承载拉伸
本章节留待以后补充。

1.4.2.8 销型承载压缩
本章节留待以后补充。

1.4.2.9 填充孔拉伸
本章节留待以后补充。

1.4.2.10 开孔拉伸/缺口灵敏度
本章节留待以后补充。

1.4.2.11 弯曲(三点弯曲)
本章节留待以后补充。

1.4.2.12 填充孔压缩
本章节留待以后补充。

1.4.2.13 纤维压出试验
1.4.2.13.1 背景
自从 Marshall 开发出纤维压痕技术[见文献 1.4.2.13.1(a)]后,已演化出多种

方法,这些方法在确定摩擦和粘接对纤维/基体界面剪切强度的贡献方面是非常有效的。对于小直径纤维($<50~\mu m$),通常采用 Marshall 最初使用的厚试样构型[见文献 1.4.2.13.1(a)]。在这种纤维推入构型中,只有整条纤维的端部经历脱粘和滑移,且顶端纤维位移与沿脱粘纤维方向的压应变有关。对于大直径纤维($>50~\mu m$),通常优先考虑薄试样纤维压出(或压穿)构型。这种构型最初由 Laughner 等人针对陶瓷基复合材料开发出来[见文献 1.4.2.13.1(b)和(c)],后来应用于金属基复合材料[见文献 1.4.2.13.1(d)和(e)]。这种薄试样构型,在临界载荷作用下整个纤维的长度范围内均发生滑动。这里将着重介绍大直径纤维的压出试验方法。

对于纤维压出试验,几个改进过程已经明显地提高了数据质量和操作的便捷性。这其中最重要的进步是纤维吊重加载被可以恒定位移速率运动的压头代替,以便获得连续的时间-载荷或者载荷-位移曲线。Bright 等人[见文献 1.4.2.13.1(f)]首次用 Instron 试验机控制压头运动证实了这种方法。Eldridge 等人开发了桌面式试验机,且附加了原位视频成像和声发射检测技术来监测纤维的脱粘和滑移[见文献 1.4.2.13.1(g)]。这一装置利用电机驱动的垂直运动平台取代了 Instron 的恒定位移速率装置。采用直接测量位移法取代测量横梁速度,可更为可靠地测得纤维全部脱粘前的纤维压出曲线[见文献 1.4.2.13.1(h)和(i)]。在一些情况下,可直接测量纤维末端位移[见文献 1.4.2.13.1(j)和(k)],此时不用再对测量位移进行柔度修正。大直径纤维试验的另一个明显的改进是采用平底锥形压头[见文献 1.4.2.13.1(f)]或者圆柱形压头[见文献 1.4.2.13.1(d)]。与常用的尖锐显微硬度压头(如维氏)相比,平底的压头可以更均匀地向纤维施加载荷,并可在纤维无损的基础上施加更高的载荷。圆柱形压头相比锥形压头可以使纤维有更大的位移,但锥形平底压头可以承受更大的载荷。

诸如高温测试[见文献 1.4.2.13.1(l)~(n)]和扫描电镜类配件[见文献 1.4.2.13.1(o)]等附加功能也提供了重要的作用,但这里不做更多的讨论。

1.4.2.13.2 概述

这种方法涉及利用纤维压出试验测定复合材料界面性能的要求和步骤。下面所述方法适用于纤维直径 d_f 在 $50\sim200~\mu m$ 范围内(即 $50~\mu m< d_f<200~\mu m$)的连续纤维增强复合材料。

虽然这种试验方法已经成功应用于多种金属基复合材料(SiC/Ti,SiC/Al,$Al_2O_3/NiAl$)和陶瓷基复合材料(SiC/SiC,SiC/SiN_3),但其可能并不适合于所有复合材料体系。限制这种方法应用的最重要的因素是压头(冲头)强度和界面强度之间的关系,纤维压出试验可能不适用于界面强度高的复合材料体系,因为压头的破坏可能优先于界面的脱粘。但是在这种条件下不推荐进一步减小复合材料切片(试样)的厚度,因为这可能会导致不利的失效模式,例如基体开裂、纤维破碎以及基体变形。

确定准则或提供指南以评估这种方法对不同复合材料体系的适用性不属于本册的关注范围。但是附录 A 的表 A1(a)和 A1(b)提供了关于 SCS‐6/Ti‐24‐11 复合材料体系的一些有用信息,也提供了使用长度为 2～3 倍直径的碳化钨压头时的性能。

1.4.2.13.3　方法描述

纤维压出试验中,压头(冲头)对纤维施加轴向载荷而使纤维脱粘并相对于基体发生滑移,被推出的纤维通常落在带孔或者凹槽的支撑板上,纤维压出试验方法如图 1.4.2.13.3 所示。可以用整个纤维长度开始发生位移的载荷来确定界面的剪切强度。

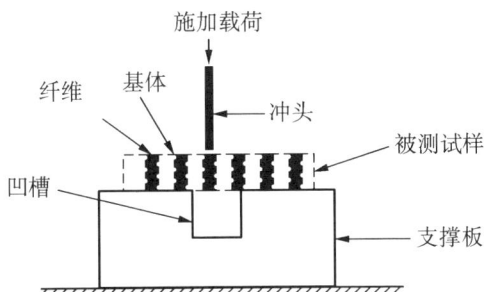

图 1.4.2.13.3　纤维压出试验方法

1.4.2.13.4　意义和应用

一般来说,这种方法测试复合材料的界面性能,在很多方面都具有优势。试样制备相对简单、测试试样很小且可直接从已经制备的复合材料中取样。试样也可以从已测试过的试样上或者经受过各种热处理和暴露的试样上截取。这主要是为了保证压出试验中试样的界面残余应力状态和条件与复合材料或已测试过的试样中的情况相似。

利用这种方法测试的界面性能对直接比较各种复合材料界面性能和失效模式非常有用。同样可以有效地确定特殊处理和机械加载对界面性能的影响。然而不建议将采用此种方法得到的界面性能数据作为界面的绝对物理性能,因为压出试验过程中的应力状态还不是很清楚。此外,对于不同的复合材料体系应力状态可能也不同。

1.4.2.13.5　设备

纤维压出试验设备示意图如图 1.4.2.13.5(a)所示,图 1.4.2.13.5(b)是一种独立的台式压出试验设备,由 Eldridge 研制并在 NASA 格伦研究中心使用。压出试验设备尺寸和结构十分紧凑,因此,大多数商业化的试验设备框架都可以很容易地临时改装后用于纤维压出试验。

纤维压出试验通常控制冲程(位移)进行,位移速率通常在 60 mm/min 范围内。

任何商业化可测试 25～50 lbf 压缩载荷的测力传感器都适用,测力传感器应根据 ASTM 标准 E4(试验机的载荷验证操作)进行校准。

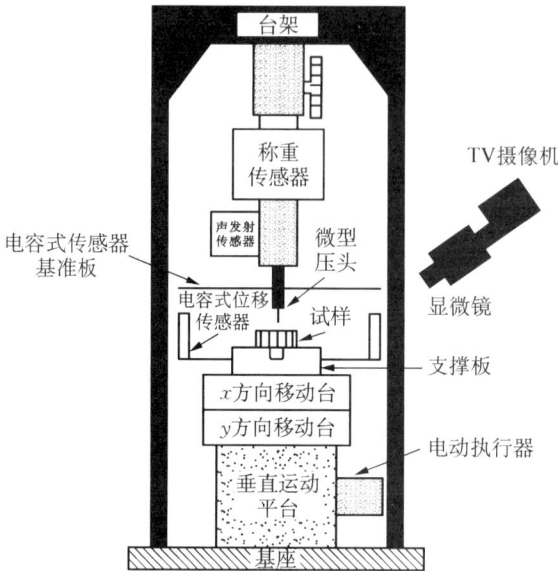

图 1.4.2.13.5(a)　压出试验典型

图 1.4.2.13.5(b)　NASA 格伦研究中心的
台式纤维压出试验系统

用 x-y 方向移动台来移动和对准压头下的试件。使用精确的 x-y 移动平台(微米级)对于更好地对准压头和纤维位置是必要的。任何商业化精密定位平台都适用。

1.4.2.13.6　压头

图 1.4.2.13.6 所示为压头的详细示意图。压头的底部为平面并且与轴向垂直,以便保证对纤维施加均匀的压缩载荷,同时还可以防止压头的过早失效。此外,压头的直径要依据待测纤维的直径确定,大约为纤维直径 d_f 的 0.75~0.80 倍。

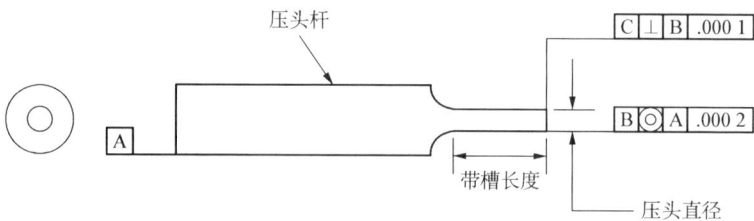

图 1.4.2.13.6　典型冲头

压头的带槽长度仅在脱粘发生后才变得重要。此时,带槽长度越长越有利于纤维的压出,但是带槽长度增加会使压头脆性增大,所以在保证压出所需长度纤维的条件下,使用最短带槽长度。

压头通常是用 WC(碳化钨)或者 SiC(碳化硅)制成,然而只要是在试验过程中不发生塑性变形或者屈曲的材料均可。虽然锥形金刚石压头相比于圆柱形压头可以提供更高的载荷,但是位移只能限制在几微米之间,而且金刚石压头更容易损坏纤维。

1.4.2.13.7 支撑板

图 1.4.2.13.7 所示为典型的支撑板。为满足试验的要求支撑板可以采用各种构型。可在支撑板上加工出各种各样的孔或槽以适应各种试样取向。槽的宽度取决于复合材料和试样的几何形状。通常的情况下,为了使试样的弯曲最小化,沟槽宽度应当在满足试验条件下取最小值。典型的槽宽度为试样中纤维直径的 2～3 倍,或者近似为试样的厚度。槽的深度可以为任意值,然而,应该保证可容纳所希望的纤维滑移距离或者是保证整个纤维完全压出。

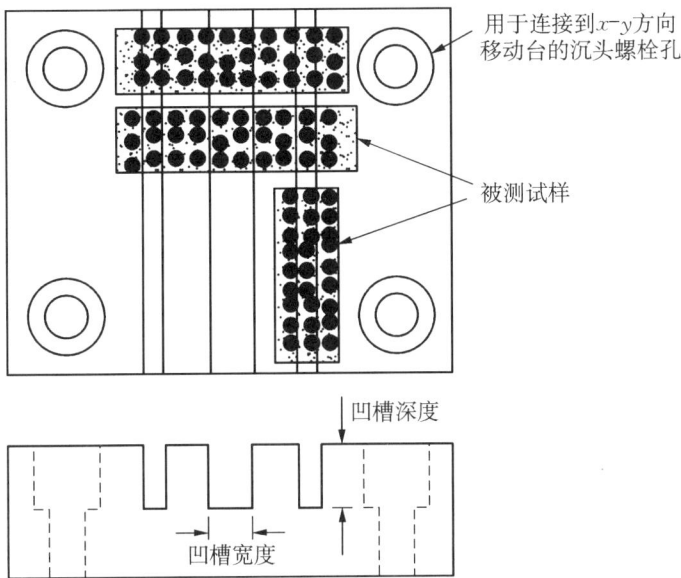

图 1. 4. 2. 13. 7 典型的支撑板

1.4.2.13.8 声发射传感器

声发射传感器可以装在冲头支持段、试样的支撑板或者其他合适的位置,以便于记录与纤维脱粘相关的声发射信号。传感器仅是可选配件,但是使用传感器有利于确定脱粘起始和终结时的载荷。

1.4.2.13.9 位移传感器

在纤维压出实验中,纤维/基体之间的相对位移是很难记录到的。因此,纤维压出行为通常由载荷-时间关系来记录。如果需要记录位移,可以在商业化的试验台架上进行实验记录载荷与行程的关系。另外,可以应用外部安装的位移计量计,如高度计。可以考虑在压头的两边装上两个高度计(相距 180°),取平均值来消除由于在实验过程中加载压头的轻微倾斜造成的数据误差。这些误差在行程反向时,例如在循环加载实验中变得更加明显。要着重注意的是,用这种方法测得的位移并不代表纤维/基体之间的真实相对位移,因为测得的位移还包括加载系统的柔量,比如压头的压缩。

1.4.2.13.10 用显微镜/照相机进行远距离观察

由于纤维的直径非常小,通常用肉眼很难完成纤维在压头(冲头)下的精确对中。大多数情况下,需要使用约 50 倍的中等放大倍数。由于加载装置的构型,显微镜在安装时要和压头有一定的角度,因此需要具有大于 1.5 in(3.8 cm)的焦距。安装有照相机的显微镜是首选,因为这样更易于操作,同时能够通过照相机提高放大倍数。用照相机还能得到测试的视频记录。可以选用两个视场的构型。一个是垂直观察试样的显微观察视场,被测纤维位于观察场的中央。另一个是观察纤维压出的实验视场。两个视场要保持对中,从而使压头在显微观察视场中心对应位置接触到试样。由于与显微镜物镜靠得更近且垂直观察,两视场法能够得到很好的试样表面图样,但是在实验过程中不能提供这种观察。两视场是小直径(<25 μm)纤维实验的首选构型。

1.4.2.13.11 测试试样准备

复合材料薄片应从整块复合材料或试验件中感兴趣区域截取。由于纤维压出试验通常选用薄试样,因此在试样准备的整个过程中要特别小心以确保不要引入界面损伤。这主要取决于复合材料体系和初始界面状态,并且可能需要在加工过程中进行各种实验以得到合适的加工方法。

初始薄片厚度应为 $0.02 \sim 0.05$ in($0.5^{*} \sim 1.30$ mm)[见图 1.4.2.13.11(a)]。试样切片时应使纤维轴向方位的误差在 $\pm 1°$ 以内,偏差过大会导致脱粘强度和摩擦强度的测量误差。

薄片初始厚度跟所需要的最终厚度有关。当调整锯片上方试样的位置时,应考虑由于锯片厚度引起的切口损失。通常,薄片的厚度应留有余量来进行抛光和去除试样加工过程中产生的损伤。测试试样的精细抛光能为测试时显微镜对中提供足够的对比度,并且使界面的失效后分析成为可能。

试样要双面抛光(用以前批准的方法)至金相光洁度(通常 1 mm 或更好)。通常,金属基复合材料的纤维比基体硬得多,相较于使用金刚石研磨膏和抛光绒布,使用金刚石研磨薄膜(带金刚石微粉的聚酯薄膜)可以极大地减少表面起伏和磨圆。两个平面应在感兴趣区域的 10 mm 范围内抛光整平并保持平行。

在抛光之后测量试样厚度(精确到 $1 \sim 2$ μm)。一旦纤维被压出,可能就很难得到精确的原始厚度。最终厚度应在 $0.01 \sim 0.02$ in($0.25^{**} \sim 0.50$ mm)的范围内。在该厚度范围内可以保证脱粘强度是常数[见图 A1(a)]。在厚度较小时,存在不同的失效机制,脱粘强度和厚度有关。当厚度大于 0.5 mm 时,脱粘强度也与厚度有关,并且所需纤维压出载荷高,增加了冲头破坏的可能。

---

* 原文为 0.6。——译注

** 原文为 0.30。——译注

现在可把试样安装在支撑板上面。将被测纤维正确放在槽或孔上是非常重要的。被测纤维正确对中后,应把试样固定在支撑板上以免试样移动。可以用胶黏剂(如氰基丙烯酸酯)或者用夹持夹具来固定试样,如图1.4.2.13.11(b)所示。如果用胶黏剂的话,要注意不要让胶黏剂在试样和支撑板之间渗出,因为这可能改变纤维对中。

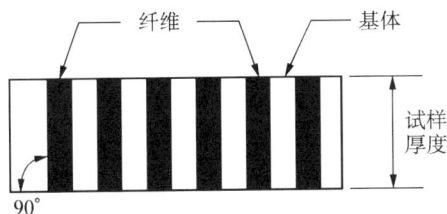

图 1.4.2.13.11(a) 试 样

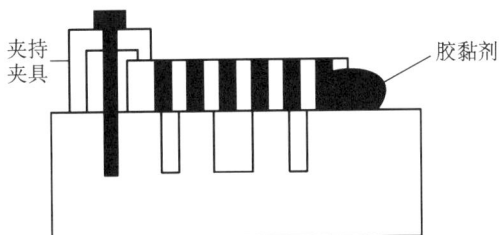

图 1.4.2.13.11(b) 装在支撑板上的典型试样

如果实验中有一根以上纤维需要测试,则应该拍摄安装在支撑板上的试样的低倍放大照片,它可以作为实验过程中和试验后定位被测纤维位置的参考。

1.4.2.13.12 实验程序

该实验程序不能适用于所有的复合材料体系,但是,可以作为确定正确实验程序的基本指导。以下的实验程序也是基于含有很多纤维并需要测试大量纤维的试样。

如果需要测试一个试样中的多根纤维的话,实验的顺序将非常重要。要避免测试相邻纤维,因为在某些情况下,已测纤维会影响到相邻的未测纤维的结果,要测试的纤维应该随机选取,并与已测纤维保持安全距离。如果已测纤维对相邻纤维的影响是未知的,并且每个试样需要测试大量的纤维,此时应采用可揭示相邻纤维影响的实验顺序。实验顺序与试样以及纤维的排列有关,图1.4.2.13.12所示为实验顺序的一个简单实例。这个实验顺序有助于确定实验中是否存在相邻纤维影响。例如,如果实验7、8和9号的平均值从统计学上看不同于1、2、3、4、5和6号实验的平均值,则已测纤维可能影响了相邻纤维的结果。同样,如果1、2、3和4号实验的平均值和5、6、10和11号实验的平均值有统计上的差异的话,说明可能存在边界效应。显而易见,需要几个基准实验来更好地理解纤维的压出行为和影响结果的

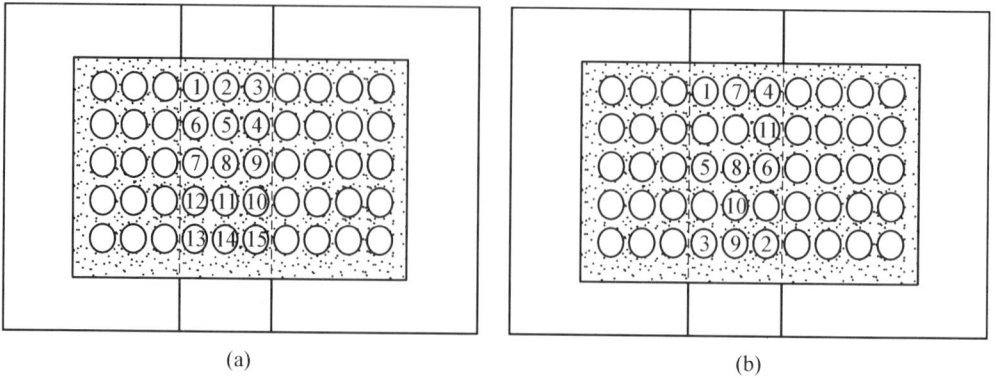

图 1.4.2.13.12　试样实验程序

(a) 错误　(b) 正确

因素。

1.4.2.13.13　环境影响

大多数纤维压出实验都是在室内(实验室)空气下进行的,不考虑水气或空气其他成分对实验结果的可能影响。最新研究[见文献 1.4.2.13.1(n)和 1.4.2.13.13]表明,测试环境中的水气和/或氧会大大改变某些复合材料体系中纤维的滑移行为。图 1.4.2.13.13 给出了同一 SCS‐6/Ti‐24‐11 试样分别在实验室空气下和干燥的氮气条件下的 7 条压出试验曲线。相较于在氮气条件下,在实验室空气条件下得到的摩擦滑移载荷始终较低,在出现脱粘之后载荷的下降要突然得多。如此显著的差异似乎与富碳区的界面失效有关,富碳区的纤维滑移与石墨滑移有相似的环境敏感性,后者需要吸湿来维持低摩擦。这些结果表明,充分认识环境的影响对可靠的对比试验结果是必须的,至少应该记录实验室内空气的湿度。

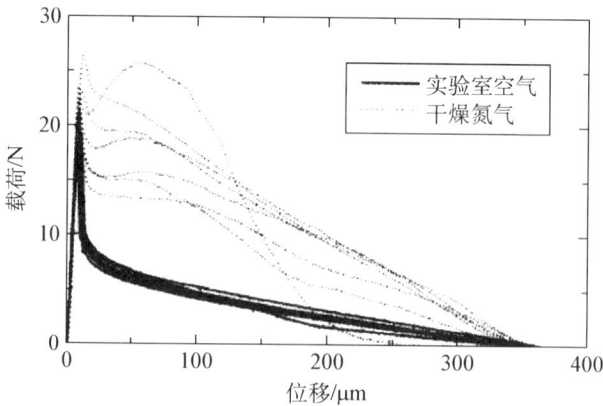

图 1.4.2.13.13　在室温条件下环境对于 SCS‐6/Ti‐24‐11 界面性能的影响

1.4.2.13.14　结果分析

附录 A 中图 A1(b)给出了在实验过程中记录信息的一个基本数据表实例。

如何区别可接受和不可接受的数据结果不属于本手册范围,因为对于纤维压出实验,即使是不可接受的数据,也可用于定性比较。以下章节仅作为解释结果的指南。

图 1.4.2.13.14 给出了金属基复合材料和陶瓷基复合材料体系中典型的纤维压出性能。纤维压出行为如图 1.4.2.13.14 所示,(a)~(d)是可接受的,而(e)和(f)比较难以解释。

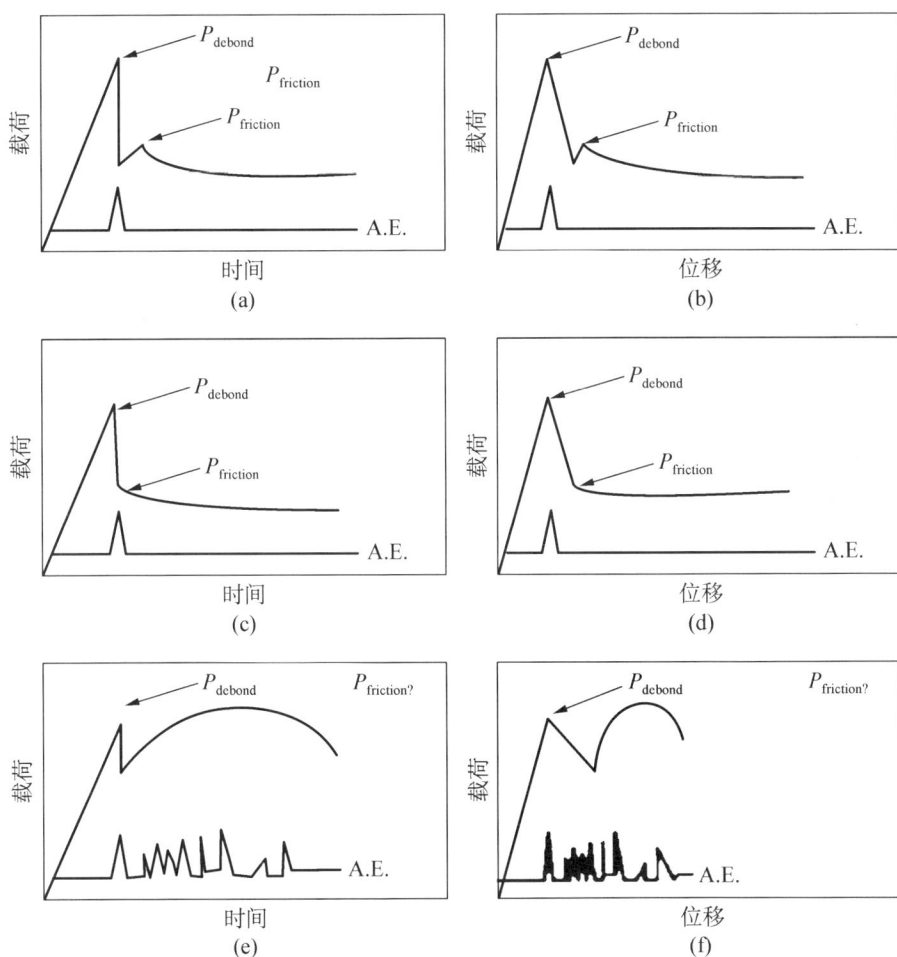

图 1.4.2.13.14　典型的压出行为(A. E. 表示声发射)

通常,在脱粘现象发生之前载荷呈线性增长,当纤维从试样底部压出时出现相应的载荷下降。此时通常伴随声发射现象。脱粘载荷 P_{debond} 定义为在载荷下降之前的最大载荷。脱粘之后,纤维滑出基体,受纤维与基体之间的摩擦阻力约束,施加的载荷随着纤维位移增大而变小。这是由于纤维与基体的接触面积减小,从而摩擦阻力变小。通常取曲线上第二个峰值作为摩擦载荷 $P_{friction}$,如图 1.4.2.13.14(a)和(b)所示,或者直接取载荷下降结束时的值,如图 1.4.2.13.14(c)和(d)所示。

有时候在纤维脱粘之后载荷还会增大,如图 1.4.2.13.14(e)和(f)所示。这样的纤维压出特性更难理解,因为脱粘之后纤维并不是自由滑动。此时由于极端的界面粗糙度或者界面残片的互相咬合,阻止了纤维的位移,结果导致载荷增加甚至可能超过最初的脱粘载荷。因此,在这些界面上不存在真正的摩擦行为,摩擦载荷取决于咬合过程和/或存在的残片数量。这种情况下,载荷的第一个峰值仍然可以看做是脱粘载荷,但是应该考虑到咬合程度也可能影响脱粘过程。获得基准数据集后,这种结果的有用性将更加明显。

纤维完全脱粘时的平均界面剪切强度 τ_{debond},可以用从实验所得的脱粘载荷按下式计算:

$$\tau_{debond} = \frac{P_{debond}}{2\pi R_f t} \qquad 1.4.2.13.14$$

式中:R_f 为纤维半径;t 为试样厚度。

这个应力是在整个纤维长度上的平均值,因而不反映实际(局部)剪切应力,研究表明实际剪切应力在纤维长度方向上会有很大变化[见文献 1.4.2.13.14(a)和(b)]。虽然对于比较相似厚度的试样 τ_{debond} 是有用的,但是其并不直接对应于某一易识别的界面性能,其既受界面脱粘强度(或断裂能)的影响,也受纤维滑移摩擦阻力(因为纤维部分脱粘和滑移然后才完全脱粘)的影响。可以使用将残余应力和纤维粗糙度结合在一起的更加复杂的方法[见文献 1.4.2.13.14(c)和(d)],但界面失效顺序建模必须十分谨慎,因为对于金属基复合材料薄片试样的纤维压出,其界面失效通常始于试样的背面,即背对压头的一面[见文献 1.4.2.13.14(a)和(d)],此外还有基体塑性变形的影响[见文献 1.4.2.13.14(e)]。因此应对分析进行修正以便能解释/预示这些失效顺序[见文献 1.4.2.13.14(f)和(g)]。

用 $P_{friction}$ 和 $\tau_{friction}$ 代替公式(1.4.2.13.14)中的 P_{debond} 和 τ_{debond} 即可得到界面摩擦强度($\tau_{friction}$)。

与 τ_{debond} 的计算相比,$\tau_{friction}$ 的计算更加接近于真实的剪切应力,因为当整个纤维移动时,纤维移动的阻力是纯摩擦阻力,而且界面剪切应力沿纤维长度方向几乎是均匀的。应该指出 $\tau_{friction}$ 是纤维滑移距离的函数而不是单一的数值。某些实验中[见图 1.4.2.13.14(a)~(d)],随着纤维连续滑移,$\tau_{friction}$ 基本保持恒定,但是在其他一些实验中[见图 1.4.2.13.14(e)~(f)],由于严重的界面磨蚀,$\tau_{friction}$ 随纤维滑移距离变化很大。因此记录在几个滑移距离内的 $\tau_{friction}$ 是有用的[见文献 1.4.2.13.13

和 1.4.2.13.14(b)]

1.4.2.14　显微硬度

概述：本节介绍了金属基复合材料中基体材料的显微硬度测试方法。这些信息可能有助于确定基体的状态。显微硬度可能与其他的力学性能（例如强度和模量）有关，可用于微观力学建模，因此，硬度可作为一种评估基体性能的方法。测试显微硬度的原因如下：

（1）观察硬度是否因为基体和/或复合材料的制备过程，和/或后续的热处理过程而发生变化。

（2）研究反应区或临近基体/纤维界面处基体的变化。纤维的溶解或金属间化合物相的形成可能影响这些区域。

（3）测试由于与环境的相互作用引起的间隙脆化。

（4）测试各相的硬度。

显微硬度实验需依据 ASTM 标准 E384"材料显微硬度标准实验方法"（见文献1.4.2.14）进行，还要注意以下几点：

（1）如果硬度压痕不受纤维和中间相的影响，则应该适当地定位压痕位置和尺寸。纤维和压痕之间的距离应约为压痕对角线的 2 倍。

（2）如果想要得到基体晶粒内区域的显微硬度，压痕应位于晶粒的中央。如果可以，压痕的尺寸应保证压痕与晶粒边界间距离为压痕对角线的 2 倍。这将使晶界对显微硬度测试结果的影响降到最低。

1.4.2.15　热机械疲劳(TMF)(同相位/反相位)

1.4.2.15.1　适用范围

该标准描述了金属基复合材料试样进行 TMF 实验的方法。这些实验是在控制载荷条件下进行的，具有恒定的载荷比和恒定的相位。该标准适用于任意纤维铺层的复合材料。

实验通常依据 ASTM 标准 E466[见文献 1.4.2.4.1(a)]和 E2368[见文献1.4.2.4.1(c)]进行。也需要满足如下事项。

1.4.2.15.2　试样设计

试样的设计和制备应参照 1.3.2.4 节给出的建议。

1.4.2.15.3　温度控制和测量

1）试样的温度可以采用与试样表面接触的热电偶测量，也可以使用其他非接触式技术，例如已用带热电偶的试样标定过的光学高温计。

2）校正时，应使用足够多的热电偶，以确保精确测量试样工作段长度方向的温度分布，并且所用试样的材质以及形状应与实际测试所用试样相同。随后进行实际测试时确定热电偶位置和数量需谨慎。重要的是测试结果对试样表面异常的敏感性以及热电偶安装的简易性。

3) 对于所有的实验,循环过程中任意时刻工作段内允许的最大轴向温度梯度为 $\pm 0.015\,T_{\max}$,其中 $T_{\max}$ 为名义最高温度,单位是℃,在动态条件下测定。

注意事项 1:整个工作段 l_0 的轴向温度梯度应在动态条件下优化并在给定的温度循环内的适当点(记为 T_{opp})处降至最低,这可能允许在循环过程中温度为 T_{opp} 时工作段温度梯度不超过 $\pm 0.01 T_{opp}$。

注意事项 2:除非受试样屈曲考虑另有限制,否则建议试样设计的平行段最小长度为 $2l_0$,最小长度 $2l_0$ 允许将所有温度梯度校准热电偶定位在试样具有恒定几何截面段,有助于在动态条件下优化/最小化工作段轴向温度梯度。当用直接感应进行加热时,最小长度为 $2l_0$ 将特别有利。

在整个测试过程中任一循环的任意给定时刻,由控温热电偶测得的温度不应当与初始值相差超过 ± 3℃。

在整个测试过程中任一循环的任意给定时刻,由非控温热电偶测得的温度不能超过热电偶标准误差限 ± 2℃。例如对 K 型铬(+)镍(-)热电偶,其标准误差限为:

温度	标准误差限
$0 \sim 326$℃	± 2℃
$327 \sim 1\,310$℃	$\pm 0.75\% T$℃

因此,如在 $t = t_{15}$(循环内的第 15 s)时,如果非控制热电偶测得的温度为 800℃(标准误差限为 ± 6℃),那么在随后的所有循环中在 $t = t_{15}$ 时温度测量值不应超出 $792 \sim 808$℃的范围。

1.4.2.15.4　波形

1) 温度和载荷的首选控制波形均为三角波(即线性斜波)。这样在整个循环过程中具有恒定的温度和载荷变化速率。不建议使用正弦波,因为这时整个循环过程中温度和载荷变化速率都连续变化,难以进行与速率相关的数据分析。

2) 温度和载荷的指定波形应为同一类型(如正弦波和三角波)。

3) 温度响应波形应在工作段的中心测量。这可以是也可以不是温度闭环控制位置。应把这种测量用于量化温度范围的精确度和载荷-温度相位。

1.4.2.15.5　相位

1) 反相位(OP)实验时载荷和温度响应波形有 180°相位差。

2) 同相位(IP)实验时载荷和温度响应波形彼此同步。

3) 可以使用温度-载荷之间的任意其他恒定相位差,只要描述清楚,并遵循本标准中其他的指南。

4) 相位差误差:两个响应波形的相位差与指定相位差的偏差应在 2°之内。例如对于指定相位差为 180℃的反相位实验,响应的相位差应在 178°~182°范围内。相位精确度应由响应波形决定而不是由指定波形决定。

1.4.2.15.6 实验前测量

1) 实际测试时,在整个温度区间记录试样的模量 E 随温度 T 的变化(E 的定义见 ASTM 标准 D3039/D3039M"聚合物基复合材料拉伸性能的标准试验方法"[见文献 1.4.2.15.6(a)],在实际实验中施加的整个温度范围内它是温度 T 的函数)。记录时温度间隔不能大于 100℃,如果需要得到精确的 E-T 曲线,建议采用更小的温度间隔。这些数据可以用来计算总机械应变(ε_{mech})中的非弹性应变(ε_{in}),即

$$\varepsilon_{in} = \varepsilon_{mech} - \sigma/E(T) \qquad 1.4.2.15.6(a)$$

式中:σ 为瞬时施加的应力。

注意事项 1:测量模量前,在每一个温度下,温度和试验系统均需达到平衡。如果不平衡,模量值会有误差。

注意事项 2:对于 TMF 测试,在热循环过程中,要对标准高温引伸计进行主动冷却以确保引伸计的热平衡。

注意事项 3:同一工艺条件得到的同一批次试样的模量差别可能很小。如果可以证明这一点,那么只需要测试一个试样的模量-温度曲线。对于其他试样的预测试模量只需要在热循环的最高和最低温度时进行测试。

2) 应测量试样从室温到实验初始温度 T_{init} 之间的热膨胀应变,以得到 T_{init} 时的初始标距 l_0,即

$$l_0(T) = l_0(R.T.) + \Delta l_{th} \qquad 1.4.2.15.6(b)$$

式中:Δl_{th} 为从室温到实验初始温度时由于热膨胀引起的标距变化。

注意事项 1:标距的变化最多为 2%,如果实际的变化很小并且认为不会影响结果的话,那么可以省略标距的调整。

注意事项 2:计算了 T_{init} 条件下的初始长度 l_0 后,不需要在整个温度循环中随温度变化连续校正 l_0,假定 l_0 在温度 T_{init} 保持恒定水平即可。

3) 应在实际测试所用的温度范围内进行零载荷条件下的热循环实验。为确保实验装置的热平衡和热应变 ε_{th} 随温度 T 变化的稳定性,应进行几个热循环实验。建立了这种热平衡状态之后,应该在循环的加热和冷却段测量热应变 ε_{th} 随温度的变化,可在试验后的数据分析时用来计算机械应变 ε_{mech},即

$$\varepsilon_{mech} = \varepsilon_{total} - \varepsilon_{th} \qquad 1.4.2.15.6(c)$$

式中:ε_{th} 为温度的函数。这个循环测试不是为了得到材料的性能(如热膨胀系数),而是为了通过测试试样在整个温度区间的热应变来实现准确的数据处理。

注意事项 1:这一数据处理过程是一个简化假设,假设实验前测得的复合材料的热膨胀行为在整个实验过程中保持不变(即复合材料的热膨胀系数在实验过程中不变)。这个假设已被证实是错误的,其偏差程度取决于具体的加载条件、层合板取

向和损伤机理[见文献 1.4.2.15.6(b)]。理想情况是记录热膨胀系数随循环的变化,并且在数据分析中考虑相应的变化。

注意事项 2:应尽量确保热循环次数保持在获得稳定 ε_{th} 响应所需的最小值。过多/过长的热循环可能促进内部损伤和/或有害的材料初始氧化状态发生[见文献 1.4.2.15.6(c)]。

1.4.2.15.7 开始试验

1)测量热补偿之后,应继续进行热循环,并且应在热循环中对应于零载荷的点处开始载荷波形。

注意事项:对于载荷不过零点的实验(如拉-拉或压-压载荷循环),在达到热动态平衡后,载荷应及时地斜线调整至实验所需最小载荷值,再施加载荷循环,并使温度和载荷循环在要求的相位差误差范围内。

2)实验要进行到失效发生,失效要有明确的定义。

注意事项:在载荷控制实验中,如果在循环中有拉伸载荷,试样的失效表现为断裂成两片,因此,通常用断裂成两片作为失效标准。也可以用其他形式定义失效,如原始最大应变或应变范围的变化百分比、特定温度下弹性模量的变化百分比或试样的屈曲。

1.4.2.15.8 数据报告

1)测试过程中应定时用数字和/或模拟信号记录仪记录应力-应变迟滞回线。

2)应画出每一个试样最大和最小机械应变-循环次数曲线。

3)应画出机械应变范围-循环次数曲线和总应变范围($\Delta\varepsilon_{total} = \Delta\varepsilon_{mech} + \Delta\varepsilon_{th}$)-循环次数曲线。

4)应记录失效位置和失效准则以及任何异常裂纹起始的原因(如热电偶接触)。

1.4.2.16 残余强度和刚度

复合材料试件的寿命取决于其抵抗损伤的能力。由于结构的复杂性,复合材料存在多种损伤形式,如纤维开裂、基体开裂、界面脱粘、界面生长以及一种或多种组分的氧化。设计者必须知道每一种损伤如何影响复合材料的结构以及其严重程度。这点非常重要,因为复合材料通常具有高度各向异性,而且损伤可能只出现在某一特定的方向。为了确定先前加载对试样产生的损伤情况,通常要进行残余强度和刚度测试。首先将复合材料试样经历某一系列加载,例如疲劳加载至不同寿命百分比(即 $N/N_f < 1$)或者热循环到由于纤维和基体间的热错配而出现损伤。之后再进行拉伸试验,测试试样的刚度和极限强度。拉伸测试需按照 1.4.2.1 节的规定进行,可依据服役环境任意选择测试温度和应变速率。这些含有损伤的复合材料的强度和刚度与初始无损伤复合材料性能的比值即为材料的残余强度和刚度。为了完全的表征损伤行为,应在相对于纤维铺层的多个不同方向上进行拉伸试验,以便解释

损伤状态的各向异性。

1.4.2.17 承载疲劳

本章节留待以后补充。

1.4.2.18 开孔疲劳

本章节留待以后补充。

1.4.2.19 充填孔疲劳

本章节留待以后补充。

1.4.2.20 腐蚀疲劳

本章节留待以后补充。

1.4.2.21 应力腐蚀开裂

本章节留待以后补充。

1.4.2.22 摩擦

本章节留待以后补充。

1.4.2.23 冲击

本章节留待以后补充。

1.4.2.24 阻尼

本章节留待以后补充。

1.4.3 非连续增强金属基复合材料的力学性能实验方法

1.4.3.1 拉伸

本章节留待以后补充。

1.4.3.2 压缩

本章节留待以后补充。

1.4.3.3 剪切(面内)

本章节留待以后补充。

1.4.3.4 断裂韧性

本章节留待以后补充。

1.4.3.5 疲劳

本章节留待以后补充。

1.4.3.6 疲劳裂纹扩展

本章节留待以后补充。

1.4.3.7 蠕变/应力断裂

本章节留待以后补充。

1.4.3.8 腐蚀疲劳

本章节留待以后补充。

1.4.3.9　应力腐蚀开裂

本章节留待以后补充。

1.4.3.10　摩擦

本章节留待以后补充。

1.4.3.11　冲击

本章节留待以后补充。

1.4.3.12　阻尼

本章节留待以后补充。

1.4.4　物理性能测试方法

1.4.4.1　密度

依据 ASTM 标准 D792"用位移法测定塑料密度和比重(相关密度)的标准试验方法"(见文献 1.4.4.1),采用阿基米德方法测试复合材料的密度。

1.4.4.2　纤维体积分数

复合材料中纤维的体积分数可以用两种方法测得。①利用金相分析的方法,用纤维的面积除以试样的总面积(见 1.4.5.1 节)。这种方法要求沿与纤维垂直的方向切割试样并良好抛光,使用商业化图像分析软件可简化该分析方法。②将基体溶去,称量剩余干净纤维,方法参见 ASTM 标准 D3553"溶解法测金属基复合材料纤维含量的标准测试方法"(见文献 1.4.4.2)。

1.4.5　显微结构分析技术

1.4.5.1　钛基复合材料

微观结构提供了表征复合材料的重要信息,如晶粒尺寸、相分析和相分布、纤维分布和体积分数、纤维/基体界面状态等信息,对于谱系复合材料是非常必要的。本节主要讲述了连续增强钛合金的微观结构分析方法。一些常规金相学实例见参考文献 1.4.5.1(a)~(c)。

复合材料的金相制备比单一金属的要困难得多。这主要是由于复合材料中的增强体通常是陶瓷,其与金属基体的抛光速率是不相同的。这将导致在抛光过程中在纤维/基体界面处出现圆角,使这一区域的重要信息变得模糊不清。此外,部分纤维会发生断裂,划伤周边质软的基体材料。金相制备过程中也可能产生损伤,例如纤维和界面开裂。因此,在制备复合材料金相试样时必须加倍小心以获得光学上平整、无损伤的表面。

碳化硅增强的钛合金最好使用固定粒度的磨料,之后用滚动金刚石研磨剂进行研磨。使用脊形研磨盘来实现滚动研磨,既可保证高材料去除率又可限制研磨引起的变形量。一般操作方法如下:

(1) 依次使用 181、68 和 20 μm 金刚石磨料研磨。

（2）依次使用 6 和 3 μm 多晶金刚石悬浮液,利用滚动研磨技术进行研磨。

（3）依次使用 3 和 1 μm 的多晶金刚石悬浮液作为抛光液,用硬质人造丝抛光布进行抛光。

（4）使用上文中提到的腐蚀抛光方法去除金刚石抛光过程造成的变形。

（5）最后利用振动抛光机使用 0.5 μm 金刚石和人造高绒抛光布进行抛光。

大多数钛合金和钛基复合材料均可使用克罗尔试剂进行腐蚀,克罗尔试剂为:

1~3 ml 氢氟酸;

3~6 ml 硝酸;

100 ml 水。

γ - TiAl 需要使用一种称为 30 - 15 - 5 的腐蚀剂:

30 ml 乳酸;

15 ml 硝酸;

5 ml 水。

有时希望了解纤维的微观结构细节,这很容易从复合材料的抛光部分得到。为了更好地揭示复合材料中纤维的微观结构,可以使用两种方法。第一种是干涉分层技术。该技术通过溅射镀膜法在抛光试样上沉积上一层 PtO_2 或 PbO_2 薄膜。氧化物层可以改变试样的反射系数。由于每相具有不同的反射系数,从而产生各种颜色并增加了对比度。更多细节详见文献 1.4.5.1(d)和(e)。

第二种是等离子体刻蚀技术,使用反应性气体作为刻蚀剂。相较于大多数腐蚀性技术,等离子体刻蚀技术具有可在处理过程中始终保持试样低温的优点。这种技术用于刻蚀碳化硅是特别有用的[见文献 1.4.5.1(f)]。更多细节详见文献1.4.5.1(g)和(h)。

纤维在复合材料中的分布对于监控复合材料的制造质量是很有意义的。过多的纤维游离和纤维相互接触对复合材料的性能是有害的。纤维的分布也影响复合材料的力学性能,如文献 1.4.5.1(i)中所述。因此,应控制纤维的分布(如果可能)并记录。

纤维分布可以通过标准的金相技术进行记录。通常会对中心到中心的距离、纤维和薄层间的距离以及纤维束的排列(如正方形、长方形和六边形)等进行测量。图像自动分析系统[见文献 1.4.5.1(J)和(k)]可用于测量这些值。

图像分析系统也可用于确定复合材料中纤维的体积分数。对于连续增强复合材料,纤维体积分数 V_f 可以通过测量垂直于纤维轴向的抛光截面上纤维的面积分数来获得,纤维体积分数由下式给出:

$$V_f = （纤维的截面积）\times（纤维根数）/（复合材料的截面积）$$

虽然这是一个看似简单的计算,但是可以反映出纤维体积分数的变化,复合材料横截面中是否包含最外层基体层(即表面层)可得到不同的纤维体积分数。对于表面有基体材料包套的复合材料就更是如此。复合结构通常是将复合材料芯层嵌入基体组元中。在这种情况下,存在的问题是横截面包括了整个结构还是只包含有纤维的区域。使用不同的横截面将获得不同的纤维体积分数。准确的应力或疲劳寿命分析依赖于对纤维体积分数的明确认识,因此计算纤维体积分数的方法应明确说明。

纤维体积分数测量误差的另一个来源是由于复合材料试样切割边缘上存在部分纤维和/或缺失纤维。通常,这种误差很小并可忽略,只要详细说明计算纤维体积分数的方法即可。

界面是纤维和基体之间的区域。该区域通常由固结后仍保留在纤维上的涂层或浆料,以及由于基体与纤维或其涂层之间的化学相互作用而形成的反应区组成。界面对确定复合材料的性能是非常重要的,特别是当材料承受偏轴应力的时候,因为此时界面是载荷从基体传递到纤维的关键。

界面通常很薄(如<10 μm),而且通常随着界面厚度的增加,复合材料的力学性能下降。复合材料固结时如果温度过高或时间过长,界面厚度就会增加。此外,当复合材料在高温下使用时,由于应力协助扩散机制的作用,随着时间的延长界面增厚,从而导致复合材料性能下降。因此,监控界面区厚度是非常重要的。

通过适当的准备复合材料试样(如利用上述金相技术),可以在光学显微照片上测量界面的厚度。同样,利用良好抛光的试样,可以观察界面的开裂、脱粘、氧化、晶粒形貌或尺寸的变化。由于界面的尺寸小,通常利用具有更高分辨能力的扫描电镜(SEM)来观察抛光试样。可用电子探针或 SEM 的化学分析来获得界面处详细的化学信息。但是,如果要求精确的分析,则必须使用透射电镜(TEM)来确定界面处的化学组成、相以及相形貌。

1.4.6　化学分析技术

1.4.6.1　碳和硫的分析

ASTM 标准 D1587 提供的测试方法也可分析复合材料中的碳和硫及其成分(见文献 1.4.6.1)。执行该测试时,将材料少量研磨以除去表面污染物,并切成小块(如果不是粉末状态),用乙醚脱脂后置于氧化铝坩埚中。在坩埚中加入助熔剂来确保和加速燃烧。使用空氧化铝坩埚进行测试,然后依据 NIST 或 Leco 标准生成线性校正曲线。

样品在感应炉中温度超过 2 700°F(1 500℃)的氧气流中燃烧。试样中的碳和硫被释放出来并分别转化为二氧化碳和二氧化硫。样品气体由氧携带通过两个红外检测池,此时气体吸收能量并产生光谱。然后能量通过一个仅允许 CO_2 或 SO_2 波长通过的波长滤波器。探测器对载气(氧气)和被测气体之间的能量差做出响应来检

测 CO_2 和 SO_2 的含量。探测器输出信号经过校正（关于试样容器和重量补偿的修正），并从模拟信号转换成数字信号，显示碳和硫含量，并以重量百分比形式打印出来。

定性方面，这种燃烧方法可用于鉴定碳和硫的存在。然而其不能区分各种形式的碳或硫。由于仪器具有两个元素的双量程检测池，因此这种方法对于检测高或低碳和/或硫含量的试样非常有用。双量程的使用使得能够精确测量非常低含量的碳和硫。

定量方面，对于一克样品，仪器对碳和硫的检测范围分别是 $0.6\,ppm \sim 5\,wt\%$ 和 $0.3\,ppm \sim 0.35\,wt\%$。通过减少样品重量，每种元素可被检测到的最大量增加。为了在较低含量时获得更准确的读数，可以增大样品量[*]。

该方法适用于所有的金属、合金、陶瓷和复合材料，也可用于砂和石墨纤维的分析。

1.4.6.2　惰性气体熔融法测定氧和氮

该方法用于分析复合材料中的氮和氧，也可用于分析纯基体或增强体材料［见文献 1.4.2.4.5(a)］。执行此测试时，需研磨掉少量材料以除去表面污染物，切成小块（如果不是粉末形态），在乙醚中脱脂，放入镍篮中。粉状样品需先用锡包套并紧紧卷起以排除空气，再放置在镍篮里。依据 NIST 或 Leco 标准对仪器进行校正并生成线性校正曲线。仅使用镍篮（或锡套和镍篮）进行测试以消除容器本身的影响。

在炉中的两个电极间密封石墨坩埚并清除其中的气体，以此来对样品进行分析。首先通高电流来除去坩埚中的气体（除去石墨中吸附的气体）。使用氦气作为载气。然后在坩埚中放入样品，略微降低通入坩埚的电流来排出样品中的气体。样品释放的氧与坩埚中的碳反应生成一氧化碳。一氧化碳通过加热的氧化铜转化为二氧化碳。样品气体随后通入红外检测池，吸收能量后通过仅允许 CO_2 波长通过的滤波器。探测器对载气（氦气）和被测气体之间的能量差做出响应来检测 CO_2 浓度。探测器输出信号经过校正（关于试样容器和重量补偿的修正），并从模拟信号转换成数字信号，显示氧含量，并以重量百分比形式打印出来。

剩余气体通入热导池，热导池由惠斯通电桥组成。由于氮气和氦气的热导率不同，惠斯通电桥变得不平衡从而检测氮含量。输出信号被转换、积分和修正，然后得出氮的重量百分比并打印输出。

定性上，该熔融方法可用于鉴定氮和氧的存在。对于某些样品类型，该方法可以通过温度变化来区分不同形式的氧和氮。由于仪器具有双量程氮检测池，该方法对检测高或低浓度的氮均适用。低量程氮检测池的使用使得能够精确测量极低浓度的氮。

定量上，对于一克样品，仪器对氧和氮的检测范围分别为 $0.1\,ppm \sim 0.1\,wt\%$ 和 $0.1\,ppm \sim 0.5\,wt\%$（重量）。通过减少[**]样品重量，每种元素可被检测到的最大量增

---

　[*] 前后两句话相互矛盾，原文如此。——译注

　[**] 前后矛盾，原文如此。减少应为增加。——译注

加。为了在较低含量时获得更准确的读数,可以增大样品量。

这种方法适用于所有金属、合金、陶瓷和复合材料,含有氧化铝纤维的材料除外。也可以用于测定样品(如 Si_3N_4)中高含量的氧[高达约 10%(重量)]。

1.4.7　无损评价试验方法

多种无损检测(NDT)技术可用于检测复合材料的表面和内部缺陷。目测和液体渗透的方法可用于识别表面缺陷,而需要更复杂的技术来检测内部缺陷(即孔隙、夹杂物、脱粘和纤维非均匀性)。这些技术包括超声、X 光照相术、热成像技术、声发射、X 射线和涡流检测。MIL - HDBK - 728 系列涵盖了这些方法的基本原理和步骤,关于理论和数据解释方面的详细信息可以查阅以下文献:

MIL - HDBK - 731 热成像

MIL - HDBK - 732 声发射

MIL - HDBK - 733 X 光照相术

MIL - HDBK - 787 超声

这些文献没有讨论无损检测技术的最新进展,无损检测技术是目前研究和发展的活跃领域。

1.4.8　环境影响试验方法

1.4.8.1　腐蚀及腐蚀试验方法

金属基复合材料中包括连续的金属基体,因此与纯金属相同,也有腐蚀的倾向。然而,金属基复合材料的腐蚀速率通常比其纯基体金属要高。这是由于增强体和基体间的化学相互作用,包括原电池效应,使复合材料的腐蚀加剧。

腐蚀反应在本质上是电化学反应,由两个分别发生但又相互联系的半电池反应组成。一个半电池反应是在阳极发生的氧化反应,另一个是在阴极发生的还原反应。氧化反应是金属失去电子的反应,还原反应是金属获得电子的反应。阳极和阴极之间的电耦合除了需要外部电路外,还需要不同金属间的直接接触。这个外部电路通常是通过电解路径来实现的。避免形成这种电解路径是控制单一金属和金属基复合材料腐蚀的方法之一。

所有的腐蚀反应都是电解反应。如果不涉及电解质,那么这一反应应更准确地称为氧化反应。虽然针对不同的金属和环境体系,腐蚀反应有不同的形式,但可以根据相对少的化学反应来进行分类。下面这个反应基本上适用于所有的腐蚀反应:

氧化反应释放电子,从而使金属离子化,例如:

$M \Rightarrow M^{n+} + ne^-$(其中,M 是金属,$n$ 是化学价态)。一个常见的氧化反应是 $Fe \Rightarrow Fe^{3+} + 3e^-$。

还原反应接受电子,例如:

$2H^+ + 2e^- \Rightarrow H_2$(放出氢气),

O$_2$+4H$^+$+4e$^-$⇒2H$_2$O(在酸性溶液中的氧还原)，

O$_2$+2H$_2$O+4e$^-$⇒4OH$^-$(中性至碱性溶液中的氧还原)。

以上 4 个方程中的任意一个基本上都适用于所有腐蚀反应。除上述 3 种还原反应，还可还原氧化态的金属离子，例如在基板上沉积金属。然而，这种反应不是很常见。腐蚀反应中的氧化和还原反应需以相同的速率进行。如果不相同，则会发生电荷积聚，使反应偏离平衡条件，最终导致腐蚀反应中止。

通常，电偶腐蚀是金属基复合材料腐蚀的控制机理。在电化学反应中两种不同的材料间会自发产生一个电势。不同材料之间产生电压的大小取决于其相对位置。相距越远，产生的电势越大，此外，活性大的金属(less noble metal)腐蚀倾向较大。

电化序是金属按其离子化难易程度排列而成的一个序列。金属离子化包括失去外层电子并形成正离子。金属离子化的难易程度和外层电子受束缚的程度有关。腐蚀过程中产生的离子通常进入电解质溶液中。原子的外层电子可以控制所有的化学反应，而不仅仅是腐蚀。

金属失去电子的倾向也可表明其受腐蚀的难易程度。如果金属的原子容易失去电子，则其耐腐蚀性低。金属的正电位越高，金属原子越难失去电子，则其耐腐蚀性也越强。反之，正电位越低，越容易失去电子，则耐腐蚀性越差。产生的电子流动形成了电路中的电流，这是腐蚀反应的典型现象。

可见，电流在腐蚀过程中必然流经一个原电池，因此含有导电增强体的金属基复合材料相比于含有非导电增强体的复合材料将更容易被腐蚀。这就是为什么通常电偶腐蚀对于 Al$_2$O$_3$ 等绝缘体增强铝基复合材料来说不是问题的原因。SiC 等半导体增强铝基复合材料就存在一定的腐蚀问题，而 C(石墨)等导体增强铝基复合材料则存在严重的腐蚀问题。

上述理论在碳化硅增强铝基复合材料体系中被证实(可观察到轻度至中度的点蚀)并且(与单一铝合金比较)腐蚀过程有加速迹象。此外，氧化铝增强铝基复合材料在氯化物环境中没有表现出严重腐蚀现象，而石墨增强铝基复合材料在氯化物环境中通常表现出严重的腐蚀现象。然而，需要强调的是，暴露在海水中会加速含有上述任一增强体的铝基复合材料的腐蚀速率。

腐蚀速率受各种物理和化学因素影响或者限制，这种物理效应称为极化。极化是当氧化能力增加时以非连续方式抑制腐蚀的趋势。在单一金属及金属基复合材料中均存在。与腐蚀相关的极化可分为两种。一种是活化极化，受金属-电解质界面上的反应历程控制，例如，当此界面上形成钝化膜时，腐蚀速率下降甚至腐蚀中止。另一种极化为浓度极化，是电解质中离子向活性界面扩散的扩散速度的函数。例如，金属的总体腐蚀速率受控于氢离子向活性金属表面扩散的速度。需要强调的是，无论是阳极的氧化反应速率还是阴极的还原反应速率都可以用来控制腐蚀速率,因为这些反应都是相互依赖的。也就是说,腐蚀速率将受限于这两个反应(氧化反应和还原反应)中速率较慢的反应。

最后,金属基复合材料的腐蚀性能通常受到所用制备工艺的影响。制备工艺对金属基复合材料的直接影响随组元材料和具体的工艺技术而变化。本卷其他部分对这一影响进行了概述。

1.4.8.1.1 中性盐雾

ASTM 标准 B117 给出了为测试裸露和带涂层试样的腐蚀性能建立和维持中性盐雾试验环境的步骤和条件。对于带涂层试样,需检查是否存在起泡、粉化、划痕处剥落及其他形式膜失效现象。

值得注意的是,自然环境下的腐蚀性能预测值与中性盐雾试验结果往往相关性不高,因此,这些试验结果不能独立使用。此外,即使试验条件相似并在该方法允许的范围内,在不同盐雾箱中测试相似试样所得结果也表现出明显的差异。多个试样间的测试结果有明显差异也是常见现象。因此,在进行中性盐雾试验时,建议测试多个试样并进行统计学分析。对于金属基复合材料,成本和其他考虑可能会限制其测试试样数量,但建议对于每种材料状态至少测试三个试样。关于试样数量的建议参见本卷其他章节。

对于裸露金属基复合材料试样,按照 ASTM 标准 G-1 进行清洁处理,称量试样精确至 1 mg。

对于带涂层的试样,选择合适的涂层涂覆到金属基材上并按照制造商的建议固化。沿涂层某一对角线划线,需确保划线穿透整个涂层并触及基底。

中性盐雾试验应按照 ASTM 标准 B117 的最新版本进行。试验室应连续雾化,初始(筛选)试验要求持续时间达 500 h,更彻底性(性能)试验要求持续时间达 2 000 h。

盐雾暴露结束后,将试样取出,用流动的自来水轻轻冲洗干净,并用洁净干燥的压缩空气干燥试样,静置 24 h。对于裸露金属试样,按照 ASTM 标准 G-1 进行清洁处理,称量试样精确至 1 mg,用试样腐蚀前后的质量差表征腐蚀程度。对于带涂层的试样,用油灰刀以 30°夹角在面板上划线,依据 ASTM 标准 D1654"评价腐蚀环境中涂漆或涂层试样的标准试验方法"评价试样的耐腐蚀性能和腐蚀宽度。

评价划痕处的腐蚀程度或者涂层的腐蚀宽度,检查未划线区域是否出现腐蚀斑点、起泡和其他形式的腐蚀情况。分别按照 ASTM 标准 D1654 和 D714 评价试样划痕处和无划痕区域的腐蚀程度。利用成像系统记录每个试样的表面状况。

记录 ASTM 标准 B117、D714 和 D1654 所要求的所有信息,并利用成像系统记录试样的表面状况。

某些情况下,试样的质量损失速率随时间的延长反而减小。这是因为试样初始腐蚀速率较高,生成的腐蚀产物附着于材料表面形成一层保护膜,降低了剩余时间内的表观腐蚀速率。这类金属基复合材料也许可以考虑应用于某些需要此类特性的场合。

其他的金属基复合材料试样的质量损失速率随时间的延长而增大。在真实环境中,这种变化趋势是由外部环境变化导致的。然而,在受控的实验室试验条件下,这种变化趋势则表明试样表面未能生成耐腐蚀性保护膜和/或试样表面状态的改变。单一材料也会出现这种加速质量损失的情况。例如,生锈的铸铁表面生成海绵状的铁锈,其中存储了大量的水分和腐蚀性化学物质,相比于外部环境,这种条件下更易促使铸铁的进一步腐蚀。

按照 ASTM 标准 G-1 进行清洗,仍然有部分试样会在某段试验区间或者整个试验期间出现质量少量增加的情况(表现为负的质量损失)。这是由于腐蚀产物的存在。这种情况通常出现在腐蚀产物不能完全清除的情况下,也说明在按照 ASTM 标准 G-1 进行清洗操作时可能出现错误。严格遵守 ASTM 标准 G-1 进行清洗并使用足够多的试样可降低重量损失结果的误差。

1.4.8.1.2　循环腐蚀试验

本方法是一种实验室腐蚀试验方法,将试样暴露于不同混合条件的循环环境中(盐雾和溶液,不同温度、湿度和大气环境)来加速腐蚀过程。

有多种可用的循环腐蚀试验方法,其中最可靠和成熟的方法之一是通用汽车工程标准 GM9540P1"加速腐蚀试验"。下面给出了根据这一标准进行性能测试的步骤。

对于裸露的金属基复合材料试样,按照 ASTM 标准 G-1 清洗并称重(精确到 1 mg)。

对于带涂层试样,将适当的涂层涂覆在金属基材上,并按照制造商的建议固化。沿涂层对角线划线,确保划线穿透整个涂层并触及基底。

将试样倾斜放置在实验箱内,与垂直方向成 15°夹角或 30°夹角,若有划线,划线面朝上。

按照 GM9540P 表 3 配制盐溶液,溶液的 pH 值为 6~9。

如果需要,用清洗液和脱脂剂彻底清洁试样(裸露钢试样),再将其放入暴露试验箱内。需在每个试样表面上冲压数字编号。所需腐蚀试样数量取决于腐蚀试验的循环次数,循环次数为 40、80 和 120 次时,腐蚀试样数量分别为 10、20 和 30 个。循环次数为 24 次时使用 6 个腐蚀试样。

初始(筛选)试验所用试样尺寸为 102 mm×152 mm(4 in×6 in),更彻底(性能)试验所用试样为整个或部分实际构件。每个试样都应有一个清晰的识别标记。试样的数量取决于试验过程中进行评价的频率,每种试样所需总试样数等于试验过程中评价次数加 1。

　　试验操作过程应遵循 GM9540P 标准。按照 GM9540P 表 4 完成一次循环。按照 GM9540P 进行试验流程监控和质量损失计算。

　　在暴露期结束时(或中间阶段),从实验箱中取出测试试样,并根据 GM9540P 标准进行清洁处理。对于裸露试样,根据 ASTM 标准 G-1 对试样进行清洗、称重(精确至 1 mg)并通过质量损失评估腐蚀情况。对于带涂层试样,用油灰刀以 30°夹角在面板上划线,依据 ASTM 标准 D1654"评价腐蚀环境中涂漆或涂层试样的标准试验方法"评价试样的耐腐蚀性能和腐蚀宽度。评价划痕处的腐蚀程度或者涂层的腐蚀宽度,检查未划线区域是否出现腐蚀斑点、起泡和其他形式的腐蚀情况。分别按照 ASTM 标准 D1654 和 D714 评价试样划痕处和无划痕区域的腐蚀程度。利用成像系统(如 VIEEW 数字成像系统)记录每个试样的表面状况。

　　记录 GM9540P 标准、ASTM 标准 D714 和 D1654 所要求的所有信息,并利用成像系统记录试样的表面状况。

　　某些情况下,试样的质量损失速率随时间的延长反而减小。这是因为试样初始腐蚀速率较高,生成的腐蚀产物附着于材料表面形成一层保护膜,降低了剩余时间内的表观腐蚀速率。这类金属基复合材料也许可以考虑应用于某些需要此类特性的场合。

　　其他的金属基复合材料试样的质量损失速率随时间的延长而增大。在真实环境中,这种变化趋势是由外部环境变化所导致的。然而,在受控的实验室试验条件下,这种变化趋势则表明试样表面未能生成耐腐蚀性保护膜和/或试样表面状态的改变。单一材料也会出现这种加速质量损失的情况。

　　部分试样会在某段试验区间或者整个试验期间出现质量少量增加的情况(表现为负的质量损失)。这是由于腐蚀产物的存在。这种情况通常出现在腐蚀产物不能完全清除的情况下,也说明在按照 ASTM 标准 G-1 进行清洗操作时可能出现错误。严格遵守 ASTM 标准 G-1 进行清洗并使用足够多的试样可降低重量损失结果的误差。

1.4.9　中间相和界面的试验方法

本章节留待以后补充。

参 考 文 献

1.4.2.1　　　ASTM Test Method D3552/D3552M. Tensile Properties of Fiber-Reinforced Metal Matrix Composites [S]. Annual Book of ASTM Standards, Vol 15.03, American Society for Testing and Materials, West Conshohocken, PA, 1997, 173-177.

1.4.2.2　　　ASTM Standard D 3410 - 87. Standard Test Method for Compressive Properties of Unidirectional or Crossply Fiber-Resin Composites [S]. Annual

Book of ASTM Standards, Vol 15. 03, American Society for Testing and Materials, 1995,131 – 147.

1. 4. 2. 3   ASTM Standard D 5379/D5379M. Standard Test Method for Shear Properties of Composite Materials by the V-Notched Beam Method [S]. Annual Book of ASTM Standards, Vol 15. 03, American Society for Testing and Materials, 1998,230 – 242.

1. 4. 2. 4. 1(a)   ASTM Test Method E466. Conducting Force Controlled Constant Amplitude Axial Fatigue Tests of Metallic Materials [S]. Annual Book of ASTM Standards, Vol 03. 01, American Society for Testing and Materials, West Conshohocken, PA, 1998,471 – 475.

1. 4. 2. 4. 1(b)   ASTM Test Method E606. Strain-Controlled Fatigue Testing [S]. Annual Book of ASTM Standards, Vol 03. 01, American Society for Testing and Materials, West Conshohocken, PA, 1998,528 – 542.

1. 4. 2. 4. 1(c)   ASTM Standard E 2368 – 10. Standard Practice for Strain Controlled Thermo-mechanical Fatigue Testing [S]. Annual Book of ASTM Standards V03. 01, American Society for Testing and Materials, West Conshohocken, PA, 2012, 1412 – 1421.

1. 4. 2. 4. 5(a)   Sanders B P, Mall S, Lerch B A. Fatigue Response of the Unidirectional and Cross-Ply SCS – 6/Ti – 15 – 3 MMC [C]. Proceedings from the Tenth International Conference on Composite Materials, Whistler, B. C. Canada, eds. A. Poursartip and K. Street, Vol I: Fatigue and Fracture, August 1995, 529 – 536.

1. 4. 2. 4. 5(b)   Subramanian S, Lerch B A, Castelli M G, et al. Effect of Fiber Volume Fraction on Fully-Reversed Isothermal Fatigue Behavior of Unidirectional SCS6/Ti – 15 – 3 Composites [M]. Composites and Functionally Graded Materials MD – Vol 80, eds. , T. S. Srivatsan, A. Zavaliangos, K. I. Jacob, N. Katsube, W. Jones, K. Ramani, S. Sitaraman and S. Yang, ASME, 1997,131 – 139.

1. 4. 2. 4. 5(c)   ASTM Test Method E9. Compression Testing of Metallic Materials at Room Temperature [S]. Annual Book of ASTM Standards, Vol 03. 01, American Society for Testing and Materials, West Conshohocken, PA, 1998, 99 – 106.

1. 4. 2. 5(a)   Marshall D B, Cox B N, Evans A G. The Mechanics of Matrix Cracking in BrittleMatrix Fiber Composites [J]. Acta Metallurgica, 1985, 33: 2013 – 2021.

1. 4. 2. 5(b)   McCartney L N. Mechanics of Matrix Cracking in Brittle-Matrix Fiber-Reinforced Composites [J]. Proceedings of the Royal Society of London, Series A, 1987,409: 329 – 350.

1. 4. 2. 5(c)   McMeeking R M, Evans A G. Matrix Fatigue Cracking in Fiber Composites [J]. Mechanics of Materials, 1990,9: 217 – 227.

1. 4. 2. 5(d)   Rose L R F. Crack Reinforcement by Distributed Springs [J]. J. Mech.

Phys. Solids, 1987,35(4): 383 - 405.

1. 4. 2. 5(e)　Ghosn L J, Telesman J, Kantzos P. Closure Pressure Distributions and Their Effect on the Crack Driving Force of Bridged Cracks [J]. 6th Annual HITEMP Review, Vol II: Compressor/Turbine Materials, NASA CP 19117, Oct. 1993,45: 1 - 12.

1. 4. 2. 5(f)　Ghosn L J, Kantzos P, Telesman P. Modeling of Crack Bridging in a Unidirectional Metal Matrix Composite [J]. International Journal of Fracture, 1992,54: 345 - 357.

1. 4. 2. 5(g)　ASTM Standard E 647. Standard Test Method for Measurement of Fatigue Crack Growth Rates [S]. Annual Book of ASTM Standards, Vol 3. 01, American Society for Testing and Materials, West Conshohocken, PA, 1994, 569 - 596.

1. 4. 2. 5(h)　Tada H, Paris P C, Irwin G R. The Stress Analysis of Cracks Handbook [M]. 2nd Edition, Paris Production, Inc. , St. Louis, Mo. , 1985.

1. 4. 2. 5(i)　Dao T, Metta S. Analysis of an Edge-Cracked Specimen Subjected to Rotationally Constrained End Displacements [R]. NASA Johnson Space Center, Report 32171 (LESC 29683), August 1991.

1. 4. 2. 5(j)　Blatt D, John R, Coker D. Stress Intensity Factor and Compliance Solutions for a Single Edge Notched Specimen with Clamped Ends [J]. Engineering Fracture Mechanics, 1994,47(4): 521 - 532.

1. 4. 2. 5(k)　John R, Rigling B. Effect of Height to Width Ratio on K and CMOD Solutions for a Single Edge Cracked Geometry With Clamped Ends [J]. Engineering Fracture Mechanics, 1998,60(2): 147 - 156.

1. 4. 2. 5(l)　Kantzos P, Telesman J. Fatigue Crack Growth Study of SCS6/Ti - 15 - 3 Composite [J]. International Journal of Fatigue, 1990,12(5): 409 - 415.

1. 4. 2. 5(m)　John R, Lackey A F, Ashbaugh N E. Fatigue Crack Propagation Parallel to Fibers in Unidirectionally Reinforced SCS - 6/Timetal® 21S [J]. Scripta Materialia, 1996,35(6): 711 - 716.

1. 4. 2. 5(n)　Ghosn L J, Kantzos P, Telesman J. Fatigue Crack Growth and Crack Bridging in SCS - 6/Ti - 24 - 11 [M]. Cyclic Deformation, Fracture and Nondestructive Evaluation of Advanced Materials: Second Volume, ASTM STP 1184, M. R. Mitchell and O. Buck, eds. , American Society for Testing and Materials, West Conshohocken, PA, 1994,64 - 86.

1. 4. 2. 5(o)　Life Prediction Methodology for Titanium Matrix Composites [S]. ASTM STP 1253, Johnson, W. S. Larsen, J. M. and Cox, B. N. , Eds. , American Society for Testing and Materials, West Conshohocken, PA, 1996.

1. 4. 2. 13. 1(a)　Marshall D B. An Indentation Method for Measuring Matrix-Fiber Frictional Stresses in Ceramic Composites [J]. J. Am. Ceram. Soc. , 1984,67(12): C258 - C259.

1. 4. 2. 13. 1(b)　Laughner J W, Shaw N J, Bhatt R T, et al. Simple Indentation Method for Measurement of Interfacial Shear Strength in SiC/Si_3N_4 Composites [J].

Ceram. Eng. Sci. Proc. , 1986,7(7 - 8): 932.

1.4.2.13.1(c)　Laughner J A, Bhatt R T. Measurement of Interfacial Shear Strength in SiC-Fiber/Si_3N_4 Composites [J]. J. Am. Ceram. Soc. , 1989, 72 (10): 2017 - 2019.

1.4.2.13.1(d)　Eldridge J I, Brindley P K. Investigation of Interfacial Shear Strength in a SiC Fibre/Ti - 24Al - 11Nb Composite by a Fibre Push-Out Technique [J]. J. Mater. Sci. Lett. , 1989,8(12): 1451 - 1454.

1.4.2.13.1(e)　Yang C J, Jeng C J, Yang J M. Interfacial Properties Measurement for SiC Fiber-Reinforced Titanium Alloy Composites [J]. Scripta Metall. Mater. , 1990,24(3): 469 - 474.

1.4.2.13.1(f)　Bright J D, Shetty D K, Griffin C W, et al. Interfacial Bonding and Friction in Siliwn Carbide [Filament]-Reinforced Ceramic-and Glass-Matrix Composites [J]. J. Am. Ceram. Soc. , 1989,72(10): 1891 - 1898.

1.4.2.13.1(g)　Eldridge J I. Desktop Fiber Push-Out Apparatus [R]. NASA TM 105341, December 1991.

1.4.2.13.1(h)　Wereszczak A A, Ferber M K, Lowden R A. Development of an Interfacial Test System for the Determination of Interfacial Properties in Fiber Reinforced Ceramic Composites [J]. Ceram. Eng. Sci. Proc. , 1993,14(7 - 8): 156 - 167.

1.4.2.13.1(i)　Jero P D, Parhasarathy T A, Kerans R J. Interfacial Roughness in Ceramic Matrix Composites [J]. 1992,13(7 - 8): 64 - 69.

1.4.2.13.1(j)　Warren P D, Mackin T J, Evans A G. Design, Analysis and Application of an Improved Push-Through Test for the Measurement of Interface Properties in Composites [J]. Acta Metall. Mater. , 1992,40(6): 1243 - 1249.

1.4.2.13.1(k)　Majumdar B S, Miracle D B. Interface Measurements and Applications in FiberReinforced MMCs [J]. Key Eng. Mater. , 1996,116 - 117: 153 - 172.

1.4.2.13.1(l)　Eldridge J I. Fiber Push-Out Testing of Intermetallic Matrix Composites at Elevated Temperatures [J]. in Intermetallic Matrix Composites II, D. B. Miracle, D. L. Anton, and J. A. Graves, Eds. , Mater. Res. Soc. Proc. , 1992,273: 325 - 330.

1.4.2.13.1(m)　Eldridge J I, Ebihara B T. Fiber Push-Out Testing Apparatus for Elevated Temperatures [J]. J. Mater. Res. , 1994,9(4): 1035 - 1042.

1.4.2.13.1(n)　Eldridge J I. Elevated Temperature Fiber Push-Out Testing [J]. in Ceramic Matrix Composites B Advanced High-Temperature Structural Materials, R. A. Lowden et al. , Eds. , Mater. Res. Soc. Proc. , 1995,365: 283 - 290.

1.4.2.13.1(o)　Daniel A M, Smith S T, Lewis M H. A Scanning Electron Microscope Based Microindentation System [J]. Rev. Sci. Instrum. , 1994,65(3): 632 - 638.

1.4.2.13.13　Eldridge J I. Environmental Effects on Fiber Debonding and Sliding in an SCS - 6 SiC Fiber Reinforced Reaction-Bonded Si_3N_4 Composite [J]. Scripta Metall. Mater. , 1995,32(7): 1085 - 1089.

1.4.2.13.14(a)　Ghosn L J, Eldridge J I, Kantzos P. Analytical Modeling of the Interfacial

Stress State During Pushout Testing of SCS - 6/Ti - Based Composites [J]. Acta Metall. Mater. , 1994,42(11): 3895 - 3908.

1.4.2.13.14(b) Kallas M N, Koss D A, Hahn H T, et al. Interfacial Stress State Present in a "Thin Slice" Fibre Push-Out Test [J]. J. Mater. Sci. , 1992,27: 3821 - 3826.

1.4.2.13.14(c) Parthasarathy T A, Marshall D B, Kerans R J. Analysis of the Effect of Interfacial Roughness on Fiber Debonding and Sliding in Brittle Matrix Composites [J]. Acta Metall. Mater. , 1994,42(11): 3773 - 3784.

1.4.2.13.14(d) Lara-Curzio E, Ferber M K. Methodology for the Determination of the Interfacial Properties of Brittle Matrix Composites [J]. J. Mater. Sci. , 1994, 29: 6152 - 6158.

1.4.2.13.14(e) Petrich R R, Koss D A, Hellmann J R, et al. On "Large-Scale" Stable Fiber Displacement During Interfacial Failure in Metal Matrix Composites [J]. Scripta Metall. Mater. , 1993,28: 1583 - 1588.

1.4.2.13.14(f) Galbraith J M, Rhyne E P, Koss D A, et al. The Interfacial Failure Sequence during Fiber Pushout in Metal Matrix Composites [J]. Scripta Mater. , 1996, 35(4): 543 - 549.

1.4.2.13.14(g) Chandra N, Ananth C R. Analysis of Interfacial Behavior in MMCs and IMCs by the Use of Thin-Slice Push-Out Tests [J]. Composites Sci. Technol. , 1995,54(1): 87 - 100.

1.4.2.13.14(h) Eldridge J I. Experimental Investigation of Interface Properties in SiC Fiber-Reinforced Reaction-Bonded Silicon Nitride Matrix Composites [J]. in Ceramic Matrix Composites-Advanced High-Temperature Structural Materials, R. A. Lowden et al. , Eds. , Mater. Res. Soc. Proc. , 1995,365: 353 - 364.

1.4.2.14   ASTM Standard E 384. Standard Test Method for Microhardness of Materials [S]. Annual Book of ASTM Standards, Vol 3. 01, American Society for Testing and Materials, West Conshohocken, PA, 1995,390 - 408.

1.4.2.15.6(a)   ASTM Standard D 3039/D3039M. Standard Test Method for Tensile Properties of Polymer Matrix Composite Materials [S]. Annual Book of ASTM Standards, Vol 15. 03, American Society for Testing and Materials, West Conshohocken, PA, 1995,114 - 123.

1.4.2.15.6(b)   Castelli M G. An Advanced Test Technique to Quantify Thermomechanical Fatigue Damage Accumulation in Composite Materials [J]. Journal of Solid-State Circuits, 1993,28(3): 193 - 202.

1.4.2.15.6(c)   Revelos W C, Jones J W, Dolley E J. Thermal Fatigue of a SiC/Ti - 15Mo - 2. 7Nb-3Al - 0. 2Si Composite [J]. Metallurgical and Materials Transactions A, 1995,26(5): 1167 - 1181.

1.4.4.1   ASTM D792. Standard Test Method for Density and Specific Gravity (Relative Density) of Plastics by Displacement [S]. Annual Book of Standards, Vol 8. 01, American Society for Testing and Materials, West Conshohocken, PA, 1997,152 - 155.

1.4.4.2   ASTM D3553. Standard Test Method for Fiber Content by Digestion of

Reinforced Metal Matrix Composites [S]. Annual Book of Standards, Vol 15.03, American Society for Testing and Materials, West Conshohocken, PA, 1997,169 - 171.

1.4.5.1(a)　Metallography and Microstructures [M]. Volume 9, Metals Handbook, 9th edition, ASM, Materials Park, OH, 1985.

1.4.5.1(b)　Samuels L E. Metallographic Polishing by Mechanical Methods [M]. ASM, Materials Park, OH, 1982.

1.4.5.1(c)　Bousfield B. Surface Preparation and Microscopy of Materials [M]. John Wiley and Sons, NY, 1992.

1.4.5.1(d)　Buhler H E, Houghardy H P. Atlas of Interference Layer Metallography [M]. Deutsche Gesellschaft fuer Metallkunde, Oberursel, Germany, 1980.

1.4.5.1(e)　Lerch B A, Hull D R, Leonhardt T A. Microstructure of a SiC/Ti - 15 - 3 Composite [J]. Composites, 1990,21(3): 216 - 224.

1.4.5.1(f)　Singh M, Leonhardt T A. Microstructural Characterization of Reaction-Formed Silicon Carbide Ceramics [J]. Materials Characterization, 1995,35: 221 - 228.

1.4.5.1(g)　Mitomo M, Sato Y, Yashima I, et al. Plasma Etching of Non-oxide Ceramics [J]. J. Mater. Sci. Lett., 1990,10: 83 - 84.

1.4.5.1(h)　Kirk R W. Applications of Plasma Technology to the Fabrication of Semiconductor Devices [M]. Techniques and Applications of Plasma Chemistry, J. R. Hollahan and A. T. Bell, eds., Wiley, NY, 1974,347.

1.4.5.1(i)　Arnold S M, Pindera M J, Wilt T E. Influence of Fiber Architecture on the Inelastic Response of Metal Matrix Composites [J]. Int. J. of Plasticity, 1996,12(4): 507 - 545.

1.4.5.1(j)　Russ J C. Computer-Assisted Microscopy: The Measurement and Analysis of Images [M]. Plenum Press, NY, 1990.

1.4.5.1(k)　Russ J C. The Image Process Handbook [M]. CRC Press, Inc., Boca Raton, FL, 1992.

1.4.5.1(l)　Arnold S M, Wilt T E. Influence of Engineered Interfaces on Residual Stresses and Mechanical Response in Metal Matrix Composites [J]. Composite Interfaces, 1993,1(5): 381 - 402.

1.4.5.1(m)　Salzar R S, Barton F W. Residual Stress Optimization in Metal Matrix Composites Using Discretely Graded Interfaces [J]. Composite Engineering, 1994,4(1): 115 - 128.

1.4.5.1(n)　Pindera M J, Arnold S M, Williams T O. Thermoplastic Response of Metal Matrix Composites with Homogenized and Functionally Graded Interfaces [J]. Composites Engineering, 1994,4(1): 129 - 145.

1.4.6.1　ASTM Test Method E1587. Chemical Analysis of Refined Nickel [S]. Annual Book of Standards, Vol 3.06, American Society for Testing and Materials, West Conshohocken, PA, 1997,512 - 539.

1.5　中间形态的试验和分析方法

1.5.1　引言

本章节留待以后补充。

1.5.2　力学性能试验方法

本章节留待以后补充。

1.5.3　物理性能试验方法

本章节留待以后补充。

1.5.4　显微结构分析技术

本章节留待以后补充。

1.5.5　化学分析技术

本章节留待以后补充。

1.5.6　无损评价试验方法

本章节留待以后补充。

1.6　纤维试验和分析方法

1.6.1　引言

复合材料需要具有高强度、高模量以及足够高温性能的纤维。在很多预定使用温度下,基体材料往往被过度拉伸并且在高于纯基体正常使用温度下使用。此时纤维必须能够承受施加的载荷并在材料中提供强度。因此,纤维开发是复合材料持续发展的关键。纤维性能的准确测定不仅有助于纤维本身的发展,还能为复合材料微观力学分析提供基础数据。因此,纤维试验方法具有重要意义和价值。

纤维测试是非常困难的。一方面,由于纤维较细,直径通常小于 150 μm,有些纤维直径甚至只有几微米,难以在试验台上夹持。另一方面,纤维通常是陶瓷材料,其断裂强度与表面和体积缺陷有关,因此,纤维强度依赖于被测材料的大小(即标距很重要)。同时,纤维的这种脆性使得试验数据具有一定的随机性,需要大量数据进行统计分析。本节中的试验方法给出了增强纤维测试的正确步骤。

1.6.2　力学性能试验方法

1.6.2.1　拉伸试验

ASTM 标准 D 3379 给出了单丝纤维拉伸试验的基本准则(见文献 1.6.2.1)。该标准是在 ASTM D30 委员会(高模量纤维及其复合材料委员会)的支持下制定的,适用于金属基复合材料中使用的大直径纤维的测试。但是该标准不适用于测试陶瓷基复合材料中使用的小直径纤维。所以该标准的所有权曾被转移至 C28 委员会（先进陶瓷委员会），但随后又撤销。对该标准进行修订使其更适用于陶瓷基复合材料中增强体的测试，目前这一修订标准正在审查中。

上述标准均适用于金属基复合材料中常用的大直径（>100 μm）纤维的测试。但是，以下几点需要注意：

（1）纤维直径出现在纤维截面积的计算式中用于纤维应力的计算。纤维直径变化对陶瓷基复合材料的影响很大，但是对大直径纤维来说可以忽略，因为纤维直径变化率很小。所以对于金属基复合材料的增强体，这个问题是可以忽略的。但是，从卷轴中截取的待测纤维的直径仍需多次测量，取平均值并记录。

（2）应记录纤维典型断裂位置和形态。

（3）金属基复合材料中不使用丝束和编织垫，因此无需考虑与之相关的试验。

（4）应记录纤维的信息，包括纤维的制造商、生产日期、工艺参数（如果有的话）、化学成分和卷轴号。

（5）纤维加入复合材料的固结过程中，纤维的强度通常会有所降低，强度分布也有所改变。因此，建议使用从复合材料中分离出的纤维[通过溶解基体的方法获得，详见文献 1.6.2.2(a)]进行测试。

（6）纤维强度受表面缺陷影响很大，因此处理纤维时需要格外小心。即使在最好的实验室中采用一般的试验处理，纤维的强度也会有所下降。纤维的处理损伤通常会导致纤维强度的二项分布，而强度较低的纤维具有很低的韦布尔模量。

1.6.2.2 蠕变和蠕变断裂

增强纤维的性能强烈影响复合材料的高温性能，因此纤维必须具有足够的高温强度。此外，为保证材料长期稳定使用，纤维必须具备较好的抗蠕变能力。无论是耐高温复合材料的开发，还是采用微观力学方法预测材料的长期性能，都需要准确测试纤维的抗蠕变性能。

测试纤维蠕变及蠕变断裂强度的常规实验方法是在恒定温度下给纤维施加恒定拉伸载荷[见文献 1.6.2.2(a)和(b)]，典型的实验设备是静态吊重试验装置，如文献 1.6.2.2(c)中所述。为避免热夹具、纤维和环境三者之间的相互作用，通常使用冷夹具垂直地夹持一定长度的纤维。用电阻炉加热保持纤维标距（通常为 1 in 或 25 mm）内温度恒定。可选用任一非接触式位移传感器来测量纤维的延长率和断裂应变。蠕变试验可以在空气中进行，也可以将纤维和加热元件置于合适的试验箱内，在保护性气氛中进行。

纤维的蠕变断裂强度、时间和断裂应变通常都表现出较大的离散性。一方面是因为脆性纤维的断裂本身具有一定的概率性；另一方面，在载荷和温度作用下，随着时间的增加，纤维缺陷的尺寸和分布也不断增加。基于上述原因，为了更好地认识纤维的断裂性能,需要进行大量的试验,并对试验数据进行统计学分析。

1.6.2.3　弯曲应力松弛

本节给出了一种测试纤维蠕变和应力松弛行为的简易方法——弯曲应力松弛(BSR)法。弯曲应力松弛法的主要步骤如下:将纤维弯曲并结成一个环,将纤维环放入炉中,在一定温度下保温一段时间;取出纤维环,冷却至室温并测量其直径;在某点剪开纤维环释放应力,测量残余半径从而得到热暴露的影响。详细试验方法见文献1.6.2.3(a)和(b)。

相比于常规的蠕变测试方法(见1.6.2.2节),弯曲应力松弛法具有许多优点。一方面,可在同一试验条件下(时间、温度和大气),同时测试多个小直径短长度纤维。另一方面,还可以测量纤维利用蠕变成形形成编织结构或小曲率半径的能力。

1.6.3　物理性能试验方法

1.6.3.1　密度

ASTM标准D 3800"高模量纤维密度的标准试验方法"(见文献1.6.3.1)中给出了三种纤维密度的试验方法,可以任选其一。

1.6.4　显微结构分析技术

本章节留待以后补充。

1.6.5　化学分析技术

本章节留待以后补充。

1.6.6　环境影响试验方法

本章节留待以后补充。

参 考 文 献

1.6.2.1　ASTM D3379. Standard Test Method for Tensile Strength and Young's Modulus for High-Modulus Single-Filament Materials [S]. Annual Book of ASTM Standards, Vol 15. 03, American Society for Testing and Materials, West Conshohocken, PA, 1998,113－116.

1.6.2.2(a)　DiCarlo J A. Property Goals and Test Methods for High Temperature Ceramic Fibre Reinforcement [C]. Proceedings of the 8th CIMTEC, Advanced Structural Fiber Composites, eds. , P. Vincenzini and G. C. Righini, Techna Publishing, Florence, Italy, 1994.

1.6.2.2(b)　Yun H M, DiCarlo J A. Time/Temperature Dependent Tensile Strength of SiC and Al_2O_3－Based Fibers [J]. Ceramic Transactions, Vol 74, eds. , N. P. Bansal and J. P. Singh, American Ceramic Society, 1996,17－26.

1.6.2.2(c)　Yun H M, Goldsby J C. Tensile Creep Behaviour of Polycrystalline Alumina Fibres [R]. NASA TM 106269,1993.

1.6.2.3(a)　Morscher G N, DiCarlo J A. A Simple Test for Thermomechanical Evaluation of Ceramic Fibers [J]. Journal of the American Ceramic Society, 1992, 75 (1)：136 - 140.

1.6.2.3(b)　Youngblood G E, Hamilton M L, Jones R H. Technique for Measuring Irradiation Creep in Polycrystalline SiC Fibers [R]. Fusion Materials Semiannual Progress Report for the Period ending June 30, 1996. DOE/ER - 0313/20, 146.

1.6.3.1　ASTM D3800. Standard Test Method for Density of High-Modulus Fibers [S]. Annual Book of ASTM Standards, Vol. 15.03, American Society for Testing and Materials, West Conshohocken, PA, 1997, 172 - 176.

1.7　纤维浸润剂测试和分析方法

1.7.1　引言

本章节留待以后补充。

1.7.2　物理性能试验方法

本章节留待以后补充。

1.7.3　化学分析技术

本章节留待以后补充。

1.8　纤维涂层、界面、中间相的试验和分析方法

1.8.1　引言

本章节留待以后补充。

1.8.2　力学性能试验方法

本章节留待以后补充。

1.8.3　物理性能试验方法

本章节留待以后补充。

1.8.4　显微结构分析技术

本章节留待以后补充。

1.8.5　化学分析技术

本章节留待以后补充。

1.9　基体试验和分析方法

1.9.1　引言

基体是金属基复合材料的主要组成部分。其作用包括固定纤维位置以及保护

纤维不受机械和环境损伤。基体还用于将载荷传递给纤维。此外,基体将自身的性能赋予复合材料,例如延展性、导电性和导热性等金属特性。

作为复合材料的主要组成部分,基体的性能显著影响复合材料的性能。因此,必须全面了解和表征基体的性能。下面章节给出了基体性能的试验方法,不仅可以用于质量控制,还可以用于微观力学分析。

通常,基体的测试技术与常规单一材料测试技术类似。然而,为了解释与这些材料的非常规制造方法相关的特性,还增加了一些附加说明。

1.9.2　力学试验方法

本节给出了纯基体的力学性能试验方法。当分析复合材料性能时,这些性能可以用于微观力学模型的输入参数,这在没有复合材料试验数据,但又希望了解其性能时格外有用。

本节使用的基体材料的制备方法与复合材料的制备方法类似,也包括固结和热处理。这是为了保证纯基体的性能与其在复合材料中表现的性能一致。

1.9.2.1　拉伸

金属基体的拉伸试验可以分为室温试验和高温试验两种,其中室温试验按照ASTM 标准 E8[见文献 1.9.2.1(a)]进行,高温试验按照 ASTM 标准 E21[见文献1.9.2.1(b)]进行。

注意:由于采用非常规工艺制备,这些基体材料可能存在各向异性。因此,详细分析材料性能时,需要根据所提供材料的几何形状从不同方向取样。此外,还应测量选定拉伸试样的横向应变。

1.9.2.2　蠕变

基体材料的蠕变试验按照 ASTM 标准 E139(见文献 1.9.2.2)进行。

1.9.2.3　应力松弛

应力松弛试验与蠕变试验类似,不同的是在最大载荷时,保持应变不变,允许应力松弛,直至达到极限点,然后终止试验。除此之外,其他测试条件应根据 ASTM 标准E139[见文献 1.9.2.1(a)]进行。此外,应力松弛试验还应给出松弛应力-时间曲线。

1.9.2.4　疲劳

为了采用微观力学方法预测复合材料的疲劳寿命,可能需要对纯基体材料进行疲劳试验。根据试验目的和采用模型的不同,疲劳试验可以分为应力控制试验和应变控制试验,分别按照 ASTM 标准 E466[见文献 1.9.2.4(a)]和 ASTM 标准 E606[见文献 1.9.2.4(a)]进行。

1.9.2.5　疲劳裂纹扩展

对纯基体材料进行疲劳裂纹扩展试验可为衡量复合材料的行为提供一个比较基准。具体试验按照 ASTM 标准 E647(见文献 1.9.2.5)进行。需注意的是,在比较纯基体和复合材料的疲劳裂纹扩展行为时,必须考虑两者刚度的差异,对纯基体的试验数据进行适当处理。3.8.2.3.3节给出了更详细的说明。

1.9.3　物理试验方法

1.9.3.1　密度

基体的密度需依据 ASTM 标准 D 792"排液法测量塑料密度和比重(相对密度)的标准试验方法"(见文献 1.9.3.1),采用阿基米德方法进行测试。

1.9.4　显微结构分析技术

基体材料的金相分析采用的方法与单一金属材料金相分析标准方法完全一样。其中几个典型步骤参见文献 1.9.4(a)～(c)。

1.9.4.1　钛合金显微结构分析技术

钛合金金相制备常规方法如下:

先用半自动磨光机加工单一钛合金材料,参数设置为转速 150 r/min,压力为每个试样 5 lbf。然后依次用 320、400、600、800 和 1200 目的 SiC 砂纸磨光。

最后,最好采用腐蚀抛光完成试件的制备。腐蚀抛光一般通过化学和机械方法来去除材料,形成无划痕、无形变的显微结构。腐蚀抛光通常采用化学织物抛光布和 50 nm 的二氧化硅胶体悬浮液。悬浮液的配方如下:

150 ml 水;

150 ml 50 nm 的氧化硅;

30 ml 过氧化氢;

1 ml 硝酸;

1 ml 氢氟酸。

1.9.4.2　铝合金显微结构分析技术

本章节留待以后补充。

1.9.5　化学分析技术

本章节留待以后补充。

1.9.6　环境效应试验方法

本章节留待以后补充。

参 考 文 献

1.9.2.1(a)　ASTM Test Method E8. Tension Testing of Metallic Materials [S]. Annual Book of ASTM Standards, Vol 03.01, American Society for Testing and Materials, West Conshohocken, PA, 1997,56-76.

1.9.2.1(b)　ASTM Test Methods E 21. Elevated Temperature Tension Tests of Metallic Materials [S]. Annual Book of ASTM Standards, Vol 03.01, American Society for

Testing and Materials, West Conshohocken, PA, 1997,129 – 136.

1. 9. 2. 2 ASTM Test Method E139. Conducting Creep, Creep-rupture, and Stress-rupture Tests of Metallic Materials [S]. Annual Book of ASTM Standards, Vol 03. 01, American Society for Testing and Materials, West Conshohocken, PA, 1997, 253 – 265.

1. 9. 2. 4(a) ASTM Test Method E466. Conducting Force Controlled Constant Amplitude Axial Fatigue Tests of Metallic Materials [S]. Annual Book of ASTM Standards, Vol 03. 01, American Society for Testing and Materials, West Conshohocken, PA, 1997,466 – 470.

1. 9. 2. 4(b) ASTM Test Method E606. Strain-Controlled Fatigue Testing [S]. Annual Book of ASTM Standards, Vol 03. 01, American Society for Testing and Materials, West Conshohocken, PA, 1997,523 – 537.

1. 9. 2. 5 ASTM Test Method E647. Standard Test Method for Measurement of Fatigue Crack Growth Rates [S]. Annual Book of ASTM Standards, Vol 03. 01, American Society for Testing and Materials, West Conshohocken, PA, 2006,647 – 91.

1. 9. 3. 1 ASTM D792. Standard Test Method for Density and Specific Gravity (Relative Density) of Plastics by Displacement [S]. Annual Book of ASTM Standards, Vol. 8. 01, American Society for Testing and Materials, West Conshohocken, PA, 1997,152 – 155.

1. 9. 4(a) Metallography and Microstructures [M]. Volume 9, Metals Handbook, 9th edition, ASM, Materials Park, OH, 1985.

1. 9. 4(b) Samuels L E. Metallographic Polishing by Mechanical Methods [M]. ASM, Materials Park, OH, 1982.

1. 9. 4(c) Bousfield B. Surface Preparation and Microscopy of Materials [M]. John Wiley and Sons, NY, 1992.

1.10 结构敏感性能表征

1.10.1 引言
本章节留待以后补充。

1.10.2 机械紧固连接
本章节留待以后补充。

1.10.3 胶接、钎焊和焊接连接
本章节留待以后补充。

1.10.4 曲面形状
本章节留待以后补充。

1.10.5 结构设计细节
本章节留待以后补充。

1.10.6　过渡和其他特定区域

本章节留待以后补充。

1.10.7　尺寸效应

本章节留待以后补充。

1.10.8　其他主题

本章节留待以后补充。

1.11　数据分析

1.11.1　概述

本卷中性能计算时所用的详细的统计学分析方法见卷1,第8章。

1.11.2　基于统计分析的材料性能计算程序

本章节留待以后补充。

1.11.3　计算程序的样本

本章节留待以后补充。

1.11.4　统计表

本章节留待以后补充。

2 金属基复合材料设计指南

2.1 概述

2.1.1 引言

本章节留待以后补充。

2.1.2 本章的目的、范围和结构

本章节留待以后补充。

2.2 数据的使用

本章节留待以后补充。

2.3 结构设计与分析

2.3.1 引言

随着复合材料的日益普及,通过材料设计来获得特定性能的设计思想得到了进一步发展。在结构设计过程中加入材料设计对结构设计过程产生了重大影响,尤其是在初步设计阶段。初步设计时,需要考虑大量的材料,包括一些没有实验性能数据的材料。因此,初步材料选择可能只能基于理论分析预测得到的性能。目前普遍采用微观力学方法进行理论分析,即研究复合材料有效性能与组分材料性能之间的关系。非均质的复合材料被表征为均质的且通常为各向异性的材料,两者具有相同的有效性能。

本章主要介绍了复合材料设计中常用的分析方法。从介绍单层中增强体相(纤维或颗粒)和基体相的微观力学开始,然后讨论了由简单几何构型到获得层合板的分析过程。

2.3节主要研究了单向纤维复合材料和对称层合板,同时也讨论了非连续增强复合材料。首先给出了单层材料的微观力学表示方法,然后介绍了任意坐标系中经

典层合板分析理论,讨论了复合材料设计和分析过程中多种损伤和失效机制的分析方法,强调了通过单层材料分析结果预测层合板性能的方法。此外,介绍了多轴加载情况和结构的各种响应,例如损伤的起始与演化、蠕变、松弛、疲劳、屈曲、耐久性和振动等。还讨论了层合板结构在更加复杂载荷作用下的响应情况。

任一给定层合板在一系列规定载荷作用下的强度最好由试验确定。然而,当有多种可选层合板并需考虑不同载荷条件时,在初步设计阶段,采用理论分析方法预测层合板结构的强度更可取。由于层合板的每一层中的应力分布是相当复杂的,无法精确分析。但是,已经开发出可用于指导结构初步设计的合理方法。

2.3.1.1 分析方法的分级

根据所使用的应力的精细程度,分析方法可以分成不同等级。以下分级具有实际意义。

层合板级:利用层合板坐标系中各应力分量的平均值;

层或单层级:利用每一单层中应力分量的平均值;

组分级:利用每一层中每相(增强体或基体)内的应力分量的平均值;

微观级:利用每相内每一点的局部应力。

每个组分的失效准则中所用的微观应力决定了局部失效开始时的外部载荷。因此若要真实地预测金属基复合材料的强度就需要对其微观应力进行精确表述。然而,由于偏离假设的规则局部几何形状以及局部强度变异性带来的不确定性有时使得精确表述复合材料的微观应力这一过程无法实现。

层合板级应力可用于将单一应力分量试验测得的强度转变为复合应力情况下预期强度估计值。然而,没有试验数据的层合板无法使用此方法。

通过微观分析得到的单层级应力在层合板强度分析中被广泛使用。通过给定层中的平均应力来计算首层失效,然后计算随后的单层失效导致的层合板失效。2.3.3节给出了层合板的逐层失效模型分析方法。

组分级应力或相平均应力,也可以通过微观分析获得。在某些情况下,可用于单向复合材料或单层强度的分析。

准确分析金属基复合材料最常用的方法是局部-整体法。采用该方法时,载荷逐渐增加,并解析到微观级别。然后进行微观力学分析来确定是否发生以及在何处发生损伤或塑性变形。再通过微观应力和应变场的均匀化和施加载荷的下一个增量来确定整体材料响应。微观力学就是研究复合材料组分的性能与复合材料的有效性能的相关性。2.3.2节给出了从基本组分性能开始的纤维增强单层板微观力学分析方法。2.3.3节给出了层合板的逐层分析方法。

2.3.1.2 基本概念

具体应用中采用的方法由以下定义的几个基本概念决定,这些基本概念表征了复合材料的响应。

材料均质性：由定义可知,复合材料是非均质材料。然而,力学分析是基于材料是均质的这一假设的。这一明显冲突可通过考虑微观和宏观尺度上的均质性来解决。微观上,复合材料是非均质的。然而,在宏观尺度上,复合材料表现出均质性,试验时也是均质响应。复合材料的分析使用基于局部应力和应变场的有效性能和均匀化的应力和应变场。

材料各向异性：各向异性是指材料的性能与方向有关。各向异性材料在不同方向上有不同的性能,并由 21 个独立常数表征。然而大多数材料存在一个或多个对称面。最常见的几种特殊情况如下：

单斜材料(如具有偏轴纤维的单层板)存在一个对称面,可由 13 个常数表征。

正交各向异性材料(如纤维呈周期性矩形排列的单层板)存在 3 个互相垂直的对称面,可由 9 个独立常数表征。

横向各向同性材料是正交各向异性材料的一个特例,存在一个性能与方向无关的面。例如含有大量小直径纤维的单层板,其中纤维被排列但是或多或少随机分布。横向各向同性材料具有 5 个独立的常数。

各向同性材料各方向上材料性能相同,由 2 个独立常数表征。例如随机分布的球形颗粒增强的复合材料通常被认为是各向同性的。

材料组分响应：应力应变之间的关系描述了材料的响应情况。绝大多数材料力学分析都假设材料是线弹性响应,即在给定温度下,材料的应变仅与当前应力线性相关。通常,金属材料的应变状态还与加载历史与时间有关。根据加载历史和环境条件,金属基体的响应一般可以分为弹性、弹性-塑性和弹性-黏塑性等。弹性-塑性响应是指材料开始时有一个(线性)弹性区,随后出现与时间无关的塑性变形,且卸载后表现出永久变形。弹性-黏塑性响应更加普遍,其中材料的塑性变形与时间有关。金属材料的塑性变形与材料微观结构的位错运动有关。因此,所有塑性变形的产生都需要一定的时间,但是在某些情况下,加载速度足够慢,从而使材料的塑性变形能充分发生,因此响应可以看做是与速率无关的。金属在室温下的响应通常属于这种情况。

残余应力：复合材料微观非均质的结果之一就是基体材料和增强体的热膨胀失配。复合材料经高温处理后,这种热膨胀的不匹配会导致残余应变,从而导致残余应力。残余应力的大小与组分材料之间热膨胀系数的不匹配程度密切相关。在某些材料体系中,残余应力足以在冷却过程中引起材料永久变形。

内部损伤：金属基复合材料中可能有多种内部损伤机制,裂纹可以在基体、增强体或者两者界面处产生。此外,还可能在基体材料中出现孔洞,以及在基体-增强体界面附近发生氧化等环境损伤。根据实际应用情况,设计时需要考虑一种或多种上述损伤情况。

物理性能：单向纤维复合材料(UDC)由嵌入基体中且排列整齐的连续纤维组

成,其性能与原始纤维和基体材料的物理性能、纤维的体积分数以及纤维的分布情况有关。纤维截面通常为圆形且直径差异很小。由于沿纤维方向和垂直纤维方向性能有很大差异,单向纤维复合材料具有明显的各向异性。非连续增强复合材料由在基体中近均匀分布的颗粒或排列整齐的短纤维组成。因此,非连续增强复合材料可以是各向同性的,也可以是各向异性的。但是,无论哪种情况下,非连续增强复合材料的物理性能都与原始增强体和基体材料的物理性能、增强体的体积分数以及增强体分布有关。

评价复合材料应力和应变时关心的性能包括工程弹性性能、热膨胀系数、屈服强度和硬化参数、增强体-基体结合强度、材料阻尼、导热性等。

2.3.2 一般设计指南

相比于单一材料,复合材料的一个显著优点是材料性能可以通过设计实现有效调节以满足特定的功能要求。通常,实现特定的设计目标存在多种方式,但是综合考虑材料设计可行性、成本以及结构部件的可制造性,可以确定最佳实现方案。在初步设计阶段,需要考虑已有材料及其性能,校核是否能够满足结构零件的设计要求。

在初步设计阶段,材料的选择本身就是一个实践过程。所有已有材料数据库均在考虑范围内,且无需考虑材料的成本和实用性。同时,还可以考虑是否可以设计一个理想的材料体系来满足设计目标。材料选择过程有助于设计者突破单一材料的局限寻求新的解决方案,例如设计者可以构思一个混杂材料体系,将单一材料和复合材料组合在一起,来满足刚度、强度和断裂特性等的要求。

设计金属基复合材料时,本节给出的微观力学估计方法可用于根据基体材料、增强体类型和增强体体积分数来评估复合材料的整体性能。当复合材料体系已有的试验数据有限的情况下,微观力学方法是非常有用的。同时,微观力学方法还可以用于将单轴、等温条件下的测试数据外推到机械载荷和热载荷更复杂的实际服役条件下。

获得精确、可靠的材料性能值是实现功能设计最重要的步骤之一。采用本节提出的计算方法预报材料体系的性能,从而选择最合适的材料体系,同时还可以指出现有材料的不足之处。

以下几点可能有助于初步设计:

(1)当在载荷高度定向情况下使用金属基复合材料时,纤维方向与主应力方向应保持一致;

(2)材料的压缩稳定性受剪切效应影响严重,需要格外保证;

(3)需认识到材料的面内、面外失效经常发生在缺口和自由边界处;

(4)材料损伤通常从已有的制造缺陷处向外扩展;

（5）环境条件可能造成金属基复合材料性能的下降，如氧化等，因此需考虑环境效应；

（6）经历温度变化的部件，需考虑基体材料和增强体的热膨胀系数不匹配问题，以及由此导致的热应变。

需要重点考虑的强度、刚度参数包括：

（1）纵向拉伸；

（2）纵向压缩；

（3）横向拉伸；

（4）横向压缩；

（5）剪切。

连续纤维增强金属基复合材料表现出高压缩强度和适当的剪切强度，为设计提供了一个很好的窗口。现有连续纤维增强金属基复合材料的缺点之一是横向失效应变太低（在 0.2%～0.4%应变范围内，纤维已容易发生脱粘），这使得那些纤维取向与加载方向成一定角度的单层成为层合板结构中的薄弱环节。特别是当加载方向与主承载方向垂直时，即 90°层，这种现象尤其严重。然而，对于承受多轴或双向载荷的层合板或结构，90°层或偏轴层是必要的。

不同于聚合物基复合材料，金属基复合材料中分层不是材料失效的主要模式，因此，除非损伤起源于边界、孔或缺口处，层间应力不是考虑的关键。金属基复合材料设计时不需要考虑分层扩展，与此相关的性能和模式也很少。然而，材料的断裂性能非常重要，并且设计时需考虑疲劳裂纹扩展问题，包括层合板面内和沿厚度方向的裂纹扩展。连续增强金属基复合材料的优点之一是复合材料中的纤维能够起到桥联裂纹或使裂纹偏斜的作用，从而减缓甚至阻止裂纹扩展。

复合材料性能的各向异性是开发高效结构的关键。设计者必须掌握基本力学知识、计算机建模技术（如有限元分析）或专业理论（如经典层合板理论）等，能够对不同几何结构进行板分析、屈曲分析及过屈曲响应建模从而预测各向异性复合材料的性能。此外，设计者还需全面了解制造技术及其局限性，以便在设计金属基复合材料时，能进行优化并使用低成本材料。

2.3.3　分析方法（连续纤维增强金属基复合材料）

连续纤维复合材料的失效通常是由于微观级损伤。微观力学可以作为单层级和微观级响应之间的桥梁。

2.3.3.1　微观力学

微观力学分析的核心是恰当地选择等效体积单元（RVE），即可完全代表复合材料整体的较小的子域。实际上，等效体积单元选择得越简单，后续的分析处理就越容易。由于无法对每根纤维进行建模分析，因此必须采用等效体积单元的方法。微观力学分析将组分中局部应力和应变场均匀化,进而获得代表单层响应的总体场,也可获得每一组分的平均响应。由于描述局域场和总体场的应力和应变张量均具有对称性,因此在下节中被简化为 6×1 的列向量。此外,弹性刚度张量也是对称张量,可以简化为 6×6 的矩阵。由于基体材料的非弹性以及多种形式的内部损伤,金属基复合材料常常表现为非线性响应。在许多应用中,建模表征这些非弹性现象以及金属基复合材料制备过程中造成的热残余应力是非常重要的。2.3.3.1.1 节给出了建模的整体框架。

2.3.3.1.1 一般关系

从具有如下形式的应变和应力开始:

$$
\boldsymbol{\varepsilon} = \begin{Bmatrix} \varepsilon_{11} \\ \varepsilon_{22} \\ \varepsilon_{33} \\ 2\varepsilon_{12} = \gamma_{12} \\ 2\varepsilon_{23} = \gamma_{23} \\ 2\varepsilon_{31} = \gamma_{31} \end{Bmatrix}, \quad \boldsymbol{\sigma} = \begin{Bmatrix} \sigma_{11} \\ \sigma_{22} \\ \sigma_{33} \\ \sigma_{12} \\ \sigma_{23} \\ \sigma_{31} \end{Bmatrix} \qquad 2.3.3.1.1(a)
$$

微观力学的本质是确定给定体积单元的弹性应变和应力精度矩阵 $\boldsymbol{A}$ 和 $\boldsymbol{B}$(短缩张量),定义如下:

$$
\begin{cases} \boldsymbol{B}^{\mathrm{el}}(\boldsymbol{x}) = \boldsymbol{A}(\boldsymbol{x})\, \overline{\boldsymbol{\varepsilon}}^{\mathrm{el}} \\ \boldsymbol{A}(\boldsymbol{x}) = \boldsymbol{B}(\boldsymbol{x})\, \overline{\boldsymbol{\sigma}} \end{cases} \qquad 2.3.3.1.1(b)
$$

由上式可知局域量与空间位置密切相关,式中上划线表示均匀化的或层级的应力、应变值。另外,应变、应力精度矩阵还满足如下关系:

$$
\begin{cases} \boldsymbol{B}(\boldsymbol{x}) = \boldsymbol{A}(\boldsymbol{x})\boldsymbol{C}(\boldsymbol{x})\boldsymbol{S}^{*} \\ \boldsymbol{A}(\boldsymbol{x}) = \boldsymbol{S}(\boldsymbol{x})\boldsymbol{B}(\boldsymbol{x})\boldsymbol{C}^{*} \end{cases} \qquad 2.3.3.1.1(c)
$$

式中:$\boldsymbol{C}(\boldsymbol{x})$ 和 $\boldsymbol{S}(\boldsymbol{x})$ 分别表示给定点处的刚度矩阵和柔度矩阵;$\boldsymbol{C}^{*}$ 和 $\boldsymbol{S}^{*}$ 分别表示复合材料整体的刚度矩阵和柔度矩阵。复合材料的总体应变可以分解为弹性应变、热应变、塑性应变和内部损伤导致的应变等。

$$
\overline{\boldsymbol{\varepsilon}} = \overline{\boldsymbol{\varepsilon}}^{\mathrm{el}} + \overline{\boldsymbol{\varepsilon}}^{\mathrm{th}} + \overline{\boldsymbol{\varepsilon}}^{\mathrm{pl}} + \overline{\boldsymbol{\varepsilon}}^{\mathrm{da}} \qquad 2.3.3.1.1(d)
$$

式中:

$$
\overline{\boldsymbol{\varepsilon}}^{\mathrm{el}} = \frac{1}{V} \int \boldsymbol{B}^{\mathrm{T}}(\boldsymbol{x}) \boldsymbol{\varepsilon}^{\mathrm{el}}(\boldsymbol{x})\, \mathrm{d}V
$$

$$
\overline{\boldsymbol{\varepsilon}}^{\mathrm{th}} = \frac{1}{V} \int \boldsymbol{B}^{\mathrm{T}}(\boldsymbol{x}) \boldsymbol{\varepsilon}^{\mathrm{th}}(\boldsymbol{x})\, \mathrm{d}V
$$

$$\bar{\pmb{\varepsilon}}^{\mathrm{pl}} = \frac{1}{V}\int \pmb{B}^{\mathrm{T}}(\pmb{x})\pmb{\varepsilon}^{\mathrm{pl}}(\pmb{x})\mathrm{d}V$$

$$\bar{\pmb{\varepsilon}}^{\mathrm{da}} = -2\int_{S}\begin{Bmatrix} u_1(\pmb{x})n_1(\pmb{x}) \\ u_2(\pmb{x})n_2(\pmb{x}) \\ u_3(\pmb{x})n_3(\pmb{x}) \\ u_1(\pmb{x})n_2(\pmb{x}) + u_2(\pmb{x})n_1(\pmb{x}) \\ u_2(\pmb{x})n_3(\pmb{x}) + u_3(\pmb{x})n_2(\pmb{x}) \\ u_3(\pmb{x})n_1(\pmb{x}) + u_1(\pmb{x})n_3(\pmb{x}) \end{Bmatrix}\mathrm{d}S$$

面积分 S 在所有裂纹的长度区域内进行。总体应力-应变法则如下:

$$\bar{\pmb{\sigma}} = \pmb{C}^{*}\ \bar{\pmb{\varepsilon}}^{\mathrm{el}} \qquad\qquad 2.3.3.1.1(\mathrm{e})$$

式中:复合材料总体刚度可以写成

$$\pmb{C}^{*} = \frac{1}{V}\int_{v}\pmb{A}^{\mathrm{T}}(\pmb{x})\pmb{C}(\pmb{x})\mathrm{d}V \qquad\qquad 2.3.3.1.1(\mathrm{f})$$

最后,应用体积平均方程

$$\begin{cases} \bar{\pmb{\varepsilon}}^{\mathrm{el}} + \bar{\pmb{\varepsilon}}^{\mathrm{th}} + \bar{\pmb{\varepsilon}}^{\mathrm{pl}} = \frac{1}{V}\int_{v}\pmb{\varepsilon}(\pmb{x})\mathrm{d}V \\ \bar{\pmb{\sigma}} = \frac{1}{V}\int_{v}\pmb{\sigma}(\pmb{x})\mathrm{d}V \end{cases} \qquad 2.3.3.1.1(\mathrm{g})$$

2.3.3.1.2 有效弹性性能

材料的弹性性能主要是材料刚度的度量,这对于确定一定载荷下的弹性形变是必要的。本节的研究对象是横向各向同性单向纤维复合材料或单层材料。基于工程应用需求,需要确定的弹性性能包括沿纤维方向的杨氏模量、垂直于纤维方向的杨氏模量、沿纤维方向的剪切模量、垂直于纤维方向的面内剪切模量以及各种泊松比。这些性能参数可以用简单的解析表达式确定。总体应力-应变关系可以写成

$$\begin{cases} \bar{\sigma}_{11} = n^{*}\ \bar{\varepsilon}_{11}^{\mathrm{el}} + 1^{*}\ \bar{\varepsilon}_{22}^{\mathrm{el}} + 1^{*}\ \bar{\varepsilon}_{33}^{\mathrm{el}} \\ \bar{\sigma}_{22} = 1^{*}\ \bar{\varepsilon}_{11}^{\mathrm{el}} + (k^{*} + G_2^{*})\ \bar{\varepsilon}_{22}^{\mathrm{el}} + (k^{*} + G_2^{*})\ \bar{\varepsilon}_{33}^{\mathrm{el}} \\ \bar{\sigma}_{33} = 1^{*}\ \bar{\varepsilon}_{11}^{\mathrm{el}} + (k^{*} - G_2^{*})\ \bar{\varepsilon}_{22}^{\mathrm{el}} + (k^{*} - G_2^{*})\ \bar{\varepsilon}_{33}^{\mathrm{el}} \end{cases} \qquad 2.3.3.1.2(\mathrm{a})$$

$$\begin{cases} \bar{\sigma}_{12} = 2G_1^{*}\ \bar{\varepsilon}_{12}^{\mathrm{el}} \\ \bar{\sigma}_{23} = 2G_1^{*}\ \bar{\varepsilon}_{23}^{\mathrm{el}} \\ \bar{\sigma}_{31} = 2G_1^{*}\ \bar{\varepsilon}_{31}^{\mathrm{el}} \end{cases} \qquad 2.3.3.1.2(\mathrm{b})$$

方程 2.3.3.1.2(a) 的逆方程如下:

$$\begin{cases} \bar{\varepsilon}_{11}^{el} = \dfrac{1}{E_1^*}\,\bar{\sigma}_{11} - \dfrac{\nu_{12}^*}{E_1^*}\,\bar{\sigma}_{22} - \dfrac{\nu_{12}^*}{E_1^*}\,\bar{\sigma}_{33} \\[2mm] \bar{\varepsilon}_{22}^{el} = -\dfrac{\nu_{12}^*}{E_1^*}\,\bar{\sigma}_{11} + \dfrac{1}{E_1^*}\,\bar{\sigma}_{22} - \dfrac{\nu_{23}^*}{E_1^*}\,\bar{\sigma}_{33} \\[2mm] \bar{\varepsilon}_{33}^{el} = -\dfrac{\nu_{12}^*}{E_1^*}\,\bar{\sigma}_{11} - \dfrac{\nu_{23}^*}{E_1^*}\,\bar{\sigma}_{22} + \dfrac{1}{E_1^*}\,\bar{\sigma}_{33} \end{cases} \qquad 2.3.3.1.2(c)$$

式中：$*$ 表示有效值，由 C^* 的对称性要求可得

$$\frac{\nu_{12}^*}{E_1^*} = \frac{\nu_{21}^*}{E_2^*}$$

图 2.3.3.1.2(a)给出了与上述性能相关的加载方式。

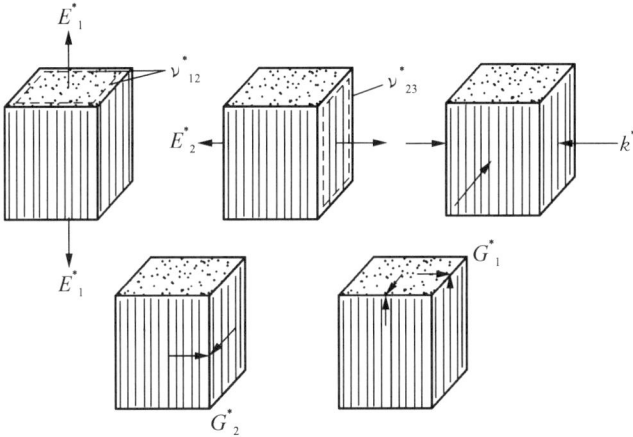

图 2.3.3.1.2(a)　定义有效弹性性能的基本加载方式

使样品处于平均应变状态，$\bar{\varepsilon}_{22}^{el} = \bar{\varepsilon}_{11}^{el}$，其他应变为零，可以得到有效模量 k^*，由 2.3.3.1.2(a)得

$$(\bar{\sigma}_{22} + \bar{\sigma}_{33}) = 2k^*(\bar{\varepsilon}_{22}^{el} + \bar{\varepsilon}_{33}^{el}) \qquad 2.3.3.1.2(d)$$

与上述其他弹性性能不同，有效模量 k^* 工程意义不大，但具有相当重要的理论意义。

方程 2.3.3.1.2(a)～(c)给出的各项性能参数中，仅有 5 个量是独立的，这些性能参数间最有用的相互关系为

$$n^* = E_1^* + 4k^* \nu_{12}^{*\,2} \qquad 2.3.3.1.2(e)$$

$$1^* = 2k^* \nu_{12}^* \qquad 2.3.3.1.2(f)$$

$$\frac{4}{E_2^*} = \frac{1}{G_2^*} + \frac{4\nu_{12}^{*\,2}}{E_1^*} \qquad 2.3.3.1.2(g)$$

$$\frac{2}{1-\nu_{23}^*} = 1 + \frac{k^*}{\left(1 + 4k^* \dfrac{\nu_{23}^{*2}}{E_1^*}\right)G_2^*} \qquad 2.3.3.1.2(h)$$

$$G_2^* = \frac{E_2^*}{2(1+\nu_{23}^*)} \qquad 2.3.3.1.2(i)$$

　　有效弹性模量的计算是弹性理论中的一个非常困难的问题,仅有少数几个简单模型能实现精确分析。这些模型之一假设纤维呈周期排列分布。将重复单元作为等效体积单元,并将其离散化进行计算分析(通常基于有限元方法)。图2.3.3.1.2(b)给出了一些周期性微观结构。值得注意的是,这种类型的等效体积单元通常不能用于描述横向各向同性材料。然而,如果材料本身不是横向各向同性的,所选等效体积单元也无需体现横向各向同性。

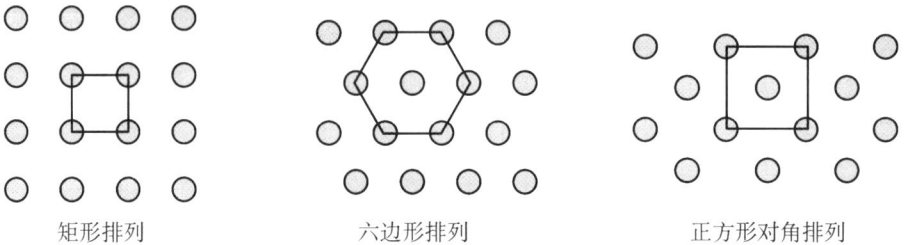

矩形排列　　　　　六边形排列　　　　　正方形对角排列

图 2.3.3.1.2(b)　代表体元的重复单胞

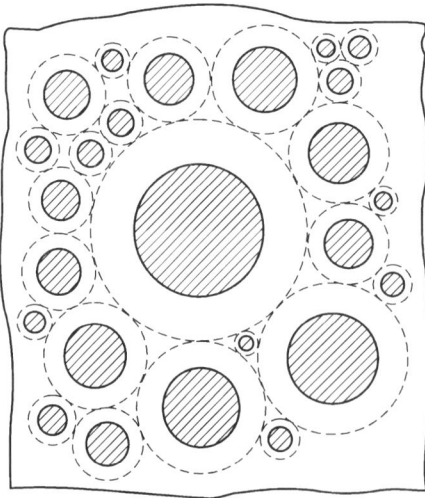

图 2.3.3.1.2(c)　复合圆柱模型的等效体积单元[见文献 2.3.3.1.2(e)]

　　复合圆柱模型(CAA)可以基于图2.3.3.1.2(c)所示的等效体积单元精确计算四个有效弹性模量[见文献2.3.3.1.2(a)]。每一个复合圆柱都由一根圆柱形纤维芯和同轴基体圆筒组成。圆柱体的尺寸可以变化,但是芯部半径与壳体半径的比值保持恒定。因此每个复合圆柱中纤维和基体材料的体积分数保持一致。这种模型的优点之一是纤维能够随机分布,缺点则是纤维的尺寸变化范围过大,所幸这不是一个严重问题。

　　利用复合圆柱模型的等效体积单元可以计算得到 k^*、E_1^*、ν_{12}^* 和 G_1^* 的封闭解以及 E_2^*、ν_{23}^*、G_2^* 的上下限。本节给出了各向同性纤维的表达式,横向各向同性纤维相应的修正形式可以参见文献 2.3.3.1.2(b)和(c)。

$$k^* = \frac{k_m(k_f + G_m)\nu^*_m + k_f(k_m + G_m)\nu_f}{(k_f + G_m)\nu_m + (k_m + G_m)\nu_f}$$

$$= k_m + \frac{\nu_f}{\dfrac{1}{(k_f - k_m)} + \dfrac{\nu_m}{(k_m + G_m)}} \qquad 2.3.3.1.2(j)$$

$$E_1^* = E_m\nu_m + E_f\nu_f + \frac{4(\nu_f - \nu_m)^2 \nu_f\nu_m}{\dfrac{\nu_m}{k_f} + \dfrac{\nu_f}{k_m} + \dfrac{1}{G_m}} \qquad 2.3.3.1.2(k)$$

$$\approx E_m\nu_m + E_f\nu_f$$

由于方程 2.3.3.1.2(k)右边第三项很小，混合定律可以很好地给出单向纤维复合材料的轴向杨氏模量的近似解。

$$\nu_{12}^* = \nu_m^*\nu_m + \nu_f\upsilon_f + \frac{(\nu_f - \nu_m)\left(\dfrac{1}{k_m} - \dfrac{1}{k_f}\right)\nu_m\nu_f}{\dfrac{\nu_m}{k_f} + \dfrac{\nu_f}{k_m} + \dfrac{1}{G_m}} \qquad 2.3.3.1.2(l)$$

$$G_1^* = G_m\frac{G_m\nu_m + G_f(1 + \nu_f)}{G_m(1 + \nu_f) + G_f\nu_m}$$

$$= G_m + \frac{\nu_f}{\dfrac{1}{(G_f - G_m)} + \dfrac{\nu_m}{2G_m}} \qquad 2.3.3.1.2(m)$$

　　如前所述，采用复合圆柱模型无法求得 G_2^* 的精确解，但可以获得十分接近的上下限。可采用广义自恰方法(GSCS)，通过将复合圆柱嵌入具有与复合材料相同性能的无限大媒质中来获得横向剪切模量。具体分析过程可以见参考文献2.3.3.1.2(d)，得到 G_2^* 的二次方程为

$$A\left(\frac{G_2^*}{G_m}\right)^2 + 2B\left(\frac{G_2^*}{G_m}\right) + C = 0 \qquad 2.3.3.1.2(n)$$

式中：

$$A = 3\nu_f\nu_m^2\left(\frac{G_f}{G_m} - 1\right)\left(\frac{G_f}{G_m} + \eta_f\right) +$$

$$\left[\frac{G_f}{G_m}\eta_m + \eta_m\eta_f - \left(\frac{G_f}{G_m}\eta_m - \eta_f\right)\nu_f^3\right]\left[\nu_f\eta_m\left(\frac{G_f}{G_m} - 1\right) - \left(\frac{G_f}{G_m}\eta_m + 1\right)\right]$$

$$2.3.3.1.2(o)$$

---

　* 原文的 ν_f、ν_m 和 υ_f、υ_m 均应为 ν_f，ν_m。——编注

$$B = -3\nu_f \nu_m^2 \left(\frac{\nu_f}{\nu_m} - 1\right)\left(\frac{G_f}{G_m} + \eta_f\right) +$$

$$\frac{1}{2}\left[\eta_m \frac{G_f}{G_m} + \left(\frac{G_f}{G_m} - 1\right)\nu_f + 1\right]\left[(\eta_m - 1)\left(\frac{\eta_f}{\eta_m} + \eta_f\right) - 2\left(\frac{G_f}{G_m}\eta_m - \eta_f\right)\nu_f^3\right] +$$

$$\frac{\nu_f}{2}(\eta_m + 1)\left(\frac{G_f}{G_m} - 1\right)\left[\frac{G_f}{G_m} + \eta_f + \left(\frac{G_f}{G_m}\eta_m - \eta_f\right)\nu_f^3\right] \qquad 2.3.3.1.2(p)$$

$$C = 3\nu_f \nu_m^2 \left(\frac{G_f}{G_m} - 1\right)\left(\frac{G_f}{G_m} + \eta_f\right) +$$

$$\left[\frac{G_f}{G_m}\eta_m + \left(\frac{G_f}{G_m} - 1\right)\nu_f + 1\right]\left[\frac{G_f}{G_m} + \eta_f + \left(\frac{G_f}{G_m}\eta_m - \eta_f\right)\nu_f^3\right]$$

$$2.3.3.1.2(q)$$

$$\begin{cases} \eta_f = 3 - 4\nu_f \\ \eta_m = 3 - 4\nu_m \end{cases} \qquad 2.3.3.1.2(r)$$

利用方程 2.3.3.1.2(g)~(h),可求得 E_2^* 和 ν_{23}^*。值得注意的是,对于复合圆柱模型能够求解的参数[方程 2.3.3.1.2(j)~(m)],采用广义自恰方法计算可得到相同的结果。

对于横向各向同性纤维,需做如下修正[见文献 2.3.3.1.2(b)和(c)]:

(1) 对于 k^* , k_f 表示纤维横向体积模量;

(2) 对于 E_1^* 、ν_{12}^*, $E_f = E_{1f}$ 、$\nu_f = \nu_{12f}$ 、k_f 表示纤维横向体积模量;

(3) 对于 G_1^* , $G_f = G_{1f}$;

(4) 对于 G_2^* , $G_f = G_{1f}$ 、$\eta_f = 1 + 2G_f/k_f$。

对于纤维按六边形排列的复合材料,采用 CAA 或 GSCS 模型获得的解与其精确解析解十分接近,且与实验数据高度吻合。

本节给出的简单分析方法在预测复合材料有效弹性性能方面能够达到一定的工程精度,具有很高的实际应用价值,具体表现如下:①可以预测不同的基体材料性能、纤维性能、体积含量以及环境条件下复合材料的有效弹性性能;②为纤维性能评价提供了一种方法。

2.3.3.1.3　残余应力

在所有单向或层合板复合材料中,当各组分的热性能和/或机械性能存在明显差异时,往往会出现热应力。热应力显著影响复合材料的变形和失效行为,因此若要准确预报复合材料的响应情况,分析时必须考虑热应力的影响。特别是金属基复合材料,非弹性变形的存在以及使用温度和制备/固结温度的巨大差异导致热应力的影响尤为严重。不断提高复合材料的使用温度使其接近复合材料的制备或退火温度,能够大大减小热应力(热应力通常由组分材料热膨胀系数的不匹配导致)。金属基复合材料中,基体一般具有较好的延展性(如高热膨胀系数),纤维或颗粒则一般是脆性的（如低热膨胀系数）。因此，在基体中，存在径向压缩、周向和轴向拉伸；在增强体中仅存在压缩应力分量。显然，交换基体和增强体的热膨胀系数大小，所有应力分量的符号也随之发生改变。值得注意的是，当基体材料发生脆化和/或纤维间距足够小时，复合材料的周向应力足以导致在纤维-基体界面处出现放射状裂纹[见文献 2.3.3.1.3(a)]。

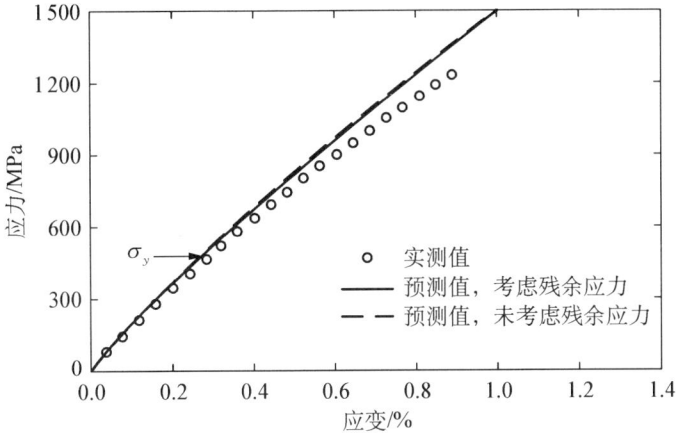

图 2.3.3.1.3(a)　　SCS - 6/Timetal 21S 复合材料 1 200°F（650℃）时应力-应变响应的微观力学预测结果

研究表明，残余应力对应力-应变曲线中非线性的起始点（曲线的拐点）以及材料失效时纵向极限应变的大小有显著的影响[见文献 2.3.3.1.3(b)]。图 2.3.3.1.3(a)和(b)分别给出了高温与室温下复合材料受纵向拉伸时应力-应变关系的仿真结果和实验结果对比图。考虑残余应力和不考虑残余应力两种仿真结果[见文献 2.3.3.1.3(b)

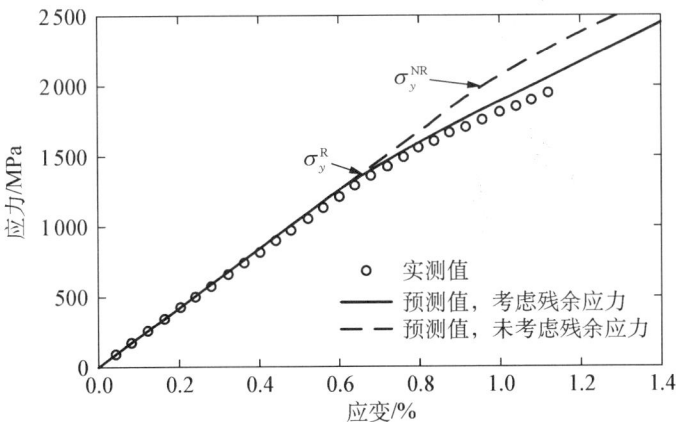

图 2.3.3.1.3(b)　　SCS - 6T/Timetal 21S 应力-应变响应的微观力学预测

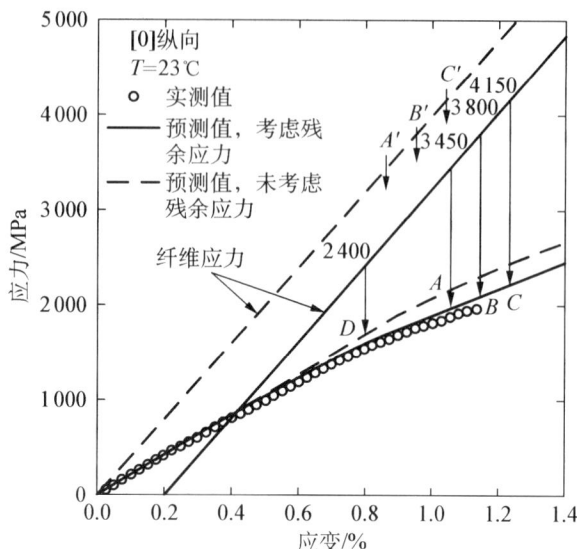

图 2.3.3.1.3(c)　SCS－6/Timetal 21S 73℉(23℃)时应力-
应变响应的微观力学预测

和(c)]与来自 Castelli[见文献 2.3.3.1.3(d)]的实验结果进行比较。图中 σ_y 表示
屈服应力,是曲线偏离线性关系的起始点。正如预测的那样,在高温下,由于测试温
度和复合材料热处理的温度十分接近,残余应力对仿真结果的影响可以忽略。然
而,在室温下,残余应力对屈服应力或者说非线性的起始点(曲线的拐点)影响十分
明显。图 2.3.3.1.3(b)中,σ_y^R 表示考虑残余应力时的屈服应力,σ_y^{NR} 表示不考虑残
余应力时的屈服应力。显然,在室温下,仿真时引入残余应力能够降低结果中材料
拉伸应力-应变曲线的屈服应力,使仿真结果更接近实验结果。

　　图 2.3.3.1.3(c)不仅给出了应力-应变响应曲线,还给出了纤维承受应力和
复合材料总应变之间的关系曲线,用于分析残余应力对复合材料失效的影响,由
于复合材料的失效是由 SCS－6 纤维的拉伸极限强度决定的,因此复合材料失效
表现为纤维断裂随后达到复合材料的纵向拉伸极限。同样地,图中给出了考虑残
余应力和不考虑残余应力两种情况下纤维承受应力和复合材料总应变之间的关
系。SCS－6 纤维增强体的极限拉伸强度在统计学上差异很大[见文献 2.3.3.1.3
(e)],图 2.3.3.1.3(c)给出了纤维可能发生断裂的应力水平(A、B、C 三点),应力
从 0.50 Msi(3 450 MPa)开始,增量为 0.05 Msi(350 MPa)。从图中可见这三个纤
维应力水平对应的复合材料总应变水平为 0.86%～1.30%,接近复合材料失效时的
总应变,且纤维的有效强度的精确估计值为 0.53 Msi(3 622 MPa)。从图2.3.3.1.3
(c)中还可以看出,当不考虑残余应力时,纤维可能发生断裂的应力水平(A′、B′、C′
三点)下,相对应的复合材料的总应变水平要远小于考虑残余应力时的情况。这

些结果表明,如果不考虑残余应力,复合材料的失效应力和应变将明显偏小。如上所述,是否考虑残余应力对精确预报材料的变形行为和极限拉伸强度(或失效)都有显著影响。

最后,正如 2.3.3.1.4 节所述,当复合材料从固结、退火或热处理温度冷却下来时会产生较大的压应力(夹紧力),这种残余应力在室温时更加显著,对纤维-基体结合强度以及横向拉伸响应产生显著影响。当分析金属基复合材料的纵向拉伸响应时,需要考虑材料的加载历史和非弹性形变,从而充分考虑材料内部残余应力和应变状态。

2.3.3.1.4 纤维-基体结合强度

纤维和基体间的结合强度对于沿垂直于纤维方向承载的复合材料来说非常重要。正是这一结合将横向载荷从基体传递给纤维,反之亦然。当结合强度远低于基体或纤维强度时,板层的失效行为将主要取决于界面脱粘行为。

通常认为,高分子基复合材料(PMC)的纤维-基体间结合强度属于强界面结合,因为其与聚合物基体的强度在同一数量级上。因此,高分子基复合材料(PMC)中脱粘仅限于近失效区域。陶瓷基复合材料(CMC)通常具有弱的界面结合,因为此时基体中的裂纹无法通过界面传递给纤维。相反地,基体中的裂纹在纤维处发生偏转,当其搭连在一起,纤维将会被拔出从而使裂纹张开。这是一种使之有别于脆性陶瓷材料的增韧机制。金属基复合材料(MMC)的界面结合可以是强界面结合也可以是弱界面结合。当纤维和基体间具有弱界面结合时,垂直于纤维方向结果将严格服从本构响应,并具有低的横向极限强度。承受横向载荷时,具有良好界面结合和弱界面结合的金属基复合材料的响应如图 2.3.3.1.4(a)所示。单向 SiC/Ti 复合材

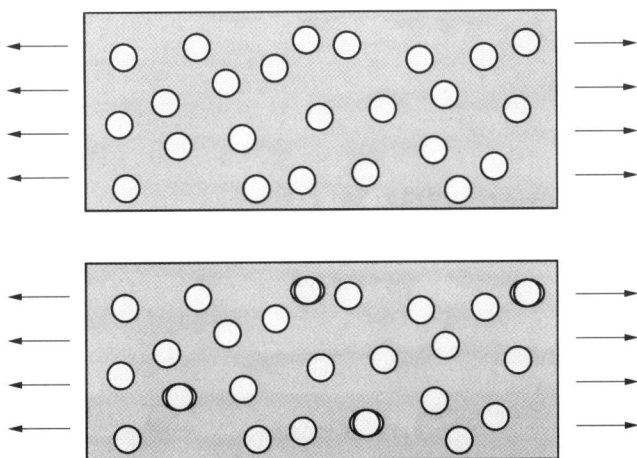

图 2.3.3.1.4(a)　在横向载荷作用下复合材料中良好结合界面
(上)和弱结合界面(下)的响应

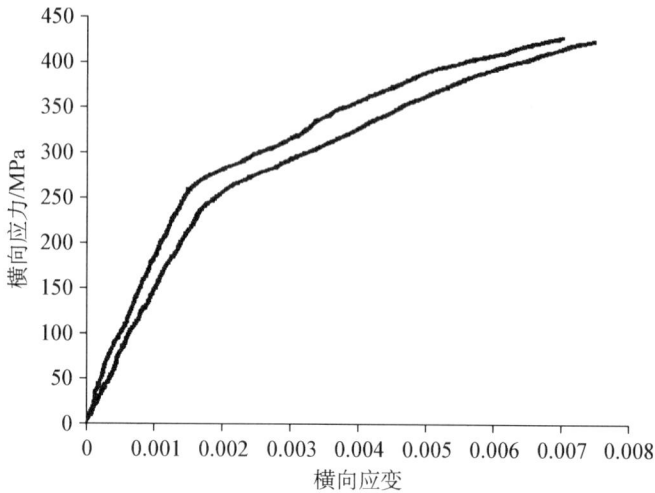

图 2.3.3.1.4(b)　单向复合材料横向拉伸应力-应变曲线

料单层板典型室温横向应力-应变曲线如图 2.3.3.1.4(b)所示。图中应力-应变曲线的明显弯折就是由于复合材料中纤维-基体的界面脱粘,从而可以将其归为弱界面结合。从设计角度来说,纤维-基体界面脱粘属于不利失效机制,大多数情况下应该避免。因此,选择之一是将脱粘导致的拐点作为设计屈服应力,这将随单层板纤维体积分数、温度和处理工艺而变化。

两种机制显著影响金属基复合材料中纤维-基体结合强度:化学键结合和由于残余应力造成的机械咬合。化学键结合是由于纤维和基体间发生化学反应,通常发生于制备过程,从而生成至少一种界面相。化学键结合通常是强结合,可以显著提高复合材料的横向性能,但是对复合材料沿纤维方向的性能不利,因为在纤维表面引入了缺陷。这些缺陷将会作为纤维断裂的起始点,最终降低复合材料的纵向强度。界面处的机械咬合源于金属基复合材料从制备温度的冷却过程。通常,金属的热膨胀系数高于纤维(沿横向或径向)。因此,在冷却过程中,金属的收缩率远高于纤维,导致在界面处产生压应力。纤维-基体界面处的化学键结合和机械咬合程度取决于很多因素,包括复合材料组分的性质、基体的化学性质、纤维表面涂层处理以及复合材料制备/处理的工艺过程。大多数金属基复合材料只有很小程度的化学键结合,导致其界面结合强度主要来源于界面机械咬合。

研究金属基复合材料化学键结合和机械咬合程度的一种方式,就是对比复合材料在室温和高温的横向应力-应变曲线。加热到高温后,机械咬合产生的残余应力易于释放,因此在高温下,金属基复合材料的界面结合强度主要来源于界面化学键结合。图 2.3.3.1.4(c)是 SiC 纤维增强 Ti 基复合材料的室温和高温力学行为的对比曲线。由图可知,脱粘导致的拐点由室温的0.036 Msi(250 MPa)转变为高温的

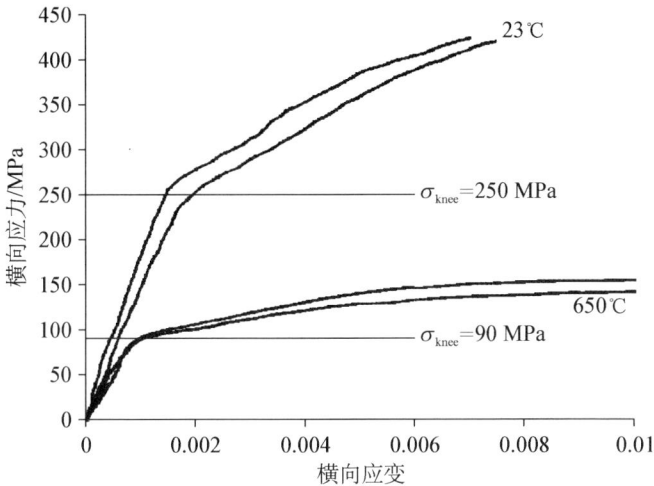

图 2.3.3.1.4(c) 单向复合材料 23℃ 和 650℃ 下的横向拉伸应力-应变行为对比

0.013 Msi(90 MPa)。这个性能的变化,大部分归因于机械咬合产生的残余应力的释放,同时也部分归因于材料在室温和高温条件下的性能不同。需要指出的是,图 2.3.3.1.4(c)中的横向应力并不是界面应力,而是单向复合材料整体的横向应力。将纤维-基体的界面应力解析出来还需要使用微观力学模型。

在过去的 20 多年里,模拟界面脱粘行为是研究的热点,尤其是对于 SiC 纤维增强 Ti 基复合材料这种很有可能用于航空航天领域,同时又受限于弱界面结合强度的新材料。模拟界面脱粘行为需要引入微观力学模型,从而能够预测纤维和基体界面的应力状态;之后,在这种界面应力条件下,应用界面失效准则并调节模型参数,就可以模拟界面脱粘的萌生和扩展过程了。由于影响界面脱粘行为的两个主要因素(界面残余应力和界面化学键合程度)难以定量表征,大多数的研究主要是半经验式的,即需要一部分的试验结果来校正模型。另外,由于复合材料的界面脱粘行为一般伴随着金属基体的非弹性变形过程,因此为了与复合材料实际的力学响应行为吻合,模型中也需要考虑金属基体的非弹性变形行为。

为了利用微观力学模型更好地模拟界面脱粘的萌生过程,可以引入一个界面本构模型。这种模型可以假设界面为不完美结合,从而影响复合材料力学响应的预测结果。图 2.3.3.1.4(d)对比了 4 种界面本构模型的效果。当发生界面脱粘时,这 4 种本构模型中界面应力将发生卸载。第一个模型是 Needleman 界面模型(NI),该模型没有界面失效准则,但是界面应力经历了弹性阶段、峰值和最终卸载[见文献 2.3.3.1.4(a)]。这个模型已被 Tvergaard[见文献 2.3.3.1.4(b)],Eggleston[见文献 2.3.3.1.4(c)],Lissenden 和 Herakovich[见文献 2.3.3.1.4(d)]应用于预测界面脱粘行为。Robertson 和 Mall[见文献 2.3.3.1.4(e)]提出了统计型界面失效模

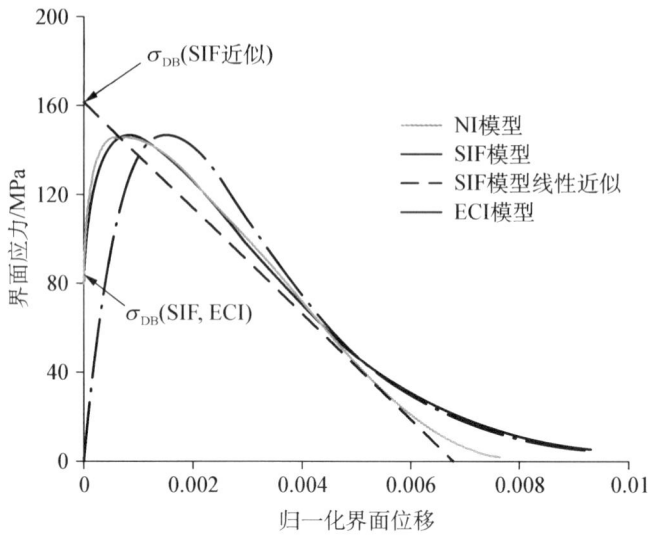

图 2.3.3.1.4(d)　模拟界面脱粘行为的 4 个模型的对比

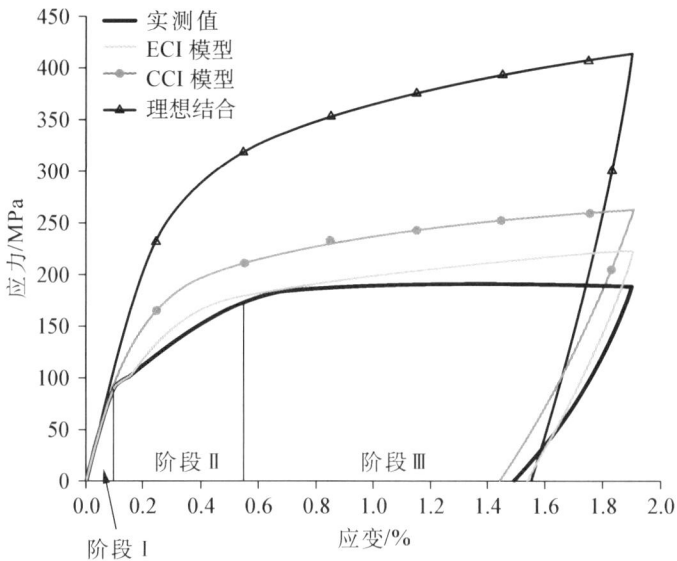

图 2.3.3.1.4(e)　界面强度对单向复合材料横向拉伸性能的影响

型(SIF)。在该模型中,界面应力呈高斯分布并有单一且决定性的界面失效强度。一旦界面应力达到了这一失效强度,界面就可模拟为兼容型,同时界面应力经历了上升、峰值和卸载过程。Robertson 和 Mall[见文献 2.3.3.1.4(e)]引入的微观力学模型实际是统计型界面失效模型的线性近似,这主要是由于统计型界面失效模型函数形式是非线性的。Bednarcyk 和 Arnold[见文献 2.3.3.1.4(f)]提出的演化兼容界面模型(ECI)也认为存在一个临界强度,并设定界面脱粘后应力卸载,但 ECI 模型可相对简单地作为函数引入到微观力学模型。在美国,ECI 模型和微观力学模型可以同时公开获得,Bednarcyk 和 Arnold[见文献 2.3.3.1.4(f)]、Paley 和 Aboudi[广义单胞模型,见文献 2.3.3.1.4(g)]在 NASA Glenn 研究中心[见文献 2.3.3.1.4(h)]完成了两者的整合。

利用广义单胞模型,使用 3 种不同的模型模拟界面,预测了单向 20% SiC/Ti 复合材料 $1200°F(650°C)$ 横向拉伸响应,结果如图 2.3.3.1.4(e)所示。可见,如果界面为理想结合,预测结果远高于实测横向应力-应变曲线。使用界面本构模型,考虑脱粘情况,但是不允许界面应力卸载,预测结果更接近实测值。使用演化兼容界面模型,允许脱粘后界面应力卸载,预测结果与实测值一致性最好。

2.3.3.1.5 总体非弹性应变

在大多数的力学模型中,通常先模拟线性弹性材料的变形行为,从而获得理想的精度和算法效率。复合材料力学也无例外。传统的复合材料力学分析(如有效性能的预测)也是基于各组元(包括纤维和基体)的线性弹性变形行为。仅举几例,较经典的模型主要有混合定律近似、CCA 以及 GSCS 等,详见 2.3.3.1 节。总体上,早期上述模型可以在复合材料有效性能及局部应力和应变场等方面获得比较理想的预测精度;但是,当先进复合材料(树脂基复合材料、陶瓷基复合材料,尤其是金属基复合材料)在高温使用或具有更高纤维体积含量时,为了更好地吻合实验结果,考虑非弹性行为(主要是基体中的非弹性行为)就变得更加重要并且十分必要了[见文献 2.3.3.1.5(a)~2.3.3.1.5(f)]。

大量文献表明,由材料制备和随后的纵向或横向应力响应产生的残余应力极易受到基体非弹性变形的影响,而基体的非弹性变形有可能被增强或抑制,取决于纤维排布方式(形状和纤维排布结构(如方格状、矩形、六边形状、正方形等周期性排列和随机排列))和/或纤维体积分数[见图 2.3.3.1.5(a)]以及加载速率[见图 2.3.3.1.5(b)]和 albeit 应力或应变[见文献 2.3.3.1.5(g)]。因为直到最近才开始大量使用非弹性塑性本构模型或准静态蠕变模型,上述对于加载速率的敏感性(无论是机械的、热的或热机械的加载方式)在以往的研究中一直都被忽视,导致在模拟过程中一直忽视基于速率相关性的力学响应。考虑速率效应的影响尤其对钛基复合材料和 TIMETAL 21S 钛合金的研究非常重要,因为钛基复合材料表现出非常强烈的应变速率敏感性,而随着应变速率提升 100 倍时,TIMETAL 21S 钛合金的抗拉强度能提升 1 倍。纵向蠕变响应[见图 2.3.3.1.5(c)]更深入地说明了微观尺度上基体的非弹性和弹性纤维之间复杂的交互作用。虽然宏观加载为蠕变模式,然而由于弹性纤维限制了复合材料的纵向应变[见图 2.3.3.1.5(d)],原位基体响应表现为松弛。这个过程生动地展示了基体本构模型对于精确模拟蠕变(当横向载荷作用时发生)和应力释放(当纵向载荷作用时发生)的必要性。

　　研究金属基复合材料热膨胀行为的过程中也体现了考虑非弹性应变的重要性，图 2.3.3.1.5(e) 为 Aikin 等人的工作[见文献 2.3.3.1.5(h)]，由图可知，Al_2O_3/FeCrAlY 复合材料在低温下的热膨胀响应符合混合定律的预测，而在高温下基本与 Al_2O_3 的热膨胀行为一致。这个行为可以采用纵向热膨胀系数的混合定律模型来进行定量的描述：

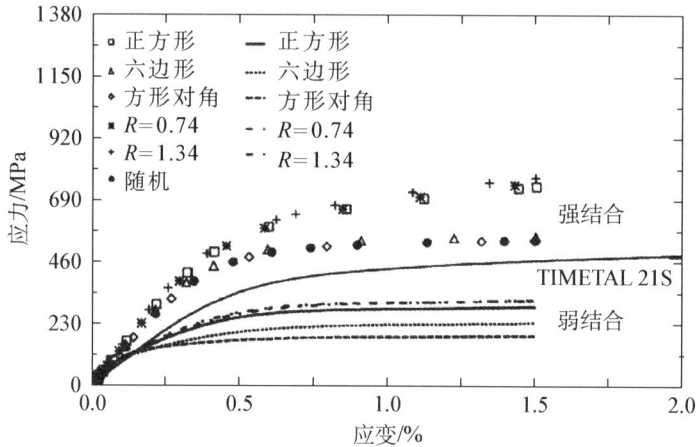

图 2.3.3.1.5(a)　　排布方式对 SCS‐6/TIMETAL 21S 复合材料（35%（体积）纤维含量）的横向拉伸行为的影响

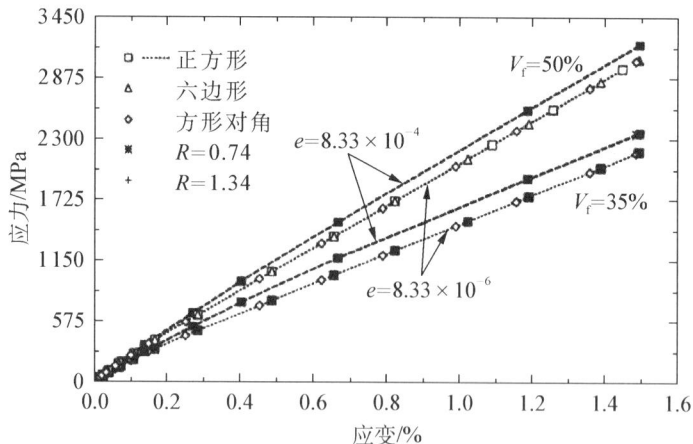

图 2.3.3.1.5(b)　　应变速率、体积分数和排布方式对 SCS‐6/TIMETAL 21S 复合材料的纵向拉伸行为的影响

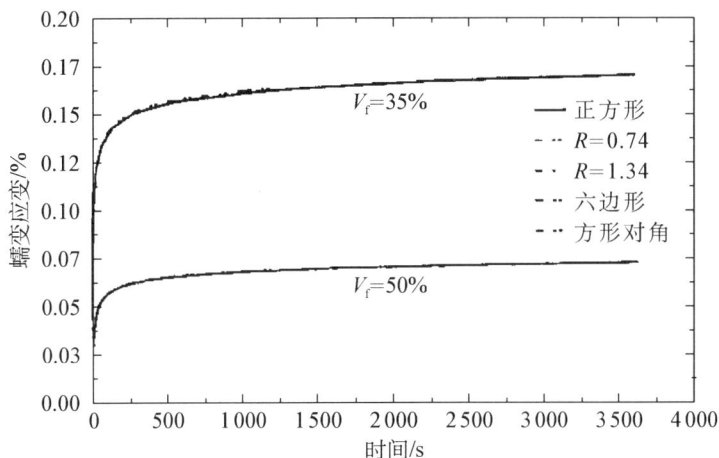

图 2.3.3.1.5(c)　体积分数和纤维排布方式对 SCS‑6/TIMETAL 21S
复合材料的纵向蠕变行为的影响

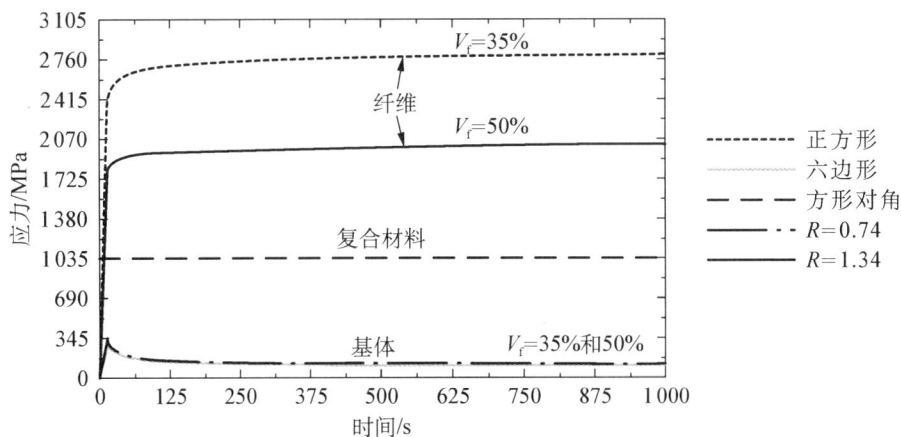

图 2.3.3.1.5(d)　模拟的纵向蠕变过程中纤维、复合材料和基体中的纵向应力分布
行为

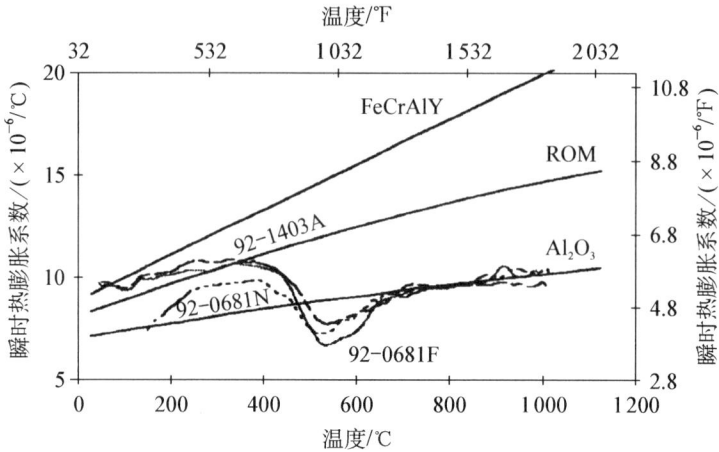

图 2.3.3.1.5(e)   32%（体积）Al_2O_3/FeCrAlY 复合材料的热膨胀随温度的变化规律

$$\alpha_L = \frac{\alpha_m \dfrac{E_m \upsilon_m}{E_F \upsilon_F} + \alpha_F}{\left(1 + \dfrac{E_m \upsilon_m}{E_F \upsilon_F}\right)} \qquad 2.3.3.1.5(a)$$

当高温下基体发生完全塑性变形时,基体的弹性模量为零,因此 $\alpha_L = \alpha_F$。Urquhart 等人[见文献 2.3.3.1.5(i)]更明确地阐明了其内在的微观（本构）机制,这表明,当研究复合材料时,应主要将其视为一种结构。因此复合材料的内部热应力、非弹性行为和组元损伤情况等都会强烈影响其多种有效性能。

同样也需注意,复合材料中的局部（微观）的原位应力和应变场本质上是多方向的,同时通常是非线性的（取决于施加的宏观应力过程）。因此,在模拟复合材料的力学行为时,需要一种给描述非线性组元行为的高精度、多轴向的本构模型。金属材料的非弹性行为通常是由倾转应力造成的,并且一般与施加的静载荷过程无关。但是,由于复合材料中的局部应力场的多轴特性,当施加一个宏观载荷时,由于在基体中会产生局部剪切应力,复合材料中的应力状态将与非弹性应变存在相关性,详见 Dvorak 和 Rao 等人的工作[见文献 2.3.3.1.5(j)]。另外,即使宏观的应力-应变行为看起来是线性的,局部非弹性变形也可能会非常显著（根据施加的载荷的不同,可达到宏观测试值的 6 倍,详见 Lissenden 的工作[见文献 2.3.3.1.5(k)]。这再一次说明了在预测金属基复合材料的力学行为时（尤其是高温下的力学行为）,考虑非弹性应变行为的重要性;同时也表明,即使可以用来模拟金属基复合材料的一些行为,宏观力学模型也没有微观力学模型的广泛性。

2.3.3.2　黏塑性本构关系

本章节留待以后补充。

2.3.3.2.1 轴向拉伸响应

本章节留待以后补充。

2.3.3.2.2 轴向压缩响应

本章节留待以后补充。

2.3.3.2.3 横向拉伸响应

本章节留待以后补充。

2.3.3.2.4 横向压缩响应

本章节留待以后补充。

2.3.3.3 宏观力学模型

2.3.3.3.1 有效弹性性质

粘接两个或多个单向复合材料单层后就可以获得一个层合板。各单层内纤维可以随意排列,导致层合板的力学行为较单层板的行为更加复杂。Jones[见文献 2.3.3.3.1(a)]撰写了关于复合材料层合板力学的经典论作;Herakovich[见文献 2.3.3.3.1(b)]在叠层复合管和层间应力基础上,也重点论述了传统复合材料层合板的行为。传统的复合材料层合板的研究主要是基于层合理论,采用的是平面应力构想。首先研究了材料$(1-2)$坐标系下[见图 2.3.3.3.1(a)]的正交各向异性单层的弹性本构响应。

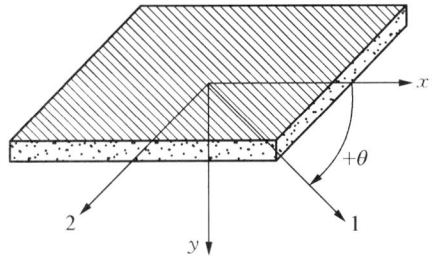

图 2.3.3.3.1(a)　复合材料正交系统

$$\begin{bmatrix} \sigma_{11} \\ \sigma_{22} \\ \sigma_{33} \\ \sigma_{23} \\ \sigma_{13} \\ \sigma_{12} \end{bmatrix} = \begin{bmatrix} C_{11} & C_{12} & C_{13} & 0 & 0 & 0 \\ C_{12} & C_{22} & C_{23} & 0 & 0 & 0 \\ C_{13} & C_{23} & C_{33} & 0 & 0 & 0 \\ 0 & 0 & 0 & C_{44} & 0 & 0 \\ 0 & 0 & 0 & 0 & C_{55} & 0 \\ 0 & 0 & 0 & 0 & 0 & C_{66} \end{bmatrix} \begin{bmatrix} \varepsilon_{11} \\ \varepsilon_{22} \\ \varepsilon_{33} \\ \gamma_{23} \\ \gamma_{13} \\ \gamma_{12} \end{bmatrix} \qquad 2.3.3.3.1(a)$$

式中:σ_{ij} 是应力分量;C_{ij} 是单层刚度系数;ε_{ij} 是正应变分量;γ_{ij} 是工程剪切应变分量。采用平面应力假设,因此式 2.3.3.3.1(a)中 $\sigma_{33} = \sigma_{23} = \sigma_{13} = 0$。显然,对于式 2.3.3.3.1(a)描述的正交各向异性单层,$\gamma_{23} = \gamma_{13} = 0$,而代入 σ_{11} 和 σ_{22} 后就可以求解 ε_{33}。之后将 ε_{33} 代回式 2.3.3.3.1(a)并消除零项,就得到了缩减(平面应力状态)单层本构模型。

$$
\begin{bmatrix} \sigma_{11} \\ \sigma_{22} \\ \sigma_{12} \end{bmatrix} = \begin{bmatrix} Q_{11} & Q_{12} & 0 \\ Q_{12} & Q_{22} & 0 \\ 0 & 0 & Q_{66} \end{bmatrix} \begin{bmatrix} \varepsilon_{11} \\ \varepsilon_{22} \\ \gamma_{12} \end{bmatrix} \qquad 2.3.3.3.1(b)
$$

式中：缩减刚度 Q_{ij} 可以表示为

$$
Q_{11} = \frac{E_1}{1 - \nu_{12}\nu_{21}}, \quad Q_{12} = \frac{\nu_{12}E_2}{1 - \nu_{12}\nu_{21}} = \frac{\nu_{21}E_1}{1 - \nu_{12}\nu_{21}}, \quad Q_{22} = \frac{E_2}{1 - \nu_{12}\nu_{21}}, \quad Q_{66} = G_{12}
$$
$$
2.3.3.3.1(c)
$$

式中：E_1，E_2，ν_{12}，ν_{21} 和 G_{12} 分别是单层材料的纵向弹性模量、横向弹性模量、泊松比、轴向剪切模量，并且满足 $\nu_{12}E_1 = \nu_{21}E_2$。通过坐标转换，单层的缩减的本构方程就由局部单层(1-2)坐标系转换成了整体层合板 $(70-y)$ 坐标系[见图 2.3.3.1 (a)]，得到以下关系：

$$
\begin{bmatrix} \sigma_{xx} \\ \sigma_{yy} \\ \sigma_{xy} \end{bmatrix} = \begin{bmatrix} \overline{Q}_{11} & \overline{Q}_{12} & \overline{Q}_{16} \\ \overline{Q}_{12} & \overline{Q}_{22} & \overline{Q}_{26} \\ \overline{Q}_{16} & \overline{Q}_{26} & \overline{Q}_{66} \end{bmatrix} \begin{bmatrix} \varepsilon_{xx} \\ \varepsilon_{yy} \\ \gamma_{xy} \end{bmatrix} \qquad 2.3.3.3.1(d)
$$

式中：

$$
\begin{bmatrix} \sigma_{xx} \\ \sigma_{yy} \\ \sigma_{xy} \end{bmatrix} = \begin{bmatrix} \cos^2\theta & \sin^2\theta & -2\sin\theta\cos\theta \\ \sin^2\theta & \cos^2\theta & 2\sin\theta\cos\theta \\ \sin\theta\cos\theta & -\sin\theta\cos\theta & \cos^2\theta - \sin^2\theta \end{bmatrix} \begin{bmatrix} \sigma_{11} \\ \sigma_{22} \\ \sigma_{12} \end{bmatrix} \quad 2.3.3.3.1(e)
$$

$$
\begin{bmatrix} \varepsilon_{xx} \\ \varepsilon_{xx} \\ \gamma_{xy}/2 \end{bmatrix} = \begin{bmatrix} \cos^2\theta & \sin^2\theta & -2\sin\theta\cos\theta \\ \sin^2\theta & \cos^2\theta & 2\sin\theta\cos\theta \\ \sin\theta\cos\theta & -\sin\theta\cos\theta & \cos^2\theta - \sin^2\theta \end{bmatrix} \begin{bmatrix} \varepsilon_{11} \\ \varepsilon_{22} \\ \gamma_{xy}/2 \end{bmatrix} \quad 2.3.3.3.1(f)
$$

$$
\begin{cases}
\overline{Q}_{11} = Q_{11}\cos^4\theta + 2(Q_{12} + 2Q_{66})\sin^2\theta\cos^2\theta + Q_{22}\sin^4\theta \\
\overline{Q}_{12} = (Q_{11} + Q_{22} - 4Q_{66})\sin^2\theta\cos^2\theta + Q_{22}(\sin^4\theta + \cos^4\theta) \\
\overline{Q}_{22} = Q_{11}\sin^4\theta + 2(Q_{12} + 2Q_{66})\sin^2\theta\cos^2\theta + Q_{22}\cos^4\theta \\
\overline{Q}_{16} = (Q_{11} - Q_{12} - 2Q_{66})\sin\theta\cos^3\theta + (Q_{12} - Q_{22} + 2Q_{66})\sin^3\theta\cos\theta \\
\overline{Q}_{26} = (Q_{11} - Q_{12} - 2Q_{66})\sin^3\theta\cos\theta + (Q_{12} - Q_{22} + 2Q_{66})\sin\theta\cos^3\theta \\
\overline{Q}_{66} = (Q_{11} + Q_{22} - 2Q_{12} - 2Q_{66})\sin^2\theta\cos^2\theta + Q_{66}(\sin^4\theta + \cos^4\theta)
\end{cases}
$$
$$
2.3.3.3.1(g)
$$

式中：θ 是图 2.3.3.3.1(a)中的 x 轴和 1 轴的夹角。在层合理论中进行坐标转换时要特别留意，因为这个转换的过程中涉及将二阶张量向平面应力和应变的转化，而后者是采用矢量而不是二阶张量来描述的[见式 2.3.3.3.1(e)和(f)]。

得到单层的本构缩减模型并进行坐标变换后，基于 Kirchhoff 假设，就可以建立层合板整体的本构方程。Kirchhoff 假设存在一条垂直于层合板中面的直线。当层合板发生变形时,这条直线依然保持与其中面垂直。将层合板中面的 x、y 和 z 三个方向的位移分量分别命名为 u_0、v_0 和 w_0,则层合板中面在 x 方向和 y 方向的偏转(斜率)(β_x 和 β_y)可以表达为

$$\beta_x = \frac{\partial w_0}{\partial x}, \quad \beta_y = \frac{\partial w_0}{\partial y} \qquad 2.3.3.3.1(\mathrm{h})$$

层合板在厚度方向任意位置(z)的 x 方向和 y 方向的位移分量(u 和 v)[见图 2.3.3.3.1(b)]可以表达为

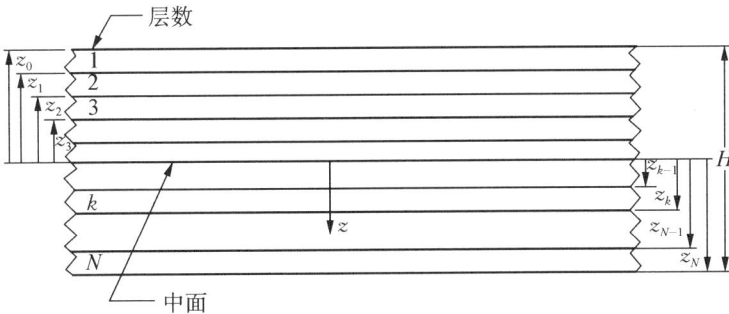

图 2.3.3.3.1(b)　复合材料厚度的说明

$$u = u_0 - z\frac{\partial w_0}{\partial x}, \quad v = v_0 - z\frac{\partial w_0}{\partial y} \qquad 2.3.3.3.1(\mathrm{i})$$

利用标准小应变运动学方程

$$\varepsilon_{xx} = \frac{\partial u}{\partial x}, \quad \varepsilon_{yy} = \frac{\partial v}{\partial y}, \quad \gamma_{xy} = \frac{\partial u}{\partial y} + \frac{\partial v}{\partial x} \qquad 2.3.3.3.1(\mathrm{j})$$

层合板在厚度方向任意位置(z)的应变推导为

$$\varepsilon_{xx} = \frac{\partial u_0}{\partial x} - z\frac{\partial^2 w_0}{\partial x^2}, \quad \varepsilon_{yy} = \frac{\partial v_0}{\partial y} - z\frac{\partial^2 w_0}{\partial y^2}, \quad \gamma_{xy} = \frac{\partial u_0}{\partial y} + \frac{\partial v_0}{\partial x} - 2z\frac{\partial^2 w_0}{\partial x \partial y}$$
$$2.3.3.3.1(\mathrm{k})$$

将层合板中面的应变和曲率分别定义为

$$\begin{bmatrix}\varepsilon_{xx}^0\\\varepsilon_{yy}^0\\\gamma_{xy}^0\end{bmatrix} = \begin{bmatrix}\dfrac{\partial u_0}{\partial x}\\[2mm]\dfrac{\partial v_0}{\partial y}\\[2mm]\dfrac{\partial u_0}{\partial y}+\dfrac{\partial v_0}{\partial x}\end{bmatrix}, \quad \begin{bmatrix}\kappa_{xx}\\\kappa_{yy}\\\kappa_{xy}\end{bmatrix} = -\begin{bmatrix}\dfrac{\partial^2 w_0}{\partial x^2}\\[2mm]\dfrac{\partial^2 w_0}{\partial y^2}\\[2mm]2\dfrac{\partial^2 w_0}{\partial x \partial y}\end{bmatrix} \qquad 2.3.3.3.1(\mathrm{l})$$

层合板在厚度方向任意位置(z)的应变可用中面的相关参量表达为

$$\begin{bmatrix} \varepsilon_{xx} \\ \varepsilon_{yy} \\ \gamma_{xy} \end{bmatrix} = \begin{bmatrix} \varepsilon_{xx}^0 \\ \varepsilon_{yy}^0 \\ \gamma_{xy}^0 \end{bmatrix} + z \begin{bmatrix} \kappa_{xx} \\ \kappa_{yy} \\ \kappa_{xy} \end{bmatrix} \qquad 2.3.3.3.1(m)$$

将式 2.3.3.3.1(m)代入式 2.3.3.3.1(d),就可以获得层合板在厚度方向任意位置(z)的应变

$$\begin{bmatrix} \sigma_{xx} \\ \sigma_{yy} \\ \sigma_{xy} \end{bmatrix}_k = \begin{bmatrix} \overline{Q}_{11} & \overline{Q}_{12} & \overline{Q}_{16} \\ \overline{Q}_{12} & \overline{Q}_{22} & \overline{Q}_{26} \\ \overline{Q}_{16} & \overline{Q}_{26} & \overline{Q}_{66} \end{bmatrix}_k \left\{ \begin{bmatrix} \varepsilon_{xx}^0 \\ \varepsilon_{yy}^0 \\ \gamma_{xy}^0 \end{bmatrix} + z \begin{bmatrix} \kappa_{xx} \\ \kappa_{yy} \\ \kappa_{xy} \end{bmatrix} \right\} \qquad 2.3.3.3.1(n)$$

式中:k 指的是在指定 z 位置的单层[见图 2.3.3.3.1(b)]。

层合板所承受的载荷和力矩分别表达为

$$\begin{bmatrix} N_{xx} \\ N_{yy} \\ N_{xy} \end{bmatrix} = \int_{-\frac{H}{2}}^{\frac{H}{2}} \begin{bmatrix} \sigma_{xx} \\ \sigma_{yy} \\ \sigma_{xy} \end{bmatrix} \mathrm{d}z = \sum_{k=1}^{N} \int_{z_{k-1}}^{z_k} \begin{bmatrix} \sigma_{xx} \\ \sigma_{yy} \\ \sigma_{xy} \end{bmatrix} \mathrm{d}z, \quad \begin{bmatrix} M_{xx} \\ M_{yy} \\ M_{xy} \end{bmatrix} = \int_{-\frac{H}{2}}^{\frac{H}{2}} \begin{bmatrix} \sigma_{xx} \\ \sigma_{yy} \\ \sigma_{xy} \end{bmatrix} z\,\mathrm{d}z = \sum_{k=1}^{N} \int_{z_{k-1}}^{z_k} \begin{bmatrix} \sigma_{xx} \\ \sigma_{yy} \\ \sigma_{xy} \end{bmatrix} z\,\mathrm{d}z$$

$$2.3.3.3.1(o)$$

式中:H 是层合板的总厚度;而 z_k 的定义详见图 2.3.3.3.1(b)。将式 2.3.3.3.1(n)代入式 2.3.3.3.1(o),即得到

$$\begin{bmatrix} N_{xx} \\ N_{yy} \\ N_{xy} \end{bmatrix} = \sum_{k=1}^{N} \begin{bmatrix} \overline{Q}_{11} & \overline{Q}_{12} & \overline{Q}_{16} \\ \overline{Q}_{12} & \overline{Q}_{22} & \overline{Q}_{26} \\ \overline{Q}_{16} & \overline{Q}_{26} & \overline{Q}_{66} \end{bmatrix}_k \int_{z_{k-1}}^{z_k} \left\{ \begin{bmatrix} \varepsilon_{xx}^0 \\ \varepsilon_{yy}^0 \\ \gamma_{xy}^0 \end{bmatrix} + z \begin{bmatrix} \kappa_{xx} \\ \kappa_{yy} \\ \kappa_{xy} \end{bmatrix} \right\} \mathrm{d}z$$

$$\begin{bmatrix} M_{xx} \\ M_{yy} \\ M_{xy} \end{bmatrix} = \sum_{k=1}^{N} \begin{bmatrix} \overline{Q}_{11} & \overline{Q}_{12} & \overline{Q}_{16} \\ \overline{Q}_{12} & \overline{Q}_{22} & \overline{Q}_{26} \\ \overline{Q}_{16} & \overline{Q}_{26} & \overline{Q}_{66} \end{bmatrix}_k \int_{z_{k-1}}^{z_k} \left\{ \begin{bmatrix} \varepsilon_{xx}^0 \\ \varepsilon_{yy}^0 \\ \gamma_{xy}^0 \end{bmatrix} + z \begin{bmatrix} \kappa_{xx} \\ \kappa_{yy} \\ \kappa_{xy} \end{bmatrix} \right\} z\,\mathrm{d}z$$

$$2.3.3.3.1(p)$$

由于 ε_{ij}^0 和 κ_{ij} 分别是中面的量,而与厚度方向的位置 z 无关,因此式 2.3.3.3.1(p)的积分可以求解为

$$\begin{bmatrix} N_{xx} \\ N_{yy} \\ N_{xy} \\ M_{xx} \\ M_{yy} \\ M_{xy} \end{bmatrix} = \begin{bmatrix} A_{11} & A_{12} & A_{16} & B_{11} & B_{12} & B_{16} \\ A_{12} & A_{22} & A_{26} & B_{12} & B_{22} & B_{26} \\ A_{16} & A_{26} & A_{66} & B_{16} & B_{26} & B_{66} \\ B_{11} & B_{12} & B_{16} & D_{11} & D_{12} & D_{16} \\ B_{12} & B_{22} & B_{26} & D_{12} & D_{22} & D_{26} \\ B_{16} & B_{26} & B_{66} & D_{16} & D_{26} & D_{66} \end{bmatrix} \begin{bmatrix} \varepsilon_{xx}^{0} \\ \varepsilon_{yy}^{0} \\ \gamma_{xy}^{0} \\ \kappa_{xx} \\ \kappa_{yy} \\ \kappa_{xy} \end{bmatrix} \qquad 2.3.3.3.1(q)$$

式中：

$$A_{ij} = \sum_{k=1}^{N} (\overline{Q}_{ij})_k (z_k - z_{k-1}), \quad B_{ij} = \frac{1}{2} \sum_{k=1}^{N} (\overline{Q}_{ij})_k (z_k^2 - z_{k-1}^2),$$

$$D_{ij} = \frac{1}{3} \sum_{k=1}^{N} (\overline{Q}_{ij})_k (z_k^3 - z_{k-1}^3) \qquad 2.3.3.3.1(r)$$

上述的三个参数分别是层合板的拉伸刚度、耦合刚度和弯曲刚度，共同构成了层合板的 **ABD** 矩阵。

根据各正交各向异性单层的材料性能、层叠顺序以及层厚，利用式 2.3.3.3.1 (c)、(g)和(r)就可以确定层合板的 **ABD** 矩阵。之后，给定一个容许状态的载荷/力矩和中面的应变/曲率，就可以利用式 2.3.3.3.1(q)计算所有未知状态下的载荷/力矩关系和中面的应变/曲率关系。进一步，可以利用式 2.3.3.3.1(m)和(n)计算在层合板(x-y)全局坐标系下厚度方向任意位置(z)的应力和应变状态。然后利用式 2.3.3.3.1(e)和(f)，逐点的应力和应变场可以变换到各单层材料(1-2)局部坐标系上，这样就可以使用单层的失效准则。利用这些经典层合理论，就可以获得层合板各区域的局部-全局应力和应变值。

2.3.3.3.1.1　层合板类型

2.3.3.3.1.1.1　对称型层合板

以中面为中心，两边呈对称分布的层合板均称为对称型层合板。对称型层合板在中面上下相同的 z 位置具有相同的单层(性能和厚度)，根据式 2.3.3.3.1 (r)，$B_{ij} = 0$。对称型层合板因没有拉伸和弯曲响应的耦合效应，其本构方程可以简化为

$$\begin{bmatrix} N_{xx} \\ N_{yy} \\ N_{xy} \end{bmatrix} = \begin{bmatrix} A_{11} & A_{12} & A_{16} \\ A_{12} & A_{22} & A_{26} \\ A_{16} & A_{26} & A_{66} \end{bmatrix} \begin{bmatrix} \varepsilon_{xx}^{0} \\ \varepsilon_{yy}^{0} \\ \gamma_{xy}^{0} \end{bmatrix}, \quad \begin{bmatrix} M_{xx} \\ M_{yy} \\ M_{xy} \end{bmatrix} = \begin{bmatrix} D_{11} & D_{12} & D_{16} \\ D_{12} & D_{22} & D_{26} \\ D_{16} & D_{26} & D_{66} \end{bmatrix} \begin{bmatrix} \kappa_{xx} \\ \kappa_{yy} \\ \kappa_{xy} \end{bmatrix} \qquad 2.3.3.3.1.1.1$$

2.3.3.3.1.1.2　特殊正交各向异性层合板

特殊正交各向异性层合板是指没有剪切响应和正应力响应耦合作用的层合板，即 $A_{16} = A_{26} = 0$。剪切响应和弯曲响应有可能存在耦合作用，即 $D_{16} \neq 0$，$D_{26} \neq 0$。

正交层合板和斜交层合板是两类特殊正交各向异性层合板。

2.3.3.3.1.1.3　正交层合板

相对于全局坐标系[见图 2.3.3.3.1(a)]，所有单层都是沿 0°或 90°排列的层合板称为正交层合板。由式 2.3.3.3.1(g)可以得出，所有 0°或 90°排列的单层，其 $Q_{16} = Q_{26} = 0$；因此，根据式 2.3.3.3.1(r)可以计算，$A_{16} = A_{26} = D_{16} = D_{26} = 0$。正交层合板大多数是对称型层合板，但也不全是对称型的。

2.3.3.3.1.1.4　斜交层合板

相同数量的单层沿＋α 和－α 方向排列（而没有其他方向），同时每个＋α 单层的厚度与－α 单层相同，这样的结构称为斜交层合板。在斜交层合板中，每个＋α 和－α 单层对 A_{16} 和 A_{26} 的贡献加和为 0，即致 $A_{16} = A_{26} = 0$。当斜交层合板各层的厚度均相同时，层合板的拉伸刚度矩阵简化为

$$\boldsymbol{A} = H \begin{bmatrix} \overline{Q}_{11}(\alpha) & \overline{Q}_{12}(\alpha) & 0 \\ \overline{Q}_{12}(\alpha) & \overline{Q}_{22}(\alpha) & 0 \\ 0 & 0 & \overline{Q}_{66}(\alpha) \end{bmatrix} \qquad 2.3.3.3.1.1.4$$

2.3.3.3.1.1.5　均衡铺设层合板

均衡铺设层合板是由一定数量成对的、相同厚度的、±α 单层铺设的层合板。因此斜交层合板是均衡铺设层合板的一个特例。与斜交层合板一样，均衡铺设层合板中±α 铺设的相同厚度的单层对 A_{16} 和 A_{26} 的贡献加和为 0。因此均衡铺设层合板是 $A_{16} = A_{26} = 0$ 的特殊正交各向异性层合板。

2.3.3.3.1.1.6　其他特殊正交各向异性层合板

如果组成层合板的各单层可以重新排列为正交层合板和斜交层合板，那么该类层合板称为特殊正交各向异性层合板，即这类层合板只含有 0°或 90°排布、成对、相同厚度、±α 排布并且具有 $A_{16} = A_{26} = 0$。

2.3.3.3.1.1.7　准各向同性层合板

准各向同性层合板在层内的弹性响应是各向同性的，即 $A_{11} = A_{22}$ 并且 $A_{16} = A_{26} = 0$。这种对称型层合板的常见类型（$B_{ij} = 0$）是由 $2N$ 个单层组成（$N \geqslant 3$），每个单层具有相同的厚度，并且纤维排布方向具有相同的角度。各层间纤维取向值符合 $\Delta\theta = \pi N$ 规律。不论单层的排列顺序，[0°/ ± 60°]s，[0°/ ± 45°/90°]s 和 [0°/ ± 30°/ ± 60°/90°]s 等都是典型的准各向同性层合板。对于具有相同单层材料及厚度的准各向同性层合板，其拉伸模量矩阵的分量（A_{ij}）是一样的。但是准各向同性层合板的弯曲响应并不表现出各向同性性质。

2.3.3.3.1.1.8　层合板有效弹性性能

严格地讲，只有对称型层合板才具有有效弹性性能，因为只有对称型层合板的

拉伸和弯曲行为是没有耦合作用的（即 $B_{ij}=0$），否则由式 2.3.3.3.1.1.1 给出的合力与中面应变间的一对一关系就不存在。对称型层合板的有效弹性性能由其有效（平均）应力分量决定的，可以简化为合力除以层合板厚度（H），即

$$\bar{\sigma}_{ij} = \frac{N_{ij}}{H} \qquad\qquad 2.3.3.3.1.1.8(\text{a})$$

因此，将上式代入式 2.3.3.3.1.1.1，获得拉伸刚度矩阵的逆矩阵为

$$\begin{bmatrix} \varepsilon_{xx}^0 \\ \varepsilon_{yy}^0 \\ \gamma_{xy}^0 \end{bmatrix} = \begin{bmatrix} A_{11} & A_{12} & A_{16} \\ A_{12} & A_{22} & A_{26} \\ A_{16} & A_{26} & A_{66} \end{bmatrix}^{-1} \begin{bmatrix} N_{xx} \\ N_{yy} \\ N_{xy} \end{bmatrix} = \begin{bmatrix} A_{11} & A_{12} & A_{16} \\ A_{12} & A_{22} & A_{26} \\ A_{16} & A_{26} & A_{66} \end{bmatrix}^{-1} \begin{bmatrix} H\bar{\sigma}_{xx} \\ H\bar{\sigma}_{yy} \\ H\bar{\sigma}_{xy} \end{bmatrix}$$

$$= H \begin{bmatrix} a_{11} & a_{12} & a_{16} \\ a_{12} & a_{22} & a_{26} \\ a_{16} & a_{26} & a_{66} \end{bmatrix} \begin{bmatrix} \bar{\sigma}_{xx} \\ \bar{\sigma}_{yy} \\ \bar{\sigma}_{xy} \end{bmatrix}$$

$$2.3.3.3.1.1.8(\text{b})$$

式中：a_{ij} 是拉伸刚度矩阵逆矩阵的分量。采用式 2.3.3.3.1.1.8（b）可以很容易地表示出有效层合板弹性性能，例如，当施加了 σ_{xx} 的拉伸应力而其他有效应力分量仍然为 0，就可以得到

$$\begin{cases} E_x^* = \dfrac{\bar{\sigma}_{xx}}{\varepsilon_{xx}^0} = \dfrac{1}{Ha_{11}} \\[2mm] \nu_{xy}^* = -\dfrac{\varepsilon_{yy}^0}{\varepsilon_{xx}^0} = -\dfrac{Ha_{12}}{\varepsilon_{xx}^0}(\bar{\sigma}_{xx}) = -\dfrac{Ha_{12}}{\varepsilon_{xx}^0}\left(\dfrac{\varepsilon_{xx}^0}{Ha_{11}}\right) = -\dfrac{a_{12}}{a_{11}} \\[2mm] \eta_{xy,x}^* = \dfrac{\gamma_{xy}^0}{\varepsilon_{xx}^0} = \dfrac{Ha_{16}}{\varepsilon_{xx}^0}(\bar{\sigma}_{xx}) = \dfrac{Ha_{16}}{\varepsilon_{xx}^0}\left(\dfrac{\varepsilon_{xx}^0}{Ha_{11}}\right) = \dfrac{a_{16}}{a_{11}} \end{cases}$$

$$2.3.3.3.1.1.8(\text{c})$$

式中：E_x^* 和 ν_{xy}^* 分别是层合板有效轴向弹性模量和泊松比；$\eta_{xy,x}^*$ 称为层合板有效"相互影响系数"，如式 2.3.3.3.1.1.8（c）所示，其与泊松比相似，主要将载荷方向的剪切应变和轴向应变联系起来。同样，对于层合板其他有效弹性性能，可表示为

$$\begin{cases} E_y^* = \dfrac{1}{Ha_{22}}, \quad y_{yx}^* = -\dfrac{a_{12}}{a_{22}}, \quad \eta_{xy,y}^* = \dfrac{a_{26}}{a_{22}} \\[2mm] G_{xy}^* = \dfrac{1}{Ha_{66}}, \quad \eta_{x,xy}^* = \dfrac{a_{16}}{a_{16}}, \quad \eta_{y,xy}^* = \dfrac{a_{26}}{a_{66}} \end{cases} \quad 2.3.3.3.1.1.8(\text{d})$$

2.3.3.3.2　有效强度

层合板的强度预测可以在整体层合板水平（宏观尺度）、单层水平（介观尺度）或者是纤维和基体组成水平（微观尺度）进行。宏观尺度方法的优势在于不需要利用

层合板理论公式来局部化,而是利用层合板水平的载荷和力矩或是中面应变和曲率在多方向的破坏准则。这个方法的主要缺点是需要大量的试验来表征强度和多方向拉伸和弯曲行为的函数关系,因此这种方法只是偶尔使用。与此相反,微观尺度方法仅仅需要表征层合板各组元的强度,而各组元的强度通常是各向同性的,因此这是一种非常经济的测试方式。但是,由于需要将微观力学模型代入层合板理论(并且微观力学模型的失效预测并不一定很准确),因此这种方式也并不经常使用。

用于预测层合板有效强度的方法主要是介观尺度方法。首先运用层合板平面应力理论将研究范围缩小至单层尺度,然后对单层的应力或应变限定一个失效准则(或失效理论),来预测单层的失效。只有当第一块单层失效后(如第一块单层断裂),再去考虑层合板的失效问题;或者是单层的性能退化至一定程度,而对层合板仍然可以施加载荷,直至足够多的单层失效导致层合板达到某个临界条件(本构失效,如单层逐步损伤)。介观尺度方法需要测试每个单层在自身材料坐标系中的多方向强度,同时还要测试多方向的失效准则。在层合板理论中,多向定义只局限在平面应力假设。给定的单层(任意厚度、层叠方式和纤维排布方式)的强化模型就可以用于任意层合板。这种介观尺度方法相对于宏观尺度方法非常简洁,因为后者需要测试每一个不同的层合板在各个方向的拉伸和弯曲强度。

当使用介观尺度方法来预测层合板强度时,主要难点是选择一种恰当的单层失效准则。近年来,单层尺度失效准则[尤其是对树脂基复合材料(PMCs)]的研究非常活跃。Soden 等人[见文献 2.3.3.3.2(a)]和 Hinton 等人[见文献 2.3.3.3.2(b)]发起成立了世界范围失效研究(WWFE)的协调研究项目。在该项目中,全世界研究者将大量的单层级的无碱玻璃纤维/环氧树脂和碳纤维/环氧树脂变形和失效数据提供给了 12 种主要失效准则的创作者,然后,项目要求参与者利用自己的准则来预测在双向载荷条件下多种无碱玻璃纤维/环氧树脂和碳纤维/环氧树脂复合材料的强度。然后将各种失效理论的预测结果以及实验结果进行对比,从而评价了各理论的有效性、准确性以及可靠性。由于 WWFE 良好的初衷以及复合材料失效领域多位专家的广泛参与,该项目的数据及发现结果毫无疑问会作为未来新的失效理论(以及改进现有理论)的基准。更进一步,结构工程师们也正在使用这些在实际中良好工作的失效准则,体现了 WWFE 的影响。

最简单的失效准则(最大应力失效或最大应变失效)没有体现应力和应变分量的交互作用,而仅需要表征单层沿纤维方向、垂直于纤维方向和剪切主向的轴向强度(或失效应变)。蔡-希尔(Tsai-Hill)准则考虑了应力分量间的交互影响,并且不需要额外的性能测量,但是在考虑拉伸和压缩强度的巨大差别后,会变得比较复杂。Tsai-Wu 准则也考虑了应力分量间的交互影响,但是(严格来讲)需要测试一个额外的交互影响参量。但是 Tsai-Wu 理论将单层结构巨大的拉伸和压缩强度差异进行了统一。唯象失效理论,如 Hashin,Puck 和 LaRC03 等利用不同的失效模型对不同的失效准则进行了补充。这些理论可能表征起来非常复杂并且难度很大,但是其预测结果最为吻合。

　　用介观尺度(单层尺度)来分析层合板的强度是从式 2.3.3.3.1(q)开始的。给定了层合板在一个已知状态下的承载行为,那么就可以利用式 2.3.3.3.1(q)计算未知状态下的层合板尺度的参量。之后利用式 2.3.3.3.1(m)给出的中面的应变和曲率就可以局域化到单层尺度。谨记,当存在一定的曲率时,各单层中的单层尺度的应变(以及应力)都是不同的[详见式 2.3.3.3.1(m)],因此,如果对每个单层都采用一个单一的应力和应变来计算,结果将是不准确的。在这种情况下,在考虑中间点的同时,还可以额外考虑每个单层的上部和下部的情况。由式 2.3.3.3.1(m)确定的单层尺度(或逐点)应变可以通过式 2.3.3.3.1(f)的逆矩阵,转换为局部(1−2)坐标系(或每个单层中的点)。之后,利用式 2.3.3.3.1(b)就可以确定每个单层(或单层中的点)的三个平面应力分量。这样就知道了单层尺度(或逐点)应力和应变分量,从而可以利用下述的失效准则来预测单层的失效行为。谨记,当使用最大应变准则时,式 2.3.3.3.1(a)会忽略了一个额外的应变分量(厚度方向的应变 ε_{33})。但是这时就出现了一个前后矛盾的地方,即和 Kirchhoff 假设一样,厚度方向的应变是假设为零的。

2.3.3.3.2.1　最大应力准则

　　最大应力准则意味着当任意应力分量超过了该方向的强度时(各分量间不存在交互作用),就发生失效。即

$$\sigma_{11} \geqslant X_t, \quad \sigma_{22} \geqslant Y_t, \quad |\sigma_{12}| \geqslant S, \quad \sigma_{11} \leqslant X_c, \quad \sigma_{22} \leqslant Y_c \qquad 2.3.3.3.2.1(a)$$

式中:X_t,Y_t,X_c,Y_c 和 S 分别是单层轴向抗拉强度、单层横向抗拉强度、单层轴向压缩强度、单层横向压缩强度以及单层面内(1−2)剪切强度。需要记住,压缩强度(X_c 和 Y_c)是负值。最大应力失效所表示的正应力失效包络图如图 2.3.3.3.2.1 所示。也可以用一个正应力公量和切应力分量画出一个相似的图。

　　对于一个给定的单层(或单层中的某个点),其基于最大应力准则的安全边际(表征在给定的载荷水平下,单层或单层中的点离失效临界值之间的距离)可以表示为

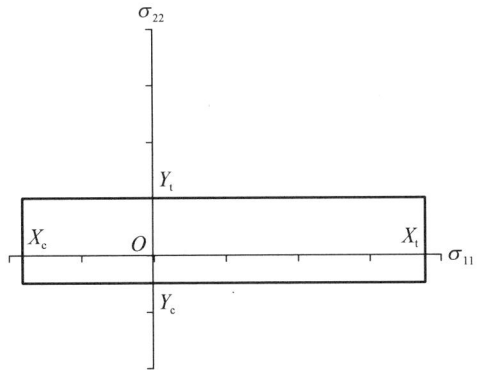

图 2.3.3.3.2.1　最大应力准则的失效包络

$$MOS_{max\sigma_{11}} = \begin{cases} \dfrac{X_t}{\sigma_{11}} - 1, & \sigma_{11} > 0 \\[2mm] \dfrac{X_c}{\sigma_{11}} - 1, & \sigma_{11} < 0 \end{cases} \qquad 2.3.3.3.2.1(b)$$

$$MOS_{max\sigma_{22}} = \begin{cases} \dfrac{Y_t}{\sigma_{22}} - 1, & \sigma_{22} > 0 \\[2mm] \dfrac{Y_c}{\sigma_{22}} - 1, & \sigma_{22} < 0 \end{cases} \qquad 2.3.3.3.2.1(c)$$

$$MOS_{max\sigma_{12}} = \dfrac{S}{|\sigma_{12}|} - 1 \qquad 2.3.3.3.2.1(d)$$

从上式中可以得到,单层(或单层中的某个点)基于最大应力准则的安全边际是上述三种安全边际中最小的。

最大应力准则的主要优点就是其简单性。由于其只基于单向单层水平的测试结果,因此一个给定的单层的最大应力准则很容易就可以得到。但最大应力准则的最大的缺点就是缺少应力分量间交互作用的考虑。例如,不管是否存在相当大的横向应力(σ_{22})或剪切应力(σ_{12}),其预测沿纤维方向(X_t)在同样的应力水平下的单层(或单层中的某点)的失效行为是相同的。显然这是不对的,因为大量文献均表明,较强的应力分量的交互作用会影响多种材料的失效行为。因此,最大应力准则通常不准确,尤其是在大的多向应力场中。另外,实验中很少能观察到失效包络图(见图2.3.3.3.2.1)的角落区域。

2.3.3.3.2.2　最大应变准则

最大应变准则在形式上与最大应力准则相似,但是采用的是应变分量而不是应力分量来评价失效行为。即当材料发生失效时

$$\varepsilon_{11} \geqslant X_{\varepsilon t}, \quad \varepsilon_{22} \geqslant Y_{\varepsilon t}, \quad |\gamma_{12}| \geqslant S_\varepsilon, \quad \varepsilon_{11} \leqslant X_{\varepsilon c}, \quad \varepsilon_{22} \leqslant Y_{\varepsilon c} \quad 2.3.3.3.2.2(a)$$

式中:$X_{\varepsilon t}$,$Y_{\varepsilon t}$,$X_{\varepsilon c}$,$Y_{\varepsilon c}$和S_ε分别是单层轴向拉伸应变、单层横向拉伸应变、单层轴向压缩应变、单层横向压缩应变和单层面内(1-2)工程剪切强度。谨记,压缩强度($X_{\varepsilon c}$和$Y_{\varepsilon c}$)是负值。正应变失效包络图(在应变空间)看起来与图2.3.3.3.2.1所示的长方形状一样。如果采用正交各向异性线性弹性本构关系,即

$$\varepsilon_{11} = \dfrac{1}{E_{11}}(\sigma_{11} - \nu_{12}\sigma_{22}), \quad \varepsilon_{22} = \dfrac{1}{E_{22}}(\sigma_{22} - \nu_{21}\sigma_{11}), \quad \gamma_{12} = \dfrac{\sigma_{12}}{G_{12}} \quad 2.3.3.3.2.2(b)$$

和

$$X_{\varepsilon t} = \dfrac{X_t}{E_{11}}, \quad Y_{\varepsilon t} = \dfrac{Y_t}{E_{22}}, \quad S_\varepsilon = \dfrac{S}{G_{12}}, \quad X_{\varepsilon c} = \dfrac{X_c}{E_{11}}, \quad Y_{\varepsilon c} = \dfrac{Y_c}{E_{22}} \quad 2.3.3.3.2.2(c)$$

最大应变准则用应力形式描述即为

$$\begin{cases} \sigma_{11} - \nu_{12}\sigma_{22} \geqslant X_t, & \sigma_{22} - \nu_{21}\sigma_{11} \geqslant Y_t, & |\sigma_{12}| \geqslant S, \\ \sigma_{11} - \nu_{12}\sigma_{22} \leqslant X_c, & \sigma_{22} - \nu_{21}\sigma_{11} \leqslant Y_c \end{cases} \qquad 2.3.3.3.2.2(d)$$

在正应力空间,其失效包络图是一个平行四边形,如图 2.3.3.3.2.2 所示。

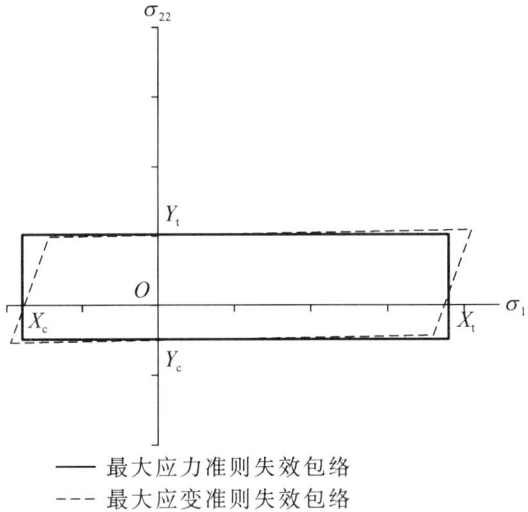

——　最大应力准则失效包络
－－－　最大应变准则失效包络

图 2.3.3.3.2.2　最大应力准则和最大应变准则失效包络对比

基于最大应变准则的安全边际通过下式计算:

$$MOS_{\max\varepsilon_{11}} = \begin{cases} \dfrac{X_{\varepsilon t}}{\varepsilon_{11}} - 1 & \varepsilon_{11} > 0 \\[2mm] \dfrac{X_{\varepsilon c}}{\varepsilon_{11}} - 1 & \varepsilon_{11} < 0 \end{cases} \qquad 2.3.3.3.2.2(e)$$

$$MOS_{\max\varepsilon_{22}} = \begin{cases} \dfrac{Y_{\varepsilon t}}{\varepsilon_{22}} - 1 & \varepsilon_{22} > 0 \\[2mm] \dfrac{Y_{\varepsilon c}}{\varepsilon_{22}} - 1 & \varepsilon_{22} < 0 \end{cases} \qquad 2.3.3.3.2.2(f)$$

$$MOS_{\max\gamma_{12}} = \dfrac{S_\varepsilon}{|\gamma_{12}|} - 1 \qquad 2.3.3.3.2.2(g)$$

单层(或单层中的某个点)基于最大应变准则的安全边际是上述 3 种安全边际中最小值。采用正交各向异线性弹性本构关系,将式 2.3.3.3.2.2(b)和(c)代入,其安全边际也可以用应力分量形式表达。

最大应变准则的优点和缺点基本上和最大应力准则一样。取决于研究的复合材料类型不同,这两个准则也可能更加准确或偏离较大。在高塑性、非线性复合材料(如许多垂直于纤维方向的金属基复合材料)中运用最大应变准则需要非常注意。

在这种情况下,复合材料失效前的应力-应变响应行为基本是平的(完全塑性),因此其失效应力重复性良好,而不同测试时的失效应变可能相差50%甚至更多。这时运用失效应变来评价失效行为的可信度就较差了。显然,在这种情况下,由式2.3.3.3.2.2(b)、(c)和(d)所给出的弹性关系就不适用了。

　　2.3.3.3.2.3　蔡-希尔(Tsai-Hill)准则

　　蔡-希尔准则是基于 von Mises 屈服准则的各向异性拉伸行为。Hill[见文献2.3.3.3.2.3(a)]首先提出了该准则,然后 Tsai[见文献 2.3.3.3.2.3(b)]用其描述单层级的失效行为。与最大应力准则和最大应变准则不同,其考虑了所有单层面内应力分量的关系,因此各分量间存在相互作用。在平面应力条件下,对于一个单向单层,蔡-希尔准则的失效行为为

$$\frac{\sigma_{11}^2}{X^2} - \frac{\sigma_{11}\sigma_{22}}{X^2} + \frac{\sigma_{22}^2}{Y^2} + \frac{\sigma_{12}^2}{S^2} \geqslant 1 \qquad 2.3.3.3.2.3(a)$$

式中:X,Y 和 S_ε 分别是单层轴向拉伸应力、单层横向拉伸应力和单层面内(1-2)剪切强度。当只施加单向载荷时(即 σ_{11},σ_{22} 或 σ_{12} 只有一个),蔡-希尔准则就可以简化为最大应力准则。但是,当在多向应力场中,上述 3 个平面内应力分量都分别影响单层的失效行为。基于蔡-希尔准则的正应力失效包络图如图 2.3.3.3.2.3(a)所示。与 von Mises 屈服曲面一样,蔡-希尔准则的失效包络图也是椭圆形的,但是显然存在各向异性的影响。谨记,当存在叠加面内剪切应力时($\sigma_{12} > S$),蔡-希尔准则的正应力失效包络图会缩小。

　　基于式 2.3.3.3.2.3(a)给出的蔡-希尔准则基本形式中并不区分拉伸和压缩行为。但是,通过引入基于 σ_{11} 和 σ_{22} 的 X_t 或 X_c 以及 Y_t 或 Y_c,就可能在蔡-希尔准则中分辨出拉伸和压缩行为。这相当于在每个正应力分量空间的 4 坐标体系中加

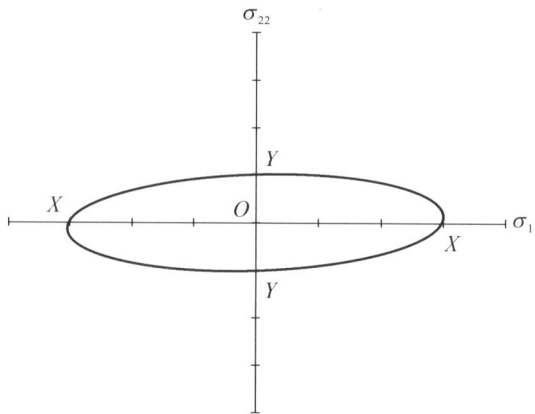

图 2.3.3.3.2.3(a)　正应力失效包络

和不同的椭圆形的失效准则,如图 2.3.3.3.2.3(b)所示。显然,这意味着面内应力分量是已知的。

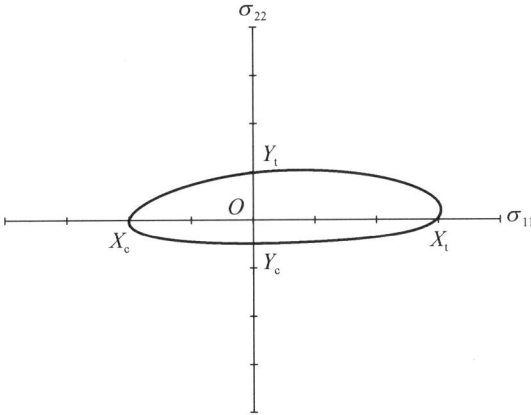

图 2.3.3.3.2.3(b)　蔡-希尔准则失效包络

基于蔡-希尔准则的单层(或单层内的某点)的安全边际可用如下式计算:

$$MOS_{\text{Tsai-Hill}} = \frac{1}{\sqrt{\dfrac{\sigma_{11}^2}{X^2} - \dfrac{\sigma_{11}\sigma_{22}}{X^2} + \dfrac{\sigma_{22}^2}{Y^2} + \dfrac{\sigma_{12}^2}{S^2}}} - 1 \qquad 2.3.3.3.2.3(b)$$

对于不同失效准则的安全边际的详细推导过程请参考 Zhang 和 Collier 的工作[见文献 2.3.3.3.2.3(c)]。式 2.3.3.3.2.3(b)中分母的平方根如果是负值,这表明蔡-希尔准则有可能给出一个无限或者是未定义(如复数)的安全边际。但这只有当 $Y \geqslant 2X$ 时才会发生,而 X 是轴向的强度,Y 是横向强度,而这种情况通常不会出现。但从数学上来讲,$Y \geqslant 2X$ 时的结果将是在面内正应力空间中的一个开放屈服曲面。

相对于更简单的最大应力准则和最大应变准则,蔡-希尔准则的主要优势是其精度更高[见文献 2.3.3.3.2.3(b)]。蔡-希尔准则考虑了各应力分量间的交互作用,因此与复合材料单层尺度的失效实验数据更接近。另外,失效包络图也更加平滑,更接近真实情况,同时其只需要一个公式而不是 3 个公式(当存在相同的拉伸和压缩正应力时),因此这方面其优势也比较明显。当与最大应力准则(只需要单向复合材料强度)相比,蔡-希尔准则不难描述时,这些优势才会体现。当然,相比于最大应力准则和最大应变准则,蔡-希尔准则的主要劣势是在考虑不同拉伸和压缩正应力强度时更加困难。但是,上述讨论也说明了,这些是可以实现的。

2.3.3.3.2.4　Tsai-Wu 准则

与蔡-希尔准则一样,Tsai-Wu 准则[见文献 2.3.3.3.2.4(a)]也是基于一个单一的关系。但是 Tsai-Wu 准则自身就已包括了不同的拉伸和压缩强度,因此与需要引入这种特定关系的蔡-希尔准则相比更具有优势。单向单层平面应力条件下,考虑剪切强度（S）与剪切应力（σ_{12}）无关,发生基于 Tsai-Wu 准则的失效行为时,有

$$\left(\frac{1}{X_t}+\frac{1}{X_c}\right)\sigma_{11}+\left(\frac{1}{Y_t}+\frac{1}{Y_c}\right)\sigma_{22}-\frac{\sigma_{11}^2}{X_tX_c}-\frac{\sigma_{22}^2}{Y_tY_c}+\frac{\sigma_{12}^2}{S^2}+2F_{12}\sigma_{11}\sigma_{22}\geqslant 1 \quad 2.3.3.3.2.4(a)$$

式中存在一个新的 σ_{11} 和 σ_{22} 交互影响因子 F_{12}。因此与最大应力准则（以及蔡-希尔准则）中所需要的 5 个单向单层尺度的复合材料强度（X_t, Y_t, X_c, Y_c 和 S）外, Tsai-Wu 准则还引入了一个需要确定（或者可能忽视）的系数。可惜的是, F_{12} 系数并不能通过单向单层测试来获得,而必须采用双向测试来得到。例如,如果在单层中进行平面双向测试,则 $\sigma_{11}=\sigma_{22}$,而到了失效时,其应力水平为 $\sigma_{11}=\sigma_{22}=\sigma$,此时 F_{12} 系数与双向强度 σ 的关系如下:

$$F_{12}=\frac{1}{2\sigma^2}\left[1-\left(\frac{1}{X_t}+\frac{1}{X_c}+\frac{1}{Y_t}+\frac{1}{Y_c}\right)\sigma+\left(\frac{1}{X_tX_c}+\frac{1}{Y_tY_c}\right)\sigma^2\right] \quad 2.3.3.3.2.4(b)$$

因为采用实验手段获得 F_{12} 系数非常困难,而 F_{12} 系数对于失效准则的预测结果的影响又较小,因此其通常是忽略为 0。另外,也可以设定 F_{12} 系数,让 Tsai-Wu 准则和实验测试的失效结果更吻合。

图 2.3.3.3.2.4 是基于 Tsai-Wu 准则的正应力失效包络图,其中 F_{12} 系数设为 0。与蔡-希尔准则一样, Tsai-Wu 失效包络图也是椭圆形的,其各向异性的影响也很显著。当存在叠加面内剪切应力时（$\sigma_{12}>S$）, Tsai-Wu 准则的正应力失效包络图也会缩小。

不考虑 σ_{11} 和 σ_{22} 的交互作用影响因子（F_{12}）,单层（或单层中的某点）的安全边际如下:

$$MOS_{\text{Tsai-Wu}}=\cfrac{2}{\left(\dfrac{1}{X_t}+\dfrac{1}{X_c}\right)\sigma_{11}+\left(\dfrac{1}{Y_t}+\dfrac{1}{Y_c}\right)\sigma_{22}+\sqrt{\left[\left(\dfrac{1}{X_t}+\dfrac{1}{X_c}\right)\sigma_{11}+\left(\dfrac{1}{Y_t}+\dfrac{1}{Y_c}\right)\sigma_{22}\right]^2+4\left[-\dfrac{\sigma_{11}^2}{X_tX_c}-\dfrac{\sigma_{22}^2}{Y_tY_c}+\dfrac{\sigma_{12}^2}{S^2}\right]}}-1$$

$$2.3.3.3.2.4(c)$$

对于不同失效准则的安全边际的详细推导过程（如何引入额外的交互作用因子）,请参考 Zhang 和 Collier 的工作[见文献 2.3.3.3.2.3(c)]。由于正应力拉伸强度（X_t 和 Y_t）是正数,而正应力压缩强度（X_c 和 Y_c）是负数,因此式 2.3.3.3.2.4(c) 分母的平方根中的数值一直是正数。进一步,如果式 2.3.3.3.2.3(b) 中分母中开平方后的数是负数,其加和与所研究的分母的平方根相比也是非常小的,因此 Tsai-Wu 准则的安全边际一直是有限且正值的。

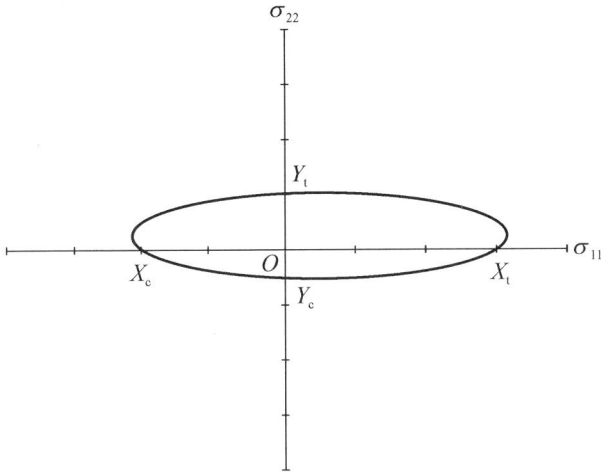

图 2.3.3.3.2.4 Tsai-Wu 准则失效包络

与蔡-希尔准则相比,除了考虑拉伸和压缩强度的不同外,Tsai-Wu 准则还在数学上更加一致[见文献 2.3.3.3.1(a)]。同时,Tsai-Wu 在形式上较蔡-希尔准则更加复杂,精度也更高。但是在许多情况下,两者的预测结果很接近。

Tsai 和 Hahn[见文献 2.3.3.3.2.4(b)]提出了一个 Tsai-Wu 准则的修正模型,其中 F_{12} 系数可由下式计算:

$$F_{12} \approx - \frac{1}{2\sqrt{X_t X_c Y_t Y_c}} \qquad 2.3.3.3.2.4(d)$$

当 F_{12} 系数由式 2.3.3.3.2.4(d)计算时,Tsai-Wu 准则通常称为 Tsai-Hahn 准则。

2.3.3.3.2.5 Hashin 准则

与上述讨论的准则都不同,Hashin 准则[见文献 2.3.3.3.2.5(a)]是基于唯象理论,尤其是复合材料单层失效机制。Hashin 准则考虑了 4 种失效模型:纤维拉伸失效、纤维压缩失效、基体拉伸失效和基体压缩失效。对于每种失效方式都有一个单独的准则;而当满足任何一个条件时,就会发生失效。平面应力 Hashin 理论如下:

(1)纤维拉伸失效模式

$$\left(\frac{\sigma_{11}}{X_T}\right)^2 + \left(\frac{\sigma_{12}}{S}\right)^2 \geqslant 1, \quad \sigma_{11} > 0 \qquad 2.3.3.3.2.5(a)$$

(2)纤维压缩失效模式

$$\sigma_{11} \leqslant X_c, \quad \sigma_{11} < 0 \qquad 2.3.3.3.2.5(b)$$

（3）基体拉伸失效模式

$$\left(\frac{\sigma_{22}}{Y_T}\right)^2 + \left(\frac{\sigma_{12}}{S}\right)^2 \geqslant 1, \quad \sigma_{22} > 0 \qquad 2.3.3.3.2.5(c)$$

（4）基体压缩失效模式

$$\left(\frac{\sigma_{22}}{2S_T}\right)^2 - \left[\left(\frac{Y_C}{2S_T}\right)^2 - 1\right]\frac{\sigma_{22}}{Y_C} + \left(\frac{\sigma_{12}}{S}\right)^2 \geqslant 1, \quad \sigma_{22} < 0 \qquad 2.3.3.3.2.5(d)$$

式中引入了一个额外的系数——横向剪切强度（S_T）。S 是与 σ_{12} 剪切应力分量相关的轴向剪切强度。相反，横向剪切强度（S_T）与 σ_{23} 剪切应力分量相关。在层合板平面应力假设条件下，σ_{23} 剪切应力分量为 0。显然，Hashin 准则可以视为是最大应力准则和蔡-希尔准则的集成体。与最大应力准则一样，Hashin 准则实际上包含了多个亚准则，而达到任何一个亚准则都会导致复合材料的失效。实际上，当 $\sigma_{11} < 0$ 时，Hashin 纤维压缩失效准则和最大应力准则是一样的。但是，与蔡-希尔准则一样，Hashin 理论中的其余的三个亚准则其实就包含了平面内应力分量的交互作用。同样，Hashin 亚准则只考虑了正应力分量和剪切应力分量交互作用 σ_{12}，而面内正应力分量 σ_{11} 和 σ_{22} 并没有在上述的亚准则中体现。因此，Hashin 失效准则的正应力失效包络图实际上和最大应力失效理论的长方形正应力失效包络图是一样的（见图2.3.3.3.2.1），而 Hashin 亚准则 4 表明的 $\sigma_{22} = Y_c$，$\sigma_{12} = 0$ 也体现在了包络图中。

另一方面，σ_{11}-σ_{12} 应力空间或 σ_{22}-σ_{12} 应力空间的 Hashin 失效包络图与蔡-希尔准则相似，是椭圆形的。

与最大应力失效准则一样，根据失效模式和亚准则的不同，Hashin 准则的安全边际也会不同。单层（或单层中的某点）的 Hashin 安全边际是上述 4 个安全边际的最小值，具体如下：

（1）纤维拉伸失效模式

$$MOS_{Hashin\ Ft} = \frac{1}{\sqrt{\left(\frac{\sigma_{11}}{X_T}\right)^2 + \left(\frac{\sigma_{12}}{S}\right)^2}} - 1, \quad \sigma_{11} > 0 \qquad 2.3.3.3.2.5(e)$$

（2）纤维压缩失效模式

$$MOS_{Hashin\ Fc} = \frac{X_c}{\sigma_{11}} - 1, \quad \sigma_{11} < 0 \qquad 2.3.3.3.2.5(f)$$

（3）基体拉伸失效模式

$$MOS_{Hashin\ Mt} = \frac{1}{\sqrt{\left(\frac{\sigma_{22}}{Y_T}\right)^2 + \left(\frac{\sigma_{12}}{S}\right)^2}} - 1, \quad \sigma_{22} > 0 \qquad 2.3.3.3.2.5(g)$$

(4) 基体压缩失效模式

$$MOS_{\text{Hashin } Mc} = \cfrac{2}{\cfrac{\sigma_{22}}{Y_C}\left[1 - \left(\cfrac{Y_C}{2S_T}\right)^2\right] + \sqrt{\left(\cfrac{\sigma_{22}}{Y_C}\right)^2\left[\left(\cfrac{Y_C}{2S_T}\right)^2 - 1\right]^2 + 4\left(\cfrac{\sigma_{22}}{Y_C}\right)^2 + 4\left(\cfrac{\sigma_{12}}{S}\right)^2}} - 1,$$
$$\sigma_{22} < 0 \qquad\qquad 2.3.3.3.2.5(h)$$

对于不同失效准则的安全边际的详细推导过程(如何引入额外的交互作用因子),请参考 Zhang 和 Collier 的工作[见文献 2.3.3.3.2.3(c)]。谨记,Hashin 准则失效边际公式的分母中的平方根内的项一直是正数,因此所有情况下产生的都是正值。进一步,式 2.3.3.3.2.5(h)中的分母一直都是正值,因此 Hashin 基体压缩失效准则的安全边际一直是有限的。

Hashin 失效准则的主要优势是其机制基础。与蔡-希尔准则以及 Tsai-Wu 准则不同,Hashin 失效准则不仅分析单层的失效行为,还分析单层失效的机制。这个信息对于设计者来说非常有用,可以据此对层合板的结构进行调整来提高复合材料的强度或者延缓某种特定的失效模式。上文已经讨论了,Hashin 理论并不包括特别大的交互作用影响,所涉及的交互作用仅仅是面内正应力分量和面内剪切应力分量之间的作用。因此相对于蔡-希尔准则以及 Tsai-Wu 准则,Hashin 失效准则并不包含太多交互作用的影响。与 Tsai-Wu 准则一样,Hashin 失效准则也需要表征一个新的参量,即横向剪切强度 S_T。在实际中,很难获得这个与单层 x_2- 和 x_3- 方向(和剪切应力分量 σ_{23})有关的参量。另外,测试结果表明,Hashin 压缩失效模式的亚准则有时并不准确[见文献 2.3.3.3.2.5(b)]。为了提高预测精度,Sun 等人[见文献 2.3.3.3.2.5(c)]提出了一个 Hashin 理论的修正模型。

2.3.3.3.2.6 Puck 和 LaRC03 准则

在世界范围失效研究(WWFE)项目的推动下[见文献 2.3.3.3.2(a)和(b)],近年来产生了很多新的单层尺度的失效准则。Puck 等人[见文献 2.3.3.3.2.6]和 Davila 等人[见文献 2.3.3.3.2.5(b)]是近年来涌现的两个预测精度较高的准则。

WWFE 将 Puck 失效理论视为目前最好的失效准则。目前该理论已广泛应用于欧洲的航空航天工业。与 Hashin 准则一样,Puck 失效理论也是基于一系列不同失效模式的亚准则。Puck 失效准则引入了一个关键的考虑,即失效的平面是平行于纤维排布方向的[见图 2.3.3.3.2.6(a)],而这个考虑是基于每个平面内都存在的应力和抗失效作用。不同的失效平面角度 α[见图 2.3.3.3.2.6(a)]适用于不同的失效模式和准则。Puck 失效准则与实验结果吻合良好,尤其是在失效前的非线性变形不明显时更为有效。可惜的是,Puck 失效准则非常复杂,并且需要很多难以测量的材料参数,并且 Puck 失效准则并不是纯物理模型。

近期 Davila 和 Comanho[见文献 2.3.3.3.2.5(b)]基于 Puck 的失效平面概念,进行了简化,提出了 LaRC03 准则。这个准则以 NASA 兰利研究中心命名。LaRC03 并不需要大量非标准的材料性能。除了标准单向单层层度(X_t，Y_t，X_c，Y_c和S)以及面内弹性性能(E_{11}，E_{22}，ν_{12}和G_{12})以外，LaRC03准则只需要两个额外的材料参数，分别是单向模式Ⅰ和模式Ⅱ的断裂韧性G_{Ic}和G_{IIc}。这两个参量和单层中裂纹沿纤维方向扩展能力相关。这两个附加材料参数可以采用实验获得，也可以通过物理关系近似估计。

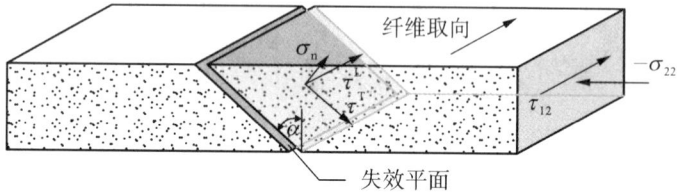

图2.3.3.3.2.6(a)　Puck理论中定义的失效平面

与Hashin理论一样，LaRC03失效理论中也包括很多亚准则，分别对应纤维拉伸、纤维压缩、基体拉伸和基体压缩等不同模式。另外，当纤维和基体压缩时，LaRC03失效理论有两个亚准则而不是一个亚准则。当基体压缩时，LaRC03失效理论根据横向方向的压缩应力的幅值来选择适当的亚准则。当纤维压缩时，LaRC03失效理论根据应力与纤维弯曲之间的角度差所产生的应力方式(拉伸或压缩)来选择适当的亚准则。Davila和Comanho[见文献2.3.3.3.2.5(b)]将详细的LaRC03失效准则汇总成一页，因此本节没有详细列出LaRC03失效准则。

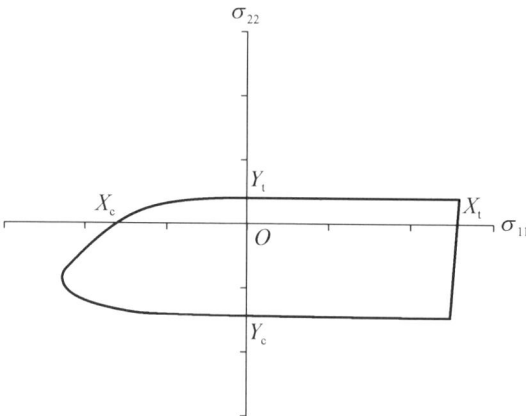

图2.3.3.3.2.6(b)　LaRC03失效包络

图2.3.3.3.2.6(b)是LaRC03正应力失效包络图的一个典型例子。当单层承受沿纤维方向的拉应力时，LaRC03失效包络图在外形上与最大应力准则、最大应变准则和Hashin准则相似。当沿纤维方向压缩时，该包络图出现了很多非线性关系，而这些非线性关系体现了应力分量间的交互作用。在σ_{22}-σ_{12}应力空间，LaRC03失效包络图也表现出了很大的非线性特征。

2.3.3.3.3　蠕变

在层合板理论中，可以在最开始就将热效应和非弹性效应引入局部单层本构方程中，从而将其作用混合。

$$
\begin{bmatrix} \sigma_{11} \\ \sigma_{22} \\ \sigma_{33} \\ \sigma_{23} \\ \sigma_{13} \\ \sigma_{12} \end{bmatrix} = \begin{bmatrix} C_{11} & C_{12} & C_{13} & 0 & 0 & 0 \\ C_{12} & C_{22} & C_{23} & 0 & 0 & 0 \\ C_{13} & C_{23} & C_{33} & 0 & 0 & 0 \\ 0 & 0 & 0 & C_{44} & 0 & 0 \\ 0 & 0 & 0 & 0 & C_{55} & 0 \\ 0 & 0 & 0 & 0 & 0 & C_{66} \end{bmatrix} \begin{bmatrix} \varepsilon_{11} - \alpha_{11}\Delta T - \varepsilon_{11}^{\mathrm{in}} \\ \varepsilon_{22} - \alpha_{22}\Delta T - \varepsilon_{22}^{\mathrm{in}} \\ \varepsilon_{33} - \alpha_{33}\Delta T - \varepsilon_{33}^{\mathrm{in}} \\ \gamma_{23} - \gamma_{23}^{\mathrm{in}} \\ \gamma_{13} - \gamma_{13}^{\mathrm{in}} \\ \gamma_{12} - \gamma_{12}^{\mathrm{in}} \end{bmatrix}
$$

2.3.3.3.3(a)

式中：α_{ij} 是单层的热膨胀性系；ΔT 是相对于基准温度的温度变化值；ε_{ij} 和 γ_{ij} 体现的是单层的非弹性(蠕变或塑性)应变。将平面应力参量简化，将其转化到层合板(x-y)坐标系，式 2.3.3.3.3(a)转换为

$$
\begin{bmatrix} \sigma_{xx} \\ \sigma_{yy} \\ \sigma_{xy} \end{bmatrix} = \begin{bmatrix} \overline{Q}_{11} & \overline{Q}_{12} & \overline{Q}_{16} \\ \overline{Q}_{12} & \overline{Q}_{22} & \overline{Q}_{26} \\ \overline{Q}_{16} & \overline{Q}_{26} & \overline{Q}_{66} \end{bmatrix} \begin{bmatrix} \varepsilon_{xx} - \alpha_{xx}\Delta T - \varepsilon_{xx}^{\mathrm{in}} \\ \varepsilon_{yy} - \alpha_{yy}\Delta T - \varepsilon_{yy}^{\mathrm{in}} \\ \gamma_{xy} - \alpha_{xy}\Delta T - \gamma_{xy}^{\mathrm{in}} \end{bmatrix}
$$

2.3.3.3.3(b)

上式中，对于在全局(x-y)坐标系中的正交各向异性单层，就引入了工程剪切热膨胀系数(α_{xy})。考虑到层合板理论中额外的热效应项和非弹性效应项，就可以推导出层合板热-弹性-塑性本构方程。

$$
\begin{bmatrix} N_{xx} \\ N_{yy} \\ N_{xy} \\ M_{xx} \\ M_{yy} \\ M_{xy} \end{bmatrix} = \begin{bmatrix} A_{11} & A_{12} & A_{16} & B_{11} & B_{12} & B_{16} \\ A_{12} & A_{22} & A_{26} & B_{12} & B_{22} & B_{26} \\ A_{16} & A_{26} & A_{66} & B_{16} & B_{26} & B_{66} \\ B_{11} & B_{12} & B_{16} & D_{11} & D_{12} & D_{16} \\ B_{12} & B_{22} & B_{26} & D_{12} & D_{22} & D_{26} \\ B_{16} & B_{26} & B_{66} & D_{16} & D_{26} & D_{66} \end{bmatrix} \begin{bmatrix} \varepsilon_{xx}^{0} \\ \varepsilon_{yy}^{0} \\ \gamma_{xy}^{0} \\ \kappa_{xx} \\ \kappa_{yy} \\ \kappa_{xy} \end{bmatrix} - \begin{bmatrix} N_{xx}^{\mathrm{T}} \\ N_{yy}^{\mathrm{T}} \\ N_{xy}^{\mathrm{T}} \\ M_{xx}^{\mathrm{T}} \\ M_{yy}^{\mathrm{T}} \\ M_{xy}^{\mathrm{T}} \end{bmatrix} - \begin{bmatrix} N_{xx}^{\mathrm{in}} \\ N_{yy}^{\mathrm{in}} \\ N_{xy}^{\mathrm{in}} \\ M_{xx}^{\mathrm{in}} \\ M_{yy}^{\mathrm{in}} \\ M_{xy}^{\mathrm{in}} \end{bmatrix}
$$

2.3.3.3.3(c)

上式和式 2.3.3.3.1(a)是一致的，只是加入了热(N_{ij}^{T}，M_{ij}^{T})和非弹性(N_{ij}^{in}，M_{ij}^{in})所产生的力和力矩，计算式如下：

$$
\begin{bmatrix} N_{xx}^{\mathrm{T}} \\ N_{yy}^{\mathrm{T}} \\ N_{xy}^{\mathrm{T}} \end{bmatrix} = \sum_{k=1}^{N} [\overline{Q}]_k \begin{bmatrix} \alpha_{xx} \\ \alpha_{yy} \\ \alpha_{xy} \end{bmatrix}_k \Delta T(z_k - z_{k-1}), \quad \begin{bmatrix} M_{xx}^{\mathrm{T}} \\ M_{yy}^{\mathrm{T}} \\ M_{xy}^{\mathrm{T}} \end{bmatrix} = \frac{1}{2} \sum_{k=1}^{N} [\overline{Q}]_k \begin{bmatrix} \alpha_{xx} \\ \alpha_{yy} \\ \alpha_{xy} \end{bmatrix}_k \Delta T(z_k^2 - z_{k-1}^2)
$$

2.3.3.3.3(d)

$$
\begin{bmatrix} N_{xx}^{\mathrm{in}} \\ N_{yy}^{\mathrm{in}} \\ N_{xy}^{\mathrm{in}} \end{bmatrix} = \sum_{k=1}^{N} [\overline{Q}]_k \int_{z_{k-1}}^{z_k} \begin{bmatrix} \varepsilon_{xx}^{\mathrm{in}}(z) \\ \varepsilon_{yy}^{\mathrm{in}}(z) \\ \gamma_{xy}^{\mathrm{in}}(z) \end{bmatrix} \mathrm{d}z, \quad \begin{bmatrix} M_{xx}^{\mathrm{in}} \\ M_{yy}^{\mathrm{in}} \\ M_{xy}^{\mathrm{in}} \end{bmatrix} = \frac{1}{2} \sum_{k=1}^{N} [\overline{Q}]_k \int_{z_{k-1}}^{z_k} \begin{bmatrix} \varepsilon_{xx}^{\mathrm{in}}(z) \\ \varepsilon_{yy}^{\mathrm{in}}(z) \\ \gamma_{xy}^{\mathrm{in}}(z) \end{bmatrix} z\mathrm{d}z
$$

2.3.3.3.3(e)

式 2.3.3.3.3(c)的 **ABD** 矩阵和纯弹性行为[式 2.3.3.3.1(a)]是一致的。通过分析单纯的热-弹性行为($N_{ij} = M_{ij} = N_{ij}^{in} = M_{ij}^{in} = 0$),可以确定对称型($B_{ij} = 0$)层合板的有效热膨胀系数,如下:

$$\begin{bmatrix} \varepsilon_{xx}^0 \\ \varepsilon_{yy}^0 \\ \gamma_{xy}^0 \end{bmatrix} = \begin{bmatrix} \alpha_{xx}^* \\ \alpha_{yy}^* \\ \alpha_{xy}^* \end{bmatrix} \Delta T \qquad\qquad 2.3.3.3.3(f)$$

在上述条件下使用式 2.3.3.3.3(c)得

$$\begin{bmatrix} \alpha_{xx}^* \\ \alpha_{yy}^* \\ \alpha_{xy}^* \end{bmatrix} \Delta T = \begin{bmatrix} A_{11} & A_{12} & A_{16} \\ A_{12} & A_{22} & A_{26} \\ A_{16} & A_{26} & A_{66} \end{bmatrix}^{-1} \begin{bmatrix} N_{xx}^T \\ N_{yy}^T \\ N_{xy}^T \end{bmatrix} = \begin{bmatrix} a_{11} & a_{12} & a_{16} \\ a_{12} & a_{22} & a_{26} \\ a_{16} & a_{26} & a_{66} \end{bmatrix} \sum_{k=1}^N [\overline{Q}]_k \begin{bmatrix} \alpha_{xx} \\ \alpha_{yy} \\ \alpha_{xy} \end{bmatrix}_k \Delta T(z_k - z_{k-1})$$

$$2.3.3.3.3(g)$$

或

$$\begin{bmatrix} \alpha_{xx}^* \\ \alpha_{yy}^* \\ \alpha_{xy}^* \end{bmatrix} = [a] \sum_{k=1}^N [\overline{Q}]_k \begin{bmatrix} \alpha_{xx} \\ \alpha_{yy} \\ \alpha_{xy} \end{bmatrix}_k (z_k - z_{k-1}) \qquad\qquad 2.3.3.3.3(h)$$

根据式 2.3.3.3.3(a)~(e),热膨胀作用与弹性的层合板理论的融合相对简单,而与非弹性的材料响应(例如蠕变)之间的融合就有点复杂。首先,采用热膨胀系数就容易算出式 2.3.3.3.3(a)的热影响项,但是在一个各向异性单层的非弹性响应时就没有这种简单的关系。绝大多数严谨的弹性和黏弹性理论都只适用于各向同性材料,因此需要利用非弹性细观力学模型来计算式 2.3.3.3.3(a)中所需要的各向异性单层尺度的非弹性应变。同时,如式 2.3.3.3.3(e)所示,由于难以获得单层尺度的非弹性应变(在 x-y 坐标系下)的解析解,非弹性力和力矩中的沿厚度方向的积分也不能获得解析解(而在热载荷和力矩的方程中就可以获得解析解)。最后,由于层合板会发生弯曲,而沿层合板厚度方向的各单层的非弹性应变都不同,因此在确定非弹性力和力矩项时要额外注意。

非耦合幂律蠕变理论是一个能与层合板理论融合的最简单也是最接近的非弹性本构模型。非耦合幂律蠕变理论假设各非弹性应变分量之间是相互独立的。因此,在单层的面内应力和主坐标系(1-2)下,可以获得

$$\dot{\varepsilon}_{11}^{in} = A_{11}(\sigma_{11})^{n_{11}}, \quad \dot{\varepsilon}_{22}^{in} = A_{22}(\sigma_{22})^{n_{22}}, \quad \dot{\gamma}_{12}^{in} = A_{12}(\sigma_{12})^{n_{12}} \qquad 2.3.3.3.3(i)$$

式中:$\dot{\varepsilon}_{11}^{in}$,$\dot{\varepsilon}_{22}^{in}$,$\dot{\gamma}_{12}^{in}$ 是蠕变速率分量;A_{11},A_{22} 和 A_{12} 是蠕变系数;n_{11},n_{22} 和 n_{12} 是蠕变指数。对于一个确定的正交各向异性单层,可以通过单向单层材料的蠕变测试就可以获

得蠕变系数和蠕变指数这一材料参量。之后,基于时间和局部单层(1-2)应力的增长情况,在单层尺度上运用式 2.3.3.3.3(i),就可以确定非弹性应变的增长情况。然后通过坐标旋转和项整合,就可以计算式 2.3.3.3.3(c)中的所有全局参量。显然,这个过程需要渐进式对层合板进行加载,然后将载荷的增加局限在单层尺度应力上。这时,用于分析层合板蠕变行为的算法如下:

步骤 1:假设给定的层合板的 *ABD* 矩阵和零非弹性应变;

步骤 2:对时间和层合板尺度载荷进行少量的渐进式增加;

步骤 3:采用式 2.3.3.3.3(c)计算所有层合板尺度的性能参量,运用式 2.3.3.3.1(m)、(f)和(b)进行局域化以获得单层尺度的应力和应变;

步骤 4:计算局部单层尺度(1-2)应力,利用式 2.3.3.3.3(i)计算非弹性应变增量,将其引入上述的局部非弹性应变中,获得新的局部非弹性应变;

步骤 5:将新的局部非弹性应变转换为层合板($x-y$)坐标系,通过式 2.3.3.3.3(e)确定层合板载荷和力矩;

步骤 6:进一步增加时间和载荷,在上述非弹性载荷和力矩值上,利用式 2.3.3.3.3(b)计算其余的层合板尺度性能参量;

步骤 7:回到步骤 3。

利用这个算法,可以逐步给出层合板蠕变过程的时间/载荷关系直至最终想要的时间/载荷水平。再一次强调,基于式 2.3.3.3.3(i)给出的非耦合幂律蠕变理论实际上是近似,并且只适用于稳定蠕变。同时,只有当载荷是单调增加或保持不变时,上式才适用。更加严格和务实的非弹性分析实际上需要进一步限制到每个层片中的每根纤维和基体尺度上(通过微观力学实现),然后利用黏弹性模型来累加蠕变和塑性应变。美国公民可以从 NASA 格林研究中心获得 MAC/GMC 软件包(见文献 2.3.3.3.3)来进行上述操作,同时上述软件还允许使用人自行定义局部非弹性模型。

2.3.3.3.4　多向作用

本章节留待以后补充。

2.3.3.4　损伤容限

本章节留待以后补充。

2.3.3.5　耐久性

本章节留待以后补充。

2.3.3.6　寿命预测

本章节留待以后补充。

2.3.4　设计指南(非连续纤维增强金属基复合材料)

2.3.4.1　微观力学

本章节留待以后补充。

2.3.4.1.1　常规关系
本章节留待以后补充。

2.3.4.1.2　有效弹性性能
本章节留待以后补充。

2.3.4.1.3　纤维-基体结合强度
本章节留待以后补充。

2.3.4.1.4　非弹性机制和损伤
本章节留待以后补充。

2.3.4.2　粘塑性本构关系
本章节留待以后补充。

2.3.4.2.1　拉伸行为
本章节留待以后补充。

2.3.4.2.2　压缩行为
本章节留待以后补充。

2.3.4.2.3　剪切行为
本章节留待以后补充。

2.3.4.3　裂纹扩展行为
本章节留待以后补充。

2.3.4.4　耐久性
本章节留待以后补充。

2.3.4.5　寿命预测
本章节留待以后补充。

参 考 文 献

2.3.3.1.2(a)　Hashin Z, Rosen B W. The Elastic Moduli of Fiber-Reinforced Materials [J]. J. Appl. Mech., 1964,31:223.

2.3.3.1.2(b)　Hashin Z. Theory of Fiber Reinforced Materials [M]. NASA CR – 1974,1972.

2.3.3.1.2(c)　Hashin Z. Analysis of Properties of Fiber Composites with Anisotropic Constituents [J]. J. Appl. Mech., 1979,46:543.

2.3.3.1.2(d)　Christensen R M. Mechanics of Composite Materials [M]. Wiley-Interscience, 1979.

2.3.3.1.2(e)　Hashin Z. Analysis of Composite Materials — A Survey [J]. J. Appl. Mech., 1983,50:481.

2.3.3.1.3(a)　Arnold S M, Arya V K, Melis M E, et al. Reduction of Thermal Residual-Stresses in Advanced Metallic Composites Based Upon a Compensating, Compliant Layer Concept [J]. 1992,26(9):1287 – 1309.

2.3.3.1.3(b)　Goldberg R K, Arnold S M. A Study of Influencing Factors on the Tensile Response of a Titanium Matrix Composite With Weak Interfacial Bonding [M]. 2000.

2.3.3.1.3(c)　Arnold S M, Bednarcyk B A, Wilt T E, et al. Micromechanics Analysis Code With Generalized Method of Cells (MAC/GMC) - User Guide: Version 3. 0 [M]. 1999.

2.3.3.1.3(d)　Castelli M G. Mechanical Characterization of the Thermomechanical Matrix Residual Stresses Incurred During MMC Processing [J]. HITEMP Review 1997. NASA CP - 10192, 1997,29: 1 - 12.

2.3.3.1.3(e)　Draper S L, Brindley P K, Nathal M V. Effect of Fiber Strength on the Room Temperature Tensile Properties of SiC/Ti - 24Al - 11Nb [J]. Metall. Trans. , 1992,23(9): 2541 - 2548.

2.3.3.1.4(a)　Needleman A. A Continuum Model for Void Nucleation by Inclusion Debonding [J]. Journal of Applied Mechanics, 1987,54: 525 - 531.

2.3.3.1.4(b)　Tvergaard V. Effect of Fiber Debonding in a Whisker-Reinforced Metal [J]. Materials Science and Engineering A, 1990,125,203 - 213.

2.3.3.1.4(c)　Eggleston M R. Testing, Modeling and Analysis of Transverse Creep in SCS - 6/Ti6Al - 4V Metal Matrix Composites at 482℃ [R]. GE Research & Development Center Report 93CRD163,1993.

2.3.3.1.4(d)　Lissenden C J, Herakovich C T. Interfacial Debonding in Titanium Matrix Composites [J]. Studies in Applied Mechanics, 1994,41: 239 - 259.

2.3.3.1.4(e)　Robertson D D, Mall S. Micromechanical Analysis of Metal Matrix Composite Laminates With Fiber/Matrix Interfacial Damage [J]. Composites Engineering, 1994,4(12): 1257 - 1274.

2.3.3.1.4(f)　Bednarcyk B A, Arnold S M. Transverse Tensile and Creep Modeling of Continuously Reinforced Titanium Composites with Local Debonding [J]. International Journal of Solids and Structures, 2002,39(7): 1987 - 2017.

2.3.3.1.4(g)　Paley M, Aboudi J. Micromechanical Analysis of Composites by the Generalized Cells Model [J]. Mechanics of Materials, 1992,14: 127 - 139.

2.3.3.1.4(h)　Bednarcyk B A, Arnold S M. MAC/GMC 4. 0 User's Manual [M]. NASA/TM, 2002.

2.3.3.1.5(a)　Dvorak G J (Ed.). Inelastic Deformation of Composite Materials [C]. IUTAM Symposium Troy, NY, 1990.

2.3.3.1.5(b)　Majumdar B S, Newaz G M, Mall S. (Eds.). Constitutive Behavior of High Temperature Composites [M]. ASME, MD - Vol. 40, 1992.

2.3.3.1.5(c)　Suresh S, Mortensen A, Needleman A. Fundamentals of Metal Matrix Composites [M]. Butterworth-Heinemann, 1993.

2.3.3.1.5(d)　Voyiadjis G Z, Ju J W (Eds.). Inelasticity and Micromechanics of Metal Matrix Composites [J]. Studies in Applied Mechanics 41, Elsevier, 1994.

2.3.3.1.5(e)　Johnson W S, Larsen J M, Cox B N (Eds.). Life Prediction Methodology for Titanium Matrix Composites [S]. ASTM STP 1253,1996.

2.3.3.1.5(f)　　Mall S, Nicholas T (Eds.). Titanium Matrix Composites, Mechanical Behavior [M]. Technomic Publishing, 1998.

2.3.3.1.5(g)　　Arnold S M, Pindera M J, Wilt T E, et al. Influence of Fiber Architecture on the Inelastic Response of Metal Matrix Composites [J]. International Journal of Plasticity, 1996,12(4): 507-545.

2.3.3.1.5(h)　　Akin B, Petrasek D, Draper S. Thermal Expansion Behavior of Continuous Fiber Reinforced Iron Based Alloys [M]. Advanced High Temperature Engine Materials Technology Program; Volume 2: Compressor/Turbine Materials - MMC's/IMC's [M]. HITEMP Review 1993, Cleveland, OH, NASA CP 19117.

2.3.3.1.5(i)　　Urquhart E E, Arnold S M, Pindera M J, et al. Simulation of Experimentally Observed Thermal Expansion Behavior of FeCrAlY Based Composites [M]. Advanced High Temperature Engine Materials Technology Program; Volume 2: Compressor/Turbine Materials-MMC's/IMC's. [M]. HITEMP Review 1993, Cleveland, OH, NASA CP 19117.

2.3.3.1.5(j)　　Dvorak G J, Rao M S M, Tam J Q, et al. Yielding in Unidirectional Composites under External Loads and Temperature Changes [J]. Journal of Composite Materials, 1973,7(2): 194-216.

2.3.3.1.5(k)　　Lissenden C J, Arnold S M. Theoretical and Experimental Considerations in Representing Macroscale Flow/Damage Surfaces for Metal Matrix Composites [J]. International Journal of Plasticity, 1973,13(4): 327-358.

2.3.3.3.1(a)　　Jones R M. Mechanics of Composite Materials [M]. Hemisphere Publishing Corp., New York, 1975.

2.3.3.3.1(b)　　Herakovich C T. Mechanics of Fibrous Composites [M]. John Wiley and Sons, Inc., New York.

2.3.3.3.2(a)　　Soden P D, Hinton M J, Kaddour A S. A Comparison of the Predictive Capabilities of Current Failure Theories for Composite Laminates [J]. Composites Science and Technology, 1998,58: 1225-1254.

2.3.3.3.2(b)　　Hinton M J, Kaddour A S, Soden P D. A Comparison of the Predictive Capabilities of Current Failure Theories for Composite Laminates, Judged Against Experimental Evidence [J]. Composites Science and Technology, 2002,62: 1725-1797.

2.3.3.3.2.3(a)　　Hill R. The Mathematical Theory of Plasticity [M]. Oxford University Press, London, 1950.

2.3.3.3.2.3(b)　　Tsai S W. Strength Theories of Filamentary Structures in R. T. Schwartz and H. S. Schwartz (Eds.), Fundamental Aspects of Fiber Reinforced Composites [M]. Wiley Interscience, New York, 1968,3-11.

2.3.3.3.2.3(c)　　Zhang J, Collier C S. Calculation of Margin of Safety (MOS) [R]. CRC-12-Feb 2004, Collier Research Corporation, Hampton, VA. Also submitted to Composites Science and Technology.

2.3.3.3.2.4(a)　　Tsai S W, Wu E M. A General Theory of Strength for Anisotropic Materials

[J]. Journal of Composite Materials，1971,5(1)：58 - 80.

2.3.3.3.2.4(b) Tsai S W, Hahn H T. Introduction to Composite Materials [M]. Technomic Pub. Co. , 1980.

2.3.3.3.2.5(a) Hashin Z. Failure Criteria for Unidirectional Fiber Composites [J]. Journal of Applied Mechanics，1980,47：329 - 334.

2.3.3.3.2.5(b) Davila C G, Camanho P P. Failure Criteria for FRP Laminates in Plane Stress [R]. NASA/TM - 2003 - 212663, NASA Langley Research Center, Hampton, VA, 2003.

2.3.3.3.2.5(c) Sun C T, Quinn B J, Oplinger D W. Comparative Evaluation of Failure Analysis Methods for Composite Laminates [R]. DOT/FAA/AR - 95/109,1996.

2.3.3.3.2.6 Puck A, Schurmann H. Failure Analysis of FRP Laminates by Means of Physically Based Phenomenological Models [J]. Composites Science and Technology，2002,62(12 - 13)：1633 - 1662.

2.3.3.3.3 Bednarcyk B A, Arnold S M. MAC/GMC 4. 0 User's Manual [M]. NASA/TM - 2002212077, Vols. 2 and 3, NASA Glenn Research Center, Cleveland, OH, 2002.

2.4 应用和案例研究

2.4.1 结构应用的组件
此节留待后续补充。

2.4.2 摩擦应用的组件
此节留待后续补充。

2.4.3 热控应用的组件
此节留待后续补充。

2.4.4 热膨胀控制的组件
此节留待后续补充。

2.4.5 其他复杂的应用
此节留待后续补充。

3 材料性能数据

3.1 概述

3.1.1 引言

本章节留待以后补充。

3.1.2 本章的目的、范围以及结构

本章节留待以后补充。

3.1.3 数据描述

本章节介绍了本卷手册(CMH-17-4)如何呈现和组织数据。

3.1.3.1 性能及定义

卷4的相应章节阐述了材料的性能和定义;1.6节讨论了增强体的性能及其测试方法;1.9节介绍了基体材料性能;1.4节讨论了表征金属基复合材料的方法;1.3节对单层和层合板的性能和定义进行了介绍;卷1第8章给出了确定这些性能的统计学方法;1.1.6.2节定义了材料体系代码和层合板取向代码。

3.1.3.1.1 符号

压缩值用上标C标识,记为正数。因此正的压缩强度表示沿正向拉伸失效的相反方向施加载荷而导致的失效。

3.1.3.2 表格格式

力学性能数据表格的格式如表3.1.3.2(a)和(c)所示。表3.1.3.2(a)的概述部分给出了关于材料体系以及性能类别的相关信息。具体格式如下:

① 手册章节标题及序号。章节标题按照下列方式进行命名:

{纤维}{单丝数}/{基体}{工艺路线描述}

其中,工艺路线描述包括箔/纤维/箔以及其他的固结工艺步骤。如果有关于数据文档的警示,则在章节标题的尾部添加一个星号。

② 数据表中的第一组信息,是一个包含材料和工艺等信息的一览表,位于右上

角加粗框格中。

〈纤维类别〉/〈基体类别〉〈工艺路线描述〉

〈纤维〉/〈基体〉

概述

这个框格给出了材料的纤维/基体类别,例如,碳化硅/钛,若根据 1.1.6.2 节给出的材料体系代码则可写成 SiC/Ti。用纤维和基体名字来作为材料标识。

③ 给出了复合材料、纤维和基体材料的信息。复合材料通常用如下形式进行标识:

〈纤维〉〈单丝数〉/〈基体〉〈工艺路线描述〉

纤维的标识包括〈制造商〉〈商品名称〉〈连续/非连续〉〈直径〉。基体材料的标识为〈商品名称〉。固结工艺制造商也在这里给出。

④ 给出了基本工艺信息,包括工艺种类、温度、压力、持续时间以及一个或多个工艺步骤的其他关键参数。数据来源也在这里给出。

⑤ 若数据文档不足,则数据表的每一页均需给出警示。数据表的第一页中,警示在材料标识栏下方给出。

⑥ 位于材料标识栏的下方,给出了与材料制备及测试相关的各种日期,数据提交日期决定了用于数据集的数据文档要求,数据分析日期决定了所采用的统计学方法。某些情况下可给出日期范围,例如当测试持续时间长达数月时。

⑦ 给出了单层板各种性能的数据汇总。表格的每一列为不同环境条件和纤维体积含量。第一列给出了大气环境下室温时的性能数据,其余各列按温度从低到高排列。对于同一温度下各列按纤维含量从低到高进行排列。如果有足够的空间,可用一个空白的列将室温列与其他列分隔开来。

表格的行定义了测试类型及方向,对于每种测试类型及方向依次给出材料强度、模量、泊松比、失效应变、比例极限、0.02 屈服强度和 0.2 屈服强度的数据类别。例如,如果表格中对应于 RT -空气- 35 及 1 轴拉伸的位置填入 FF－S－－－。这表明在大气条件下室温环境中进行了测试,得到了材料的纵向拉伸强度、模量以及失效应变,但没有测得泊松比、比例极限、0.02 屈服强度和 0.2 屈服强度。强度和模量数据是完全批准类型数据,而失效应变数据是筛选类型数据。数据类型介绍详见 1.3.1.2 节。1.3.4.2 节和 1.3.5.2 节中给出了完全批准数据所要求的最少试验量,筛选数据所需试验量略少。

一览表(表 3.1.3.2(a))第二页续表:

① 所有警示都要列在本页最上面;

② 一览表第二页表格第一行列出了数据集的基本物理参数。第一列数据为名义值,即规范信息;

③ 第二列数据为提交数据集的数值范围；

④ 最后一列为获得这些数据所用测试方法；

⑤ 类似于前一页中单层板性能数据汇总方式，层合板性能数据汇总在下方的表格中。层合板族的性能列在每个层合板族的下面。具体的铺设信息在后续表格中提供。测试种类和方向与表 3.1.3.2(b)相同，但这里仅列出有试验数据的测试类型及方向。

表 3.1.3.2(a) 一览表格式，续表见下页

x.x.x{纤维}{单丝数}/{基体}{工艺路线描述}* ①

材料：	{纤维}{单丝数}/{基体}{工艺路线描述}③	②
纤维：	{商品名称}{连续的/非连续的}{直径}	基体： {商品名称}
制造商：	{固结工艺制造商}	
制备方法：	{工艺}	④
工艺：	{工艺类型}：{温度}，{持续时间}，{压力}	来源： {数据来源}

* {警示}⑤

纤维生产日期	MM/YY	测试日期	MM/YY
基体生产日期	MM/YY	数据提交日期	MM/YY
复合材料生产日期	MM/YY	分析日期⑥	MM/YY

单层板性能汇总⑦

温度	{RT}	{最低温度到最高温度}
环境		
纤维体积含量		{最低含量到最高含量}
1 轴拉伸		
2 轴拉伸		
3 轴拉伸		
1 轴压缩		
2 轴压缩		针对每种试验类型/方向/环境条件/纤维体
3 轴压缩		积含量组合给出数据批准类型
12 面剪切		
23 面剪切		
31 面剪切		
{其他试验类型/方向}		

数据类别：(1)F—完全批准数据，S—筛选数据；依次对应：强度/模量/泊松比/断裂应变/比例极限/0.02 屈服强度/0.2 屈服强度。

(1) 此类表格数据的每一短横杠、每个 F 及 S 都代表一个物理量。

表 3.1.3.2(a) 一览表格式,续表

警示①

	名义值②	提交值③	测试方法®
纤维密度/(g/cm³)	X. XX	{最小值}—{最大值}	{方法}
箔状基体密度/(g/cm³)	X. XX	{最小值}—{最大值}	{方法}
复合材料密度/(g/cm³)	X. XX	{最小值}—{最大值}	{方法}
单层厚度*/in	0. 0xxx	{最小值}—{最大值}	{方法}

＊纤维中心至纤维中心。

层合板性能汇总⑤

温度	{RT}	{最低温度至最高温度}
环境		
纤维体积含量		{最低含量到最高含量}
{层合板族}		
{试验类型/方向}		

针对每种试验类型/方向/环境条件/纤维体积含量组合给出数据批准类型

数据类别:F—完全批准数据,S—筛选数据;依次对应:强度/模量/泊松比/断裂应变/比例极限/0.02 屈服强度/0.2 屈服强度。

表 3.1.3.2(b) 层合板典型试验和方向

试验类型		方向	
拉伸	冲击后压缩	x 轴	xy 平面
压缩	承载	y 轴	yz 平面
剪切	CTE	z 轴	zx 平面
开孔拉伸			
开孔压缩			

除非另有注明,x 轴与层合板铺层的 0°方向一致。这种材料所包含的数据要指出批准的类别并在脚注中识别。

材料性能原始数据表的格式如表 3.1.3.2(c)所示:

① 当不满足数据文档要求时,数据集的每一页上均需给出警示。

② 在每一页的右上角有一个加粗的框格，给出了测试类型、试样取向、测试条件和数据类型等数据集标识信息。

〈表格编号〉
〈纤维类别〉/〈基体类别〉〈形式〉
〈纤维名称〉/〈基体名称〉
〈测试类型〉,〈取向〉
〈铺层〉
〈试验温度,环境〉
〈数据类型〉

③ 复合材料的标识方式如下：

〈纤维〉〈单丝数〉/〈基体〉〈工艺路线描述〉

这一区域给出了物理参数范围、加工方法、纤维体积含量、纤维间距、试样几何形状、工作段厚度、工作段宽度以及复合材料密度等信息。

④ 测试方法用第 4 卷中论述这一测试方法的章节序号来标识。

⑤ 对于力学性能数据，给出了模量的计算方法，包括计算方法以及用于计算的测量值范围。

⑥ 试验前暴露通过〈方法〉〈温度〉〈时间〉〈其他关键参数〉进行标识。表面状况也在此表明。

⑦ 给出归一化处理数据的归一化方法。来源也在这里给出。

⑧ 每列数据的上方给出了该列的试验条件，如温度（℉），环境（空气或氦气等），纤维体积含量（%）以及应变率（s^{-1}）等。

⑨ 本手册中强度和失效应变数据具有全套统计学参数，对于每一性能/条件组合均指明数据类别。只有完全批准类型数据才给出 B 基准值，满足 A 基准值批次和试样数量要求的完全批准类型数据才有 A 基准值。分析的概率分布方法也在这里给出，C_1 和 C_2 为相应的概率分布常数，如下所示：

	C_1	C_2
韦布尔分布	尺寸参数	形状参数
正态分布	平均值	标准差
对数正态分布	数据自然对数平均值	数据自然对数标准差
非参数分布	秩	Hanson-Koopmans 系数
方差分析	容限系数	母体标准差

⑩ 无论是归一化数据还是原始数据，模量数据均仅给出平均值、最小值、最大值、离散系数、批数以及试样数量。如果可以，给出泊松比的批数和试样数量信息。

*经常在脚注中给出的信息包括调节参数、未给出 B 基准值的原因以及相较于标准试样方法的偏差。

性能符号中下标表示性能方向，上标表示性能类型，例如上标 t 表示拉伸。示例表格中列出了单层板沿纤维方向拉伸的符号。

表 3.1.3.2(c)　原始数据的表格格式

〈警示〉①

材料：　　　　　〈纤维〉〈单丝数〉/〈基体〉〈带/机织类型〉③			
加工：　　　　　〈加工方法〉　　纤维体积含量：　　xx%～xx%		②	
纤维间距：			
试样几何形状：			
工作段厚度：　　0.0xxx～0.0xxx in　　　模量	⑤		
工作段宽度：④　0.0xxx～0.0xxx in　　　计算：　　　　〈方法〉,xxxx～xxxx μs			
试验方法：　　〈章节序号〉			
试验前暴露：　　〈方法〉〈温度〉〈时间〉〈其他关键参数〉⑥　　　表面状态：			
归一化：　　　　　　〈方法〉至 xx%⑦　　　来源：〈数据来源〉			

温度/°F 环境 纤维体积含量/% 应变率/(s^{-1})	⑧		
F_1^{tu} /ksi	平均值 最小值 最大值 CV/% B 基准值 分布 C_1 C_2 试样数量 批数 批准类别	⑨	
E_1^t /Msi)	平均值 最小值 最大值 CV/% 试样数量 批数 批准类别	⑩	

（续表）

ν_{12}^{t}	平均值 试样数量 批数 批准类别			
ε_{1}^{tu} /%	平均值 最小值 最大值 CV/% B基准值 分布 C_1 C_2 试样数量 批数 批准类别	⑨		

表 3.1.3.2(d)给出了材料剪切性能数据表的格式。

① 当不满足数据文档要求时，数据集的每一页上均需给出警示。

② 在每一页的右上角有一个加粗的框格，给出了测试类型、试样取向、测试条件和数据类型等数据集标识信息。

```
｛表格编号｝
｛纤维类别｝/｛基体类别｝｛形式｝
｛纤维名称｝/｛基体名称｝
｛试验类型｝,｛方向｝
｛铺层｝
｛试验温度,环境｝
｛数据类型｝
```

③ 复合材料的标识方式如下：

｛纤维｝｛单丝数｝/｛基体｝｛工艺路线描述｝

这一区域给出了物理参数范围、加工方法、纤维体积含量、纤维间距、试样几何形状、工作段厚度、工作段宽度以及复合材料密度等信息。

④ 测试方法用第 4 卷中论述这一测试方法的章节序号来标识。

⑤ 对于力学性能数据，给出了模量的计算方法，包括计算方法以及用于计算的测量值范围。

⑥ 试验前暴露通过｛方法｝｛温度｝｛时间｝｛其他关键参数｝进行标识。表面状况也在此表明。

⑦ 每列数据的上方给出了该列的试验条件,如温度(℉),环境(空气或氦气等),纤维体积含量(%)以及应变率(s^{-1})等。

⑧ 本手册中强度和失效应变数据具有全套统计学参数,对于每一性能/条件组合均指明数据类别。只有完全批准类型数据才给出 B 基准值,满足 A 基准值批次和试样数量要求的完全批准类型数据才有 A 基准值。分析的概率分布方法也在这里给出,C_1 和 C_2 为相应的概率分布常数,如下所示:

	C_1	C_2
韦布尔分布	尺寸参数	形状参数
正态分布	平均值	标准差
对数正态分布	数据自然对数平均值	数据自然对数标准差
非参数分布	秩	Hanson-Koopmans 系数
方差分析	容限系数	母体标准差

⑨ 无论是归一化数据还是原始数据,模量数据均仅给出平均值、最小值、最大值、离散系数、批数以及试样数量。如果可以,给出泊松比的批数和试样数量信息。

* 经常在脚注中给出的信息包括调节参数、未给出 B 基准值的原因以及相较于标准试样方法的偏差。

性能符号中下标表示性能方向,上标表示性能类型,例如上标 t 表示拉伸。示例表格中列出了单层板沿纤维方向拉伸的符号。

表 3.1.3.2(d)　剪切数据的表格格式

{警告}①

材料:	{纤维}{单丝数}/{基体}{带/机织类型}③	
加工:	{加工方法}　纤维体积含量:　　xx%~xx%	②
	纤维间距:	

试样几何形状:

工作段厚度:	0.0xxx~0.0xxx in	模量	⑤
工作段宽度:④	0.0xxx~0.0xxx in	计算:	{方法},xxxx~xxxx μs
试验方法:	D 5379M - 93		
试验前暴露:	{方法}{温度}{时间}{其他关键参数}⑥		表面状态:
归一化:	不归一化		来源:{数据来源}

温度/℉ 环境 纤维体积含量/% 应变率/s^{-1}	⑦	

（续表）

F_{12}^{su} /ksi	平均值 最小值 最大值 $CV/\%$ B 基准值 分布 C_1 C_2 试样数量 批数 批准类别	⑧	
G_{21}^{s} /Msi	平均值 最小值 最大值 $CV/\%$ 试样数量 批数 批准类别	⑨	
γ_{12}^{su}	平均值 最小值 最大值 $CV/\%$ B 基准值 分布 C_1 C_2 试样数量 批数 批准类别	⑧	

3.1.3.3　疲劳数据

CMH-17 卷 4 采用了 MIL-HDBK-5E(见文献 3.1.3.3)中所给出的疲劳曲线拟合方法。假设恒定振幅疲劳曲线具有如下形式：

$$\lg N_f = A_1 + A_2 \lg \Delta s$$

式中：A_1 和 A_2 是由最小二乘回归法得出的拟合值；Δs 是应力或应变的循环范围。CMH-17 曲线不包含等效应力的计算或者对不同 R 比值的任何调整。MIL-HDBK-5 还给出了其他额外的拟合参数，其中包括导致非线性拟合的 A_4 值。这些参数未纳入 CMH-17 的模型中。

拟合时对越出数据的处理也遵循参考文献 3.1.3.3 中的方法。规则总结如下：

- 高于发生失效的最低应力值水平的越出数据包含在曲线拟合计算中。
- 低于发生失效的应力值水平的越出数据在图上给出,但是不包含在曲线拟合计算中。

参考文献 3.1.3.3 中给出的曲线拟合方法考虑了非均匀方差。随着应力水平的降低,这种方法的曲线拟合残余误差趋于逐渐增加。可利用统计测试来判定方差是否均匀。如果为非均匀方差,用线性模型对方差与应力关系进行拟合。然后这个模型将用于调整 S-N 曲线修订预测值的加权因子。

根据方差是否均匀在每条疲劳曲线的相关信息表中有两种表现形式。如果方差是均匀的,那么应变-寿命方程信息示例如下:

$$\lg N_f = 3.97 - 4.39\lg(\Delta\varepsilon)$$
$$\lg(N_f) \text{ 的标准差} = 0.12$$
$$R^2 = 97\%, \text{样本数} = 17$$

式中:$\lg(N_f)$ 的标准差是一个常数;R^2 是拟合时的均方根误差。如果方差是不均匀的,则标准差表示为应力或应变的函数:

$$\lg N_f = 4.04 - 4.60\lg(\Delta\varepsilon)$$
$$\lg(N_f) \text{ 的标准差} = 0.217(1/\Delta\varepsilon)$$
$$R^2 = 83\%, \text{样本数} = 12$$

式中:R^2 是一个被调整的误差度量,包括非常数的加权因子。

参 考 文 献

3.1.3.3　Metallic Materials Properties Development and Standardization (MMPDS) [S]. formerly MILHDBK-5,2012, MMPDS-07.

3.2　增强体性能

3.2.1　引言

本节介绍了各种纤维增强体的力学性能。这些性能是基于不同成熟期的材料,并且本质上应认为是实验性的。列出的"典型"值主要为了用于混合定律近似计算,而不能用于最终的设计目的。这些"典型"值基于材料原始性能,复合材料的制备过程将导致增强体性能发生些许变化。

3.2.2　氧化铝纤维

3.2.2.1　简介

商业氧化铝(Al_2O_3)纤维是基于溶胶/凝胶(即化学衍生物)前驱体、Al_2O_3 颗粒浆料或者两者混合物利用纺丝法或热处理方法制备而成。Al_2O_3 纤维是多晶体结构,晶粒尺寸非常细小($<0.5\ \mu m$),有利于实现高强度。Al_2O_3 纤维是以丝束或者无捻粗纱的形式纺纱,每束纤维通常由 $400\sim1\ 000$ 根直径为 $10\sim15\ \mu m$ 的单丝组成。纤维粗纱可编织成纤维布和其他复杂的形状。Al_2O_3 纤维具有高弹性模量、高拉伸和压缩强度以及高电阻率,并且能够在腐蚀环境或者熔融金属(如铝液)中稳定存在。Al_2O_3 纤维耐高温,在空气环境中 $1\ 832℉(1\ 000℃)$ 及以上温度下仍能保持其性能。

3.2.2.2　原始 Nextel™ 610 纤维

材料:	Nextel™ 610 氧化铝纤维	**Al_2O_3 Nextel™610 纤维 概述**
化学成分:	$>99\%\ Al_2O_3$	
纤维:	直径=12 μm	
制造商:	3M 公司	
工艺:	3 000 旦,780 根单丝粗纱	

生产日期	3/99	数据提交日期	2/01
试验日期	6/99	分析日期	2/01

纤维性能汇总

温度/℃(℉)	22 (72)
拉伸	S―――

数据种类:F—完全批准数据,S—筛选数据;依次对应:强度/模量/泊松比/断裂应变。

材料:	Nextel 610 纤维		**表 3. 2. 2. 2(a) Al_2O_3 Nextel 610 纤维 1 轴拉伸 72℉,空气 筛选**
试验方法:	标距:25. 4 mm 应变率:0. 02 橡胶表面夹具	模量计算:	
试验前暴露	无	来源:3M 公司	

	温度/℉	72					
	环境	空气					
F_1^{tu} /ksi	平均值	490					
	最小值	207					
	最大值	609					
	CV/%	10. 8					

温度/℉ 环境	72 空气						
B 基准值 分布 C_1 C_2 试样数量 批数 批准类别	（1） 369 1 筛选						
E_1^t /Msi	平均值 最小值 最大值 $CV/\%$ 试样数量 批数 批准类别						
ν_{12}^t	平均值 试样数量 批数 批准类别						
ε_1^{tu} /%	平均值 最小值 最大值 $CV/\%$ B 基准值 分布 C_1 C_2 试样数量 批数 批准类别						

（1）对单个卷轴纤维的统计值见图 3.2.2.1,统计数据用 SI 制给出。

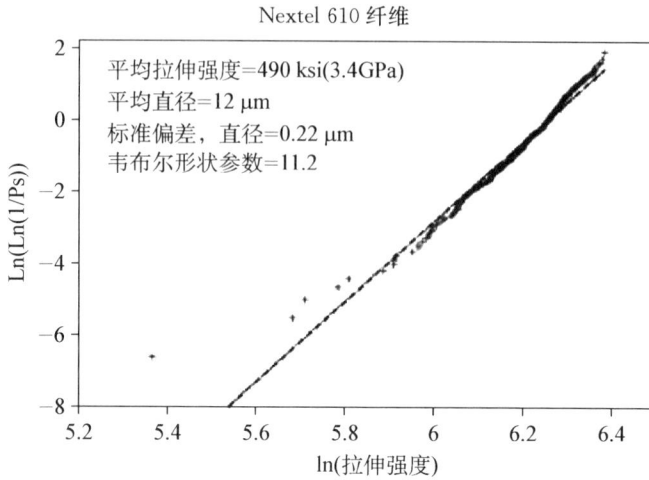

图 3.2.2.1 强度的韦布尔概率分布（P_s 是特定长度纤维承是一定应力时的存话概率）

3.2.3 硼纤维

本章节留待以后补充。

3.2.4 碳化硼纤维

本章节留待以后补充。

3.2.5 碳和石墨

本章节留待以后补充。

3.2.6 碳化硅纤维

本章节留待以后补充。

3.2.6.1 原始 SCS - 6 纤维*

材料：	SCS - 6 纤维	**SiC** **SCS - 6 纤维** **概述**
化学成分：	β - SiC/碳芯	
纤维：	直径＝140 μm	
制造商：	Textron Systems Inc.	
工艺：		

* 对于本材料,不提供所有必需的文件。

纤维生产日期		数据提交日期	4/98
试验日期	94	分析日期	10/98

纤维性能汇总

温度/℃/℉ 22（72）
拉伸   SS－－

数据种类：F—完全批准数据，S—筛选数据；依次对应：强度/模量/泊松比/断裂应变。

				表 3.2.6.1(a) SiC SCS-6 纤维 1 轴拉伸 72℉,空气 筛选
材料：　　　　　　　　　SCS-6 纤维				
试验方法：　　　　　　　模量计算：				
试验前暴露：　　　　　　来源：空军				

		72 空气				
	温度/℉ 环境	72 空气				
F_1^{tu} /ksi	平均值	551				
	最小值	220				
	最大值	772				
	$CV/\%$	16.7				
	B 基准值	(1)				
	分布					
	C_1					
	C_2					
	试样数量	203				
	批数	3				
	批准类别	筛选				
E_1^t /Msi	平均值	50.3				
	最小值	40.5				
	最大值	58.2				

（续表）

	温度/°F 环境	72 空气				
	$CV/\%$ 试样数量 批数 批准类别	6.64 80 2 筛选				
ν_{12}^{t}	平均值 试样数量 批数 批准类别					
ε_1^{tu} $/\%$	平均值 最小值 最大值 $CV/\%$ B 基准值 分布 C_1 C_2 试样数量 批数 批准类别					

注：单个卷轴的统计信息见表 3.2.6.1(b)。

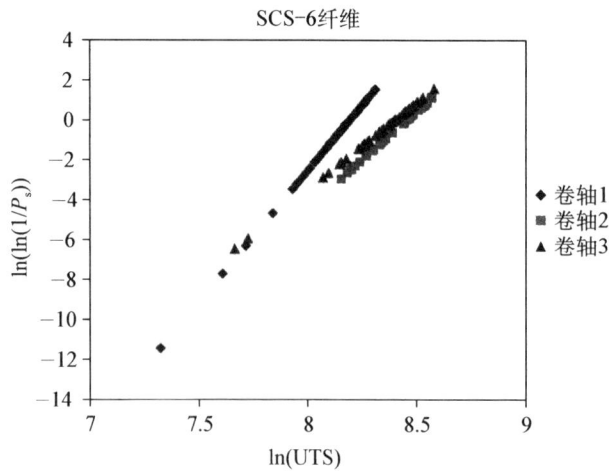

图 3.2.6.1　强度的韦布尔概率分布（P_s 是特定长度纤维承受一定应力时的存活概率）

表 3.2.6.1(b) 单独一卷的韦布尔统计（强度）

	卷1	卷2	卷3
平均值/ksi	504	649	611
CV/%	10.9	12.4	15.2
B基准值/ksi	429	493	463
尺寸参数(α)/ksi	525	684	647
形状参数(β)	13.1	9.69	8.70

3.2.6.2 原始和萃取的 SCS-6 纤维

参考文献 3.2.6.2 研究了钛基复合材料板强度与所用纤维强度的关系,本节给出了其纤维数据结果。文献中采用两种方法制备复合材料板:粉末布法和等离子喷涂法。所用纤维均取自同一卷轴,但这一卷轴上的纤维可能存在多个批次,这是常见现象。制备复合材料板前后,测试原始态纤维性能[见表 3.2.6.2(a)]。A 批纤维代表粉末布法制备的四块板中的三块板的典型纤维强度。B 批代表粉末布法制备的第四块板的纤维强度,这些纤维具有与 A 批纤维不同的强度。C 批纤维取自纤维卷轴的四个不同区域,并利用等离子喷涂法制备成复合材料板。值得注意的是,虽然源自同一纤维卷轴,但是不同批次的纤维具有不同的强度分布。

制备成板材后,通过蚀刻技术溶解掉基体材料,然后测试萃取的纤维性能以确定制备工艺是否对纤维的强度产生影响[见表 3.2.6.2(b)]。研究首先确定了蚀刻过程本身对纤维强度分布没有影响,因此纤维强度上的任何变化均源于复合制备过程。与原始态纤维相比,萃取纤维平均强度较低,并且经过复合材料制备过程后存在大量低强度纤维,这导致了纤维强度的双峰分布。图 3.2.6.2(a)~(c)给出了原始态纤维和萃取纤维每批次的强度分布。

3.2.6.2 原始和萃取的 SCS-6 纤维(第二来源)*

材料:	SCS-6 纤维		SiC
纤维:	连续 SCS-6 纤维(直径 150 μm)	基体:N/A	SCS-6 纤维
生产商:	Textron 特种材料有限公司		概述
制备方法:			
生产工艺:	CVD	来源: NASA-GRC	

纤维生产日期		数据提交日期	7/02
试验日期	7/91	分析日期	10/02

---

* 原文样式。——编注

纤维性能汇总

温度/℉	70(1)	70(1,2)
环境	空气	空气
纤维体积	N/A	N/A
拉伸	S———	S———

数据类别：F—完全批准数据，S—筛选数据；依次对应：强度/模量/泊松比/断裂应变。
(1) 数据来源于 A、B 和 C 批。
(2) 从基体中萃取出的纤维。

物理性能汇总

	名义值	提交值	测试方法
纤维密度/(g/cm³)	3.0		
基体密度/(g/cm³)			
复合材料密度/(g/cm³)			
单层厚度/in			

材料：	SCS-6 纤维	纤维体积含量：N/A	表 3.2.6.2(a)
加工：	N/A		SiC
试样几何形状：	连续纤维	模量计算：N/A	SCS-6 纤维
试验方法：	拉伸（见文献 3.2.6.2）	来源：空军	1 轴拉伸
试验前暴露：	无	表面状态：接收状态	N/A
归一化：	N/A	来源：NASA-GRC	70℉ 筛选

温度/℉ 环境 压头位移/s⁻¹	70 空气 0.04	70 空气 0.04	70 空气 0.04	
	A 批次(1)	B 批次(1)	C 批次(1)	
F_1^{tu} /ksi　平均值	685	614	616	
最小值	499	334	330	

（续表）

		A 批次(1)	B 批次(1)	C 批次(1)	
	最大值	800	702	793	
	$CV/\%$	8.17	16.4	15.1	
	B 基准值	(2)	(2)	(2)	
	分布				
	C_1				
	C_2				
	试样数量	59	24	49	
	批数	1	1	1	
	批准类别	筛选	筛选	筛选	
E_1^t /Msi	平均值				
	最小值				
	最大值				
	$CV/\%$				
	试样数量				
	批数				
	批准类别				
ν_{12}^t	平均值				
	试样数量				
	批数				
	批准类别				
ε_1^{tu} /%	平均值				
	最小值				
	最大值				
	$CV/\%$				
	B 基准值				
	分布				
	C_1				
	C_2				
	试样数量				
	批数				
	批准类别				

(1) A、B 和 C 批次均来源于同一卷纤维。
(2) 韦布尔统计见表 3.2.6.2(c)。

材料: SCS-6 纤维	纤维体积含量：N/A	表 3.2.6.2(b)
加工： N/A		SiC
试样几何形状： 连续纤维	模量计算：N/A	SCS-6 纤维
试验方法： 拉伸(见文献 3.2.6.2)		1 轴拉伸
	来源：空军	N/A
试验前暴露： 无	表面状态：萃取纤维	70℉
归一化： N/A	来源：NASA-GRC	筛选

温度/℉		70	70	70	
环境		空气	空气	空气	
压头位移/s^{-1}		0.04	0.04	0.04	
		A 批次(1)	B 批次(1)	C 批次(1)	
F_1^{tu} /ksi	平均值	605	550	571	
	最小值	140	211	271	
	最大值	749	764	726	
	CV/%	24.7	33.9	17.1	
	B 基准值	(2)	(2)	(2)	
	分布				
	C_1				
	C_2				
	试样数量	48	34	80	
	批数	1	1	1	
	批准类别	筛选	筛选	筛选	
E_1^t /Msi	平均值				
	最小值				
	最大值				
	CV/%				
	试样数量				
	批数				
	批准类别				
ν_{12}^t	平均值				
	试样数量				
	批数				
	批准类别				
ε_1^{tu} /%	平均值				
	最小值				
	最大值				
	CV/%				
	B 基准值				
	分布				
	C_1				

（续表）

	A 批次(1)	B 批次(1)	C 批次(1)	
C_2 试样数量 批数 批准类别				

(1) A、B 和 C 批次均来源于同一卷纤维。
(2) 韦布尔统计见表 3.2.6.2(d)。

SCS-6纤维
SCS-6纤维拉伸强度
A批次

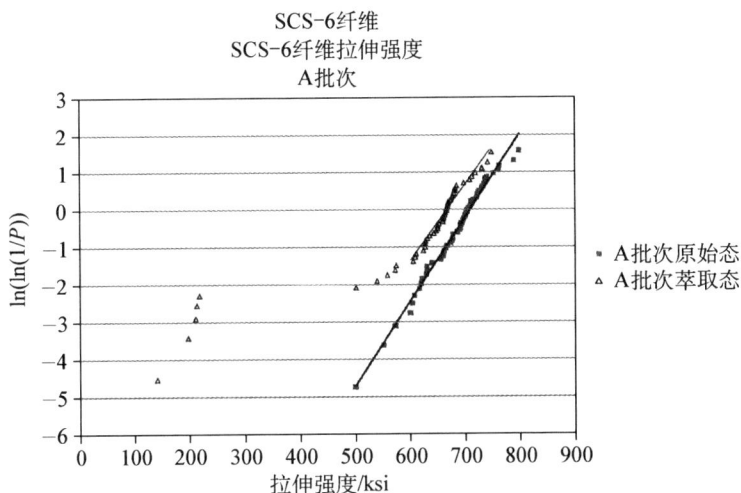

图 3.2.6.2(a)　A 批次纤维强度的韦布尔概率分布图（P 是特定长度纤维承受一定应力时的存活概率）

SCS-6纤维拉伸强度
B批次

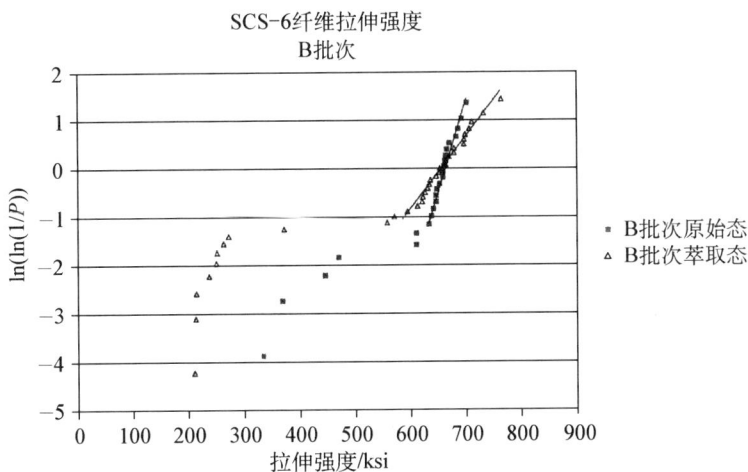

图 3.2.6.2(b)　B 批次纤维强度的韦布尔概率分布图（P 是特定长度纤维承受一定应力时的存活概率）

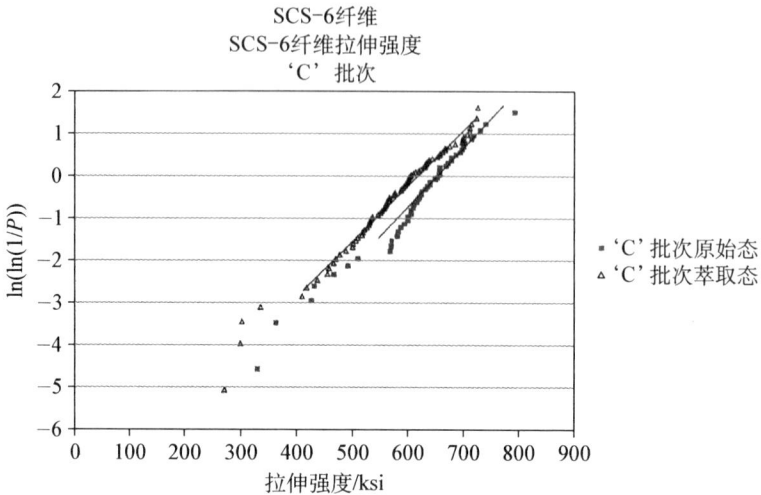

图 3.2.6.2(c) C 批次纤维强度的韦布尔概率分布图(P 是特定长度纤维
承受一定应力时的存活概率)

表 3.2.6.2(c) 原始态纤维韦布尔统计(强度)

	A 批次	B 批次	C 批次
平均值/ksi	684	614	616
CV/%	8.17	16.4	15.1
B 基准值/ksi	585	475	467
尺寸参数(α)/ksi	709	649	652
形状参数(β)	14.8	10.6	8.74

表 3.2.6.2(d) 萃取纤维韦布尔统计(强度)

	A 批次	B 批次	C 批次
平均值/ksi	605	550	571
CV/%	24.7	33.9	17.1
B 基准值/ksi	408	269	420
尺寸参数(α)/ksi	650	611	610
形状参数(β)	6.29	3.78	7.37

参 考 文 献

3.2.6.2 MacKay R A, Draper S L, Ritter A M, et al. A Comparison of the Mechanical
Properties and Microstructures of Intermetallic Matrix Composites Fabricated by

Two Different Methods [J]. Metall. Trans. ，1994，25A：1443 - 1455.

3.2.6.3　SCS - 6 纤维

参考文献 3.2.6.3 介绍了一项空军计划研究结果，该计划的目的是获得 FMW 复合材料系统公司制造和加工的钛基复合材料的许用值。本节给出了这项研究得到的 SiC 纤维的强度结果。所用 SCS - 6 纤维由特种材料有限公司（Specialty Materials Inc.）生产。

上述文献中大约使用了 125 卷 SiC 纤维制造了 120 块 TMC 板。FMW 对每轴纤维的起始和结束区域都进行了 20～30 次测试。

数据分析总结：

异常值—共检测到 37 个低异常值（157～507 ksi）和三个高异常值（731，822 和 1 889 ksi）。合并后，只检测到一个高异常值（1 889 ksi），这一异常值可能是由于纤维直径（3 mil*）测试或记录不准确导致的。因此，忽略这一高异常值后总共得到 6 406 个样本。

批间变异和基准值：Anderson-Darling 研究表明所有批次的数据不属于同一母体，其不应合并处理。因此使用方差分析（ANOVA）方法来获得基准值。然而使用该方法时需注意，批内变异是不同的。这种情况下，方差分析给出的基准值通常比较保守，具体数值见表 3.2.6.3(a)。韦布尔参数和基准值见表 3.2.6.3(b)。数据的韦布尔分布图如图 3.2.6.3 所示。值得注意的是，韦布尔拟合的显著性水平（OSL）很低（0.000 021），表明韦布尔分布拟合效果很差。从图中也可以看到，正态分布和对数正态分布拟合的 OSL 值为 0。

材料：	SCS - 6 纤维		SiC SCS - 6 纤维 概述
纤维：	连续 SCS - 6 纤维 （直径＝140 μm）	基体：N/A	
化学成分：	β - SiC/碳芯		
制造商：	Textron 特种材料有限公司		
制备方法：			
生产工艺：	CVD	来源：FMW	

3.2.6.3　SCS - 6 纤维**

纤维生产日期	数据提交日期	5/09
试验日期	分析日期	10/09

---

* mil（密耳），长度非法定单位，1 mil = 10^{-3} in = 2.54 $\times$ 10^{-5} m。

** 原文样式。——编注

纤维性能汇总

温度/℉	70
环境	空气
纤维体积含量	N/A

拉伸	F———

数据类别：F—完全批准数据，S—筛选数据；依次对应：强度/模量/泊松比/断裂应变。

材料：SCS-6 纤维		表 3.2.6.3（a）
加工：N/A	纤维体积含量：N/A	SiC
试样几何形状：连续纤维	模量计算：N/A	SCS-6 纤维
试验方法：拉伸		1 轴拉伸
试验前暴露：无	表面状态：	70℉，空气
归一化：无	来源：FMW	完全批准

	温度/℉	70			
	环境	空气			
	压头位移/s⁻¹	N/A			
	平均值	576			
	最小值	157			
	最大值	838			
	CV/%	16.5			
	B 基准值	447			
F_1^{tu}	分布	方差分析(1)			
/ksi	C_1	1.36			
	C_2	95.0			
	试样数量	6 406(2)			
	批数	170			
	批准类别	完全批准			

（续表）

E_1^t /Msi	平均值 最小值 最大值 $CV/\%$ 试样数量 批数 批准类别				
ν_{12}^t	平均值 试样数量 批数 批准类别				
ε_1^{tu} /%	平均值 最小值 最大值 $CV/\%$ B基准值 分布 C_1 C_2 试样数量 批数 批准类别				

(1) $AD_{critical}(\alpha = 0.025) = 1.17 <$ 计算值 4.51，批变异系数也不同。$F_{critical} = 1.19 < F_{calculated} = 3.74$。
(2) 去掉了一个高异常值($= 1\,889$)。

表 3.2.6.3(b)　合并数据的韦布尔统计

平均值/ksi	576
$CV/\%$	16.5
B基准值/ksi	446
尺寸参数(α)/ksi	615
形状参数(β)	7.16
OSL	0.000 021

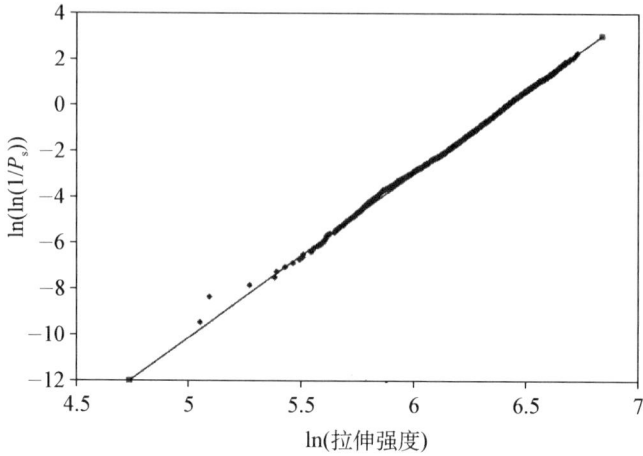

图 3.2.6.3　强度的韦布尔概率分布（P_s 是特定长度纤维承受
一定应力时的存活概率）

参 考 文 献

3.2.6.3　Air Force Technical Report AFRL - RX - WP - TR - 2010 - 4175 ［R］. Quick Reaction Evaluation of Materials and Processes，Hutson and Kleek，May 2009.

3.2.7　钢纤维

本章节留待以后补充。

3.2.8　钨纤维

本章节留待以后补充。

3.2.9　其他纤维

本章节留待以后补充。

3.2.10　其他增强体

本章节留待以后补充。

3.3　基体材料的性能

3.3.1　引言

本节给出了纯基体材料的性能数据。这些单一金属材料不是利用标准锻、轧、铸造等传统技术制备的（这些性能可在 Mil-Handbook 5 中查到），而是模仿复合材料的制备工艺进行生产加工，常用工艺为热等静压箔和薄板。利用这些工艺得到的纯基体材料的性能可最大限度地接近于复合材料中原位基体的性能。但是,值得注意的是,由于残余应力和/或增强体和基体间的反应,以及各组分中元素的扩散/消耗,导致增强体可影响原位基体的性能。

将纯基体材料(3.3节)和增强体(3.2节)的性能数据用于微观力学分析可用来辅助复合材料设计。对于预测只有有限数据的正交铺层层合板复合材料的性能尤其有用。此外,还有许多种复合材料只有有限数据甚至没有数据。在这种情况下,复合材料性能可基于组分性能由解析关系进行估算。还应注意的是,经由传统工艺制备的合金性能与纯基体材料的性能有所不同。因此,在估算复合材料性能时,使用传统工艺制备的材料的性能而不是纯基体材料的性能的做法需谨慎对待。

3.3.2 铝

本章节留待以后补充。

3.3.3 铜

本章节留待以后补充。

3.3.4 镁

本章节留待以后补充。

3.3.5 钛

3.3.5.1 Ti‐15V‐3Cr‐3Al‐3Sn(NASA‐GRC)

这种材料是由 Textron 利用薄板或箔压固而成的约 0.4 in 厚的板材。将板材切制成样件,并在真空中 1 292°F(700°C)温度下热处理 24 h。依据 1.9.2.1 节中所述试验方法进行拉伸试验。高温下的试验采用直接感应加热的方法。试验一般在空气中进行。部分试验在马歇尔太空飞行中心(Marshall Space Flight Center)进行,以评估高压氢气对材料性能的影响(影响很小)。这些试验是在 5 ksi 氦气或 5 ksi 氢气中进行的。

大多数 Ti‐15‐3 试验可用各种黏塑性模型表征。因此不要求样件失效,只要在达到一定的应变后卸载即可。所以附录 B 原始数据表中的失效应变很多记为">卸载前应变"。出于同样的原因,很多情况下不能给出极限拉伸强度(UTS)。对于被中断的试验,只有那些已经达到最大应力之后再发生软化直至卸载的样件才能给出 UTS 值。

表 3.3.5.1(a)和(d)给出了室温条件下的平均拉伸性能。由于室温下应变率以及高压氢气或氦气气氛不显著影响材料性能,因此将这些试验数据合并,统一在室温数据表中给出。表中术语"批"指的是一块材料。

图 3.3.5.1(a)给出了极限拉伸强度与温度和应变率之间的关系。温度从 75°F

(24℃)升至 1 000℉(538℃)极限拉伸强度大约降低了 2 倍。在 1 000℉(538℃)条件下,应变率显著影响极限拉伸强度。

图 3.3.5.1(b)给出了弹性模量与温度及应变率之间的关系。图中数据点不是平均值,而是由各次试验所得数据值。从图中可以看出,从室温升至 1 000℉(538℃),模量约降低 13%。800℉(427℃)以下,应变率对模量影响很小。高于该温度后,较低应变率条件下试样的模量随着温度的升高而迅速降低。这些数据在图中没有给出,可查看附录 B 的原始数据表。

比例极限、0.02% 和 0.2% 屈服强度曲线如图 3.3.5.1(c)~(e)所示,均为温度和应变率的函数。温度从 75℉(24℃)升至 1 000℉(538℃),屈服强度约降低 2 倍。当温度高于或者等于 600℉(316℃)时,屈服强度表现出高度的应变率敏感性。应变率越低,屈服强度越低,屈服强度随着温度升高而表现出急剧下降的温度点降低。

图 3.3.5.1(f)~(h)分别给出了 400℉(204℃)、800℉(427℃)和 1 000℉(538℃)条件下拉伸曲线随应变率的变化。400℉(204℃)时拉伸行为的应变率敏感性最低。而在 800℉(427℃)条件下应变率对拉伸行为有较大影响,在这一温度条件下,$1 \times 10^{-5} \, \text{s}^{-1}$ 的应变率已足够低,可使材料在达到极限拉伸强度后发生软化。在更低的应变率情况下,发生动态应变时效导致材料硬化。

1 000℉(538℃)时,高温使得材料在达到极限拉伸强度后发生软化。应变率为 $1 \times 10^{-6} \, \text{s}^{-1}$ 时,材料表现出动态应变时效,但效果不如 800℉(427℃)时显著。动态应变时效导致了硬化效应,可在应力-应变曲线的初始阶段观察到。

图 3.3.5.1(i)和(j)给出了温度对两种不同应变率(1×10^{-4} 和 $1 \times 10^{-6} \, \text{s}^{-1}$)条件下拉伸行为的影响。可见,每条曲线的最大应力均随温度升高而降低。另外,动态应变时效使得一些曲线出现异常行为[如在 800℉(427℃)和 1 000℉(538℃)时,应变率为 $1 \times 10^{-6} \, \text{s}^{-1}$ 条件下的曲线]。

对于其他情况,请参考以下文献:

- Lerch B A, Gabb T P, MacKay R A. Heat Treatment Study of the SiC/Ti -15 - 3 Composite System [R]. NASA TP 2970, Jan., 1990.
- Gabb T P, Gayda J, Lerch B A, et al. The Effect of Matrix Mechanical Properties on [0]₈ Unidirectional SiC/Ti Composite Fatigue Resistance [J]. Scripta Met., 1991, 25: 2879 - 2884.
- Castelli M G, Lerch B A, Keller D J. A Comparison of Deformation Behaviors of HIPed Foil and Sheet Titanium Alloys, HITEMP Review 1999, Advanced High Temperature Engine Materials Technology Project [R]. NASA/CP 1999 - 208915/VOL2, 27.

3.3.5.1 Ti‐15V‐3Cr‐3Al‐3Sn 热等静压板/箔*

材料：Ti‐15V‐3Cr‐3AI‐3Sn 热等静压板/箔		**Ti**
基体：Ti‐15V‐3Cr‐3Al‐3Sn　　　　　　制造商：Textron		**Ti‐15‐3**
制备方法：热等静压板或箔		**概述**
生产工艺：　　　　　　　　　　　　　来源：NASA‐GRC		

基体生产日期		数据提交日期	6/98
试验日期	5/96‐7/97	分析日期	8/98

基体性能汇总

温度/℉	75	400	600	800	900	1 000
环境	空气[1]	空气	空气	空气	空气	空气
拉伸	SS‐SSSS	‐S‐‐SSS	‐S‐‐SSS	‐S‐‐SSS	SS‐‐SSS	SS‐‐SSS

(1) 合并了 5 ksi 氩气和 5 ksi 氢气条件下的测试结果。数据类型：F—完全批准数据,S—筛选数据;依次对应: 强度/模量/泊松比/断裂应变/比例极限/0.02 屈服强度/0.2 屈服强度。

* 原始数据表见附录 B4.1。

材料：Ti - 15V - 3Cr - 3Al - 3Sn 热等静压板/箔	表 3.3.5.1(a)

材料：Ti - 15V - 3Cr - 3Al - 3Sn 热等静压板/箔				表 3.3.5.1(a) Ti 热等静压板/箔 Ti - 15 - 3 1 轴拉伸 N/A 75，400，600℉，空气 筛选
试验方法：见 1.9.2.1 节		模量计算：比例极限前利用最 小二乘拟合		
试验前暴露：真空 1 292℉，24 h 归一化：无		来源：NASA - GRC		

温度/℉ 环境 应变率/s⁻¹	75 空气(1) (3)	400 空气 (3)	600 空气 1×10⁻⁴		
F_1^{tu}/ksi	平均值 最小值 最大值 CV/% B基准值 分布 C_1 C_2 试样数量 批数 批准类别	124 120 127 1.83 (2) 方差分析 2.89 12.9 7 2 筛选			
E_1^t/Msi	平均值 最小值 最大值 CV/% 试样数量 批数 批准类别	12.4 11.9 13.0 3.39 8 3 筛选	12.3 12.0 12.6 3 2 筛选	11.4 1 1 筛选	
ν_{12}^m	平均值 试样数量 批数 批准类别				
ε_1^{tu}/%	平均值 最小值 最大值 CV/%	19.3 16.8 22.1 10.7			

（续表）

B基准值 分布 C_1 C_2	(2) 正态 19.3 2.06					
试样数量 批数 批准类别	7 2 筛选					

(1) 合并了 5 ksi 氦气和 5 ksi 氢气条件下的测试结果。

(2) 只有完全批准数据才给出 B 基准值。

(3) 合并了不同应变率（$1×10^{-6}$、$8.3×10^{-5}$、$1×10^{-4}$、$2×10^{-3}$ s^{-1}）下的测试结果。

材料：Ti‑15V‑3Cr‑3Al‑3Sn 热等静压板/箔 试验方法：见 1.9.2.1 节　　　　模量计算：比例极限前利用最 　　　　　　　　　　　　　　　　小二乘法拟合 试验前暴露：真空 1 292℉, 24 h　　来源：NASA‑GRC 归一化：N/A				表 3.3.5.1(b) **Ti 热等静压板/箔** **Ti ‑ 15 ‑ 3** **1 轴拉伸** **N/A** **800℉, 空气** **筛选**

温度/℉ 环境 应变率/s^{-1}		800 空气 $1×10^{-8}$	800 空气 $1×10^{-6}$	800 空气 $1×10^{-5}$	800 空气 $1×10^{-4}$	
F_1^{tu} /ksi	平均值 最小值 最大值 CV/% B基准值 分布 C_1 C_2 试样数量 批数 批准类别					
E_1^t /Msi	平均值 最小值 最大值 CV/%	17	10.8	10.8	11.3	

（续表）

	试样数量 批数 批准类别	1 1 筛选	1 1 筛选	1 1 筛选	1 1 筛选		
ν_{12}^{m}	平均值 试样数量 批数 批准类别						
ε_1^{tu} /%	平均值 最小值 最大值 $CV/\%$ B 基准值 分布 C_1 C_2 试样数量 批数 批准类别						

材料：Ti - 15V - 3Cr - 3Al - 3Sn 热等静压板/箔					表 3.3.5.1(c)
试验方法：见 1.9.2.1 节	模量计算：比例极限前利用最小二乘法拟合				Ti 热等静压板/箔 Ti - 15 - 3
试验前暴露：真空 1 292℉，24 h 归一化：N/A	来源：NASA - GRC				1 轴拉伸 N/A 900、1 000℉，空气 筛选
温度/℉ 环境 应变率/s⁻¹	900 空气 1×10^{-4}	1 000 空气 1×10^{-6}	1 000 空气 1×10^{-4}	1 000 空气 1×10^{-3}	
F_1^{tu} /ksi　平均值 最小值 最大值 $CV/\%$ B 基准值 分布 C_1	75	24	43	67	

温度/℉ 表头应变率为 1×10^{-4}、1×10^{-6}、1×10^{-4}、1×10^{-3}

（续表）

	C_2						
	试样数量	1	1	1	1		
	批数	1	1	1	1		
	批准类别	筛选	筛选	筛选	筛选		
E_1^t /Msi	平均值	10.8	5.3	10.5	11		
	最小值	10.7					
	最大值	10.9					
	CV/%						
	试样数量	2	1	1	1		
	批数	2	1	1	1		
	批准类别	筛选	筛选	筛选	筛选		
ν_{12}^m	平均值						
	试样数量						
	批数						
	批准类别						
ε_1^{tu} /%	平均值						
	最小值						
	最大值						
	CV/%						
	B基准值						
	分布						
	C_1						
	C_2						
	试样数量						
	批数						
	批准类别						

材料：Ti-15V-3Cr-3Al-3Sn 热等静压板/箔 试验方法：见 1.9.2.1 节　　　模量计算：比例极限前利用最 　　　　　　　　　　　　　　　　　小二乘法拟合 试验前暴露：真空 1 292℉,24 h　来源：NASA-GRC 归一化：N/A	**表 3.3.5.1(d)** **Ti 热等静压板/箔** **Ti-15-3** **1 轴拉伸** **N/A** **75、400、600℉,空气** **筛选**

（续表）

温度/℉		75	400	600			
环境 应变率/s^{-1}		空气(1) （3）	空气 （3）	空气 1×10^{-4}			
F_1^{tpl} /ksi	平均值	103	75.3	69			
	最小值	94	65				
	最大值	111	81				
	CV/%						
	B 基准值						
	分布						
	C_1						
	C_2						
	试样数量	2	3	1			
	批数	2	2	1			
	批准类别	筛选	筛选	筛选			
$F_1^{ty0.02}$ /ksi	平均值	113	85.3	78			
	最小值	108	84				
	最大值	117	87				
	CV/%						
	B 基准值						
	分布						
	C_1						
	C_2						
	试样数量	2	3	1			
	批数	2	2	1			
	批准类别	筛选	筛选	筛选			
$F_1^{ty0.2}$ /ksi	平均值	115	95.7	87			
	最小值	110	95				
	最大值	124	96				
	CV/%	3.64					
	B 基准值	(2)					
	分布	方差分析					
	C_1	5.74					
	C_2	5.75					

（续表）

环境 应变率/s^{-1}	空气(1) (3)	空气 (3)	空气 1×10^{-4}		
试样数量 批数 批准类别	8 3 筛选	3 2 筛选	1 1 筛选		

(1) 合并了 5 ksi 氦气和 5 ksi 氢气条件下的测试结果。
(2) 只有完全批准数据才给出 B 基准值。
(3) 合并了不同应变率(1×10^{-6}、8.3×10^{-5}、1×10^{-4}、2×10^{-3} s^{-1})下的测试结果。

材料：Ti - 15V - 3Cr - 3Al - 3Sn 热等静压板/箔 试验方法：见 1.9.2.1 节 模量计算：比例极限前利用最 小二乘法拟合 试验前暴露：真空 1 292℉，24 h 来源：NASA - GRC 归一化：N/A	表 3.3.5.1(e) Ti 热等静压板/箔 Ti - 15 - 3 1 轴拉伸 N/A 800℉，空气 筛选

	温度/℉ 环境 应变率/s^{-1}	800 空气(1) 1×10^{-8}	800 空气 1×10^{-6}	800 空气 1×10^{-5}	800 空气 1×10^{-4}	
F_1^{tpl} /ksi	平均值 最小值 最大值 $CV/\%$ B 基准值 分布 C_1 C_2	5.2	20	56	59	
	试样数量 批数 批准类别	1 1 筛选	1 1 筛选	1 1 筛选	1 1 筛选	
$F_1^{\text{ty0.02}}$ /ksi	平均值 最小值 最大值 $CV/\%$ B 基准值 分布 C_1 C_2	40	29	69	73	

（续表）

	试样数量	1	1	1	1	
	批数	1	1	1	1	
	批准类别	筛选	筛选	筛选	筛选	
$F_1^{ty0.2}$/ksi	平均值					
	最小值					
	最大值					
	CV/%					
	B基准值					
	分布					
	C_1					
	C_2					
	试样数量		1	1	1	
	批数		1	1	1	
	批准类别		筛选	筛选	筛选	

材料：Ti-15V-3Cr-3Al-3Sn 热等静压板/箔 试验方法：见 1.9.2.1 节　　　模量计算：比例极限前利用最 　　　　　　　　　　　　　　　　　小二乘法拟合 试验前暴露：真空 1 292℉，24 h　来源：NASA-GRC 归一化：N/A	表 3.3.5.1(f) Ti 热等静压板/箔 Ti-15-3 1 轴拉伸 N/A 900、1 000℉，空气 筛选

	温度/℉	900	1 000	1 000	1 000	
	环境	空气	空气	空气	空气	
	应变率/s⁻¹	1×10^{-4}	1×10^{-6}	1×10^{-4}	1×10^{-3}	
F_1^{tpl}/ksi	平均值	54	6	23	50	
	最小值	50				
	最大值	57				
	CV/%					
	B基准值					
	分布					
	C_1					
	C_2					
	试样数量	2	1	1	1	
	批数	2	1	1	1	
	批准类别	筛选	筛选	筛选	筛选	

（续表）

$F_1^{\text{ty0.02}}$ /ksi	平均值	65	6	33	60		
	最小值						
	最大值						
	$CV/\%$						
	B 基准值						
	分布						
	C_1						
	C_2						
	试样数量	2	1	1	1		
	批数	2	1	1	1		
	批准类别	筛选	筛选	筛选	筛选		
$F_1^{\text{ty0.2}}$ /ksi	平均值	74.5	8	42	67		
	最小值	74					
	最大值	75					
	$CV/\%$						
	B 基准值						
	分布						
	C_1						
	C_2						
	试样数量	2	1	1	1		
	批数	2	1	1	1		
	批准类别	筛选	筛选	筛选	筛选		

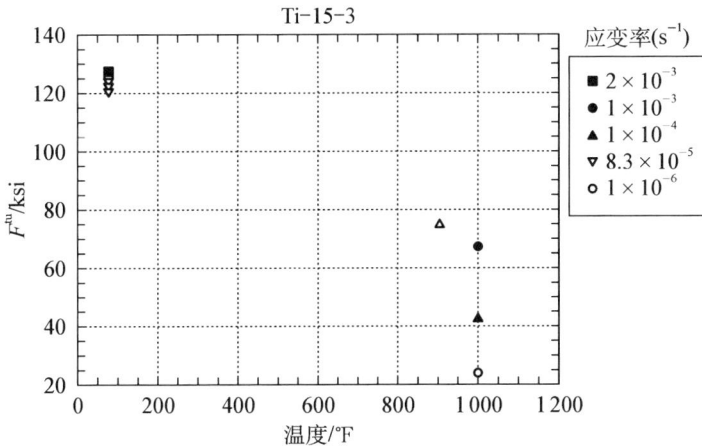

图 3.3.5.1（a）　不同温度和应变率下的极限拉伸强度

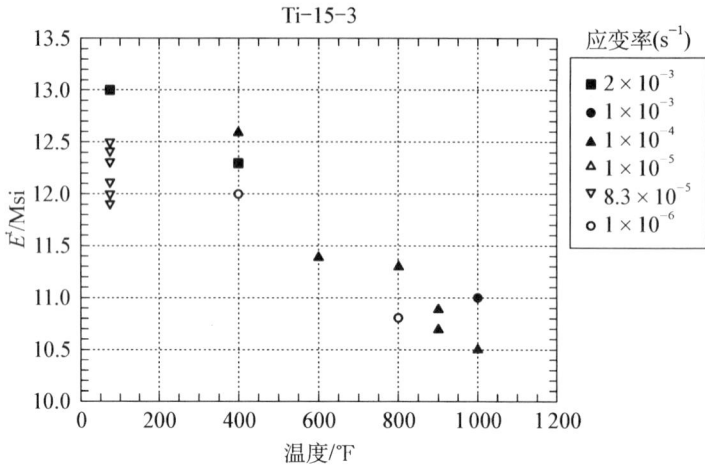

图 3.3.5.1(b) 不同温度和应变率下的拉伸模量

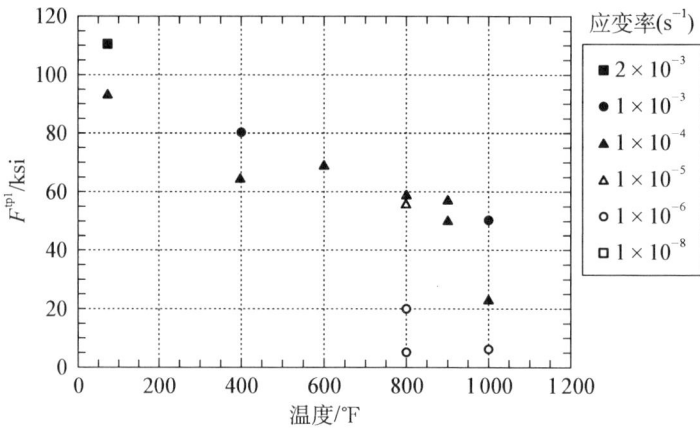

图 3.3.5.1(c) 不同温度和应变率下的比例极限

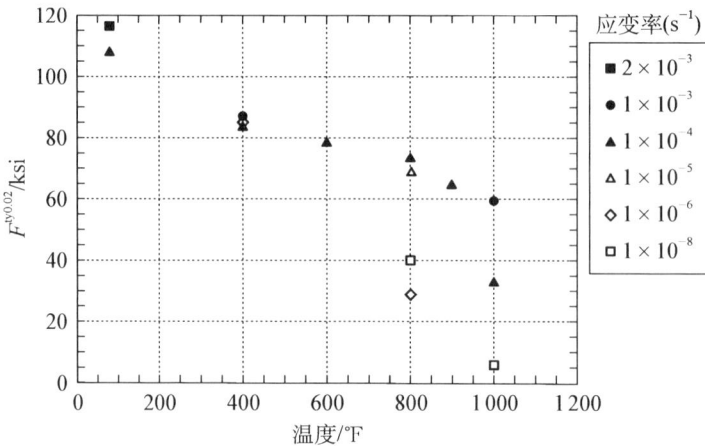

图 3.3.5.1(d) 不同温度和应变率下的 0.02 偏置屈服强度

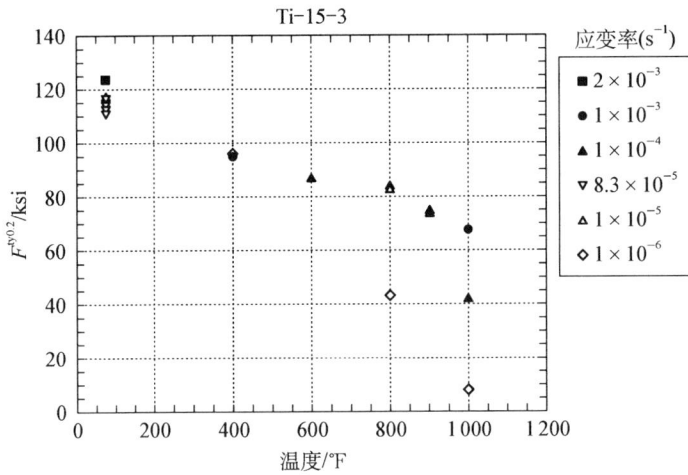

图 3.3.5.1(e)　不同温度和应变率下的 0.2 偏置屈服强度

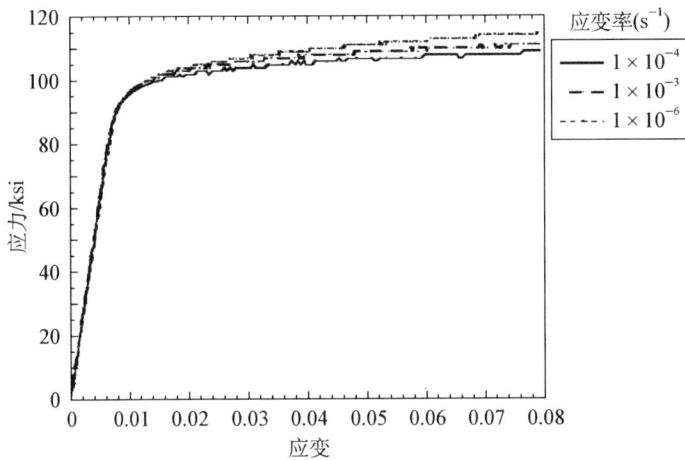

图 3.3.5.1(f)　400℉(240℃)时不同应变率下的拉伸曲线

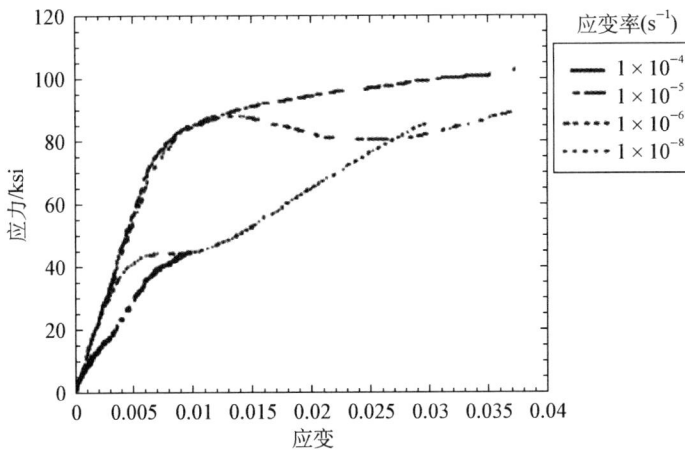

图 3.3.5.1(g)　800℉(427℃)时不同应变率下的拉伸曲线

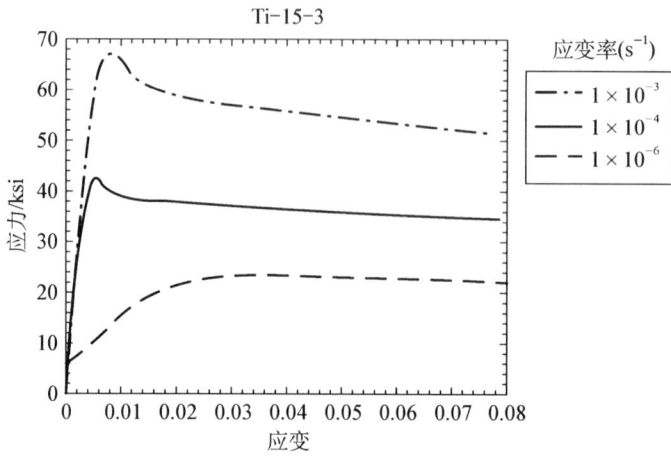

图 3.3.5.1(h)　1 000℉(538℃)时不同应变率下的拉伸曲线

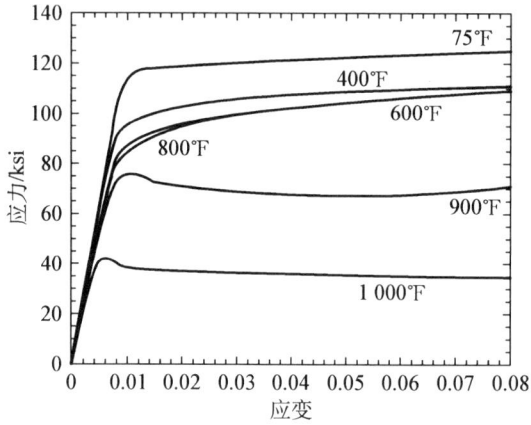

图 3.3.5.1(i)　10⁻⁴ s⁻¹应变率下不同温度时的拉伸曲线

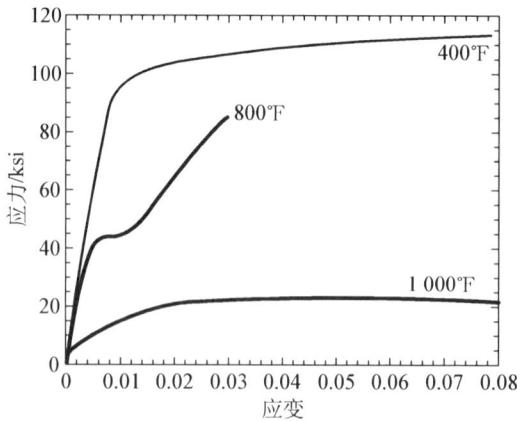

图 3.3.5.1(j)　10⁻⁶ s⁻¹应变率下不同温度时的拉伸曲线

3.3.6 其他

本章节留待以后补充。

3.4 纤维涂层性能

3.4.1 引言

本章节留待以后补充。

3.4.2 碳

本章节留待以后补充。

3.4.3 二硼化钛

本章节留待以后补充。

3.4.4 氧化钇

本章节留待以后补充。

3.4.5 其他

本章节留待以后补充。

3.5 铝基复合材料性能

3.5.1 引言

本章节留待以后补充。

3.5.2 氧化铝/铝

3.5.2.1 Nextel 610/纯 Al 板

材料： Nextel 610/SP Al 板		Al_2O_3/SP Al
纤维： Nextel 610，连续，11.5 μm 基体：Al		**Nextel 610/SP Al**
制造商： 3M		**概述**
制备方法： 压力浸渗		
生产工艺： 720℃熔化，680℃预成型并在 1 300 psi 下浇铸 来源：3M公司		

纤维生产日期	3/99	测试日期	1995—1997
基体生产日期		数据提交日期	4/99
复合材料生产日期	1995—1997	分析日期	2/01

单层板性能汇总

温度/℉	73
环境	空气
纤维体积含量/%	65
[0]₁ 轴拉伸	FS—F———
[90]₂ 轴拉伸	FS—S———

数据类型：F—完全批准数据，S—筛选数据；依次对应：强度/模量/泊松比/断裂应变/比例极限/0.02 屈服强度/0.2 屈服强度。

* 原始数据表见附录 C1.1。

	名义值	提交值	测试方法
纤维密度/(g/cm³)	3.97		
基体箔密度/(g/cm³)			
复合材料密度/(g/cm³)	3.40		
单层厚度/in			

层合板性能汇总

温度/℉	
环境	
纤维体积含量/%	

数据类型：F—完全批准数据，S—筛选数据；依次对应：强度/模量/泊松比/断裂应变/比例极限/0.02 屈服强度/0.2 屈服强度。

材料：Nextel 610/纯 Al 加工方法：金刚石切割片 试样几何形状：长条形 工作段厚度：0.050 in 工作段宽度：0.375 in 测试方法：(1) 试验前暴露：无 归一化：无归一化	纤维体积含量：65% 纤维间距：N/A 模量计算：从 0.1%～0.2% 应变用最小二乘法拟合 来源：3M	**表 3.5.2.1(a)** **Al_2O_3/Al 板** **Nextel 610/SP Al** **1 轴拉伸** **$[0]_1$** **73℉,空气** **完全批准** **筛选**

	温度/℉ 环境 纤维体积含量/% 应变率/s^{-1}	73 空气 0.65 $1～1.5×10^{-2}$			
F_1^{tu} /ksi	平均值 最小值 最大值 $CV/%$ B 基准值 分布 C_1 C_2 试样数量 批数 批准类别	266 240 285 4.11 244 方差分析 11.1 1.99 42 8 完全批准			
E_1^t /Msi	平均值 最小值 最大值 $CV/%$ 试样数量 批数 批准类别	38 34.8 (1) 3.16 29 7 筛选			
ν_{12}^m	平均值 试样数量 批数 批准类别	0.30 3 3 筛选			

(续表)

	平均值	0.729			
	最小值	0.630			
	最大值	0.790			
	$CV/\%$	5.72			
ε_1^{tu}	B 基准值	0.638			
/%	分布	方差分析			
	C_1	0.032			
	C_2	2.39			
	试样数量	36			
	批数	8			
	批准类别	完全批准			

(1) MMC TM401,要得到这一 3M 公司测试标准,请联系 3M 公司或秘书处。

材料:Nextel 610/纯 Al 加工方法:金刚石切割片 试样几何形状:长条形 工作段厚度:0.050 in 工作段宽度:0.375 in 测试方法:(1) 试验前暴露:无 归一化:无归一化:N/A	纤维体积含量:65% 纤维间距:N/A 模量计算:从 0.1%~0.2%应变用最小二乘法拟合 来源:3M	表 3.5.2.1(b) Al_2O_3/Al 板 **Nextel 610/SP Al** **2 轴拉伸** **[90]_1** 73℉,空气 完全批准, 筛选

	温度/℉	73			
	环境	空气			
	纤维体积含量/%	0.65			
	应变率/s^{-1}	1×10^{-2}			
	平均值	25.9			
	最小值	22.4			
	最大值	29.7			
	$CV/\%$	6.96			
	B 基准值	21.8			
F_2^{tu}	分布	方差分析			
/ksi	C_1	1.88			
	C_2	2.23			
	试样数量	39			
	批数	6			

（续表）

	批准类别	完全批准				
E_2^t /Msi	平均值	17.8				
	最小值	16.7				
	最大值	19.4				
	$CV/\%$	6.44				
	试样数量	8				
	批数	3				
	批准类别	筛选				
ν_{23}^t	平均值					
	试样数量					
	批数					
	批准类别					
ε_2^{tu} /%	平均值	1.16				
	最小值	0.720				
	最大值	4.16				
	$CV/\%$	55.4				
	B 基准值	（2）				
	分布	方差分析				
	C_1	0.762				
	C_2	3.97				
	试样数量	36				
	批数	4				
	批准类别	筛选				

（1）MMC TM401，要得到这一 3M 公司测试标准，请联系 3M 公司或秘书处。

（2）只有完全批准数据才给出 B 值。

3.5.3　硼/铝

本章节留待以后补充。

3.5.4　碳化硼/铝

本章节留待以后补充。

3.5.5　石墨/铝

本章节留待以后补充。

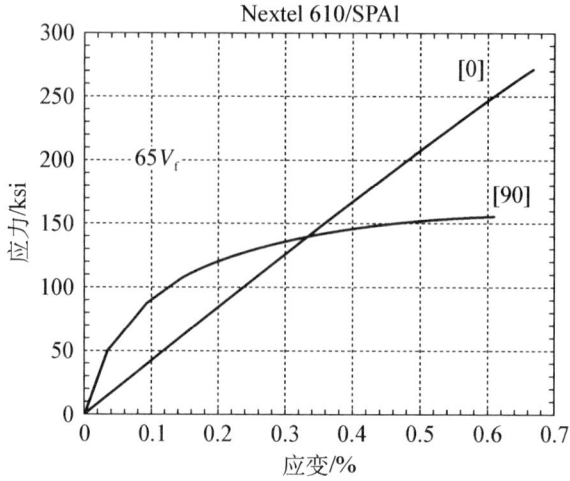

图 3.5.2.1(a)   73℉(22℃)时 1.50×10⁻²s⁻¹应变率下
[0]和[90]试样的典型拉伸行为

3.5.6 碳化硅/铝

本章节留待以后补充。

3.5.7 钢/铝

本章节留待以后补充。

3.5.8 钨/铝

本章节留待以后补充。

3.5.9 其他/铝

本章节留待以后补充。

3.6 铜基复合材料性能

3.6.1 引言

本章节留待以后补充。

3.6.2 石墨/铜

本章节留待以后补充。

3.6.3 其他/铜

本章节留待以后补充。

3.7 镁基复合材料性能

3.7.1 引言

本章节留待以后补充。

3.7.2 石墨/镁

本章节留待以后补充。

3.7.3 氧化铝/镁

本章节留待以后补充。

3.7.4 其他/镁

本章节留待以后补充。

3.8 钛基复合材料性能

3.8.1 引言

本节仅介绍 SiC 增强钛基复合材料的性能数据,可采用多种工艺制备复合材料,包括箔-纤维-箔法、线材-纤维缠绕固结法、纤维-粉末固结法等(见 1.2.6.2.2 节)。材料中使用的 2 种 SiC 单丝纤维为 SCS-6 和 Trimarc-1。其中,SCS-6 纤维的名义极限拉伸强度为 500 ksi,模量为 50~60 Msi。而 Trimarc-1 纤维的名义极限拉伸强度约为 450 ksi,模量为 45~60 Msi。相较于基体材料,这些纤维具有高强度和高模量的性质,因此复合材料沿纤维方向的性能主要取决于纤维的性能。

SCS-6 纤维是由 SiC 材料沉积在直径为 33 μm 的碳芯上形成的,纤维直径为 142 μm。Trimarc-1 纤维直径略小($\sim$127 μm),由 SiC 材料沉积在直径为 12.5 μm 的钨芯上而成。每根纤维均包裹有碳保护层,可避免在处理过程中损伤纤维表面,也可起到阻碍扩散的作用,防止复合材料制备过程中 Ti 基体与 SiC 纤维发生反应。Trimarc-1 纤维的涂层由"软"和"硬"交替的三层碳层组成。SCS-6 单丝涂层由双程富碳层组成。这两种涂层均可在纤维和基体之间形成一个薄弱界面,其中 Trimarc-1 界面略弱于 SGS-6 界面。涂层的目的是引起纤维/基体界面脱粘,这会导致横向性能降低,但使得沿纤维方向加载时复合材料具有显著的损伤容忍度。因此,在本节中所列材料具有很强的各向异性。

3.8.2 碳化硅/钛

3.8.2.1 SCS-6/Ti-15-3

3.8.2.1.1 SCS-6/Ti-15-3 拉伸

复合材料板材由 Textron 公司利用箔-纤维-箔法制备而成。基体材料箔为 Ti-15V-3Cr-3Al-3Sn(Ti-15-3)合金,增强体为 SCS-6 纤维。板为 8 或 32

层,尺寸为 10 in×14 in。这些板材中所用纤维毡用金属带编织而成。所使用带的类型(Ti、Mo 或 Ti-Nb)取决于制备年份。

遵照 1.3.2.4 节中方法制备拉伸试样。所有试样在 1 292℉(700℃)真空条件下热处理 24 h。依据 1.4.2.1 节所述方法,拉伸试验在空气中进行。高温试验时采用直接感应加热的方法。

纤维体积含量的影响

表 3.8.2.1.1(a)~(d)中给出了不同纤维体积含量的材料[0°]方向的平均拉伸性能。这些表中以及所有以后的表中,术语"批"指的是一块板材。每一试样的拉伸性能及谱系信息可查阅附录 C 的原始数据表。

三种纤维体积含量的材料[90°]方向的平均拉伸性能如表 3.8.2.1.1(e)~(f)所示。不同纤维铺设的斜交层合板的平均拉伸性能如表 3.8.2.1.1(g)~(n)所示。这些试样的拉伸性能及谱系信息见附录 C 中原始数据表。原始数据表中有三种试验的失效应变值前有">"符号。这些试验在达到表中所列应变值时中断试验并卸载,因此,真实失效应变值大于表中的数值。

图 3.8.2.1.1(a)给出了[0]和[90]层合板的极限拉伸强度随纤维体积分数与温度的变化。对于[0]层合板,极限拉伸强度随纤维体积分数的增加而增加。对于纤维体积分数大于 25% 的试样,在 75℉(24℃)~800℉(427℃)温度范围内极限拉伸强度没有明显变化。然而,对于纤维体积分数为 15% 的试样,温度显著影响材料极限拉伸强度,说明基体的性能对复合材料的性能影响很大。不同于[0]层合板,75℉(24℃)时,[90]层合板的极限拉伸强度随纤维体积分数增大而减小。

图 3.8.2.1.1(b)给出了[0]和[90]层合板的弹性模量随温度和纤维体积分数的变化。[0]层合板的弹性模量随纤维体积分数的增加而增加,在 75℉(24℃)~800℉(427℃)温度范围内没有明显变化。[90]层合板的弹性模量与纤维体积分数无关。

图 3.8.2.1.1(c)给出了[0]和[90]层合板的比例极限随温度和纤维体积分数的变化。对于现有的有限数据,未发现比例极限随温度和纤维体积分数变化。部分原因是由于这些数据值的分散性大以及确定这些数据值的主观方式。

图 3.8.2.1.1(d)给出了[0]和[90]层合板的 0.02% 屈服强度随温度和纤维体积分数的变化。[0]层合板的屈服强度随纤维体积分数增加而略微增加,但不随温度变化。[90]层合板的屈服强度与上述 2 个参数无关。

图 3.8.2.1.1(e)和(f)分别给出了 75℉(24℃)和 800℉(427℃)条件下的典型拉伸曲线随纤维体积分数的变化。随纤维体积分数的增强,材料刚度和强度增加。从应力-应变曲线的曲率可以看出,与更高纤维体积分数的材料相比,纤维体积分数为 15% 的材料表现出更显著的非弹性。此外还可看出,失效应变和纤维体积分数无关,尤其是在 800℉(427℃)时。

图 3.8.2.1.1(g)给出了 800℉(427℃)时应力-横向宽度应变随纤维体积分数

的变化。同样,纤维体积分数越高,材料刚度和强度值越高。

纤维体积分数为35%时纤维取向的影响

图3.8.2.1.1(h)给出了75℉(24℃)和800℉(427℃)时平均弹性模量与纤维铺层的关系。可见,对于由左向右几种纤维铺层方式弹性模量不断降低,这表明纤维的影响不断减弱,而基体性能的影响不断增强。针对现有数据,可以看到75℉(24℃)和800℉(427℃)条件下的模量没有明显差别。

图3.8.2.1.1(i)给出了75℉(24℃)和800℉(427℃)时平均极限拉伸强度与纤维取向的关系。可见,极限拉伸强度从大约200 ksi下降至60 ksi,200 ksi对应于最强的纤维取向(即[0]),60 ksi对应最弱的纤维取向(即[90])。斜交铺设层合板的强度在两者之间,依赖于近零层的贡献量。2种温度条件下的极限拉伸强度没有明显差异。

图3.8.2.1.1(j)给出了不同铺层方式的层合板在75℉(24℃)时的拉伸曲线。为了比较差异,也给出了纯基体材料的拉伸曲线的起始部分(箭头表示曲线延伸到较高应变)。所有层合板的刚度均比纯基体材料的高。然而,只有3种层合板([0],[90/0]和[±30])的强度高于纯基体材料。此外,所有层合板材料的延展性远低于纯基体材料。

对于其他情况,请查阅以下文献:

- Lerch B A, Gabb T P, MacKay R A. Heat Treatment Study of the SiC/Ti-15-3 Composite System [R]. NASA TP 2970, Jan., 1990.
- Lerch B A, Hull D R, Leonhardt T A. Microstructure of a SiC/Ti-15-3 Composite [J]. Composites, 1990, 21(3): 216-224.
- Lerch B A, Melis M E, Tong M. Deformation Behavior of SiC/Ti-15-3 Laminates [C]. In Advanced Metal Matrix Composites for Elevated Temperatures Conference Proceedings, Cincinnati, Ohio, October 20-24, 1991, ASM, Materials Park, Ohio, eds. M. N. Gungor, E. J. Lavernia and S. G. Fishman, 109-114.
- Gabb T P, Gayda J, Lerch B A, et al. The Effect of Matrix Mechanical Properties on [0]₈ Unidirectional SiC/Ti Composite Fatigue Resistance [J]. Scripta Met., 1991, 25: 2879-2884.
- Lerch B A, Saltsman J F. Tensile Deformation of SiC/Ti-15-3 Laminates. Composite Materials [M]. Fatigue and Fracture, Fourth Volume, ASTM STP 1156, eds. W. W. Stinchcomb and N. E. Ashbaugh, ASTM Philadelphia, 1993, 161-175.
- Subramanian S, Lerch B A, Castelli M G, et al. Effect of Fiber Volume Fraction on Fully Reversed Isothermal Fatigue Behavior of Unidirectional SCS6-

Ti - 15 - 3 Composites [J]. Composites and Functionally Graded Materials, MD - Vol. 80, eds. T. S. Srivatsan, A. Zavaliangos, K. I. Jacob, N. Katsube, W. Jones, K. Ramani, S. Sitaraman and S. Yang, ASME, 1997, 131 - 139.

3.8.2.1.1   SCS - 6/Ti - 15V - 3Cr - 3Al - 3Sn 箔/纤维/箔 *

材料: SCS - 6/Ti - 15V - 3Cr - 3Al - 3Sn 箔/纤维/箔	**SiC/Ti**
纤维: SCS - 6, 纤维, 145 μm 基体: SCS - 6/Ti - 15V - 3Cr - 3Al - 3Sn	**SCS - 6/Ti - 15 - 3**
制造商: Textron	**概述**
制备方法: 热等静压箔/纤维/箔预成型体	
工艺: 来源: NASA - GRC	

纤维生产日期:		测试日期	6/98 10/96
基体生产日期:		数据提交日期	5/98
复合材料生产日期:		分析日期	9/98

单层板性能汇总

温度/°F		75			800			
环境		空气			空气			
纤维体积含量/%	15	35	41	15	25	35	41	
[0]1 轴拉伸	SS—SSSS	SSSSSS—	SS—SSS—	SSSS—S—	SSSS—S—	SS—SSS—	SSSS———	
[90]2 轴拉伸	SS—SSSS	SSSSSSS	SS—S———			SS—SSSS		

数据类型: F—完全批准数据, S—筛选数据; 依次对应: 强度/模量/泊松比/断裂应变/比例极限/0.02 屈服强度/0.2 屈服强度。

* 原始数据表见附录 C4.1。

	名义值	提交值	测试方法
纤维密度/(g/cm³)	3.0	3.0	
基体箔密度/(g/cm³)	4.8		
复合材料密度/(g/cm³)			
单层厚度*/in			

* 从纤维中心到纤维中心。

层合板性能汇总

温度/°F	75	800
环境	空气	空气
纤维体积含量/%	35	35
[±30]x 轴拉伸	SS—SSSS	SS—SSSS
[±45]x 轴拉伸	SS—SSSS	SS—SSSS
[±60]x 轴拉伸	SS—SSSS	SS—SSSS
[0/90]x 轴拉伸	SSSSSSS	

数据类型：F—完全批准数据，S—筛选数据；依次对应：强度/模量/泊松比/断裂应变/比例极限/0.02 屈服强度/0.2 屈服强度。

材料：SCS-6/Ti-15V-3Cr-3Al-3Sn 箔/纤维/箔 加工方法：电火花加工　　纤维体积含量：15%～41% 　　　　　　　　　　　纤维间距：— 试样厚度：0.06～0.12 in　模量计算：比例极限前利用最小二乘法拟合 测试方法：见 1.4.2.1 节 试验前暴露：真空，1 292°F，24 h　来源：NASA-GRC 归一化：未归一化	表 3.8.2.1.1(a) SiC/Ti 箔/纤维/箔 SCS-6/Ti-15-3 1 轴拉伸 [0]₈ 75°F，空气 筛选

（续表）

温度/$°F$		75	75	75			
环境		空气	空气	空气			
纤维体积含量/%		15	35	41			
应变率/s^{-1}		1×10^{-4}	1×10^{-4}	1×10^{-4}			
F_1^{tu} /ksi	平均值	185	200	227			
	最小值		168	201			
	最大值		217	252			
	CV/%		7.16				
	B 基准值		（2）				
	分布		正态				
	C_1		200				
	C_2		14.3				
	试样数量	1	9	2			
	批数	1	2	1			
	批准类别	筛选	筛选	筛选			
E_1^{t} /Msi	平均值	20	26.6	31			
	最小值		25.0	31			
	最大值		5.66	31			
	CV/%						
	试样数量	1	8	2			
	批数	1	2	1			
	批准类别	筛选	筛选	筛选			
ν_{12}^{t}	平均值		0.28				
	试样数值		1				
	批数		1				
	批准类别		筛选				
ε_1^{tu} /%	平均值	1.21	0.84	0.82			
	最小值		0.66	0.73			
	最大值		1	0.9			
	CV/%		14				
	B 基准值		（1）				
	分布		正态				
	C_1		0.84				
	C_2		0.12				
	试样数量	1	9	2			
	批数	1	2	1			
	批准类别	筛选	筛选	筛选			

（1）只有完全批准数据才给出 B 基准值。

材料：SCS‐6/Ti‐15V‐3Cr‐3Al‐3Sn 箔/纤维/箔 加工方法：电火花加工/水射流/金刚石研磨　纤维体积含量：15%～41% 纤维间距：— 试样厚度：0.06～0.12 in　　模量计算：比例极限前利用 　　　　　　　　　　　　　　　最小二乘法拟合 测试方法：见 1.4.2.1 节 试验前暴露：真空,1 292℉,24 h　来源：NASA‐GRC 归一化：未归一化	表 3.8.2.1.1(b) SiC/Ti 箔/纤维/箔 SCS‐6/Ti‐15‐3 1 轴拉伸 [0]$_8^{(1)}$ 800℉,空气 筛选

		温度/℉ 环境 纤维体积含量/% 应变率/s^{-1}	800 空气 15 1×10^{-3}	800 空气 25 1×10^{-3}	800 空气 35 1×10^{-5}	800 空气 35 1×10^{-4}	800 空气 35 1×10^{-3}	800 空气 41 1×10^{-3}	
F_1^{tu}/ksi		平均值	137	195	198	200	226	248	
		最小值	136	192			201	245	
		最大值	138	197			252	251	
		CV/%							
		B 基准值							
		分布							
		C_1							
		C_2							
		试样数量	2	2	1	1	4	2	
		批数	1	1	1	1	1	1	
		批准类别	筛选	筛选	筛选	筛选	筛选	筛选	
E_1^t/Msi		平均值	19	24	29	32	27	31	
		最小值	19	24			26	30	
		最大值	19	24			29	32	
		CV/%							
		试样数量	2	2	1	1	4	2	
		批数	1	1	1	1	1	1	
		批准类别	筛选	筛选	筛选	筛选	筛选	筛选	
ν_{12}^t		平均值	0.38	0.32				0.3	
		试样数量	2	2				2	
		批数	1	1				1	
		批准类别	筛选	筛选	筛选	筛选	筛选	筛选	
ε_1^{tu}/%		平均值	0.81	0.90	0.82	0.77	0.95	0.84	
		最小值	0.75	0.88			0.84	0.83	
		最大值	0.86	0.91			1.06	0.84	

（续表）

$CV/\%$						
B 基准值						
分布						
C_1						
C_2						
试样数量	2	2	1	1	4	2
批数	1	1	1	1	1	1
批准类别	筛选	筛选	筛选	筛选	筛选	筛选

（1）包含 32 层材料数据。

（2）只对完全批准数据给出 B 基准值。

材料：SCS - 6/Ti - 15V - 3Cr - 3Al - 3Sn 箔/纤维/箔			表 3.8.2.1.1(c)
加工方法：电火花加工	纤维体积含量：15%～41%		SiC/Ti 箔/纤维/箔
	纤维间距：—		SCS - 6/Ti - 15 - 3
试样厚度：0.06～0.12 in	模量计算：比例极限前利用最小二乘法拟合		1 轴拉伸
测试方法：见 1.4.2.1 节			$[0]_8$
试验前暴露：真空，1 292℉，24 h	来源：NASA - GRC		75℉，空气
归一化：未归一化			筛选

	温度/℉	75	75	75				
	环境	空气	空气	空气				
	纤维体积含量/%	15	35	41				
	应变率/s^{-1}	1×10^{-4}	1×10^{-4}	1×10^{-4}				
F_1^{tpl} /ksi	平均值	123	116	140				
	最小值		33	128				
	最大值		150	151				
	$CV/\%$		31.9					
	B 基准值		(1)					
	分布		方差分析					
	C_1		36.6					
	C_2		2.45					
	试样数量	1	9	2				
	批数	1	2	1				
	批准类别	筛选	筛选	筛选				
$F_1^{\text{ty0.02}}$ /ksi	平均值	141	145	176				
	最小值		82	160				
	最大值		186	192				
	$CV/\%$		25.8					

（续表）

B基准值						
分布		(1) 方差分析				
C_1		40.6				
C_2		6.35				
试样数量	1	9	2 1			
批数	1	2				
批准类别	筛选	筛选	筛选			
$F_1^{ty0.2}$　平均值	172					
最小值						
最大值						
$CV/\%$						
B基准值						
分布						
C_1						
C_2						
试样数量	1					
批数	1					
批准类别	筛选					

(1) 只有完全批准数据才给出 B 基准值。

材料：SCS-6/Ti-15V-3Cr-3Al-3Sn 箔/纤维/箔 加工方法：电火花加工/水射流/金刚石研磨 试样厚度：0.06～0.12 in 测试方法：见 1.4.2.1 节 试验前暴露：真空，1 292℉，24 h 归一化：未归一化	纤维体积含量：15%～41% 纤维间距：— 模量计算：比例极限前利用 　　　　最小二乘法拟合 来源：NASA-GRC	表 3.8.2.1.1(d) SiC/Ti 箔/纤维/箔 SCS-6/Ti-15-3 1 轴拉伸 $[0]_8^{(1)}$ 800℉,空气 筛选

温度/℉	800	800	800	800	800	800	
环境	空气	空气	空气	空气	空气	空气	
纤维体积含量/%	15	25	35	35	35	41	
应变率/s^{-1}	1×10^{-3}	1×10^{-3}	1×10^{-5}	1×10^{-4}	1×10^{-3}	1×10^{-3}	
平均值			24	17	91		
最小值					31		
F_1^{pl}　最大值					151		
/ksi　$CV/\%$							
B基准值							
分布							

(续表)

		1	2	3	4	5	6
	C_1						
	C_2						
	试样数量			1	1	2	
	批数			1	1	1	
	批准类别			筛选	筛选	筛选	
$F_1^{ty0.02}$/ksi	平均值	116	158	90	42	175	200
	最小值	115	151			147	187
	最大值	116	164			187	212
	CV/%						
	B 基准值						
	分布						
	C_1						
	C_2						
	试样数量	2	2	1	1	4	2
	批数	1	1	1	1	1	1
	批准类别	筛选	筛选	筛选	筛选	筛选	筛选
$F_1^{ty0.2}$	平均值						
	最小值						
	最大值						
	CV/%						
	B 基准值						
	分布						
	C_1						
	C_2						
	试样数量						
	批数						
	批准类别						

(1) 也包含 32 层材料的数据。

材料：SCS-6/Ti-15V-3Cr-3Al-3Sn 箔/纤维/箔
加工方法：电火花加工　　纤维体积含量：15%~41%
　　　　　　　　　　　　纤维间距：—
试样厚度：0.06~0.12 in　模量计算：比例极限前利用最小二乘法拟合
测试方法：见 1.4.2.1 节
试验前暴露：真空，1 292°F，24 h　来源：NASA-GRC
归一化：未归一化

表 3.8.2.1.1(e)
SiC/Ti 箔/纤维/箔
SCS-6/Ti-15-3
2 轴拉伸
[90]8
75，800°F，空气
筛选

温度/°F	75	75	75	800	800
环境	空气	空气	空气	空气	空气

（续表）

| 纤维体积含量/% | | 15 | 35 | 41 | 35 | 35 | | |
应变率/s^{-1}		1×10^{-4}	1×10^{-4}	1×10^{-4}	1×10^{-5}	1×10^{-4}		
F_2^{tu} /ksi	平均值	96	61	28	41	42		
	最小值		59	23				
	最大值		62	33				
	CV/%							
	B基准值							
	分布							
	C_1							
	C_2							
	试样数量	1	2	2	1	1		
	批数	1	1	1	1	1		
	批准类别	筛选	筛选	筛选	筛选	筛选		
E_2^t/Msi	平均值	18	18	18	17	17		
	最小值		17	18				
	最大值		19	18				
	CV/%							
	试样数量	1	2	2	1	1		
	批数	1	1	1	1	1		
	批准类别	筛选	筛选	筛选	筛选	筛选		
ν_{23}^t	平均值		0.18					
	试样数量		2					
	批数							
	批准类别		筛选					
ε_2^{tu}/%	平均值	1.91	1.41	016	0.99	0.71		
	最小值		1.38	0.12				
	最大值		1.43	0.19				
	CV/%							
	B基准值							
	分布							
	C_1							
	C_2							
	试样数量	1	2	2	1	1		
	批数	1	1	1	1	1		
	批准类别	筛选	筛选	筛选	筛选	筛选		

| 材料：SCS - 6/Ti - 15V - 3Cr - 3Al - 3Sn 箔/纤维/箔
加工方法：电火花加工　　　纤维体积含量：15%～41%
　　　　　　　　　　　　纤维间距：—
试样厚度：0.06～0.12 in　　模量计算：比例极限前利用最小二乘法拟合
测试方法：见 1.4.2.1 节
试验前暴露：真空，1 292°F，24 h　来源：NASA - GRC
归一化：未归一化 | 表 3.8.2.1.1(f)
SiC/Ti 箔/纤维/箔
SCS - 6/Ti - 15 - 3
2 轴拉伸
[90]₈
75，800°F，空气
筛选 |

	温度/°F	75	75	75	800	800
	环境	空气	空气	空气	空气	空气
	纤维体积含量/%	15	35	41	35	35
	应变率/s^{-1}	1×10^{-4}	1×10^{-4}	1×10^{-4}	1×10^{-5}	1×10^{-4}
	平均值	42	16		15	16
	最小值		15			
	最大值		17			
	CV/%					
	B 基准值					
F_2^{tpl}/ksi	分布					
	C_1					
	C_2					
	试样数量	2	2		1	1
	批数	1	1		1	1
	批准类别	筛选	筛选		筛选	筛选
	平均值	44	39		22	25
	最小值		38			
	最大值		40			
	CV/%					
	B 基准值					
$F_2^{ty0.02}$ /ksi	分布					
	C_1					
	C_2					
	试样数量	1	2		1	1
	批数	1	1		1	1
	批准类别	筛选	筛选		筛选	筛选
	平均值	75	49.5		30	34
	最小值		49			
$F_2^{ty0.2}$ /ksi	最大值		50			
	CV/%					
	B 基准值					

（续表）

分布 C_1 C_2						
试样数量	1	2		1	1	
批数	1	1		1	1	
批准类别	筛选	筛选		筛选	筛选	

材料：SCS-6/Ti-15V-3Cr-3Al-3Sn 箔/纤维/箔
加工方法：电火花加工/金刚石研磨　　纤维体积含量：35%
　　　　　　　　　　　　　　　　　纤维间距：—
试样厚度：0.08 in　　　　　　　　　模量计算：比例极限前利用
　　　　　　　　　　　　　　　　　　　　　　最小二乘法拟合
测试方法：见 1.4.2.1 节
试验前暴露：真空，1 292℉，24 h　　来源：NASA-GRC
归一化：未归一化

表 3.8.2.1.1(g)
SiC/Ti 箔/纤维/箔
SCS-6/Ti-15-3
x 轴拉伸
$[\pm30]_{2s}^{(1)}$
75,800℉,空气
筛选

	温度/℉	75	800				
	环境	空气	空气				
	纤维体积含量/%	35	35				
	应变率/s^{-1}	1×10^{-4}	1×10^{-3}				
F_x^{tu} /ksi	平均值	148	134				
	最小值	133					
	最大值	179					
	CV/%	8.16					
	B 基准值	(2)					
	分布	方差分析					
	C_1	24.6					
	C_2	19.8					
	试样数量	10	1				
	批数	2	1				
	批准类别	筛选	筛选				
E_x^t /Msi	平均值	22.2	20				
	最小值	20.0					
	最大值	24.0					
	CV/%	5.64					
	试样数量	11	1				
	批数	2	1				
	批准类别	筛选	筛选				

（续表）

ν_{xy}^t	平均值							
	试样数量							
	批数							
	批准类别							
$\varepsilon_x^{tu}/\%$	平均值	1.24	1.52					
	最小值	0.99						
	最大值	1.66						
	CV/%	17.0						
	B 基准值	(2)						
	分布	方差分析						
	C_1	0.35						
	C_2	17.6						
	试样数量	9	1					
	批数	2	1					
	批准类别	筛选	筛选					

（1）也包含 32 层材料数据。
（2）只对完全批准数据给出 B 基准值。

材料：SCS‐6/Ti‐15V‐3Cr‐3Al‐3Sn 箔/纤维/箔 加工方法：电火花加工/金刚石研磨 试样厚度：0.08 in 测试方法：见 1.4.2.1 节 试验前暴露：真空，1 292°F，24 h 归一化：未归一化	纤维体积含量：35% 纤维间距：— 模量计算：比例极限前利用 最小二乘法拟合 来源：NASA‐GRC	表 3.8.2.1.1(h) SiC/Ti 箔/纤维/箔 SCS‐6/Ti‐15‐3 x 轴拉伸 $[\pm30]_{2s}^{(1)}$ 75，800°F，空气 筛选

温度/°F	75	800						
环境	空气	空气						
纤维体积含量/%	35	35						
应变率/s^{-1}	1×10^{-4}	1×10^{-3}						
F_x^{tpl}/ksi 平均值	55.3	40						
最小值	33							
最大值	67							
CV/%	19.1							
B 基准值	(2)							
分布	韦布尔							
C_1	59.3							

	C_2	7.3					
	试样数量	11	1				
	批数	2	1				
	批准类别	筛选	筛选				
$F_x^{ty0.02}$ /ksi	平均值	69.1	50				
	最小值	26					
	最大值	97					
	CV/%	25.7					
	B 基准值	(2)					
	分布	韦布尔					
	C_1	75.1					
	C_2	5.0					
	试样数量	11	1				
	批数	2	1				
	批准类别	筛选	筛选				
$F_x^{ty0.2}$ /ksi	平均值	112	86				
	最小值	91					
	最大值	146					
	CV/%	12.8					
	B 基准值	(2)					
	分布	正态					
	C_1	112					
	C_2	14.3					
	试样数量	11	1				
	批数	2	1				
	批准类别	筛选	筛选				

(1) 也包含 32 层材料数据。
(2) 只对完全批准数据给出 B 基准值。

材料：SCS - 6/Ti - 15V - 3Cr - 3Al - 3Sn 箔/纤维/箔 加工方法：电火花加工　　　　纤维体积含量：35% 　　　　　　　　　　　　　　纤维间距：— 试样厚度：0.08 in　　　　　模量计算：比例极限前利用最小二乘法拟合 测试方法：见 1.4.2.1 节 试验前暴露：真空,1 292℉,24 h　来源：NASA - GRC 归一化：未归一化	表 3.8.2.1.1(i) SiC/Ti 箔/纤维/箔 SCS - 6/Ti - 15 - 3 x 轴拉伸 [±45]$_{2s}$ 75,800℉,空气 筛选

温度/℉	75	800	800			

（续表）

环境 纤维体积含量/% 应变率/s^{-1}		空气 35 1×10^{-4}	空气 35 1×10^{-5}	空气 35 1×10^{-4}			
F_x^{tu} /ksi	平均值	77	64	68			
	最小值						
	最大值						
	$CV/\%$						
	B基准值						
	分布						
	C_1						
	C_2						
	试样数量	1	1	1			
	批数	1	1	1			
	批准类别	筛选	筛选	筛选			
E_x^t /Msi	平均值	17	17	13			
	最小值						
	最大值						
	$CV/\%$						
	试样数量	1	1	1			
	批数	1	1	1			
	批准类别	筛选	筛选	筛选			
ν_{xy}^t	平均值						
	试样数量						
	批数						
	批准类别						
ε_x^{tu}	平均值	>4	>4.6	7.29			
	最小值						
	最大值						
	$CV/\%$						
	B基准值						
	分布						
	C_1						
	C_2						
	试样数量	1	1	1			
	批数	1	1	1			
	批准类别	筛选	筛选	筛选			

| 材料：SCS-6/Ti-15V-3Cr-3Al-3Sn 箔/纤维/箔
加工方法：电火花加工　　纤维体积含量：35%
　　　　　　　　　　　纤维间距：—
试样厚度：0.08 in　　模量计算：比例极限前利用最小二乘法拟合
测试方法：见1.4.2.1节
试验前暴露：真空,1 292℉,24 h　来源：NASA-GRC
归一化：未归一化 | 表 3.8.2.1.1(j)
SiC/Ti 箔/纤维/箔
SCS-6/Ti-15-3
x 轴拉伸
[±45]₂ₛ
75,800℉,空气
筛选 |

温度/℉	75	800	800			
环境	空气	空气	空气			
纤维体积含量/%	35	35	35			
应变率/s⁻¹	1×10^{-4}	1×10^{-5}	1×10^{-4}			
F_1^{tpl} /ksi — 平均值	30	28	21			
最小值						
最大值						
CV/%						
B 基准值						
分布						
C_1						
C_2						
试样数量	1	1	1			
批数	1	1	1			
批准类别	筛选	筛选	筛选			
$F_x^{ty0.02}$ /ksi — 平均值	40	30	35			
最小值						
最大值						
CV/%						
B 基准值						
分布						
C_1						
C_2						
试样数量	1	1	1			
批数	1	1	1			
批准类别	筛选	筛选	筛选			
$F_x^{ty0.2}$ /ksi — 平均值	52	29	47			
最小值						
最大值						

（续表）

$CV/\%$						
B基准值						
分布						
C_1						
C_2						
试样数量	1	1	1			
批数	1	1	1			
批准类别	筛选	筛选	筛选			

材料：SCS-6/Ti-15V-3Cr-3Al-3Sn 箔/纤维/箔	表 3.8.2.1.1(k)
加工方法：电火花加工　　纤维体积含量：35%	SiC/Ti 箔/纤维/箔
纤维间距：—	SCS-6/Ti-15-3
试样厚度：0.08 in　　模量计算：比例极限前利用最小二乘法拟合	x 轴拉伸
测试方法：见 1.4.2.1 节	$[\pm 60]_{2s}$
试验前暴露：真空,1 292℉,24 h　　来源：NASA-GRC	75,800℉,空气
归一化：未归一化	筛选

温度/℉	75	800				
环境	空气	空气				
纤维体积含量/%	35	35				
应变率/s^{-1}	1×10^{-4}	1×10^{-4}				
平均值	57	48				
最小值						
最大值						
$CV/\%$						
B基准值						
分布						
C_1						
C_2						
试样数量	1	1				
批数	1	1				
批准类别	筛选	筛选				
平均值	17	14				
最小值						
最大值						
$CV/\%$						
试样数量	1	1				

F_x^{tu} /ksi

E_x /Msi

（续表）

		1	1					
	批数	1	1					
	批准类别	筛选	筛选					
ν_{xy}^{t}	平均值							
	试样数量							
	批数							
	批准类别							
ε_x^{tu} /%	平均值	1.8	2.95					
	最小值							
	最大值							
	CV/%							
	B 基准值							
	分布							
	C_1							
	C_2							
	试样数量	1	1					
	批数	1	1					
	批准类别	筛选	筛选					

材料：SCS-6/Ti-15V-3Cr-3Al-3Sn 箔/纤维/箔

加工方法：电火花加工   纤维体积含量：35%

         纤维间距：—

试样厚度：0.08 in   模量计算：比例极限前利用最小二乘法拟合

测试方法：见 1.4.2.1 节

试验前暴露：真空,1 292 ℉,24 h   来源：NASA-GRC

归一化：未归一化

表 3.8.2.1.1(1)
SiC/Ti 箔/纤维/箔
SCS-6/Ti-15-3
x 轴拉伸
[±60]$_{2s}$
75,800℉,空气
筛选

	温度/℉	75	800					
	环境	空气	空气					
	纤维体积含量/%	35	35					
	应变率/s^{-1}	1×10^{-4}	1×10^{-4}					
F_1^{tpl} /ksi	平均值	36	26					
	最小值							
	最大值							
	CV/%							
	B 基准值							

	分布						
	C_1						
	C_2						
	试样数量	1	1				
	批数	1	1				
	批准类别	筛选	筛选				
	平均值	41	28				
	最小值						
	最大值						
	$CV/\%$						
$F_x^{\text{ty}0.02}$ /ksi	B 基准值						
	分布						
	C_1						
	C_2						
	试样数量	1	1				
	批数	1	1				
	批准类别	筛选	筛选				
	平均值	50	35				
	最小值						
	最大值						
	$CV/\%$						
$F_x^{\text{ty}0.2}$ /ksi	B 基准值						
	分布						
	C_1						
	C_2						
	试样数量	1	1				
	批数	1	1				
	批准类别	筛选	筛选				

材料：SCS - 6/Ti - 15V - 3Cr - 3Al - 3Sn 箔/纤维/箔		表 3. 8. 2. 1. 1(m)
加工方法：电火花加工　　　纤维体积含量：35%		SiC/Ti 箔/纤维/箔
纤维间距：—		SCS - 6/Ti - 15 - 3
试样厚度：0.08 in	模量计算：比例极限前利用最小二乘法拟合	x 轴拉伸
测试方法：见 1.4.2.1 节		[0/90][1]
试验前暴露：真空,1 292℉,24 h　　来源：NASA - GRC		75℉,空气
归一化：未归一化		筛选

（续表）

温度/℉		75						
环境		空气						
纤维体积含量/%		35						
应变率/s^{-1}		1×10^{-4}						
F_x^{tu} /ksi	平均值	148						
	最小值	143						
	最大值	154						
	CV/%							
	B基准值							
	分布							
	C_1							
	C_2							
	试样数量	4						
	批数	1						
	批准类别	筛选						
E_x^t /Msi	平均值	21						
	最小值	15						
	最大值	25						
	CV/%							
	试样数量	4						
	批数	1						
	批准类别	筛选						
ν_{xy}^t	平均值	0.18						
	试样数量	2						
	批数	1						
	批准类别	筛选						
ε_x^{tu} /%	平均值	1.09						
	最小值	1						
	最大值	1.21						
	CV/%							
	B基准值							
	分布							
	C_1							
	C_2							
	试样数量	4						
	批数	1						
	批准类别	筛选						

材料：SCS-6/Ti-15V-3Cr-3Al-3Sn 箔/纤维/箔 加工方法：电火花加工　　纤维体积含量：35% 　　　　　　　　　　　纤维间距：— 试样厚度：0.08 in 测试方法：见 1.4.2.1 节　模量计算：比例极限前利用最小二乘法拟合 试验前暴露：真空，1 292°F，24 h　来源：NASA-GRC 归一化：未归一化	表 3.8.2.1.1(n) **SiC/Ti 箔/纤维/箔** **SCS-6/Ti-15-3** *x* 轴拉伸 $[0/90]$[(1)] 75°F,空气 筛选

	温度/°F	75						
	环境	空气						
	纤维体积含量/%	35						
	应变率/s^{-1}	1×10^{-4}						
F_x^{tpl} /ksi	平均值	33						
	最小值	23						
	最大值	47						
	CV/%							
	B 基准值							
	分布							
	C_1							
	C_2							
	试样数量	1						
	批数	1						
	批准类别	筛选						
$F_x^{ty0.02}$ /ksi	平均值	58.8						
	最小值	37						
	最大值	80						
	CV/%							
	B 基准值							
	分布							
	C_1							
	C_2							
	试样数量	4						
	批数	1						
	批准类别	筛选						
$F_x^{ty0.2}$ /ksi	平均值	126						
	最小值	115						
	最大值	136						
	CV/%							

(续表)

B 基准值						
分布						
C_1						
C_2						
试样数量	4					
批数	1					
批准类别	筛选					

(1) 由[0/90]$_{2S}$和[90/0]$_{2S}$的数据组成。

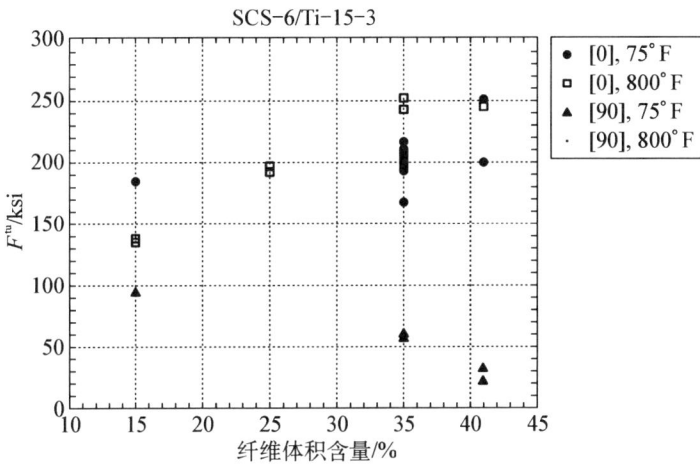

图 3.8.2.1.1(a) 极限拉伸强度随纤维体积分数和温度的变化

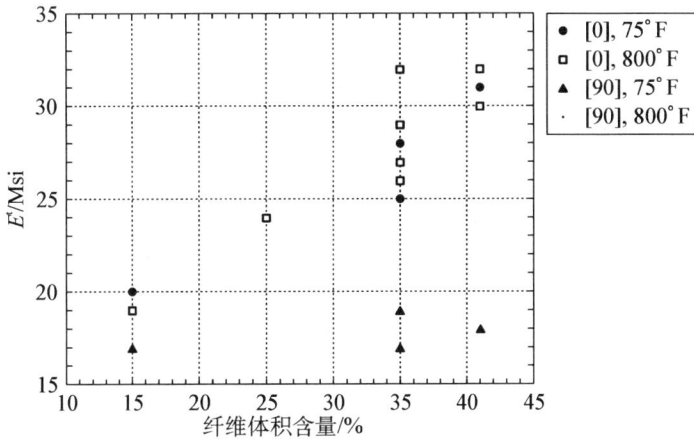

图 3.8.2.1.1(b) 拉伸模量随纤维体积分数和温度的变化

SCS-6/Ti-15-3

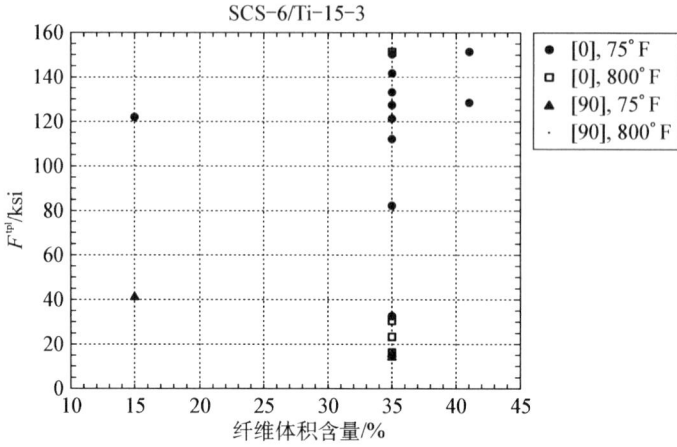

图 3.8.2.1.1(c)　比例极限随纤维体积分数和温度的变化

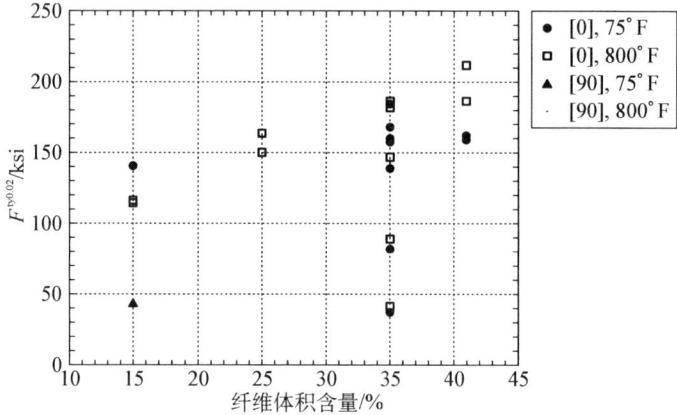

图 3.8.2.1.1(d)　0.02 偏置强度随纤维体积分数和温度的变化

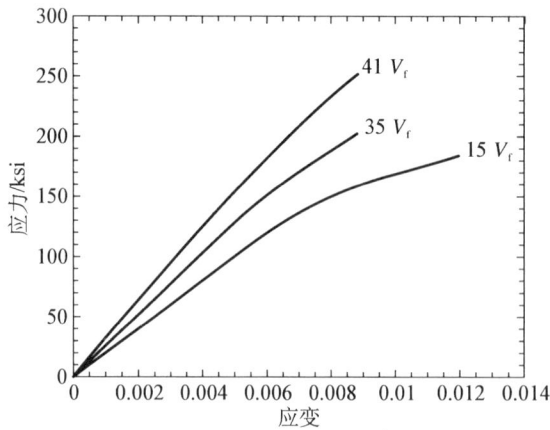

图 3.8.2.1.1(e)　75°F(24℃)时 $1\times10^{-4}\text{s}^{-1}$ 应变率下[0]$_8$ 板的
典型拉伸行为随纤维体积分数(V_f)的变化

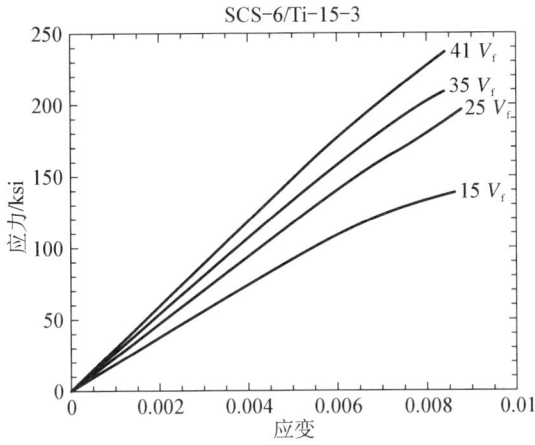

图 3.8.2.1.1(f)   800°F(427℃)时 $1×10^{-3}s^{-1}$ 应变率下[0]₈ 板
的典型拉伸行为随纤维体积分数(Vf)的变化

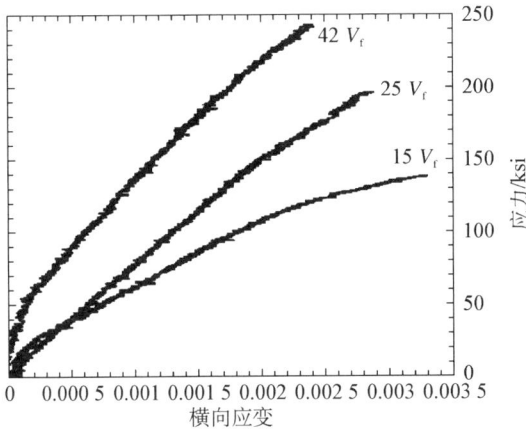

图 3.8.2.1.1(g)   800°F(427℃)时 $1×10^{-3}s^{-1}$ 应变率下[0]₈ 板
的典型拉伸行为随纤维体积分数(Vf)的变化

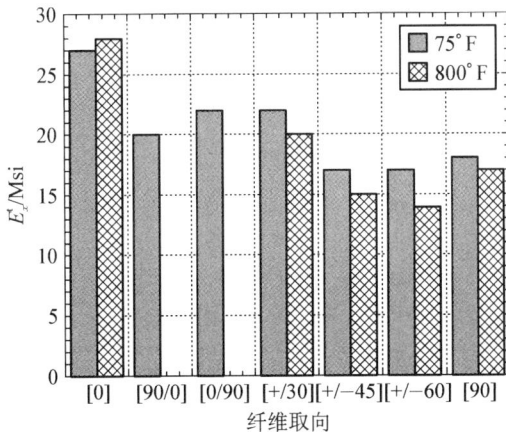

图 3.8.2.1.1(h) $1×10^{-3}$ 和 $1×10^{-4}s^{-1}$ 应变率下平均拉伸
模量随纤维取向和测试温度的变化

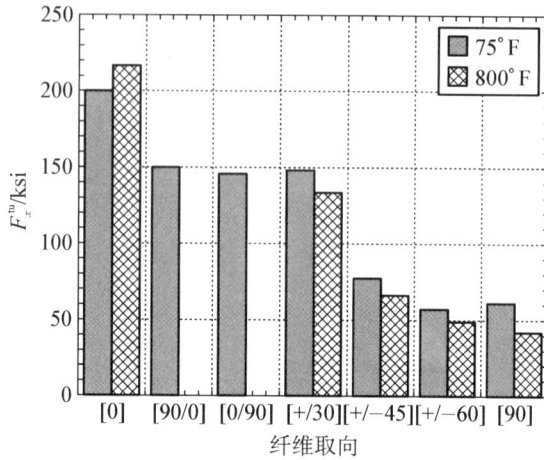

图 3.8.2.1.1(i) 1×10^{-3} 和 $1\times10^{-4}s^{-1}$ 应变率下平均拉伸强度随纤维取向和测试温度的变化

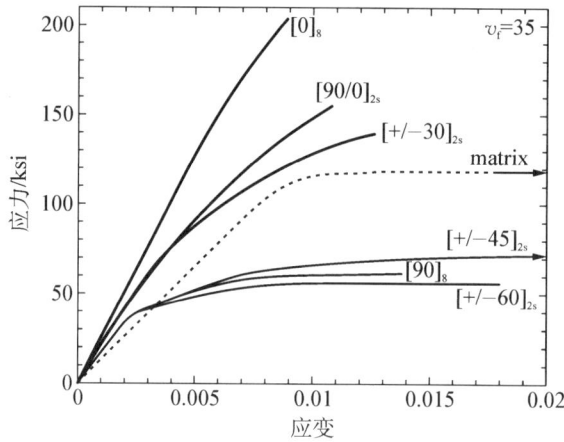

图 3.8.2.1.1(j) $75°\mathrm{F}(24℃)$ 时 $1\times10^{-4}s^{-1}$ 应变率下 SiC/Ti‐15‐3 的典型拉伸行为随纤维取向($V_{\mathrm{f}}=35$)的变化

3.8.2.1.2　SCS‐6/Ti‐15‐3 疲劳

复合材料板材由 Textron 公司利用箔叠纤维法制备而成。基体材料箔为 Ti‐15V‐3Cr‐3Al‐3Sn(Ti‐15‐3)合金,增强体为 SCS‐6 纤维。板为 8 或 32 层,尺寸为 12 in×12 in 或 10 in×14 in。这些板材中所用纤维毡用金属带编织而成。所使用带的类型(Ti、Mo 或 Ti‐Nb)取决于制备年份。

遵照 1.3.2.4 节中方法制备低周疲劳(LCF)试样。所有试样在 1 292°F(700℃)真空条件下热处理 24 h。依据 1.4.2.4 节所述方法,疲劳试验主要在空气中进行。

少量试验需在真空条件下进行用来考察环境的影响。高温试验时采用直接感应加热的方法。

利用 Ti-15-3 热等静压箔压制成纯基体厚板,从中切取圆柱形狗骨状试样,并与复合材料进行相同的热处理。该材料的数据用于与复合材料数据进行比较。

平均应力的影响

平均应力对单向 $[0]_n$ 复合材料疲劳的影响如图 3.8.2.1.2(a)所示。试验按应力控制模式进行,并采用各种不同的平均应力水平,从 $R_\sigma = -1$(完全对称)到 $R_\sigma = 0.7$(高拉伸平均应力)变化。对于使用压缩载荷的试验,使用较厚的 32 层复合材料以防止试样屈曲。

从图 3.8.2.1.2(a)中可以看出,当应力范围不变时,平均应力值越高,寿命越短。事实上,这些数据最好使用 Soderberg 平均应力方法建模。值得注意的是,当承受拉伸平均应力时试样的拉伸应变会呈棘齿形增加,这与单一金属疲劳行为相似。拉伸平均应力升高,棘齿现象随之变得更加严重。

应变控制模式疲劳试验数据如图 3.8.2.1.2(b)所示。应变范围固定时,完全对称情况下 $[0]_n$ 板与纯基体有相似的寿命。值得注意的是,当施加循环平均应变时,纯基体迅速松弛到完全对称应力状态。因此应变控制条件下,平均应变对纯基体材料的寿命没有影响,但会对复合材料的寿命产生影响,复合材料的寿命随拉伸平均应变的增加而降低。

从图 3.8.2.1.2(b)中可以看出,应变范围恒定时,复合材料的低周疲劳寿命从来不比纯基体材料的长。也就是说加入增强纤维,基体的疲劳寿命只能降低,尤其是对于低应变范围的情况。低应变范围时,纯基体存在疲劳极限,而复合材料至少在该图所示的应变范围内不存在疲劳极限。然而,添加纤维在某些方面是有利的,例如增加强度、降低密度和基体增韧。

纤维铺层方式的影响

图 3.8.2.1.2(c)给出了不同层合板的疲劳曲线,在拉伸平均应力($R_\sigma = 0.05$)作用下进行应力控制疲劳试验,包括了 75℉ 和 800℉(427℃)两种条件下的测试结果。应力范围恒定时,$[0]_n$ 层合板最强,即在给定应力范围内具有最长的疲劳寿命。随 0°方向纤维分量减小,层合板的抗疲劳性能下降。因此,横向 $[90]_n$ 层合板的抗疲劳性能最差。

温度对层合板的疲劳寿命有显著影响,尤其对不含有 0°纤维的层合板,如 $[\pm 30]_n$。随温度升高层合板的抗疲劳性能变差。这可能是由于基体表现出更明显的非弹性使得更多的载荷施加在纤维上,从而导致应变呈棘齿状变化。高温环境下的氧化现象,特别是纤维/基体界面的氧化,使得含有非 0°单层的层合板疲劳寿命下降,因为非 0°单层的纤维末梢暴露在环境中。

有意思的是尽管 $[0/90]_{2s}$ 和 $[90/0]_{2s}$ 层合板取自同一块板材并且具有相同的拉

伸性能，[0/90]₂ₛ层合板比[90/0]₂ₛ层合板具有更好的抗疲劳性能。这种差异的原因是，在这两种层合板中90°层的纤维/基体界面在第一个加载循环中即发生脱粘，对于[90/0]₂ₛ层合板，这意味着给外层基体薄板施加了额外的载荷，使其在疲劳早期出现裂纹，裂纹可以很容易地扩展直至被0°层阻止；然而对于[0/90]₂ₛ层合板，裂纹在疲劳后期萌生，并被外层的第一排纤维阻止，因为恰好是0°层。

　　图3.8.2.1.2(d)给出了复合材料和纯基体材料的应变控制试验的疲劳曲线。与图3.8.2.1.2(b)类似，当应变范围固定时，纯基体材料具有最高的疲劳寿命。[0]ₙ和[±30]₈ₛ层合板的寿命略低于纯基体材料的寿命。比较图3.8.2.1.2(b)和3.8.2.1.2(d)还可以发现，如果以应变范围作为坐标轴并具有相同的应变比，复合材料[包括图3.8.2.1.2(e)中不同体积分数的复合材料]的数据可以绘制成一条疲劳曲线。

纤维体积分数的影响

　　对含有不同纤维体积含量的[0]ₙ层合板进行了应变控制的完全对称疲劳试验。表3.8.2.1.1(b)和(d)中给出了这些试样的拉伸性能，可见随纤维含量的变化层合板的性能存在较大的差异。然而，当以应变范围为坐标轴做图时，含有不同纤维体积分数的层合板的寿命没有差别。

　　对于其他额外的信息，请参考下面的文献：

- Lerch B A. Fatigue Behavior of SiC/Ti - 15 - 3 Laminates [C]. HiTemp Review 1990，NASA Conference Publication 10051，35：1 - 9.

- Gabb T P，Gayda J，Lerch B A，et al. The Effect of Matrix Mechanical Properties on [0]₈ Unidirectional SiC/Ti Composite Fatigue Resistance [J]. Scripta Met.，1991，25：2879 - 2884.

- Lerch B A，Halford G R. Fully-Reversed Fatigue of a Ti-MMC [C]. Proceedings of the 17th Conference on Metal Matrix，Carbon，and Ceramic Matrix Composites，Part I；Cocoa Beach，FL，Jan. 1993，NASA CP 3235，May 1994，177 - 191.

- Lerch B，Halford G. Effects of Control Mode and R-ratio on the Fatigue Behaviour of a Metal Matrix Composite [J]. Materials Science and Engineering A，1995，200(1 - 2)：47 - 54.

- Lerch B，Halford G. Fatigue Mean Stress Modeling in a [0]₃₂ Titanium Matrix Composite [C]. HiTemp Review 1995 Advanced High Temperature Engine Materials Technology Program，Volume II：Compressor/Turbine Materials — Metals and MMC's，NASA Conf. Proc. 10178，1995，21.

- Lerch B A，Verrilli M J，Halford G R. Fully-Reversed Fatigue of a Ti - MMC [C]. Proceedings of the American Society for Composites，Eighth Technical

Conference，Technomic Publishing Company，Lancaster，Pa.，1993,388 –
396.

- Subramanian S，Lerch B A，Castelli M G，et al. Effect of Fiber Volume
  Fraction on Fully Reversed Isothermal Fatigue Behavior of Unidirectional SCS6 –
  Ti – 15 – 3 Composites，Composites and Functionally Graded Materials [J]. MD
  – Vol. 80，eds. T. S. Srivatsan, A. Zavaliangos, K. I. Jacob, N. Katsube, W.
  Jones，K. Ramani, S. Sitaraman and S. Yang，ASME，1997,131 – 139.
- Majumdar B S，Lerch B A. Fatigue Mechanisms in a Ti-Based Fiber-Reinforced
  MMC and Approaches to Life Prediction [R]. Proceedings of the Air Force
  Workshop on Titanium Matrix Composites，eds. P. R. Smith and W. Revelos,
  AF Technical Report No. WL – TR – 93 – 4105，1993,409 – 426.

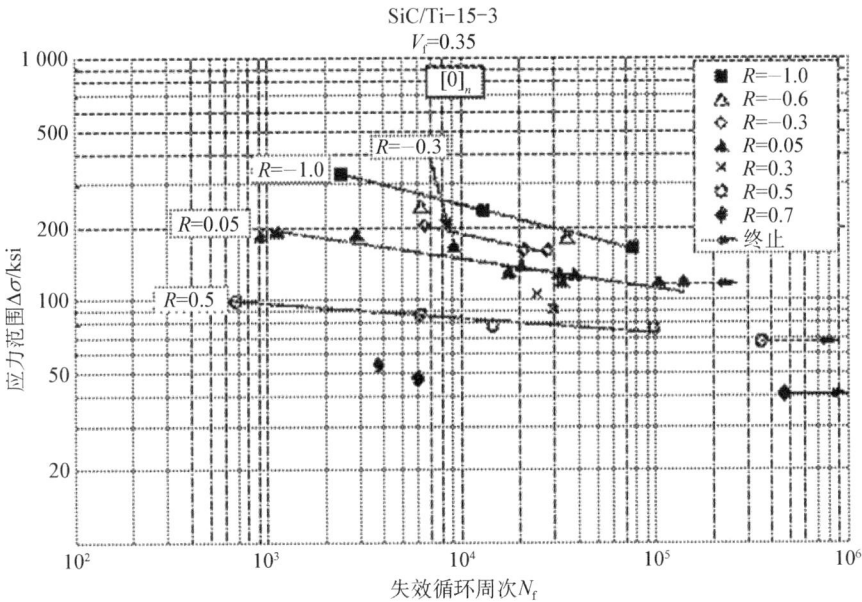

图 3.8.2.1.2(a)　应力控制模式下[0]ₙ复合材料 800℉(427℃)时的疲劳数据

图 3.8.2.1.2(a)的相关信息

数据来源

疲劳	表 C4. 1(d)
静态拉伸	表 3.8.2.1.1(b)和(d)
批数	3
层数	8，32

试验参数

频率/Hz	0.04～0.17

(续表)

波形	三角形	
温度/℉	800	
气氛环境	空气	
应力比(R_σ)	-1，-0.6，-0.3，0.05，0.3，0.5，0.7	
应力寿命方程	$R_\sigma = 0.05$（8 和 32 层） $\lg N_f = 21.7 - 8.17\lg(\Delta\sigma)$ $\lg N_f$ 的标准差 $= 0.25$ $R^2 = 88\%$，样本含量 $= 11$	$R_\sigma = 0.5$（32 层） $\lg N_f = 35.6 - 16.4\lg(\Delta\sigma)$ $\lg N_f$ 的标准差 $= 8.46(1/\Delta\sigma)$ $R^2 = 91\%$，样本含量 $= 4$
	$R_\sigma = -1$（32 层） $\lg N_f = 15.6 - 4.85\lg(\Delta\sigma)$ $\lg N_f$ 的标准差 $= 0.023$ $R^2 = 100\%$，样本含量 $= 3$	$R_\sigma = -0.3$（32 层） $\lg N_f = 16.8 - 5.63\lg(\Delta\sigma)$ $\lg N_f$ 的标准差 $= 0.084$ $R^2 = 94\%$，样本含量 $= 3$

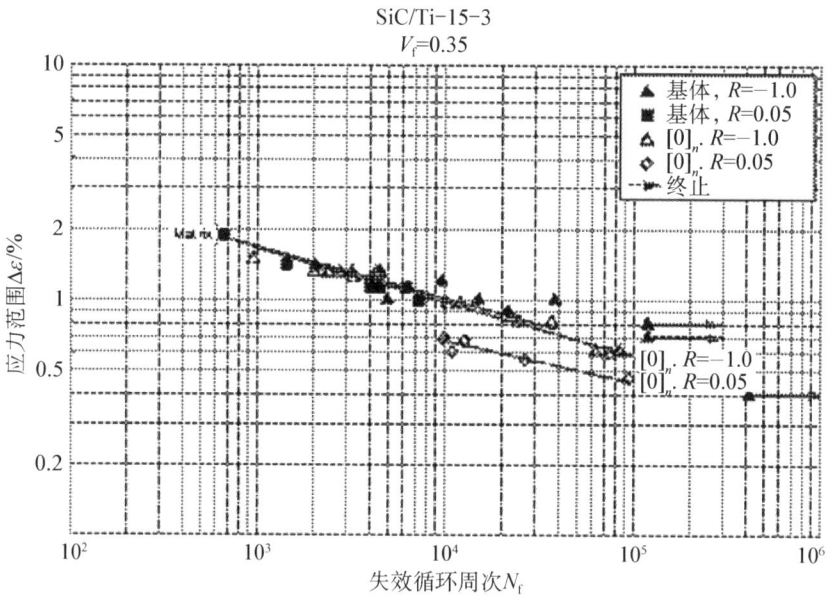

图 3.8.2.1.2(b) 应变控制模式下 $[0]_n$ 复合材料 800℉（427℃）时的疲劳数据

图 3.8.2.1.2(b) 的相关信息

	复合材料	基体
数据来源		
疲劳	表 C4.1(d)	表 B4.1(b)
静态拉伸	表 3.8.2.1.1(b)和(d)	表 3.3.5.1(a)、(b)、(d)、(e)
批数	3	1

（续表）

	复合材料	基体
层数	8，32	
试验参数		
应变率/s^{-1}	1×10^{-3}	1×10^{-3}
波形	三角形	三角形
温度/℉	800	75，400，800
气氛环境	空气	空气
应变比（R_ε）	-1.0，0.05	-1.0，0.05
应变寿命方程	$R_\varepsilon = -1.0$（8 和 32 层合并）	$R_\varepsilon = -1.0$ 和 0.05 合并[1]
	$\lg N_f = 3.97 - 4.39 \lg(\Delta\varepsilon)$	$\lg N_f = 4.04 - 4.60 \lg(\Delta\varepsilon)$
	$\lg N_f$ 的标准差 $= 0.12$	$\lg N_f$ 的标准差 $= 0.217(1/\Delta\varepsilon)$
	$R^2 = 97\%$，样本含量 $= 17$	$R^2 = 83\%$，样本含量 $= 12$
	$R_\varepsilon = 0.05$（32 层）	
	$\lg N_f = 3.05 - 5.6 \lg(\Delta\sigma)$	
	$\lg N_f$ 的标准差 $= 0.15$	
	$R^2 = 87\%$，样本含量 $= 8$	

(1) 合并 75、400 和 800℃条件下数据。

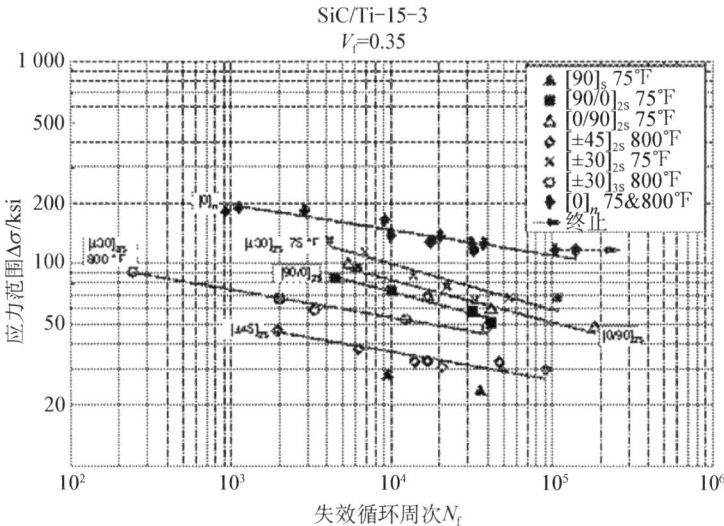

图 3.8.2.1.2(c)　应力控制模式下层合板在 $R = 0.05$ 时的疲劳数据

图 3.8.2.1.2(c)的相关信息

数据来源	
疲劳	表 C4.1(d)
静态拉伸	表 3.8.2.1.1 (a)～(j)，(m)，(n)

批数	$[0]_n$—3
	$[\pm 30]_{8S}$—1；$[\pm 30]_{2S}$—2
	$[0/90]_{2S}$ 和 $[90/0]_{2S}$—1
	$[\pm 45]_{2S}$—1

层数	8，32
试验参数	
频率/Hz	0.07～0.19
波形	三角形
温度/°F	75，800
气氛环境	空气
应力比(R_a)	0.05

应力寿命方程

$[90/0]_{2S}$，温度 $= 75°F$
$\lg N_f = 12.8 - 4.71\lg(\Delta\sigma)$
$\lg N_f$ 的标准差 $= 0.47(1/\Delta\sigma)$
$R^2 = 98\%$，样本含量 $= 4$

$[0/90]_{2S}$，温度 $= 75°F$
$\lg N_f = 13.2 - 4.791\lg(\Delta\sigma)$
$\lg N_f$ 的标准差 $= 0.17$
$R^2 = 91\%$，样本含量 $= 4$

$[\pm 45]_{2S}$，温度 $= 800°F$
$\lg N_f = 15.2 - 7.16\lg(\Delta\sigma)$
$\lg N_f$ 的标准差 $= 5.5(1/\Delta\sigma)$
$R^2 = 86\%$，样本含量 $= 7$

$[\pm 30]_{2S}$，温度 $= 75°F$
$\lg N_f = 12.8 - 4.43\lg(\Delta\sigma)$
$\lg N_f$ 的标准差 $= 0.23$
$R^2 = 81\%$，样本含量 $= 9$

$[\pm 30]_{8S}$，温度 $= 800°F$
$\lg N_f = 16.6 - 7.29\lg(\Delta\sigma)$
$\lg N_f$ 的标准差 $= 2.2(1/\Delta\sigma)$
$R^2 = 97\%$，样本含量 $= 5$

$[0]_n$，温度 $= 800°F$ 和 $75°F$ 合并
$\lg N_f = 21.4 - 7.16\lg(\Delta\sigma)$
$\lg N_f$ 的标准差 $= 5.5(1/\Delta\sigma)$
$R^2 = 86\%$，样本含量 $= 7$

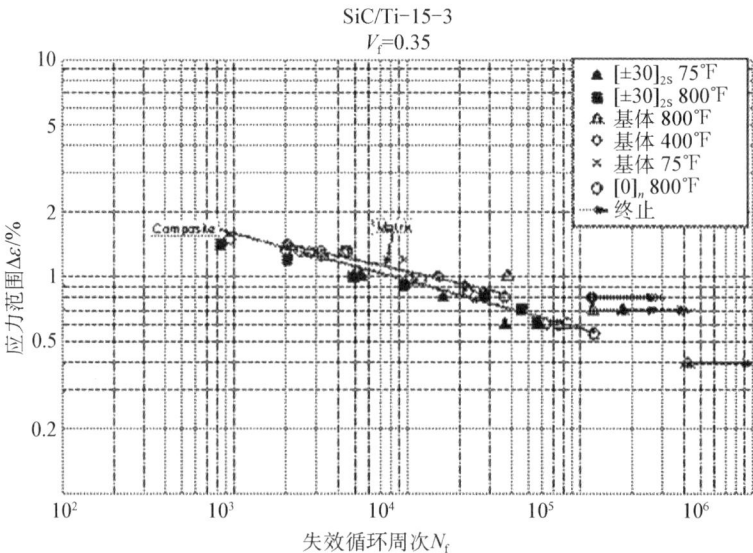

图 3.8.2.1.2(d)　应变控制模式下层合板在 $R = -1$ 时的疲劳数据

图 3.8.2.1.2(d) 的相关信息

	复合材料	基体
数据来源		
疲劳	表 C4.1(d)	表 B4.1(b)
静态拉伸	表 3.8.2.1.1 (b)，(d)，(g)，(h)	表 3.3.5.1 (a)，(b)，(d)，(e)
批数	$[0]_n$—3	1
	$[\pm 30]_{8S}$—2	
层数	8，32	
试验参数		
应变率/s^{-1}	1×10^{-3}	1×10^{-3}
波形	三角形	三角形
温度/℉	75，800	75，400，800
气氛环境	空气	空气
应变比(R_ε)	-1.0	-1.0
应变寿命方程	各类层合板[1]	基体[2]
	$\lg N_f = 3.91 - 4.57\lg(\Delta\varepsilon)$	$\lg N_f = 4.13 - 5.49\lg(\Delta\varepsilon)$
	$\lg N_f$ 的标准差 $= 0.21$	$\lg N_f$ 的标准差 $= 0.36(1/\Delta\varepsilon)$
	$R^2 = 90\%$，样本含量 $= 28$	$R^2 = 49\%$，样本含量 $= 5$

(1) 合并各类层合板数据，温度和层数。
(2) 合并 75、400 和 800℉ 条件下数据。

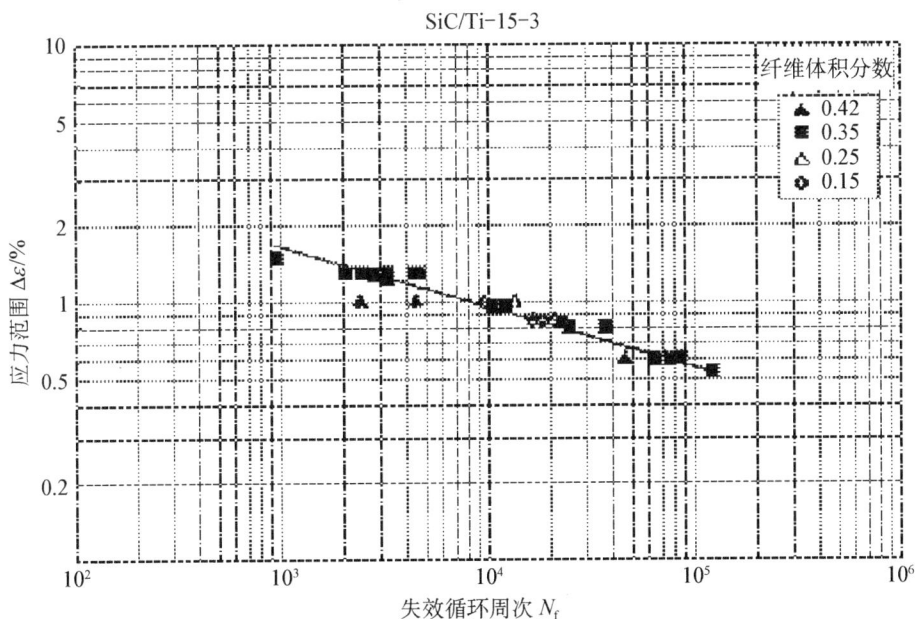

图 3.8.2.1.2(e)　$[0]_n$ 层合板在应变控制模式下的疲劳数据随体积分数的变化

图 3.8.2.1.2(e)相关信息

数据来源
疲劳　　　　　　　　　　　　表 C4.1(d)
静态拉伸　　　　　　　　　　表 3.8.2.1.1(b)和(d)
批数　　　　　　　　　　　　6
层数　　　　　　　　　　　　8，32
试验参数
应变率/s^{-1}　　　　　　　　1×10^{-3}
波形　　　　　　　　　　　　三角形
温度/℉　　　　　　　　　　　800
气氛环境　　　　　　　　　　空气
应力比(R_σ)　　　　　　　　-1.0
应力寿命方程　　　　　　　　$V_f = 0.15，0.25，0.35，0.42$ 合并
　　　　　　　　　　　　　　$\lg N_f = 3.93 - 4.30 \lg(\Delta\sigma)$
　　　　　　　　　　　　　　$\lg N_f$ 的标准差 $= 0.17(1/\Delta\sigma)$
　　　　　　　　　　　　　　$R^2 = 92\%$，样本含量 $= 28$

3.8.2.2　TRIMARC‑1/Ti‑6Al‑2Sn‑4Zr‑2Mo 线/纤维缠绕板[*]

材料：TRIMARC‑1/Ti‑6Al‑2Sn‑4Zr‑2Mo 平板 纤维：Trimarc‑1，连续，直径 $= 0.005$ in　基体：Ti‑6Al‑2Sn‑4Zr‑2Mo 制造商：大西洋研究公司 制备方法：线/纤维缠绕工艺 生产工艺：热等静压 1 749℉，15 ksi，2 h　来源：美国空军研究实验室/ 　　　　　　　　　　　　　　　　　　　　　　　　　戴顿大学研究所	**SiC/Ti** **TRIMARC‑1/** **Ti 6‑2‑4‑2** **概述**

纤维生产日期		测试日期	1994—1996
基体生产日期		数据第二次提交日期	11/2000
复合材料生产日期	1994—1996	分析日期	4/2003

单层板性能汇总

温度/℉	73	325	700
环境	空气	空气	空气
纤维体积分数/%	27～33	27～33	27～33
[0]$_{10}$ 和 [0]$_8$ 1 轴拉伸	SSS—SS—	SS——SS—	SS——SS—
[90]$_{10}$ 和 [90]$_8$ 1 轴拉伸	SSSSSS—	SS—SSSS	SS—SSSS
[0]$_{10}$ 1 轴压缩	———SSS	—S——SS	—S——SSS
[90]$_{10}$ 2 轴压缩	—S——SSS	—S——SSS	—S——SSS

数据类型：F—完全批准数据；S—筛选数据；依次对应：强度/模量/泊松比/断裂应变/比例极限/0.02 屈服强
　　　度/0.2 屈服强度。
[*]原始数据表格见附录 C4.2。

	名义值	提交值	测试方法
纤维密度/(lb/in³)	0.114~0.117		
基体箔密度/(lb/in³)			
复合材料密度/(lb/in³)	0.150**		
单层厚度/in			

＊＊根据 V_f 计算得到。

层合板性能汇总

温度/℉
环境
纤维体积分数/%

数据类型：F—完全批准数据；S—筛选数据；依次对应：强度/模量/泊松比/断裂应变/比例极限/0.02 屈服强度/0.2 屈服强度。

材料：Trimarc‐1/Ti 6‐2‐4‐2 平板	表 3.8.2.2(a) SiC/Ti 平板 Trimarc‐1/ Ti 6‐2‐4‐2 1 轴拉伸 [0]₁₀，[0]₈ 73、325、700℉ 筛选

加工方法：水射流/金刚石研磨　纤维体积分数：0.273%~0.324%
纤维间距：130 根/in

试样几何形状：长条形
工作段厚度：0.067 0~0.095 1 in　模量计算：最小二乘法拟合
工作段宽度：0.314 6~0.640 in
测试方法：见 1.4.2.1 节
试验前暴露：无　　来源：美国空军研究实验室/戴顿大学研究所
归一化：未归一化

温度/℉	73	325	700
环境	空气	空气	空气
纤维体积分数/%	27.3~32.4	27.3~31.0	27.4~30.5
应变率/s⁻¹	(1)	(1)	(1)

（续表）

$F_1^{tu}/$ ksi	平均值	230	208	190
	最小值	198	166	142
	最大值	255	230	207
	$CV/\%$	7.20	8.08	7.93
	B 基准值	（2）	（2）	（2）
	分布	韦布尔	方差分析	韦布尔
	C_1	238	2.60	196
	C_2	17.2	17.3	19.5
	试样数量	12	21	17
	批数	4	4	4
	批准类别	筛选	筛选	筛选
E_1^t /Msi	平均值	29.2	28.3	27.6
	最小值	28.3	25.8	23.3
	最大值	30.8	31.7	31.7
	$CV/\%$	2.73	4.96	7.39
	试样数量	11	19	15
	批数	4	4	4
	批准类别	筛选	筛选	筛选
ν_{12}^t	平均值	0.29		
	试样数量	1		
	批数	1		
	批准类别	筛选		
ε_1^{tu} /%	平均值			
	最小值			
	最大值			
	$CV/\%$			
	B 基准值			
	分布			
	C_1			
	C_2			
	试样数量			
	批数			
	批准类别			

（1）下列应变率测试条件下数据合并：0.000 01、0.000 1、0.001、0.000 8 s^{-1}。

（2）只对完全批准数据给出 B 基准值。

材料：Trimarc‑1/Ti 6‑2‑4‑2 平板			表 3.8.2.2(b)

材料：Trimarc‑1/Ti 6‑2‑4‑2 平板
加工方法：水射流/金刚石研磨　　纤维体积分数：0.273%～0.324%
　　　　　　　　　　　　　　　纤维间距：130 根/in

试样几何形状：长条形
工作段厚度：0.067 0～0.095 1 in
工作段宽度：0.314 6～0.364 0 in　模量计算：最小二乘法拟合
测试方法：见 1.4.2.1 节
试验前暴露：无　　　　　　　　来源：美国空军研究实验室/
　　　　　　　　　　　　　　　　　　戴顿大学研究所

归一化：未归一化

表 3.8.2.2(b)
SiC/Ti 平板
Trimarc‑1/
Ti 6‑2‑4‑2
1 轴拉伸
$[0]_{10}$，$[0]_8$
73、325、700℉
筛选

		73	325	700
温度/℉		73	325	700
环境		空气	空气	空气
纤维体积分数/%		27.3～32.4	27.3～31.0	27.4～30.5
应变率/s^{-1}		(1)	(1)	(1)
F_1^{tpl} /ksi	平均值	218	201	170
	最小值	168	175	150
	最大值	241	211	185
	CV/%	15.4	6.23	7.28
	B 基准值	(2)	(3)	(3)
	分布		韦布尔	韦布尔
	C_1		205	175
	C_2		26.6	18.0
	试样数量	4	8	10
	批数	3	4	4
	批准类别	筛选	筛选	筛选
$F_1^{ty0.02}$ /ksi	平均值	219	205	182
	最小值	174	183	160
	最大值	245	215	191
	CV/%		5.51	5.40
	B 基准值	(2)	(3)	(3)
	分布		正态	韦布尔
	C_1		205	186
	C_2		11.3	27.2
	试样数量	3	6	11
	批数	2	4	4
	批准类别	筛选	筛选	筛选

（续表）

$F_1^{ty0.2}$ /ksi	平均值	(4)	(4)	(4)
	最小值			
	最大值			
	$CV/\%$			
	B 基准值			
	分布			
	C_1			
	C_2			
	试样数量			
	批数			
	批准类别			

（1）下列应变率下的数据合并：0.000 01、0.000 1、0.001、0.000 8 s^{-1}。

（2）数据点少于 5 个不进行统计。

（3）只对完全批准数据给出 B 基准值。

（4）断裂前没有达到 0.2 屈服。

材料：Trimarc - 1/Ti 6 - 2 - 4 - 2 平板		表 3.8.2.2(c) SiC/Ti 平板 Trimarc - 1/ Ti6 - 2 - 4 - 2 2 轴拉伸 [90]$_{10}$，[90]$_8$ 73、325、700°F 筛选
加工方法：水射流/金刚石研磨	纤维体积分数：0.287%～0.322% 纤维间距：130 根/in	
试样几何形状：长条形 工作段厚度：0.068 0～0.090 5 in 工作段宽度：0.314 3～0.387 0 in 测试方法：见 1.4.2.1 节 试验前暴露：无	模量计算：最小二乘法拟合 来源：美国空军研究实验室/ 戴顿大学研究所	
归一化：未归一化		

	温度/°F	73	325	700
	环境	空气	空气	空气
	纤维体积分数/%	28.7～32.2	28.7～30.5	28.7～30.5
	应变率/s^{-1}	(1)	(1)	(1)
F_2^{tu} /ksi	平均值	48.6	56.6	50.8
	最小值	35.3	49.2	41.7
	最大值	59.4	63.2	57.7
	$CV/\%$	16.6	8.54	11.0
	B 基准值	(2)	(2)	(2)

(续表)

		方差分析	方差分析	方差分析
	分布			
	C_1	137	61.4	96.7
	C_2	5.86	10.7	7.31
	试样数量	12	13	12
	批数	6	4	5
	批准类别	筛选	筛选	筛选
E_2^t /Msi	平均值	22.3	19.8	17.9
	最小值	19.8	16.5	13.2
	最大值	24.1	22.3	23.1
	$CV/\%$	5.92	9.55	18.4
	试样数量	10	10	10
	批数	5	4	5
	批准类别	筛选	筛选	筛选
ν_{23}^t	平均值	0.22		
	试样数量	3		
	批数	3		
	批准类别	筛选		
ε_2^{tu} /%	平均值	0.560	0.955	1.05
	最小值	0.420	0.740	0.620
	最大值	0.680	1.26	1.48
	$CV/\%$	16.6	24.1	33.4
	B 基准值	(2)	(3)	(3)
	分布	非参数		
	C_1	8		
	C_2	6		
	试样数量	8	4	4
	批数	3	3	3
	批准类别	筛选	筛选	筛选

(1) 下列应变率下的数据合并：0.000 01、0.000 1、0.001、0.000 8 s^{-1}。
(2) 只对完全批准数据给出 B 基准值。
(3) 数据点少于 5 个不进行统计。

材料：Trimarc-1/Ti 6-2-4-2 平板		表 3.8.2.2(d)
加工方法：水射流/金刚石研磨　　纤维体积分数：0.287%～0.322% 　　　　　　　　　　　　纤维间距：130 根/in		SiC/Ti 平板 Trimarc-1/ Ti 6-2-4-2
试样几何形状：长条形 工作段厚度：0.068 0～0.090 5 in　模量计算：最小二乘法拟合 工作段宽度：0.314 3～0.387 0 in 测试方法：见 1.4.2.1 节 测试前暴露：无　　　　　　　来源：美国空军研究实验室/ 　　　　　　　　　　　　　　　戴顿大学研究所 归一化：未归一化		2 轴拉伸 [90]₁₀，[90]₈ 73、325、700℉ 筛选

温度/℉		73	325	700
环境		空气	空气	空气
纤维体积分数/%		28.7～32.2	28.7～30.5	28.7～30.5
应变率/s^{-1}		(1)	(1)	(1)
F_2^{tpl} /ksi	平均值	26.5	26.8	21.3
	最小值	17.7	20.3	17.5
	最大值	38.3	32.9	25.2
	CV/%	22.2	12.6	10.8
	B 基准值	(2)	(2)	(2)
	分布	韦布尔	韦布尔	韦布尔
	C_1	28.8	28.3	22.3
	C_2	4.89	9.23	11.0
	试样数量	10	10	10
	批数	5	4	4
	批准类别	筛选	筛选	筛选
$F_2^{ty0.02}$ /ksi	平均值	44.1	35.9	26.0
	最小值	33.9	33.2	24.7
	最大值	50.7	38.5	28.3
	CV/%	12.1	5.36	4.48
	B 基准值	(2)	(2)	(2)
	分布	正态	韦布尔	韦布尔
	C_1	44.1	36.8	26.5
	C_2	5.34	22.7	22.2
	试样数量	9	10	10
	批数	5	4	4
	批准类别	筛选	筛选	筛选
$F_2^{ty0.2}$ /ksi	平均值		57.1	47.1

（续表）

最小值		51.9	43.4
最大值		61.1	52.5
$CV/\%$		6.69	6.21
B基准值		（3）	（2）
分布			方差分析
C_1			3.84
C_2			3.14
试样数量		4	9
批数		2	4
批准类别		筛选	筛选

（1）下列应变率下的数据合并：0.000 01、0.000 1、0.001、0.000 8 s^{-1}。
（2）只对完全批准数据给出 B 基准值。
（3）数据点少于 5 个不进行统计。

材料：Trimarc-1/Ti 6-2-4-2 平板 加工方法：水射流/金刚石研磨　纤维体积分数：0.278%~0.328% 　　　　　　　　　　　　纤维间距：130 根/in 试样几何形状：长条形 工作段厚度：0.079 0~0.093 0 in　模量计算：最小二乘法拟合 工作段宽度：0.608 0~0.626 7 in 测试方法：见 1.4.2.2 节带 IITRI 固定装置 试验前暴露：无　　　　　　　　来源：美国空军研究实验室/ 　　　　　　　　　　　　　　　　　　戴顿大学研究所 归一化：未归一化	表 3.8.2.2(e) SiC/Ti 平板 Trimarc-1/ Ti 6-2-4-2 1 轴压缩 $[0]_{10}$ 73、325、700°F 筛选

	温度/°F	73	325	700
	环境	空气	空气	空气
	纤维体积分数/%	27.9~32.6	27.8~32.8	28.0~32.8
	应变率/s^{-1}	（1）	（1）	（1）
F_1^{cu} /ksi	平均值			
	最小值			
	最大值			
	$CV/\%$			
	B基准值	（2）	（2）	（2）
	分布			
	C_1			
	C_2			
	试样数量			

（续表）

	批数			
	批准类别			
E_1^c /Msi	平均值	29.5	27.6	26.3
	最小值	28.3	25.2	24.0
	最大值	31.5	30.3	28.6
	CV/%	4.31	5.81	6.02
	试样数量	7	9	6
	批数	5	4	4
	批准类别	筛选	筛选	筛选
ν_{12}^c	平均值			
	试样数量			
	批数			
	批准类别			
ε_1^{cu} /%	平均值			
	最小值			
	最大值			
	CV/%			
	B 基准值			
	分布			
	C_1			
	C_2			
	试样数量			
	批数			
	批准类别			

(1) 下列应变率下的数据合并：0.000 01、0.000 1、0.001、0.000 8 s⁻¹。

(2) 在压缩破坏前最大载荷时停止测试，见附录 C4.2。

材料：Trimarc - 1/Ti 6 - 2 - 4 - 2 平板 加工方法：水射流/金刚石研磨　　纤维体积分数：0.278%～0.328 2% 　　　　　　　　　　　　　　　　纤维间距：130 根/in 试样几何形状：长条形 工作段厚度：0.079 0～0.093 0 in　　模量计算：最小二乘法拟合 工作段宽度：0.608 0～0.626 7 in 测试方法：见 1.4.2.2 节带 IITRI 固定装置 试验前暴露：无　　　　　　　　来源：美国空军研究实验室/ 　　　　　　　　　　　　　　　　　　　　戴顿大学研究所 归一化：未归一化	表 3.8.2.2(f) SiC/Ti 平板 Trimarc - 1/ Ti 6 - 2 - 4 - 2 1 轴压缩 [0]₁₀ 73、325、700°F 筛选

（续表）

温度/℉		73	325	700
环境		空气	空气	空气
纤维体积分数/%		27.9~32.6	27.8~32.8	28.0~32.8
应变率/s^{-1}		(1)	(1)	(1)
F_1^{cpl} /ksi	平均值	184	323	253
	最小值	145	291	245
	最大值	234	344	258
	CV/%		5.90	2.14
	B 基准值	(2)	(3)	(3)
	分布		正态	方差分析
	C_1		323	5.73
	C_2		19.1	5.92
	试样数量	3	7	5
	批数	3	4	3
	批准类别	筛选	筛选	筛选
$F_1^{cy0.02}$ /ksi	平均值	193	333	264
	最小值	155	292	247
	最大值	238	375	279
	CV/%		7.98	5.24
	B 基准值	(2)	(3)	(3)
	分布		正态	正态
	C_1		333	264
	C_2		26.6	13.8
	试样数量	3	7	5
	批数	3	4	3
	批准类别	筛选	筛选	筛选
$F_1^{cy0.2}$ /ksi	平均值	284		330
	最小值	251		308
	最大值	330		351
	CV/%			
	B 基准值	(2)		(2)
	分布			

（续表）

	C_1			
	C_2			
	试样数量	3		2
	批数	3		2
	批准类别	筛选		筛选

(1) 下列应变率下的数据合并：0.000 01、0.000 1、0.001、0.000 8 s^{-1}。
(2) 数据点少于 5 个不进行统计。
(3) 只对完全批准数据给出 B 基准值。

材料：Trimarc - 1/Ti 6 - 2 - 4 - 2 平板 加工方法：水射流/金刚石研磨　纤维体积分数：0.278%～0.328% 　　　　　　　　　　　　　纤维间距：130 根/in 试样几何形状：长条形 工作段厚度：0.079 0～0.095 0 in　模量计算：最小二乘法拟合 工作段宽度：0.606 0～0.628 3 in 测试方法：见 1.4.2.2 节　带 IITRI 固定装置 试验前暴露：无　　　　　来源：美国空军研究实验室/ 　　　　　　　　　　　　　　戴顿大学研究所 归一化：未归一化	表 3.8.2.2(g) SiC/Ti 平板 Trimarc - 1/ Ti 6 - 2 - 4 - 2 2 轴压缩 $[90]_{10}$ 73、325、700℉ 筛选

	温度/℉	73	325	700
	环境	空气	空气	空气
	纤维体积分数/%	28.4～32.4	27.3～32.4	28.1～32.8
	应变率/s^{-1}	(1)	(1)	(1)
F_2^{cu}/ksi	平均值 最小值 最大值 CV/% B 基准值 分布 C_1 C_2 试样数量 批数 批准类别	(2)	(2)	(2)

（续表）

E_2^c /Msi	平均值	23.0	20.6	20.9
	最小值	22.0	19.5	18.8
	最大值	24.0	21.5	22.9
	$CV/\%$	2.85	3.60	6.16
	试样数量	9	8	8
	批数	5	4	5
	批准类别	筛选	筛选	筛选
ν_{23}^c	平均值			
	试样数量			
	批数			
	批准类别			
ε_2^{cu} /%	平均值			
	最小值			
	最大值			
	$CV/\%$			
	B基准值			
	分布			
	C_1			
	C_2			
	试样数量			
	批数			
	批准类别			

(1) 下列应变率下的数据合并：0.000 01、0.000 1、0.001、0.000 8 s⁻¹。

(2) 在压缩破坏前最大载荷时停止测试，见附录 C4.2。

材料：Trimarc-1/Ti 6-2-4-2 平板 加工方法：水射流/金刚石研磨　　纤维体积分数：0.278%～0.328% 　　　　　　　　　　　　　　　纤维间距：130 根/in 试样几何形状：长条形 工作段厚度：0.079 0～0.095 0 in　模量计算：最小二乘法拟合 工作段宽度：0.606 0～0.628 3 in 测试方法：见 1.4.2.2 节　带 IITRI 固定装置 试验前暴露：无　　　　　　　来源：美国空军研究实验室/ 　　　　　　　　　　　　　　　　　　戴顿大学研究所 归一化：未归一化	表 3.8.2.2(h) SiC/Ti 平板 Trimarc-1/ Ti 6-2-4-2 2 轴压缩 [90]₁₀ 73、325、700℉ 筛选

温度/℉	73[1]	325	700
环境	空气	空气	空气

（续表）

纤维体积分数/%	应变率/s^{-1}	28.4～32.4 (1)	27.3～32.4 (1)	28.1～32.8 (1)
F_2^{cpl} /ksi	平均值	124	94.4	77.3
	最小值	97.8	84.2	60.3
	最大值	148	104	96.5
	CV/%	11.7	6.74	14.3
	B 基准值	(2)	(2)	(2)
	分布	正态	方差分析	正态
	C_1	124	3.88	77.3
	C_2	14.4	6.87	11.0
	试样数量	9	8	8
	批数	5	4	5
	批准类别	筛选	筛选	筛选
$F_2^{cy0.02}$ /ksi	平均值	138	108	88.9
	最小值	120	105	85.7
	最大值	154	115	99.0
	CV/%	7.44	3.09	5.13
	B 基准值	(2)	(2)	(2)
	分布	正态	方差分析	非参数
	C_1	138	4.09	4.74
	C_2	10.2	3.66	3.16
	试样数量	9	8	8
	批数	5	4	5
	批准类别	筛选	筛选	筛选
$F_2^{cy0.2}$ /ksi	平均值	195	152	116
	最小值	192	146	111
	最大值	198	156	123
	CV/%	0.959	2.19	2.87
	B 基准值	(2)	(2)	(2)
	分布	正态	方差分析	方差分析
	C_1	196	4.02	3.07
	C_2	1.87	3.64	3.44
	试样数量	8	8	8
	批数	5	4	5
	批准类别	筛选	筛选	筛选

(1) 下列应变率下的数据合并：0.000 01、0.000 1、0.001、0.000 8 s^{-1}。
(2) 只对完全批准数据给出 B 基准值。

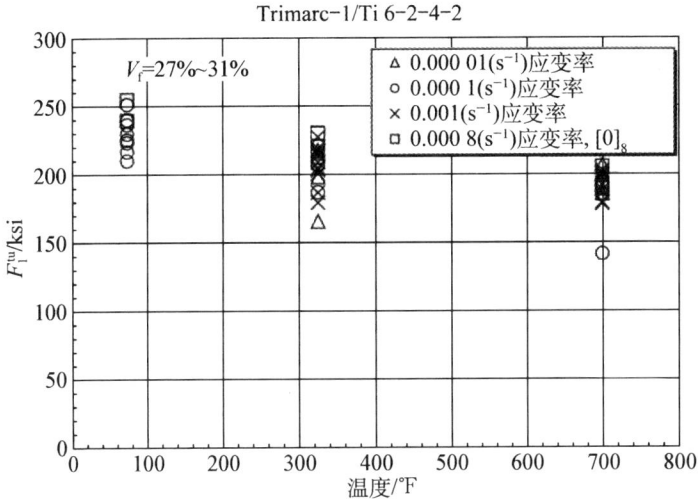

图 3.8.2.2(a)　[0]₁₀和[0]₈层合板纵向极限拉伸强度随温度和应变率的变化

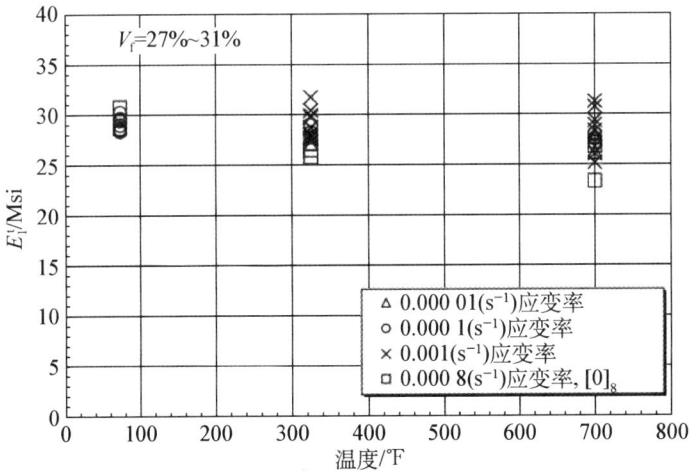

图 3.8.2.2(b)　[0]₁₀和[0]₈层合板纵向拉伸模量随温度
和应变率的变化

Trimarc-1/Ti 6-2-4-2

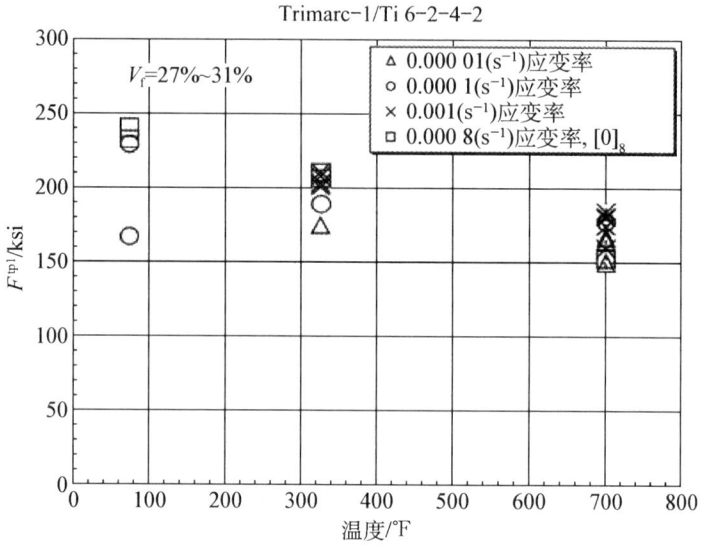

图 3.8.2.2(c)　[0]₁₀和[0]₈层合板纵向拉伸比例极限随温度和应变率的变化

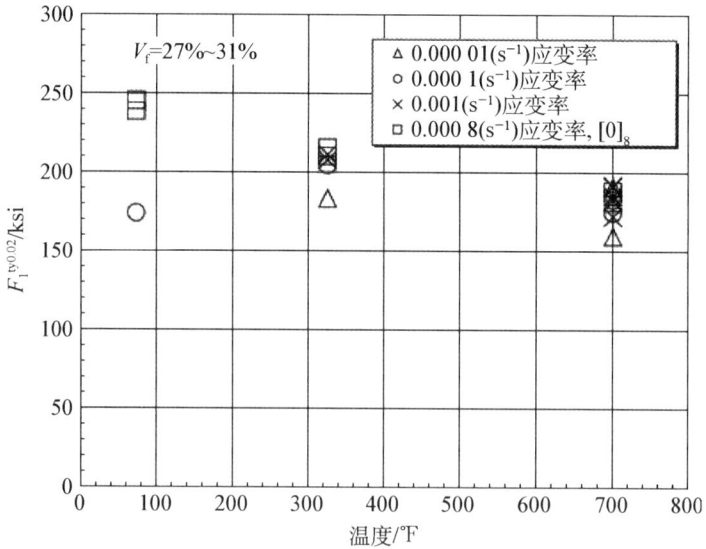

图 3.8.2.2(d)　[0]₁₀和[0]₈层合板纵向拉伸 0.02 偏置屈服强度随温度和应变率的变化

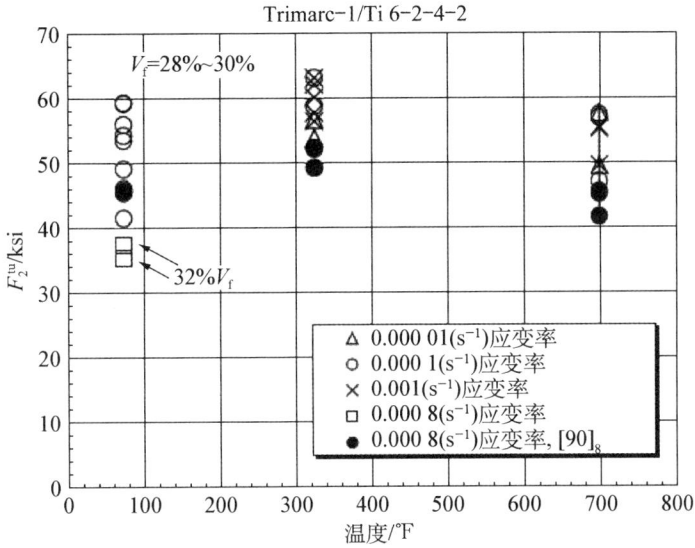

图 3.8.2.2(e)　[90]₁₀和[90]₈ 层合板横向极限拉伸强度随温度和应变率的变化

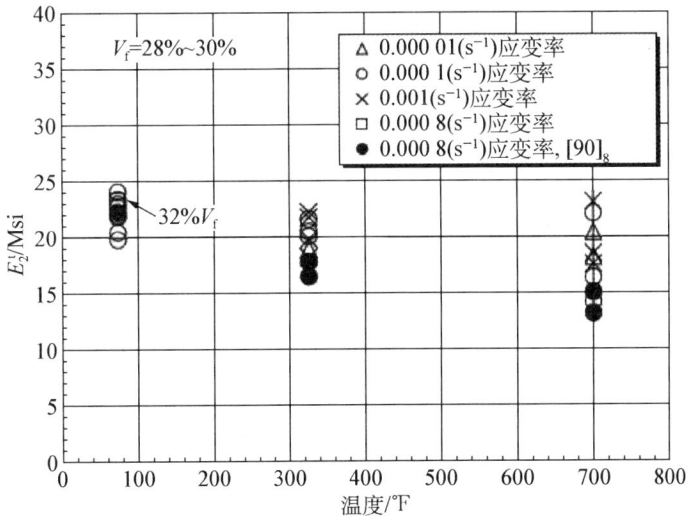

图 3.8.2.2(f)　[90]₁₀和[90]₈ 层合板横向拉伸模量随温度和应变率的变化

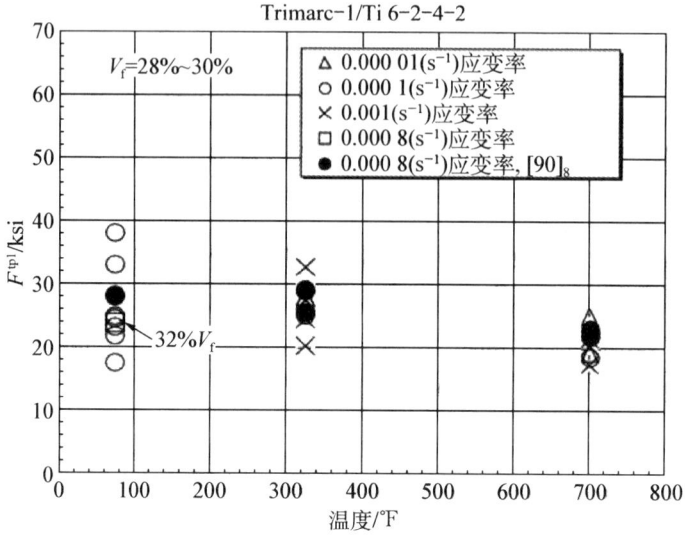

图 3.8.2.2(g)　[90]₁₀和[90]₈ 层合板横向拉伸比例极限随温度和应变率的变化

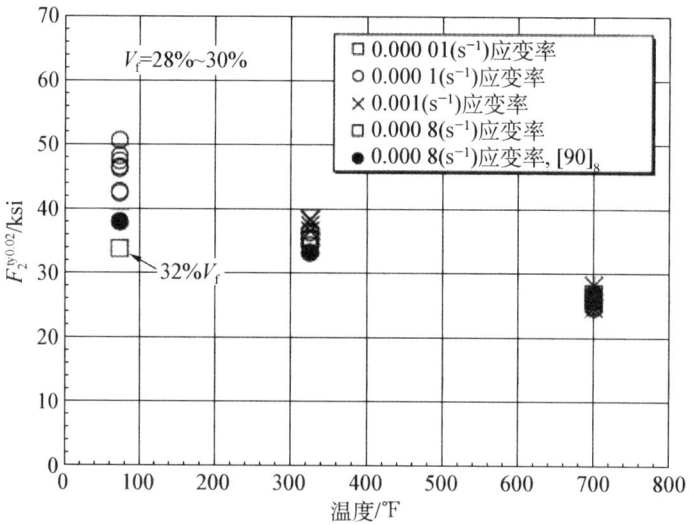

图 3.8.2.2(h)　[90]₁₀和[90]₈ 层合板横向拉伸 0.02 偏置屈服强度随温度
　　　　　　　和应变率的变化

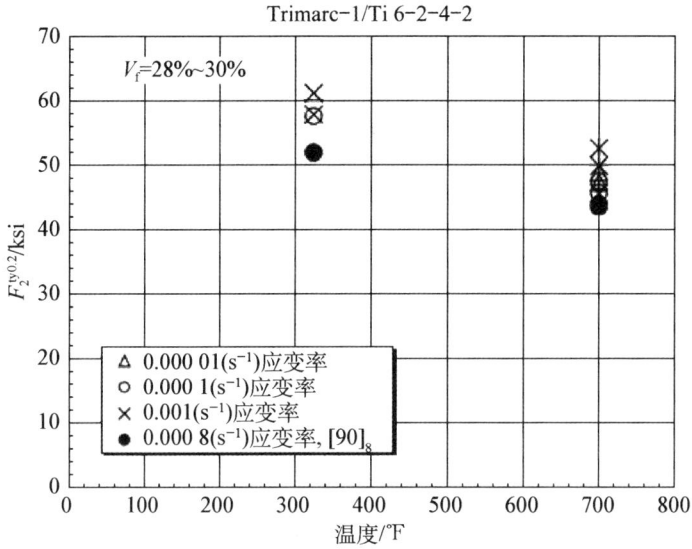

图 3.8.2.2(i) [90]₁₀和[90]₈ 层合板横向拉伸 0.2 偏置屈服强度随温度
和应变率的变化

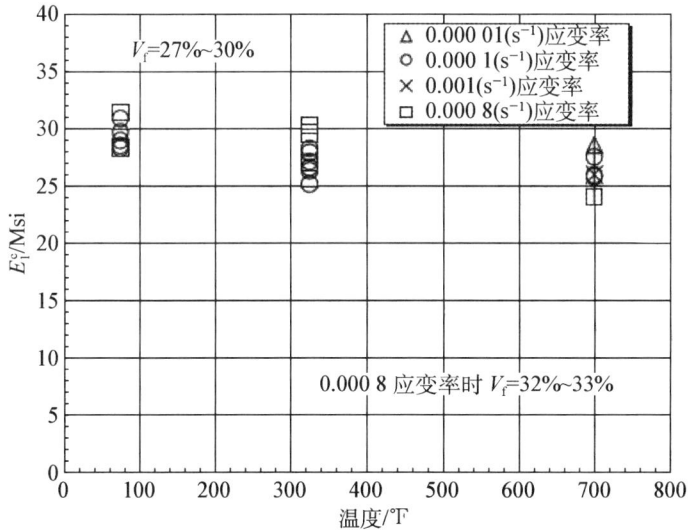

图 3.8.2.2(j) [0]₁₀层合板纵向压缩模量随温度和应变率的变化

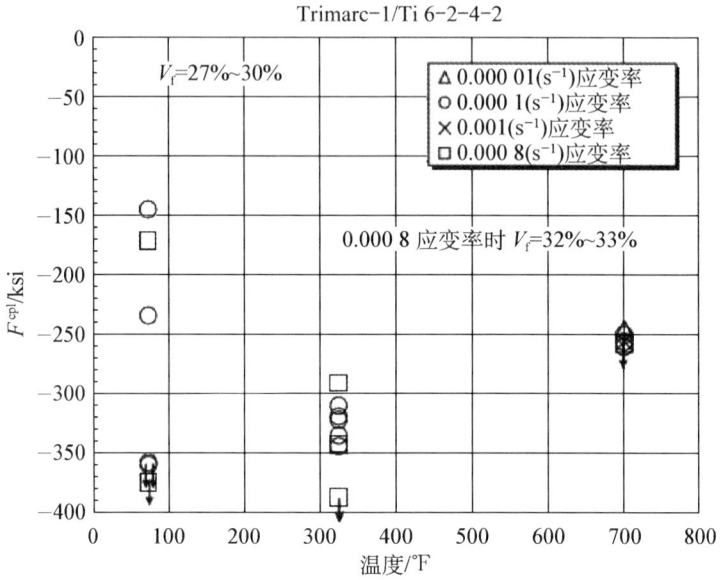

图 3.8.2.2(k)　[0]₁₀层合板纵向压缩比例极限随温度和应变率的变化

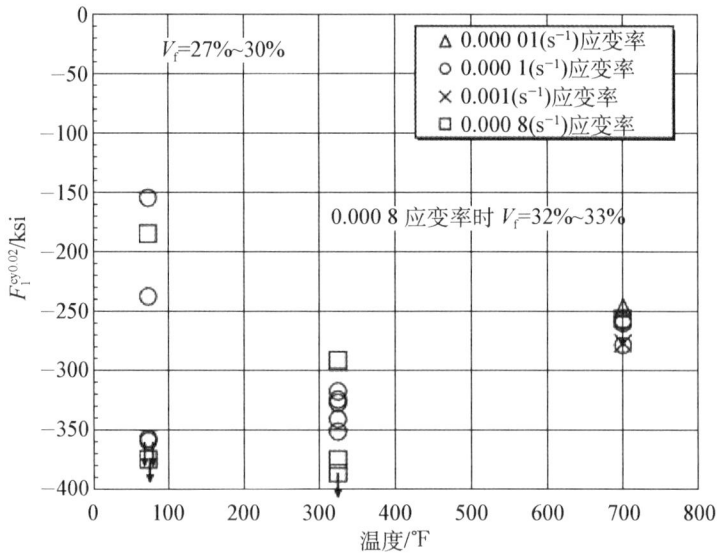

图 3.8.2.2(l)　[0]₁₀层合板纵向压缩 0.02 偏置屈服强度随温度和应变率的变化

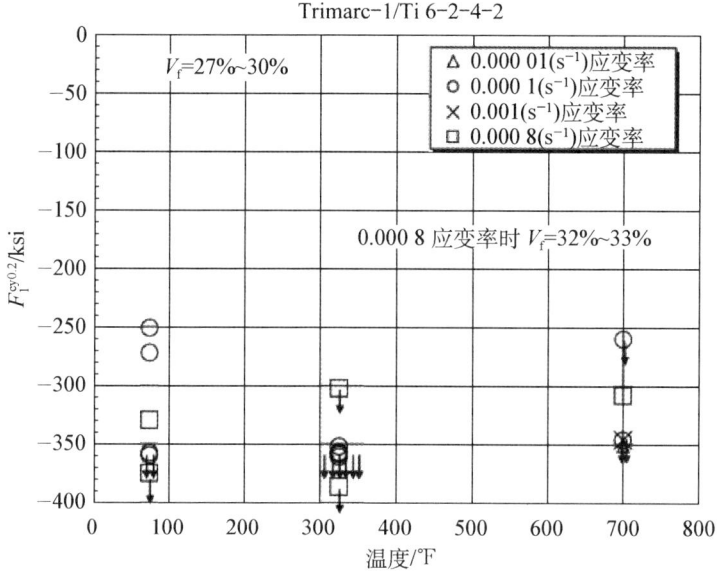

图 3.8.2.2（m）　[0]₁₀ 层合板纵向压缩 0.2 偏置屈服强度随温度和应变率的变化

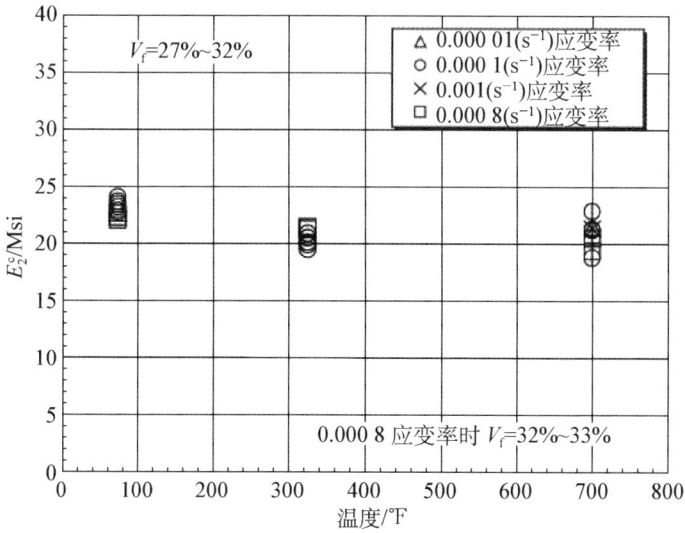

图 3.8.2.2（n）　[90]₁₀ 层合板横向压缩模量随温度和应变率的变化

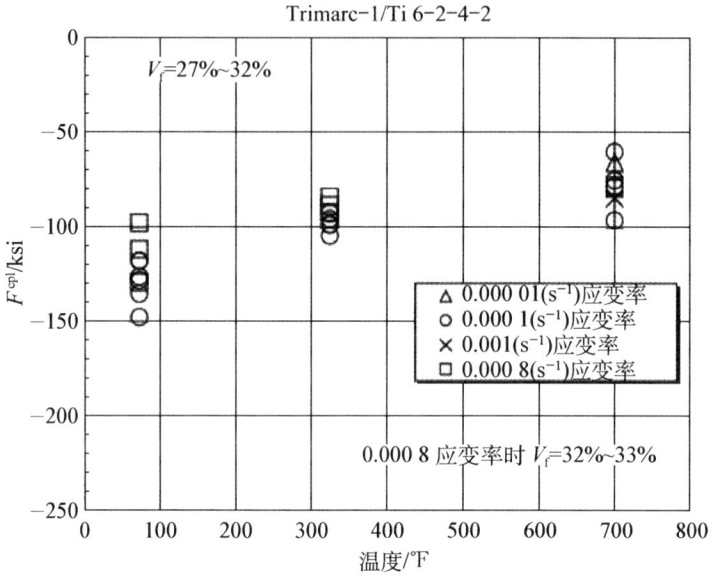

图 3.8.2.2(o)　[90]₁₀层合板横向压缩比例极限随温度和应变率的变化

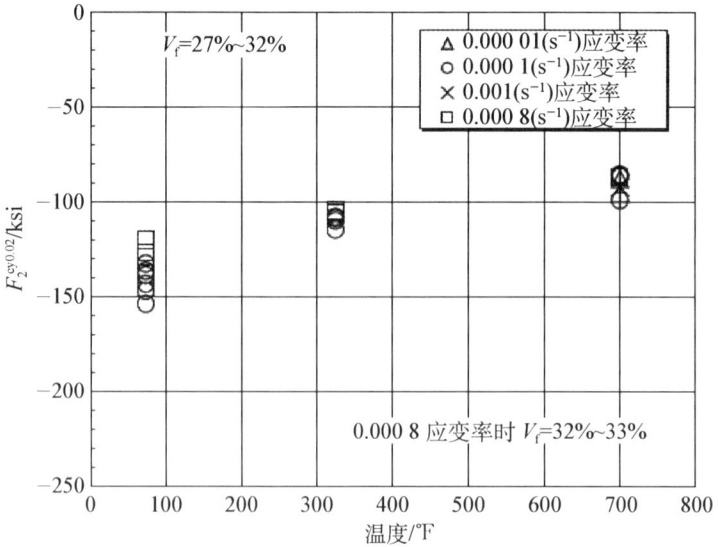

图 3.8.2.2(p)　[90]₁₀层合板横向压缩 0.02 偏置屈服强度随温度和应变率的变化

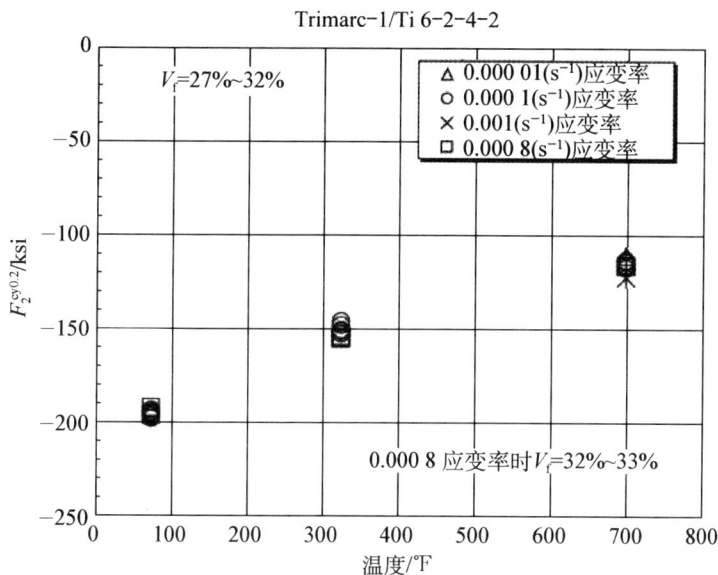

图 3.8.2.2(q)   [90]₁₀层合板横向压缩 0.2 偏置屈服强度随温度和应变率的变化

3.8.2.3 SCS‑6/Ti‑6Al‑4V 纤维/粉末

材料说明：

材料：SCS‑6/Ti‑6Al‑4V

形态：16 层复合材料板

工艺：转鼓缠绕纤维/Ti 粉复合丝法制备

一般供应商信息：

纤维：制造钛基复合材料板所用纤维均为特种材料有限公司（Specialty Materials,Inc.）生产的 SCS‑6 纤维。该纤维是碳化硅（SiC）化学沉积在碳芯上形成的连续单丝。纤维直径为 0.005 6 in,名义抗拉强度超过 500 ksi,模量为 56 Msi。复合材料板每英寸内名义单丝数为 115 根。

SiC 纤维满足 FMW 规范 SP10673。

基体：Ti‑6Al‑4V 粉末满足 FMW 规范 PSd10672。用于包套试样的 Ti‑6Al‑4V 薄板满足 ASM 规范 4911。

注意：所列数据来源于空军钛基复合材料项目的研究结果。这种复合材料的制备工艺在过去的 10 年中已经发展得相当成熟,并已经作为排气喷嘴压缩连接件在军用发动机上得到应用。但是由于成本问题以及在工程设计手册中缺少可靠的力学性能数据,使这类材料未能作为结构材料广泛应用。这项工作的总体目标是提供可靠数据包以便在 CMH‑17 手册中形成 B 基准设计许用值和疲劳数据,用来供飞机设计师使用。关于这一测试项目的详细信息,请查阅参考文献1。

3.8.2.3.1 静态性能

数据分析概述:

采样要求:按行业规定将除气和热等静压工艺循环的一个组合称为一批材料(波音公司 & GE 公司采用的 TMCTECC 规范)。共使用了 8 个不同批次的材料。

测　　试:拉伸试验遵照 ASTM 标准 D3552 - 96 进行。纵向测试采用狗骨状试样,两端贴加强片,每块板测试一个试样。横向测试使用长条形试样,贴加强片。此外,所有的钛包套试样也需评测。

压缩测试遵照 ASTM 标准 D3410 - 03 进行。根据 ASTM 标准,夹持试样时需保证夹具间未受支撑的试样跨距为 0.5 in。

平面剪切测试依据 ASTM 标准 D5379 - 98 进行,仅测试纵向一个方向的性能。加载面与纤维排布方向垂直,且处于试样缺口和根部之间。

拉伸、压缩和平面剪切数据,包括弹性模量、应变、极限强度、比例极限、0.02%偏置屈服强度、0.06%偏置屈服强度和 0.2%屈服强度均由美国空军研究实验室/戴顿大学研究所(AFRL/UDRI)测得,测试方法见 1.4.2.1 节。

需记录试样在复合材料板上的取样位置,取自板材近边缘区域的试样需在原始数据汇总表中标记出来。非标准失效模式须标记出来。除此之外,所有环境下的失效均近似。

异常值:表 1(b)和表 1(c)中列出的异常值被保留下来,因为没有将其删除的明显理由。一些列于表 1(a)中的异常值被除去,因为其数值过高或过低(只有一个数据点)。

批次差异:

利用 STAT17 统计分析软件(2007 年 2 月 8 日发布的修订版 4),使用单点法对 -65°F、70°F、400°F 和 600°F 时的数据进行分析。由于采样不符合要求(只测试了两块板),没有给出 -65°F 和 400°F 时数据的基准值;-65°F 和 400°F 时的数据将被记录为筛选数据。

0°,拉伸　70°F 时极限拉伸强度的 k 样本 Anderson-Darling 检验统计量(ADK)为 4.35,高于值为 1.64 的 ADC($\alpha = 0.025$)。600°F 时极限拉伸强度的 k 样本 Anderson-Darling 检验统计量(ADK)为 2.43,高于值为 1.60 的 ADC($\alpha = 0.025$)。这两个温度下的数据均不能进行合并,使用方差分析(ANOVA)获得基准值。这两个温度下的极限拉伸应变同样如此。

70°F 时拉伸比例极限强度的 k 样本 Anderson-Darling 检验统计量

（ADK）为2.15,高于值为1.64的ADC（$\alpha=0.025$），因此不能进行合并处理。600℉时数据通过了ADK检验,从而可合并处理;利用正态分布计算得到600℉时数据的B基准值。

70℉时拉伸0.02%偏置强度的k样本Anderson-Darling检验统计量（ADK）为3.63,高于值为1.64的ADC（$\alpha=0.025$），因此不能合并处理。600℉时数据通过了ADK检验,从而可合并处理;利用正态分布计算得到600℉时数据的B基准值。

70℉时拉伸0.06%偏置强度的k样本Anderson-Darling检验统计量（ADK）为4.05,高于值为1.64的ADC（$\alpha=0.025$），因此不能合并处理。此外,方差齐性检验表明方差不相等。600℉时数据的k样本Anderson-Darling检验统计量（ADK）为1.78,高于值为1.60的ADC（$\alpha=0.025$）。

由于在失效前达到0.2%偏移量的试样数量有限,因此70℉和600℉时0.2%屈服强度B基准值（测量值）被指定按照B18缩减批次取样（3个批次和18个试样的最低要求）。70℉时0.2%屈服强度实测值和归一化值的k样本Anderson-Darling检验统计量（ADK）分别为2.05和2.15,高于值为1.68的ADC（$\alpha=0.025$），因此不能进行合并处理。600℉时数据通过了ADK检验,从而可进行合并处理;利用非参数分布计算得到B基准值。

90°,拉伸　70℉时极限拉伸强度的k样本Anderson-Darling检验统计量（ADK）为1.63,高于值为1.60的ADC（$\alpha=0.025$），因此不能合并。600℉时数据通过了ADK检验,从而可合并处理;利用正态分布计算得到600℉时数据的B基准值。两个温度下的极限横向拉伸应变数据均可合并,从而分别得到正态分布（70℉）和韦布尔分布（600℉）。

70℉和600℉时比例极限数据均通过了ADK检测从而可合并;利用正态分布得到其B基准值。

70℉时0.02%的偏置强度的k样本Anderson-Darling检验统计量（ADK）为1.89,高于值为1.60的ADC（$\alpha=0.025$），因此不可合并处理。600℉时数据通过了ADK检验,从而可合并处理;利用非参数分布计算得到其B基准值。

70℉时拉伸0.06%偏置强度的k样本Anderson-Darling检验统计量（ADK）是1.66,高于值为1.60的ADC（$\alpha=0.025$）。600℉时数据的k样本Anderson-Darling检验统计量（ADK）为1.67,高于值为1.60的ADC（$\alpha=0.025$），因此不能合并处理。

70℉时0.2%屈服强度的k样本Anderson-Darling检验统计量

(ADK)是 1.73,高于值为 1.60 的 ADC($\alpha = 0.025$),因此不能合并处理。

600℉时数据通过了 ADK 检验从而可合并处理;利用正态分布计算得到 600℉时数据的 B-基准值。

0°包套,拉伸   70℉和 600℉时的极限拉伸强度数据不能合并,因此均利用方差分析方法处理。极限拉伸应变同样如此。

70℉时的比例极限数据不能合并。600℉时数据可合并且呈正态分布。

这两个温度下测得的 0.02%屈服强度数据均不可合并,因此采用方差分析方法处理。600℉时的归一化数据可合并且呈正态分布。

70℉时测得的 0.06%偏置屈服强度不可合并。600℉时数据可合并且呈韦布尔分布。

0.2%屈服强度数据可合并且呈正态分布。600℉时数据不可合并,利用方差分析方法处理该温度数据。

0°,压缩   由于测试在失效前被终止,因此未得到 600℉时的极限强度。出于同样的原因,70℉时得到的数据也非常有限,这些数据被划分为筛选数据。70℉时的极限压缩应变同样如此。

70℉时测得的比例极限数据不可合并,因此使用方差分析方法。600℉时数据可合并且呈非参数分布。

70℉和 600℉时测得的 0.06%偏置屈服强度数据是不可合并的,因此使用方差分析方法处理。这两个温度下的 0.2%屈服强度数据同样如此。

90°,压缩   由于数据量有限,除了 70℉时的比例极限、0.06%和 0.2%偏置屈服强度,其他性能数据均为筛选类型。前两者服从非参数分布,而后者服从正态分布。

平面剪切   由于测试在试样失效前停止,因此未获得极限强度。-65℉和 400℉时的比例极限和 0.2%屈服强度数据均可合并,且符合正态分布。70℉时数据也可合并,并可使用非参数拟合来进行基准值计算。600℉时的比例极限数据服从韦布尔分布。

工艺追溯:

(1)制造鼓型缠绕垫

(2)制造带状铸造垫

(3)切割单层

(4)铺层

(5)压实

(6) 焊接

(7) 除气

(8) 热等静压

(9) 清洁和标记

(10) 超声检测

(11) 化学磨

(12) 金相和间隙检查

层叠示意图：

(1) 铝箔衬底

(2) PIB 黏合剂

(3) 缠绕 SiC 纤维

(4) 在纤维之间加入 Ti 粉末

(5) 添加 PIB 黏合剂层

(6) 添加 Ti 基粉末

(7) 应用 PMMA 密封剂和额外的 PIB 黏合剂层

(8) 附加的 Ti 基粉末层

(9) 附加的 PIB 和 PMMA 黏合剂层

3.8.2.3.2 SCS-6/Ti-6Al-4V 纤维/粉末*

		SiC/Ti SCS-6/ Ti-6Al-4V 概述
材料：SCS-6/Ti-6Al-4V		
纤维：SCS-6，连续，直径为 0.005 6 in 基体：Ti-6Al-4V		
制造商：FMW 复合材料系统公司		
制备方法：板带轧铸加纤维钛粉		
工艺：公司专利 来源：美国空军研究实验室		

纤维生产日期	N/A	测试日期	6/06 2/09
基体生产日期	N/A	数据提交日期	7/07 5/09
复合材料生产日期	5/06 5/07	分析日期	7/07 5/10

单层板性能汇总

温度/℉	−65	70	400	600
环境	空气	空气	空气	空气
纤维体积分数/%	37	37	37	25
[0]1 轴拉伸	SM-SS-S-	FM-FFFFF	SM-SSSSS	FM-FFFFF

（续表）

[90]₂轴拉伸	SM-SS-SS	FM-FFFFF	SM-SSSSS	FM-FFFFF
[0]₁轴压缩	—M———S—SS	SM—SF—FF	—M——S—SS	—M———F—FF
[90]₂轴压缩	—M———S—SS	SM—SF—FF	————————	—M———S—SS
[0]₁₂轴剪切	—M———S———S—M——F——F—M———S———S—M——F——F			

数据类型：F—完全批准，M—平均值，S—筛选，——无数据（详情见 1.3.4 节）；依次对应：强度/模量/泊松比/断裂应变/比例极限/0.02 屈服强度/0.06 屈服强度/0.2 屈服强度。

＊原始数据表见附录 C4.3。

	名义值	提交值	测试方法
纤维密度/(g/cm³)	3.0	＊＊＊＊	＊＊＊＊
基体箔密度/(g/cm³)	＊＊＊＊	＊＊＊＊	＊＊＊＊
复合材料密度/(g/cm³)	＊＊＊＊	＊＊＊＊	＊＊＊＊
单层厚度＊/in	＊＊＊＊	0.127 0～0.140 1	＊＊＊＊

包套单层板性能汇总

温度/℉	70	600
环境	空气	空气
纤维体积分数/%	37	37
[0]1 轴拉伸	FM—FFFFF	FM—FFFFF

(续表)

[空白表格框]

数据类型:F—完全批准,M—平均值,S—筛选,——无数据(详情见1.3.4节);依次对应:强度/模量/泊松比/断裂应变/比例极限/0.02屈服强度/0.06屈服强度/0.2屈服强度。

材料:SCS-6/Ti-6Al-4V 纤维/粉末		表3.8.2.3.2(a)[①]
加工方法:水射流切割 纤维体积分数:32.5%~35.7%		SiC/Ti 纤维/粉末
纤维间距:115 根/in		SCS-6/Ti-6Al-4V
试样厚度:0.127 0~0.139 6 in 模量计算:比例极限前利用最小 二乘法拟合		1 轴拉伸 [0]₁₆
测试方法:见1.4.2.1节		−65/A、70/A、
试验前暴露:无 来源:美国空军研究实验室		400/A、600/A
归一化:无		完全批准,平均值, 筛选

温度/℉		−65	70	400	600
环境		空气	空气	空气	空气
纤维体积分数/%		32.5~34.0	32.5~35.7	33.3~37.2	32.8~35.1
应变率/s⁻¹		0.01	0.01	0.01	0.01
		实测值	实测值	实测值	实测值
F_1^{tu}/ ksi	平均值	249	242	218	201
	最小值	223	205	165	172
	最大值	260	277	247	234
	CV/%	4.04	5.45	10.3	6.26
	B基准值	(1)	195/215(2)	(1)	173
	分布	正态	方差分析	方差分析	方差分析
	C_1	249	3.52/2.06(2)	15.5	2.16

---

① 原文为表3.8.2.3.1(a),下同。——编注

（续表）

	C_2	10.1	13.5	26.7	12.9
	试样数量	12	118	12	48
	批数	2	8	2	8
	批准类别	筛选	完全批准-A55	筛选	完全批准-B30
$E_1^t/$ Msi	平均值	26.3	29.7	26.7	27.2
	最小值	21.7	25.3	25.0	24.0
	最大值	31.9	34.2	28.6	32.4
	CV/%	10.4	6.94	4.69	7.44
	试样数量	12	119	12	47
	批数	2	8	2	8
	批准类别	平均值	平均值	平均值	平均值
ν_{12}^t	平均值				
	试样数量				
	批数				
	批准类别				
$\varepsilon_1^{tu}/\%$	平均值	1.10	0.990	1.05	0.948
	最小值	1.03	0.707	0.707	0.720
	最大值	1.17	1.31	1.27	1.26
	CV/%	4.77	9.95	16.6	10.7
	B 基准值	(1)	0.651/0.793 (2)	(1)	0.713
	分布	正态	方差分析	方差分析	方差分析
	C_1	1.10	3.38/1.97 (2)	17.6	2.25
	C_2	0.053	0.100	0.216	0.104
	试样数量	8	112	12	41
	批数	2	8	2	8
	批准类别	筛选	完全批准- A55	筛选	完全批准- B30

（1）只对完全批准的数据给出 B 基准值。
（2）分别给出了 A 基准值和 B 基准值。

材料：SCS - 6/Ti - 6Al - 4V 纤维/粉末		表 3. 8. 2. 3. 2(b)
加工方法：水射流切割	纤维体积分数：32.5%～35.7%	SiC/Ti 纤维/粉末
	纤维间距：115 根/in	SCS - 6/Ti - 6Al - 4V
试样厚度：0.127 0～0.139 6 in	模量计算：比例极限前利用	1 轴拉伸
	最小二乘法拟合	$[0]_{16}$
测试方法：见 1.4.2.1 节		−65/A，70/A，
试验前暴露：无		400/A，600/A
归一化：无	来源：美国空军研究实验室	完全批准，筛选

（续表）

	温度/°F	−65	70	400	600
	环境	空气	空气	空气	空气
	纤维体积分数/%	32.5~34.0	32.5~35.7	33.3~37.2	32.8~35.1
	应变率/s⁻¹	0.01	0.01	0.01	0.01
		实测值	实测值	实测值	实测值
F_1^{tpl}/ksi	平均值	186	164	126	116
	最小值	144	143	115	98.9
	最大值	208	190	140	128
	CV/%	12.8	4.17	5.58	5.25
	B基准值	(2)	143/152(3)	(1)	106
	分布	韦布尔	方差分析	正态	正态
	C_1	195	3.05/1.76 (3)	126	116
	C_2	11.9	6.90	7.04	6.08
	试样数量	10	115	12	47
	批数	2	8	2	8
	批准类别	筛选	完全批准-A55	筛选	完全批准-B30
$F_1^{ty0.02}$/ksi	平均值		173	135	125
	最小值		151	125	108
	最大值		196	145	142
	CV/%		3.66	4.16	4.58
	B基准值		152/161 (3)	(1)	115
	分布		方差分析(4)	正态	正态
	C_1		3.30/1.92 (3)	135	125
	C_2		6.41	5.63	5.73
	试样数量		116	12	47
	批数		8	2	8
	批准类别		完全批准-A55	筛选	完全批准-B30
$F_1^{ty0.06}$/ksi	平均值	217	195	154	145
	最小值	205	171	144	132
	最大值	234	214	165	160
	CV/%	4.82	3.69	3.58	4.38
	B基准值	(2)	170/181 (3)	(1)	132
	分布	正态	方差分析(4)	正态	方差分析
	C_1	217	3.33/1.93 (3)	154	2.08
	C_2	10.4	7.30	5.52	6.48
	试样数量	7	116	12	46

（续表）

	批数 批准类别	2 筛选	8 完全批准-A55	2 筛选	8 完全批准-B30
$F_1^{ty0.2}$ /ksi	平均值		240	209	198
	最小值		212	198	166
	最大值		268	215	223
	$CV/\%$		6.26	2.52	5.45
	B 基准值		196	(1)	156
	分布		方差分析	正态	非参数
	C_1		2.75	209	9.00
	C_2		16.2	5.26	1.35
	试样数量		22	9	18
	批数		6	2	6
	批准类别		完全批准-B18	筛选	完全批准-B18

（1）只对完全批准的数据给出 B 基准值。
（2）由于数据量不足无法给出 B 基准值和统计分析。
（3）分别给出了 A 基准值和 B 基准值。
（4）注意：两方差不相等。

材料：SCS-6/Ti-6Al-4V 纤维/粉末				表 3.8.2.3.2（c）
加工方法：水射流切割	纤维体积分数：32.3%～35.7%			SiC/Ti 纤维/粉末
	纤维间距：115 根/in			SCS-6/Ti-6Al-4V
试样厚度：0.127 0～0.140 1 in	模量计算：比例极限前利用			2 轴拉伸
	最小二乘法拟合			[90]₁₆
测试方法：见 1.4.2.1 节				-65/A、70/A、
试验前暴露：无	来源：美国空军研究实验室			400/A、600/A
归一化：无				完全批准，平均值，筛选

	温度/°F	-65	70	400	600
	环境	空气	空气	空气	空气
	纤维体积分数/%	33.1～33.9	32.6～35.4	32.3～34.6	32.8～35.7
	应变率/s⁻¹	0.01	0.01	0.01	0.01
		实测值	实测值	实测值	实测值
F_2^{tu} /ksi	平均值	75.3	63.7	51.5	45.1
	最小值	71.2	55.3	49.8	41.5
	最大值	77.3	70.2	53.0	48.5
	$CV/\%$	2.44	5.26	1.95	3.64
	B 基准值	(1)	56.8	(1)	42.4
	分布	正态	方差分析	正态	正态

（续表）

	C_1	75.3	2.03	51.5	45.1
	C_2	1.84	3.41	1.00	1.64
	试样数量	12	47	12	48
	批数	2	8	2	8
	批准类别	筛选	完全批准-B30	筛选	完全批准-B30
E_2^t/ Msi	平均值	19.4	21.3	20.2	18.8
	最小值	18.1	18.8	18.3	13.1
	最大值	20.8	24.3	23.2	24.7
	$CV/\%$	4.80	6.64	6.76	10.0
	试样数量	12	48	12	48
	批数	2	8	2	8
	批准类别	平均值	平均值	平均值	平均值
ν_{21}^t	平均值				
	试样数量				
	批数				
	批准类别				
$\varepsilon_2^{tu}/\%$	平均值	0.808	0.644	1.50	1.55
	最小值	0.680	0.475	1.15	0.649
	最大值	0.910	1.07	1.80	2.27
	$CV/\%$	10.7	19.0	13.3	25.3
	B 基准值	(1)	0.441	(1)	0.923
	分布	正态	正态	正态	韦布尔
	C_1	0.808	0.644	1.50	1.69
	C_2	0.086	0.122	0.200	4.86
	试样数量	10	47	12	46
	批数	2	8	2	8
	批准类别	筛选	完全批准-B30	筛选	完全批准-B30

(1) 只对完全批准的数据给出 B 基准值。

材料：SCS-6/Ti-6Al-4V 纤维/粉末 加工方法：水射流切割　纤维体积分数：32.3%～35.7% 纤维间距：115 根/in 试样厚度：0.127 0～0.140 1 in　模量计算：比例极限前利用 　　　　　　　　　　　　最小二乘法拟合 测试方法：见 1.4.2.1 节 试验前暴露：无　来源：美国空军研究实验室 归一化：未归一化	表 3.8.2.3.2(d) SiC/Ti 纤维/粉末 SCS-6/Ti-6Al-4V 2 轴拉伸 [90]₁₆ -65/A、70/A、 400/A、600/A 完全批准， 筛选

（续表）

温度/℉		−65	70	400	600
环境		空气	空气	空气	空气
纤维体积分数/%		33.1~33.9	32.6~35.4	32.3~34.6	32.8~35.7
应变率/s^{-1}		0.01	0.01	0.01	0.01
		实测值	实测值	实测值	实测值
F_2^{tpl}/ksi	平均值	40.8	36.7	25.3	20.7
	最小值	30.4	32.1	21.2	17.1
	最大值	46.4	41.4	27.0	23.5
	CV/%	12.1	4.92	6.84	8.19
	B 基准值	（1）	33.7	（1）	17.9
	分布	方差分析	正态	方差分析	正态
	C_1	13.1	36.7	13.8	20.7
	C_2	5.60	1.81	1.98	1.69
	试样数量	12	48	12	48
	批数	2	8	2	8
	批准类别	筛选	完全批准- B30	筛选	完全批准- B30
$F_2^{ty0.02}$/ksi	平均值		40.0	28.9	23.6
	最小值		35.3	27.7	20.7
	最大值		43.3	30.5	26.4
	CV/%		3.90	3.43	4.72
	B 基准值		36.7	（1）	20.9
	分布		方差分析	正态	非参数
	C_1		2.06	28.9	2.00
	C_2		1.59	0.992	n/a
	试样数量		48	12	48
	批数		8	2	8
	批准类别		完全批准- B30	筛选	完全批准- B30
$F_2^{ty0.06}$/ksi	平均值	50.9	45.3	33.7	28.0
	最小值	47.9	42.2	32.4	23.0
	最大值	53.9	48.6	35.1	30.7
	CV/%	3.36	3.33	2.45	5.65
	B 基准值	（1）	42.3	（1）	24.9
	分布	方差分析	方差分析	正态	方差分析
	C_1	16.3	1.99	33.7	1.91
	C_2	2.07	1.53	0.827	1.60
	试样数量	11	48	12	48

(续表)

	批数	2	8	2	8
	批准类别	筛选	完全批准-B30	筛选	完全批准-B30
$F_2^{\text{ty0.2}}$ /ksi	平均值	66.7	59.4	46.1	39.4
	最小值	64.7	54.0	44.8	35.8
	最大值	68.3	63.6	47.5	41.9
	CV/%	1.86	3.59	1.95	3.89
	B基准值	(1)	55.0	(1)	36.9
	分布	正态	方差分析	正态	正态
	C_1	66.7	2.02	46.1	39.4
	C_2	1.24	2.17	0.898	1.53
	试样数量	10	45	12	47
	批数	2	8	2	8
	批准类别	筛选	完全批准-B30	筛选	完全批准-B30

(1) 只对完全批准的数据给出 B 基准值。

材料：SCS-6/Ti-6Al-4V 纤维/粉末 加工方法：水射流切割　　　纤维体积分数：28.1%～30.4% 　　　　　　　　　　　　纤维间距：115 根/in 试样厚度：0.130 5～0.138 2 in　模量计算：比例极限前利用 　　　　　　　　　　　　　　　　最小二乘法拟合 测试方法：见 1.4.2.1 节 试验前暴露：无　　　　　　来源：空军研究实验室 归一化：无	表 3.8.2.3.2(e) SiC/Ti 纤维/粉末 SCS-6/ Ti-6Al-4V 1 轴拉伸 $[0]_{16w}$/覆层 70/A、600/A 完全批准， 平均值，筛选

	温度/°F	−65	70	400	600
	环境	空气	空气	空气	空气
	纤维体积分数/%	29	29	29	29
	应变率/s⁻¹	0.01	0.01	0.01	0.01
		实测值	实测值	实测值	实测值
F_1^{tu} /ksi	平均值		233		189
	最小值		192		148
	最大值		256		233
	CV/%		7.26		10.2
	B基准值		189		144
	分布		方差分析		方差分析
	C_1		2.45		2.27
	C_2		17.7		20.0

（续表）

		−65	70	400	600
	试样数量		46		49
	批数		8		8
	批准类别		完全批准- B30		完全批准- B30
E_1^t/ Msi	平均值		30.2		27.1
	最小值		26.7		22.3
	最大值		32.3		30.2
	CV/%		4.98		7.54
	试样数量		46		48
	批数		8		8
	批准类别		平均值		平均值
ν_{12}^t	平均值				
	试样数量				
	批数				
	批准类别				
ε_1^{tu}/%	平均值		0.972		0.939
	最小值		0.713		0.707
	最大值		1.15		1.11
	CV/%		11.0		12.3
	B 基准值		0.691		0.638
	分布		方差分析		方差分析
	C_1		2.50		2.47
	C_2		0.112		0.122
	试样数量		42		44
	批数		8		8
	批准类别		完全批准- B30		完全批准- B30

材料：SCS- 6/Ti- 6Al- 4V 纤维/粉末			表 3. 8. 2. 3. 2(f) SiC/Ti 纤维/粉末 SCS - 6/Ti - 6Al - 4V 1 轴拉伸 [0]₁₆w/覆层 70/A、600/A 完全批准
加工方法：水射流切割	纤维体积分数：28.1%～30.4% 纤维间距：115 根/in		
试样厚度：	模量计算：比例极限前利用最 小二乘法拟合		
测试方法：见 1.4.2.1 节			
试验前暴露：无	来源：美国空军研究实验室		
归一化：无			

温度/℉	−65	70	400	600
环境		空气		空气

（续表）

		实测值	实测值	实测值	实测值
纤维体积分数/%			29		29
应变率/s⁻¹			0.0		0.0
F_1^{tpl} /ksi	平均值		154		104
	最小值		143		92.7
	最大值		167		121
	CV/%		3.30		4.48
	B 基准值		143		96.5
	分布		方差分析(1)		正态
	C_1		2.04		104
	C_2		5.16		4.67
	试样数量		43		45
	批数		8		8
	批准类别		完全批准- B30		完全批准- B30
$F_1^{ty0.02}$ /ksi	平均值		162		113
	最小值		152		102
	最大值		170		125
	CV/%		2.65		3.82
	B 基准值		1.53		105
	分布		方差分析		方差分析
	C_1		2.12		1.97
	C_2		4.39		4.39
	试样数量		43		45
	批数		8		8
	批准类别		完全批准- B30		完全批准- B30
$F_1^{ty0.06}$ /ksi	平均值		181		130
	最小值		170		115
	最大值		190		139
	CV/%		2.79		4.06
	B 基准值		171		120
	分布		方差分析		韦布尔
	C_1		2.04		132
	C_2		5.14		31.1
	试样数量		43		45
	批数		8		8
	批准类别		完全批准- B30		完全批准- B30

（续表）

$F_1^{ty0.2}$ /ksi	平均值		233		179
	最小值		218		149
	最大值		246		195
	$CV/\%$		3.21		5.34
	B 基准值		219		161
	分布		正态		方差分析
	C_1		233		1.94
	C_2		7.46		9.69
	试样数量		27		36
	批数		7		8
	批准类别		完全批准- B18		完全批准- B30

(1) 注意：两方差不相等。

材料：SCS - 6/Ti - 6Al - 4V 纤维/粉末	表 3.8.2.3.2(g)
加工方法：水射流切割　　纤维体积分数：32.5%～35.7% 　　　　　　　　　　　　纤维间距：115 根/in 试样厚度：0.127 0～0.139 6 in　　模量计算：比例极限前利用 　　　　　　　　　　　　最小二乘法拟合 测试方法：见 1.4.2.2 节 试验前暴露：无　　　　　来源：美国空军研究实验室 归一化：无	SiC/Ti 纤维/粉末 SCS - 6/Ti - 6Al - 4V 1 轴压缩 $[0]_{16}$ —65/A、70/A、400/A 平均值，筛选

温度/°F 环境 纤维体积分数/% 应变率/s^{-1}	—65 空气 32.7～34.2 0.01	70 空气 32.3～35.2 0.01	400 空气 32.7～34.3 0.01	600 空气 32.4～34.5 0.01
	实测值	实测值	实测值	实测值
F_1^{cu} /ksi　平均值		710		
最小值		685		
最大值		748		
$CV/\%$		3.54		
B 基准值	(1)	(2)	(1)	(1)
分布		正态		
C_1		710		
C_2		25.1		
试样数量		6		
批数		3		
批准类别		筛选		

（续表）

E_1^c/ Msi	平均值	30.6	29.9	28.7	29.9
	最小值	29.7	26.6	27.4	27.5
	最大值	32.1	35.0	29.8	33.3
	CV/%	2.74	4.85	2.37	5.27
	试样数量	11	69	12	56
	批数	2	8	2	8
	批准类别	平均值	平均值	平均值	平均值
ν_{12}^c	平均值				
	试样数量				
	批数				
	批准类别				
ε_1^{cu}/%	平均值		2.47		
	最小值		2.30		
	最大值		2.79		
	CV/%				
	B 基准值	(1)	(2),(3)	(1)	(1)
	分布				
	C_1				
	C_2				
	试样数量		3		
	批数		1		
	批准类别		筛选		

(1) 在断裂前停止测试。
(2) 只对完全批准的数据给出 B 基准值。
(3) 当数据点少于 5 个时,使用有限汇总统计。

材料：SCS-6/Ti-6Al-4V 纤维/粉末		表 3.8.2.3.2(h)
加工方法：水射流切割	纤维体积分数：28.1%～30.4%	SiC/Ti 纤维/粉末
	纤维间距：115 根/in	SCS-6/Ti-6Al-4V
试样厚度：0.130 5～0.138 2 in	模量计算：比例极限前利用	1 轴压缩
	最小二乘法拟合	[0]_{16w}
测试方法：见 1.4.2.2 节		70/A、600/A
试验前暴露：无	来源：美国空军研究实验室	完全批准
归一化：无		筛选

温度/℉	-65	70	400	600
环境	空气	空气	空气	空气
纤维体积分数/%	32.7～34.2	32.3～35.2	32.7～34.3	32.4～34.5

（续表）

应变率/s⁻¹		0.01	0.01	0.01	0.01
		实测值	实测值	实测值	实测值
F_1^{cpl} /ksi	平均值	436	372	203	192
	最小值	409	314	182	132
	最大值	480	472	213	245
	CV/%	6.02	8.39	4.33	9.61
	B 基准值	（1）	311/266 (2)	（1）	93.1/158 (2)
	分布	正态	方差分析	正态	非参数
	C_1	436	3.34/1.94 (2)	203	N/A/2.00 (2)
	C_2	26.2	31.7	8.76	1.56/N/A
	试样数量	11	65	12	56
	批数	2	8	2	8
	批准类别	筛选	完全批准- A55	筛选	完全批准- A55
$F_1^{cy0.06}$ /ksi	平均值	445	390	237	221
	最小值	418	349	233	196
	最大值	484	490	244	287
	CV/%	4.85	6.96	1.25	6.58
	B 基准值	（1）	332/291 (2)	（1）	190/168 (2)
	分布	正态	方差分析	正态	方差分析
	C_1	445	3.58/2.10(2)	237	3.56/2.08 (2)
	C_2	21.6	27.8	2.96	14.9
	试样数量	11	63	12	56
	批数	2	8	2	8
	批准类别	筛选	完全批准- A55	筛选	完全批准- A55
$F_1^{cy0.2}$ /ksi	平均值	532	485	293	291
	最小值	500	434	285	256
	最大值	595	597	310	395
	CV/%	5.14	6.89	2.40	9.27
	B 基准值	（1）	409/357 (2)	（1）	234
	分布	正态	方差分析(3)	正态	方差分析
	C_1	532	3.73/2.19(2)	293	2.10
	C_2	27.4	34.4	7.03	27.6
	试样数量	9	58	10	47
	批数	2	8	2	8
	批准类别	筛选	完全批准- A55	筛选	完全批准- B30

（续表）

$F_1^{ty0.2}$/ksi					
	平均值	436	372	203	192
	最小值	409	314	182	132
	最大值	480	472	213	245
	CV/%	6.02	8.39	4.33	9.61
	B基准值	(1)	311/266 (2)	(1)	93.1/158 (2)
	分布	正态	方差分析	正态	非参数
	C_1	436	3.34/1.94 (2)	203	N/A/2.00 (2)
	C_2	26.2	31.7	8.76	1.56/N/A
	试样数量	11	65	12	56
	批数	2	8	2	8
	批准类别	筛选	完全批准-A55	筛选	完全批准-A55

(1) 只对完全批准的数据给出 B 基准值。
(2) 分别给出了 A 基准值和 B 基准值。
(3) 注意：方差齐性检验显示为两方差不相等。

材料：SCS-6/Ti-6Al-4V 纤维/粉末	表 3.8.2.3.2(i)
加工方法：水射流切割　　　纤维体积分数：32.8%～34.8%	SiC/Ti 纤维/粉末
纤维间距：115 根/in	SCS-6/Ti-6Al-4V
试样厚度：0.130 4～0.138 0 in　模量计算：比例极限前利用	2 轴压缩
最小二乘法拟合	$[90]_{16}$
测试方法：见 1.4.2.2 节	−65/A、70/A、600/A
试验前暴露：无　　　　来源：美国空军研究实验室	平均值，筛选
归一化：无	

	温度/°F	−65	70	600	
	环境	空气	空气	空气	
	纤维体积分数/%	(4)	32.8～34.8	32.9～34.1	
	压头速度/in/min	0.05	0.05	0.05	
		实测值	实测值	实测值	实测值
F_2^{cu}/ksi	平均值		190		
	最小值		181		
	最大值		199		
	CV/%		3.15		
	B基准值	(1)	(2)	(1)	
	分布		正态		
	C_1		190		
	C_2		5.98		
	试样数量		9		

（续表）

	批数		3	
	批准类别		筛选	
E_2^c/Msi	平均值	21.5	21.8	20.8
	最小值	21.1	19.1	19.5
	最大值	22.0	25.4	22.9
	CV/%	1.36	9.09	5.51
	试样数量	12	30	10
	批数	2	5	5
	批准类别	平均值	平均值	平均值
ν_{12}^c	平均值			
	试样数量			
	批数			
	批准类别			
ϵ_1^{cu}/%	平均值		3.90	
	最小值		2.59	
	最大值		5.04	
	CV/%		27.2 (3)	
	B基准值	(1)	(2)	(1)
	分布		非参数	
	C_1		6.0	
	C_2		2.38	
	试样数量		8	
	批数		3	
	批准类别		筛选	

（1）在断裂前停止测试。
（2）只对完全批准的数据给出 B 基准值。
（3）注意：CV 值高，试样数太少。
（4）暂缺。

材料：SCS‐6/Ti‐6Al‐4V 纤维/粉末 加工方法：水射流切割　纤维体积分数：32.8%～34.8% 纤维间距：115 根/in 试样厚度：0.130 4～0.138 0 in　模量计算：比例极限前利用 最小二乘法拟合 测试方法：见 1.4.2.2 节 试验前暴露：无　来源：美国空军研究实验室 归一化：无	表 3.8.2.3.2(j) SiC/Ti 纤维/粉末 SCS‐6/Ti‐6Al‐4V 2 轴压缩 [90]$_{16}$ −65/A、70/A、600/A 完全批准 筛选

温度/°F		−65	70	600	
环境		空气	空气	空气	
纤维体积分数/%		(2)	32.8~34.8	32.9~34.1	
压头速度/(in/min)		0.05	0.05	0.05	
		实测值	实测值	实测值	实测值
F_2^{cpl} /ksi	平均值	139	115	68.0	
	最小值	126	97.2	57.3	
	最大值	153	135	80.9	
	CV/%	5.82	7.99	11.8	
	B基准值	(1)	97.2	(1)	
	分布	非参数	非参数	正态	
	C_1	7.0	1.0	68.0	
	C_2	1.81	N/A	8.05	
	试样数量	12	30	10	
	批数	2	5	5	
	批准类别	筛选	完全批准-B30	筛选	
$F_2^{cy0.06}$ /ksi	平均值	166	143	86.8	
	最小值	158	137	82.1	
	最大值	172	163	90.8	
	CV/%	2.25	3.88	3.84	
	B基准值	(1)	137	(1)	
	分布	正态	非参数	正态	
	C_1	166	1.0	86.8	
	C_2	3.72	N/A	3.34	
	试样数量	12	30	10	
	批数	2	5	5	
	批准类别	筛选	完全批准-B30	筛选	
$F_2^{cy0.2}$ /ksi	平均值	192	164	101	
	最小值	184	156	95.7	
	最大值	198	178	104	
	CV/%	1.85	3.27	2.89	
	B基准值	(1)	154	(1)	
	分布	正态	正态	正态	
	C_1	192	164	101	
	C_2	3.56	5.37	2.91	
	试样数量	12	30	10	

(续表)

	批数	2	5	5	
	批准类别	筛选	完全批准‐B30	筛选	

(1) 只对完全批准的数据给出 B 基准值。
(2) 暂缺。

材料：SCS‐6/Ti‐6Al‐4V 纤维/粉末		表 3.8.2.3.2(k)

材料：SCS‐6/Ti‐6Al‐4V 纤维/粉末
加工方法：水射流切割　　　　纤维体积分数：32.4%～35.6%
　　　　　　　　　　　　　　纤维间距：115 根/in
试样厚度：0.127 4～0.139 9 in　模量计算：比例极限前利用
　　　　　　　　　　　　　　　　　　　　最小二乘法拟合
测试方法：见 1.4.2.3 节
试验前暴露：无　　　　　　　来源：美国空军研究实验室
归一化：无

表 3.8.2.3.2(k)
SiC/Ti 纤维/粉末
SCS‐6/Ti‐6Al‐4V
12 面剪切
$[0]_{16}$
—65/A、70/A、600/A
平均值

温度/℉ 环境 纤维体积分数/% 应变率/s^{-1}	—65 空气 33.0～34.2 0.01	70 空气 32.6～35.6 0.01	400 空气 33.1～34.8 0.01	600 空气 32.4～35.0 0.01
	实测值	实测值	实测值	实测值

F_{12}^{su} /ksi	平均值				
	最小值				
	最大值				
	CV/%				
	B 基准值				
	分布				
	C_1				
	C_2				
	试样数量				
	批数				
	批准类别				

G_{12} /Msi	平均值	7.82	7.85	7.94	9.43
	最小值	7.38	5.27	7.42	4.1
	最大值	8.12	12.2	11.3	29.5
	CV/%	3.00	9.32	14.3	49.1(1)
	试样数量	10	46	12	47
	批数	2	8	2	8
	批准类别	平均值	平均值	平均值	平均值

(续表)

ν_{12}^s	平均值 试样数量 批数 批准类别				
$\varepsilon_{12}^{su}/\%$	平均值 最小值 最大值 $CV/\%$ B 基准值 分布 C_1 C_2 试样数量 批数 批准类别				

(1) 注意：由于高温 CV 值和数据分散值高。

材料：SCS - 6/Ti - 6Al - 4V 纤维/粉末 加工方法：水射流切割 试样厚度：0.127 4～0.139 9 in 测试方法：见 1.4.2.3 节 试验前暴露：无 归一化：无	纤维体积分数：32.4%～35.6% 纤维间距：115 根/in 模量计算：比例极限前利用 最小二乘法拟合 来源：美国空军研究实验室	表 3.8.2.3.2(1) SiC/Ti 纤维/粉末 SCS - 6/Ti - 6Al - 4V 12 面剪切 [0]₁₆ －65/A、70/A、 400/A、600/A 完全批准 筛选

温度/°F 环境 纤维体积分数/% 应变率/s⁻¹		－65 空气 33.0～34.2 0.01	70 空气 32.6～35.6 0.01	400 空气 33.1～34.8 0.01	600 空气 32.4～35.0 0.01
		实测值	实测值	实测值	实测值
F_{12}^{pl} /ksi	平均值 最小值 最大值 $CV/\%$ B 基准值 分布 C_1 C_2	67.0 61.5 72.6 5.80 (1) 正态 67.0 3.89	57.3 26.9 66.8 11.6 47.7 韦布尔 59.6 13.1	44.0 41.2 47.1 5.07 (1) 正态 44.0 2.23	34.4 16.2 45.7 27.6(2) 16.2 非参数 1.00 1.73

（续表）

		10	48	10	42
	试样数量	10	48	10	42
	批数	2	8	2	8
	批准类别	筛选	完全批准-B30	筛选	完全批准-B18
$F_{12}^{sy0.02}$ /ksi	平均值				
	最小值				
	最大值				
	$CV/\%$				
	B 基准值				
	分布				
	C_1				
	C_2				
	试样数量				
	批数				
	批准类别				
$F_{12}^{sy0.06}$ /%	平均值				
	最小值				
	最大值				
	$CV/\%$				
	B 基准值				
	分布				
	C_1				
	C_2				
	试样数量				
	批数				
	批准类别				
$F_{12}^{sy0.2}$ /%	平均值	74.8	64.8	50.4	43.8
	最小值	71.6	45.5	48.0	32.4
	最大值	76.8	71.4	54.5	47.4
	$CV/\%$	2.51	6.97	3.50	7.72
	B 基准值	（1）	57.9	（1）	38.6
	分布	正态	韦布尔	正态	韦布尔
	C_1	74.8	66.5	50.4	45.1
	C_2	1.87	21.2	1.76	20.7
	试样数量	9	47	10	29
	批数	2	8	2	8
	批准类别	筛选	完全批准-B30	筛选	完全批准-B18

（1）只对完全批准的数据给出 B 基准值。
（2）由于出现 3 批异常低值导致高 CV 值。

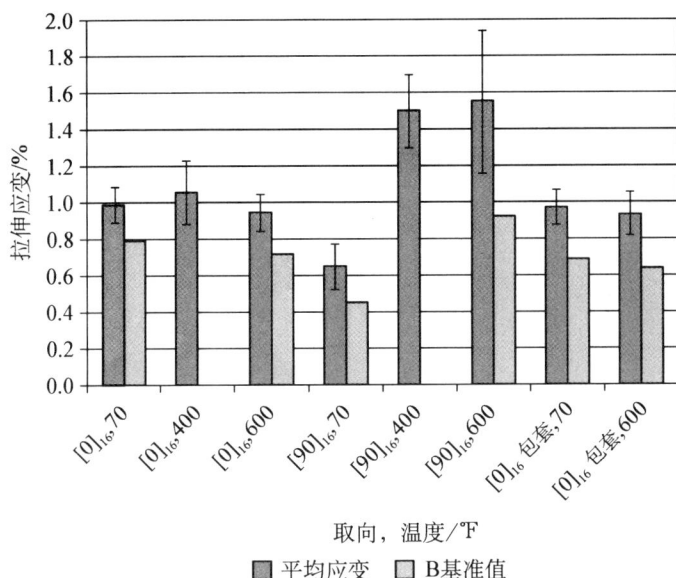

图 3.8.2.3.2(a)① **SCS‑6/Ti‑6‑4 复合材料板的拉伸失效应变平均值和 B 基准值随取向和温度的变化（误差带表示标准偏差）**

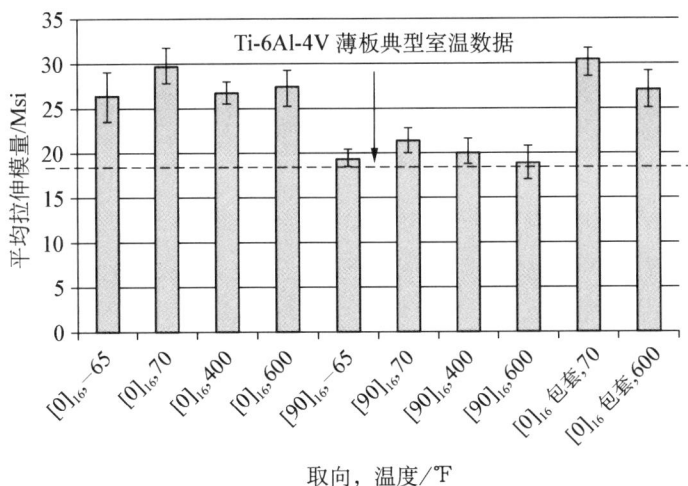

图 3.8.2.3.2(b) **SCS‑6/Ti‑6‑4 复合材料板的拉伸模量平均值随取向和温度的变化（误差带表示标准偏差）**

---

① 原文为图 3.8.2.3.1(a)，下同。——编注

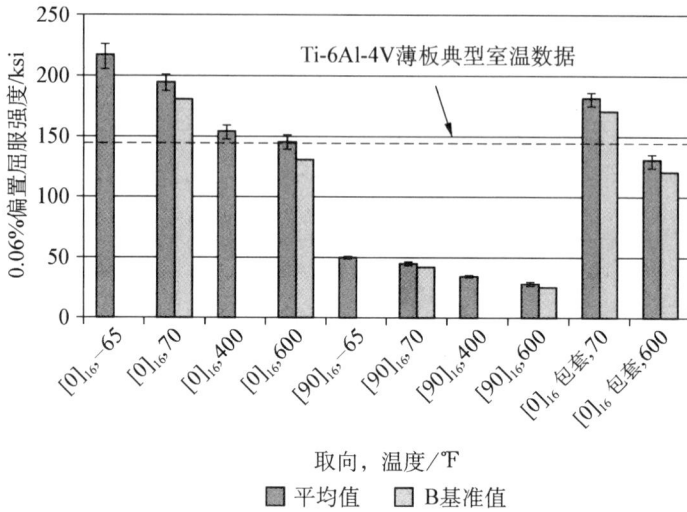

图 3.8.2.3.2(c) SCS‑6/Ti‑6‑4 复合材料板的 0.06% 拉伸屈服
强度平均值和 B 基准值随取向和温度的变化（误
差带表示标准偏差）

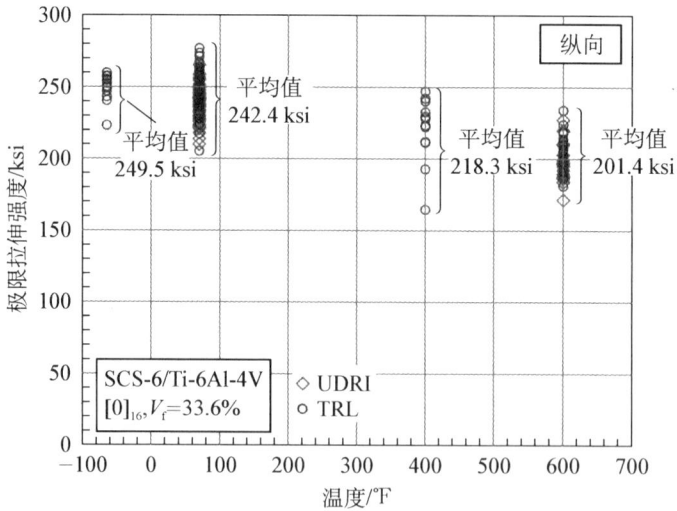

图 3.8.2.3.2(d) 纵向极限拉伸强度随温度的变化

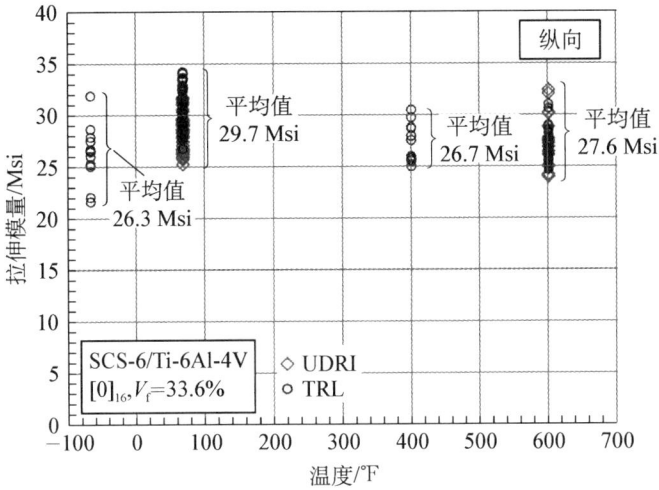

图 3.8.2.3.2(e)　纵向拉伸模量随温度的变化

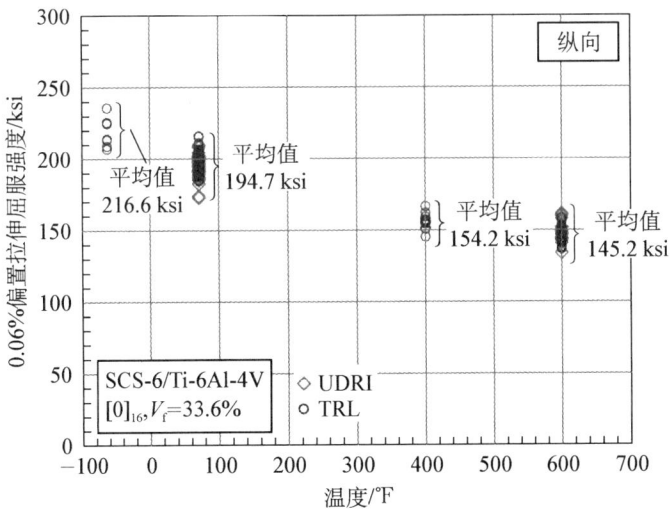

图 3.8.2.3.2(f)　纵向 0.06%偏置屈服强度随温度的变化

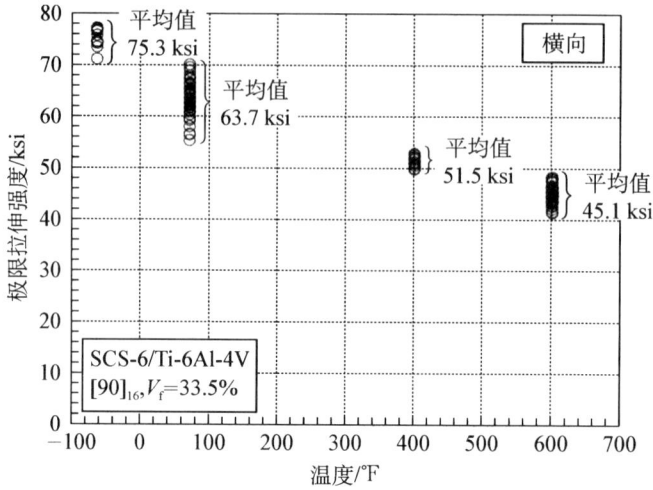

图 3.8.2.3.2(g)　横向极限拉伸强度随温度的变化

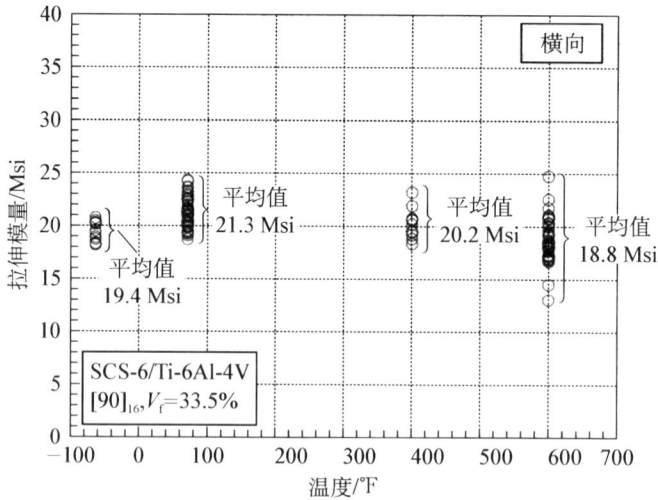

图 3.8.2.3.2(h)　横向拉伸模量随温度的变化

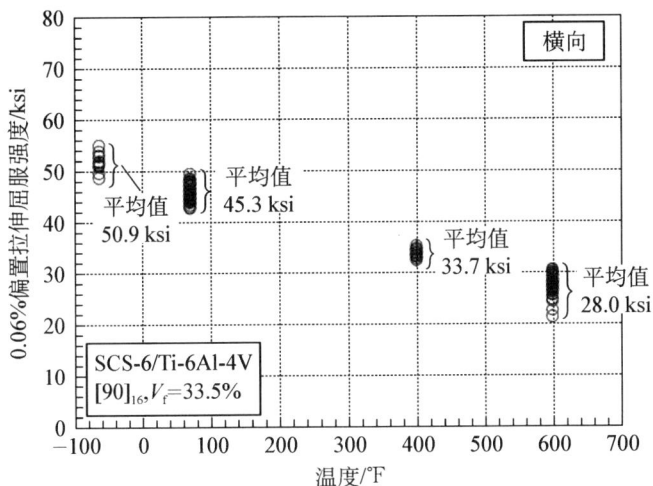

图 3.8.2.3.2(i)　横向 0.06% 偏置屈服强度随温度的变化

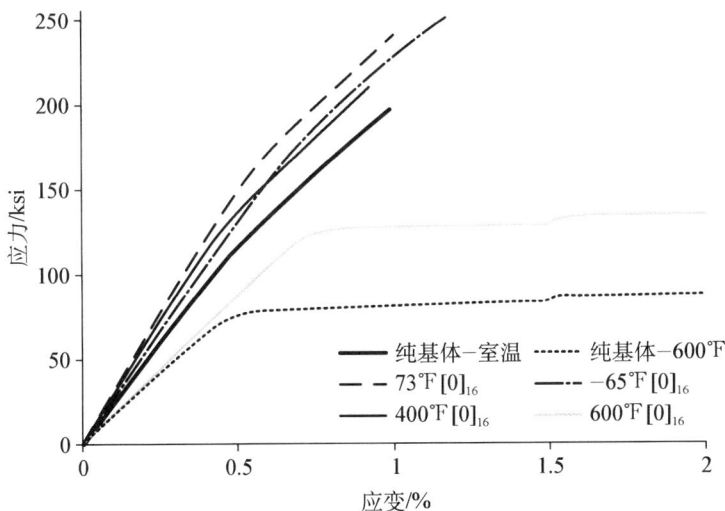

图 3.8.2.3.2(j)　典型的纵向拉伸应力-应变曲线

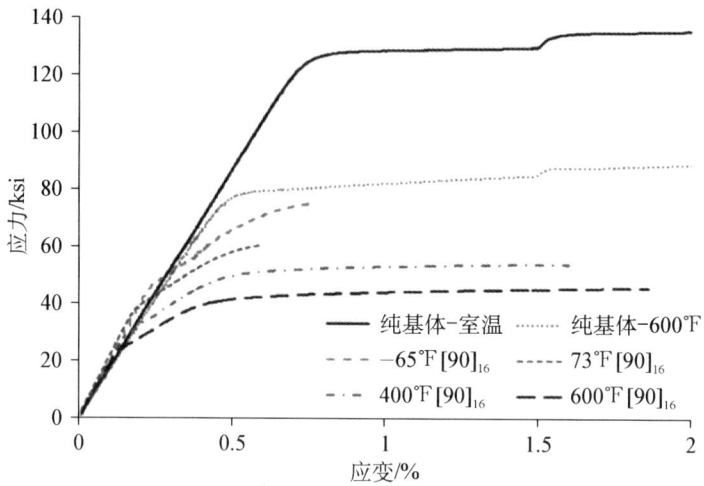

图 3.8.2.3.2(k)　典型的横向拉伸应力-应变曲线

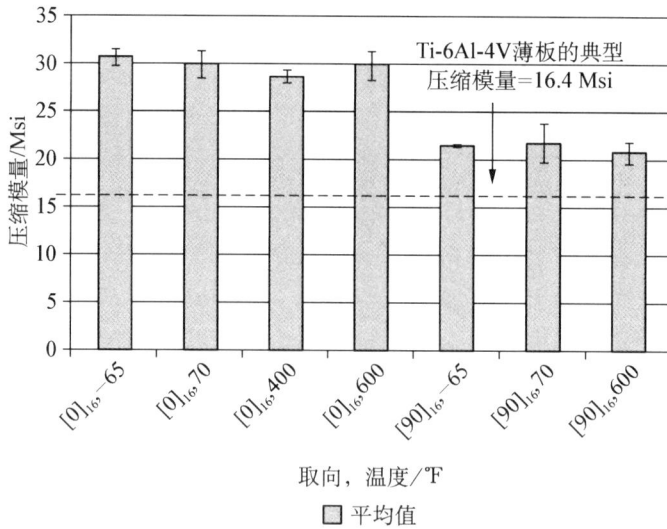

图 3.8.2.3.2(l)　SCS‐6/Ti‐6‐4 复合材料板压缩模量平均值
随取向和温度的变化(误差带表示标准偏差)

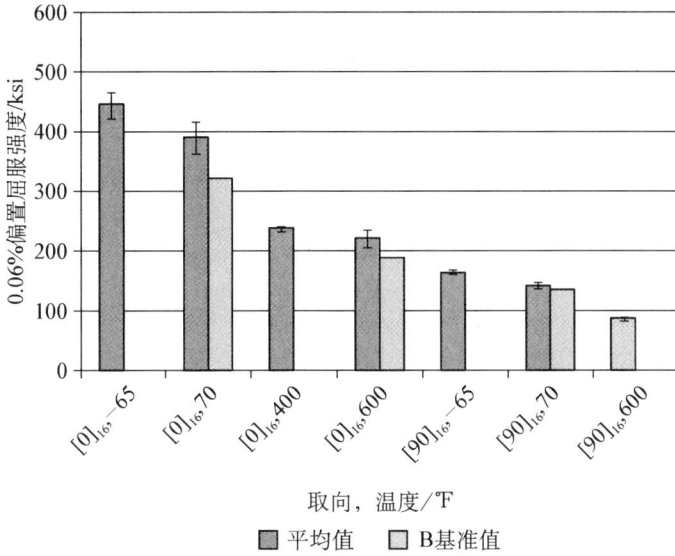

图 3.8.2.3.2(m) SCS‐6/Ti‐6‐4 复合材料板 0.06%压缩屈服强度平均值和 B 基准值随取向和温度的变化（误差带表示标准偏差）

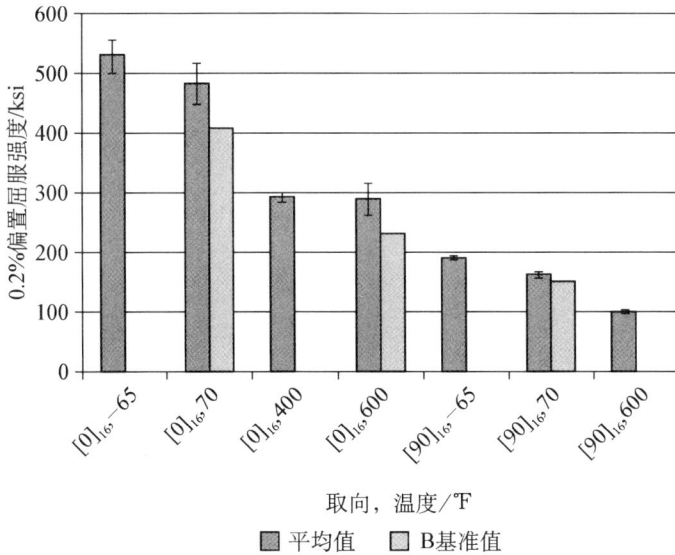

图 3.8.2.3.2(n) SCS‐6/Ti‐6‐4 复合材料板 0.2%压缩屈服强度平均值和 B 基准值随取向和温度的变化（误差带表示标准偏差）

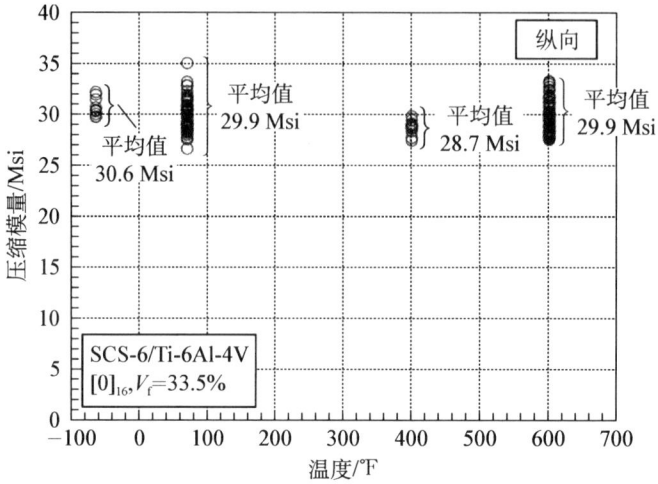

图 3.8.2.3.2(o)　纵向压缩模量随温度的变化

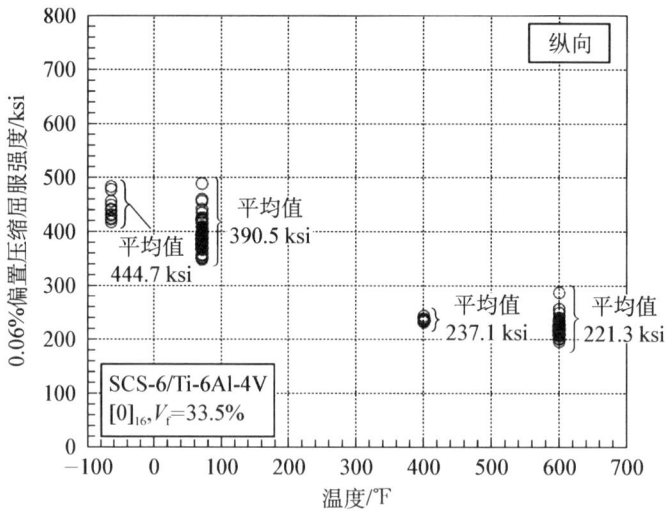

图 3.8.2.3.2(p)　纵向压缩 0.06%偏置屈服强度随温度的变化

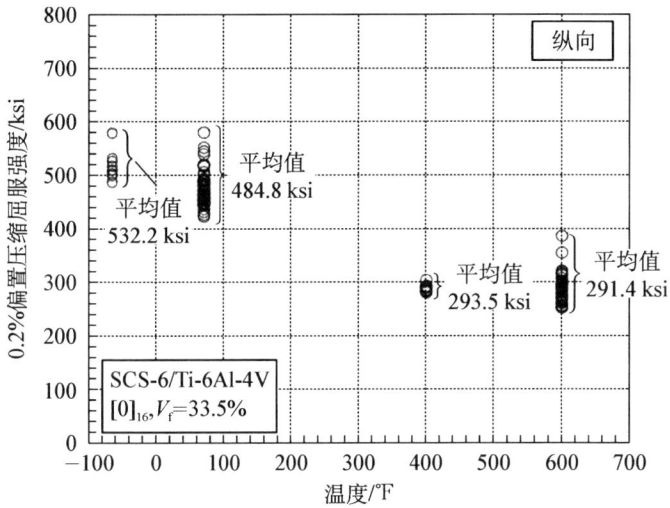

图 3.8.2.3.2(q)　纵向压缩 0.2%屈服强度随温度的变化

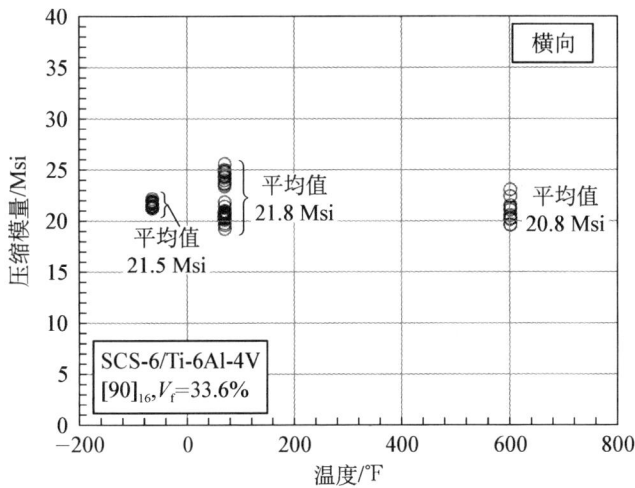

图 3.8.2.3.2(r)　横向压缩模量随温度的变化

图 3.8.2.3.2(s)　横向压缩 0.2% 屈服强度随温度的变化

图 3.8.2.3.2(t)　典型纵向压缩应力-应变曲线

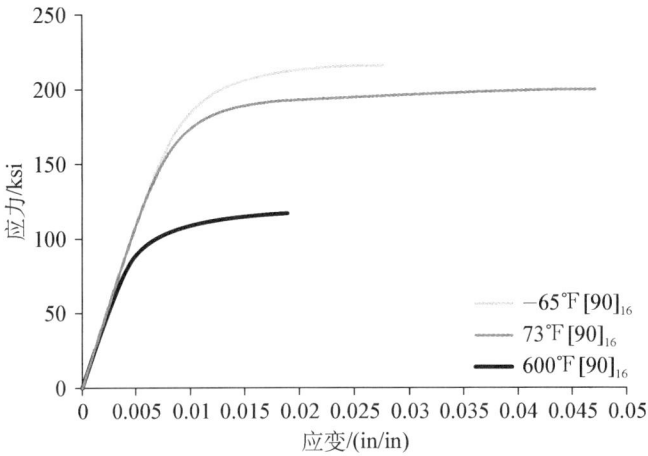

图 3.8.2.3.2（u）　典型横向压缩应力-应变曲线

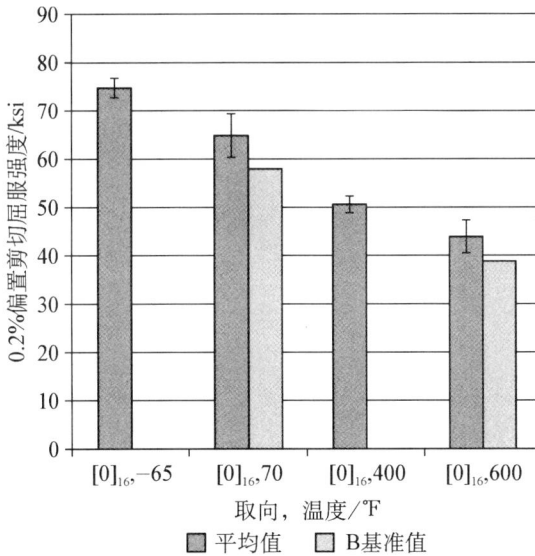

图 3.8.2.3.2（v）　SCS－6/Ti－6－4 复合材料板
　　　　　　　　　0.2%剪切屈服强度平均值和 B
　　　　　　　　　基准值随取向和温度的变化（误
　　　　　　　　　差带表示标准偏差）

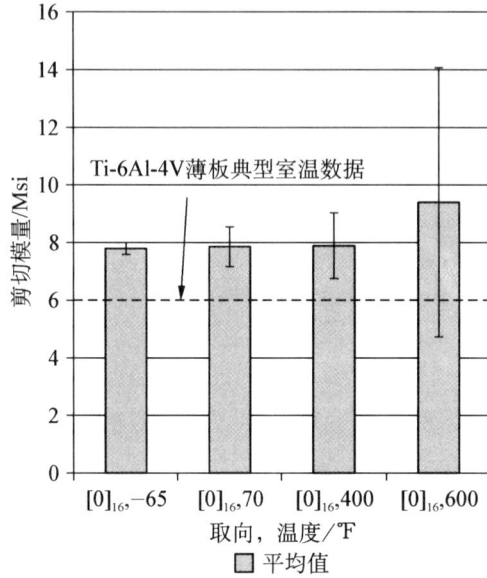

图 3.8.2.3.2(w)　SCS‑6/Ti‑6‑4复合材料板剪切模量平均值随取向和温度的变化(误差带表示标准偏差)

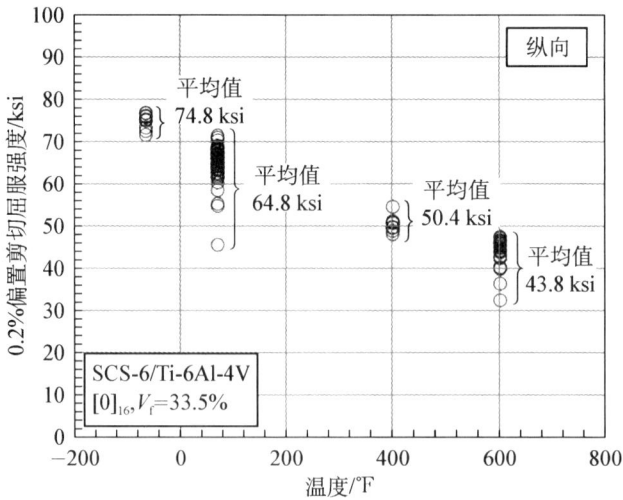

图 3.8.2.3.2(x)　剪切0.2%屈服强度随温度的变化

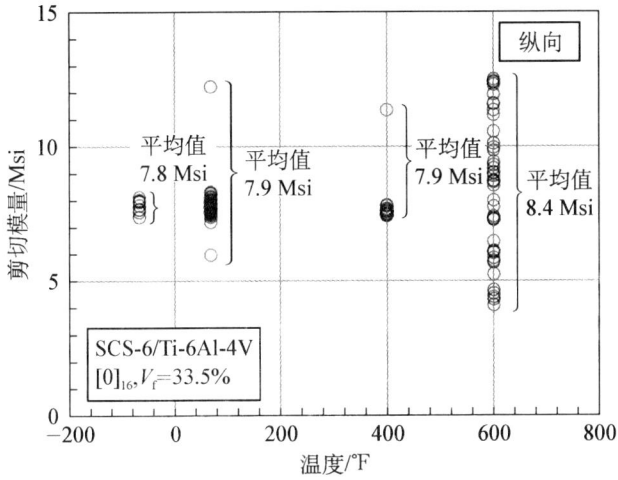

图 3.8.2.3.2(y)　剪切模量随温度的变化

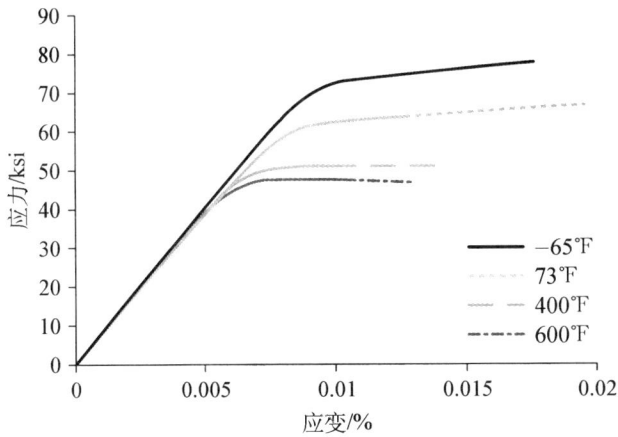

图 3.8.2.3.2(z)　典型剪切应力-应变曲线

3.8.2.3.3　疲劳

所有的疲劳实验均根据 ASTM 标准 E 466 - 96(金属材料力控制恒幅轴向疲劳试验方法)进行。注意,当施加完全反向疲劳载荷($R = -1$)时,由于屈曲的敏感性而使用了防屈曲导向装置[见文献 3.8.2.3(a)]。

纵向 $R = 0.1$ 和 $R = -1$ 时的疲劳实验结果如图 3.8.2.3.3(a)[①]～(d)所示。横向在 $R = 0.1$ 和 $R = -1$ 条件下的测试结果如图 3.8.2.3.3(e)～(h)所示。对于每条"应力-寿命"(S-N)曲线,所有温度下测试的数据都被标绘出来。继 S-N 曲线后给出了模量-温度曲线。为了获得可靠的模量数据,在第一次载荷循环时进行模量测量。并将这些数据与从拉伸试验获得的数据进行了比较。给出了各种加载条件下复合材料的总疲劳寿命评估,随后对模量测试结果进行了讨论。

图 3.8.2.3.3(a)给出了 $R = 0.1$ 时的纵向实验结果,可见-65℉和 73℉温度下选择的应力水平是一样的。这一选择基于拉伸试验结果,因为拉伸试验结果表明在该温度范围内材料强度特性的变化可以忽略。与拉伸试验结果相似,在-65℉和 73℉条件下测得的疲劳寿命数据仅有微小区别。从图 3.8.2.3.3(a)中还可看到,虽然 600℉时的实验使用了稍低的应力水平,但是 600℉和 73℉或-65℉条件下测得的疲劳寿命却没有明显差别。这表明在所测试温度范围内,材料的纵向疲劳行为主要受高强度纤维控制,而高强度纤维很大程度上不受较高温度的影响。第一次加载

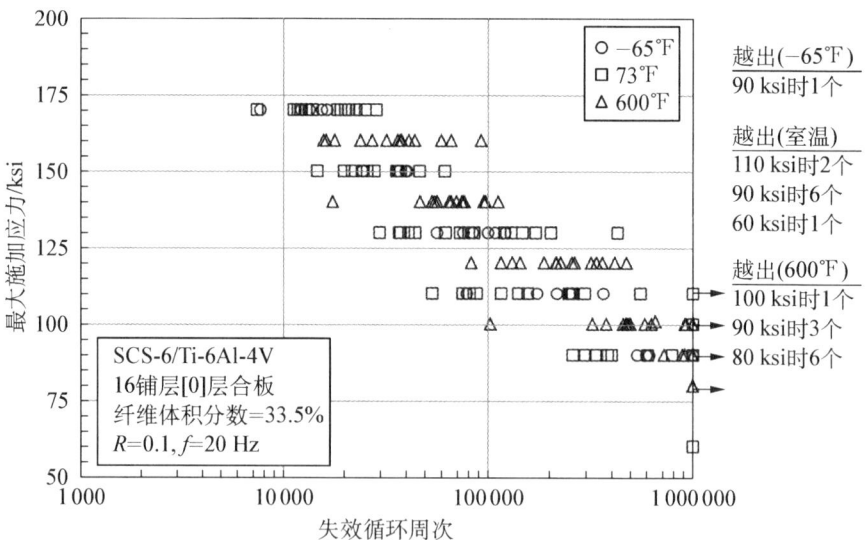

图 3.8.2.3.3(a)　$[0]_{16}$ 层合板在所有测试温度下 $R = 0.1$ 时的疲劳寿命(在 10^6 次循环处的箭头表示在失效之前测试停止)

---

① 原文为图 3.8.2.3.2(a),下同。——编注

循环时测得的模量结果如图 3.8.2.3.3(b)所示,分散性与拉伸试验结果相似,且室温时的平均值略高于 65℉或 600℉时数据。

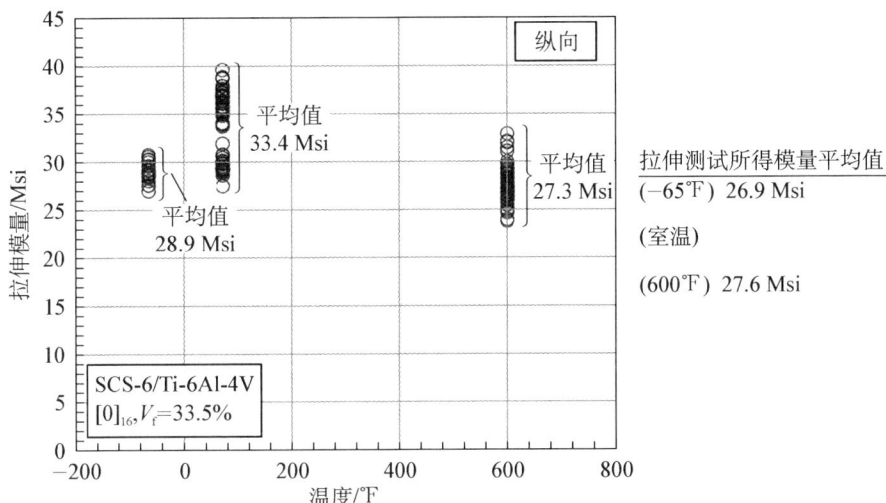

图 3.8.2.3.3(b) [0]₁₆层合板第一次加载循环时测得的拉伸模量($R = 0.1$)

$R = -1$ 时的纵向测量结果,如图 3.8.2.3.3(c)所示,可见-65℉和 73℉时选择的应力水平是相同的。与 $R = 0.1$ 时的疲劳结果不同,这里-65℉时数据表现出比 73℉时数据更陡的斜率。在 60 ksi 应力水平下没有出现越出情况。据推断,在完全反向载荷条件下,纤维/基体界面发生了更大的损伤。与 $R = 0.1$ 时疲劳数据相

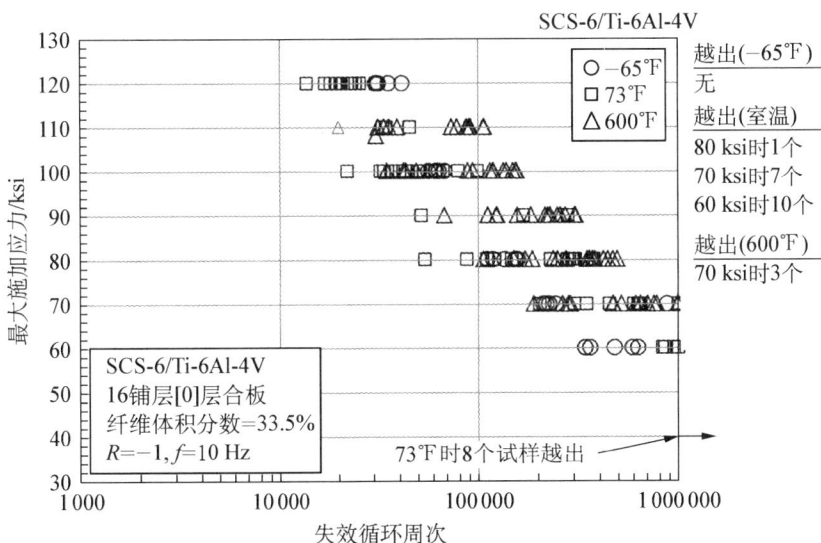

图 3.8.2.3.3(c) [0]₁₆层合板在所有测试温度下 $R = -1$ 时的疲劳寿命(在 10⁶次循环处的箭头表示在失效之前测试停止)

同,600℉和73℉时测得的疲劳数据间差异很小。第一次加载循环时测得的模量结果如图3.8.2.3.3(d)所示,可见73℉和600℉时的平均值出现相似的下降,此外这些数据的分散性较 $R=0.1$ 时疲劳数据分散性少。需要注意的是,由于测试期间引伸计结冰,很难获得 -65℉温度条件下的模量数据。

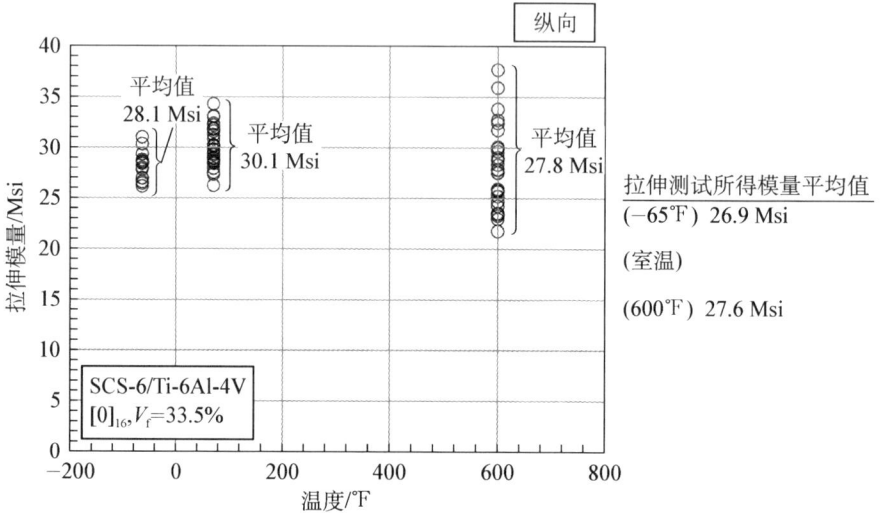

图3.8.2.3.3(d) $[0]_{16}$ 层合板第一次加载循环时测得的拉伸模量($R=-1$)

$R=0.1$ 时的横向实验结果如图3.8.2.3.3(e)所示,其应力水平是根据横向拉伸试验得到的趋势选择的。因此,较高温度下应选择较低的应力水平。总体来说,数据遵循预期的 S-N 趋势,但是与纵向数据相比,分散程度相当高。许多测试出现越出情况,在图中用1 000 000次循环处的箭头表示。多数情况下,几个测试结果用一个箭头表示,这使得分散程度很难量化。这一特性在预料之中,并且可以用纤维/基体界面处脱粘来解释。横向拉伸试验测得的应力-应变曲线的双线性区域明显地反映出纤维/基体界面的脱粘现象。应力-应变曲线显示出两个不同的线性部分,其拐点对应于纤维从基体脱粘的点。该拐点在应力-应变曲线中的准确位置趋于变化且与疲劳试验中试样是否最终到达失效有关。如果峰值应力在曲线中拐点应力之下,那么将出现越出现象。确认此情况,请查阅附录C中表C4.3(f)~(i),这些表格给出了不同应力水平下的测试结果。还需注意的是,-65℉时的结果略好于75℉时结果。由于这种材料的潜在应用包括高空和空间应用,因此低温有益(而不是有害)影响尤其令人感兴趣。与纵向试验一样,第一次加载循环时测得的模量结果如图3.8.2.3.3(f)所示,可见75℉和600℉的平均值有相似的趋势。此外,由于测试期间引伸计结冰,很难测试 -65℉时的模量数据。

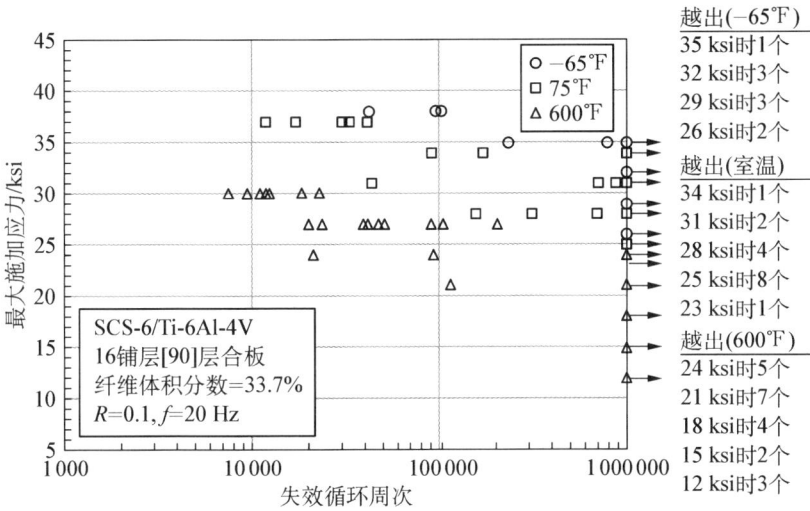

图 3.8.2.3.3(e) [90]$_{16}$层合板在所有测试温度下 $R = 0.1$ 时的疲劳寿命（在 10^6 次循环处的箭头表示在失效之前测试停止）

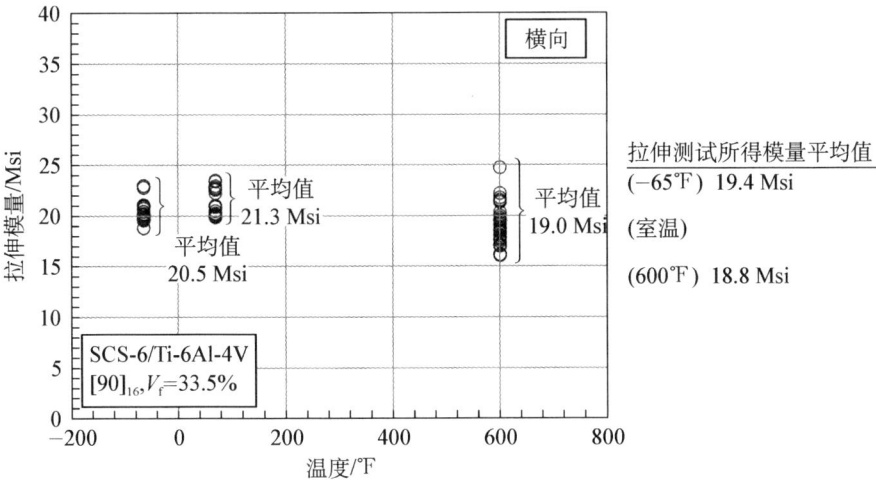

拉伸测试所得模量平均值
(−65℉) 19.4 Msi
(室温) 19.0 Msi
(600℉) 18.8 Msi

图 3.8.2.3.3(f) [90]$_{16}$层合板第一次加载循环时测得的拉伸模量（$R=0.1$）

　　$R=-1$ 时的横向测试结果如图 3.8.2.3.3(g)所示，应力水平的选择同样根据横向拉伸测试中得到的趋势决定。相比于 $R=0.1$ 的情况，在该应力比条件下，低温时表现出高疲劳特性的趋势变得更加显著。−65℉时 35 ksi 应力水平下的疲劳寿命反而长于 75℉时 32 ksi 应力下的疲劳寿命。此外，数据的分散程度小于 $R=0.1$ 时的情况。相较于 75℉，600℉时性能有显著的下降，可能与强度的相应下降有关。第一次加载循环时测得的模量结果如图 3.8.2.3.3(h)所示，可见 600℉时模量平均

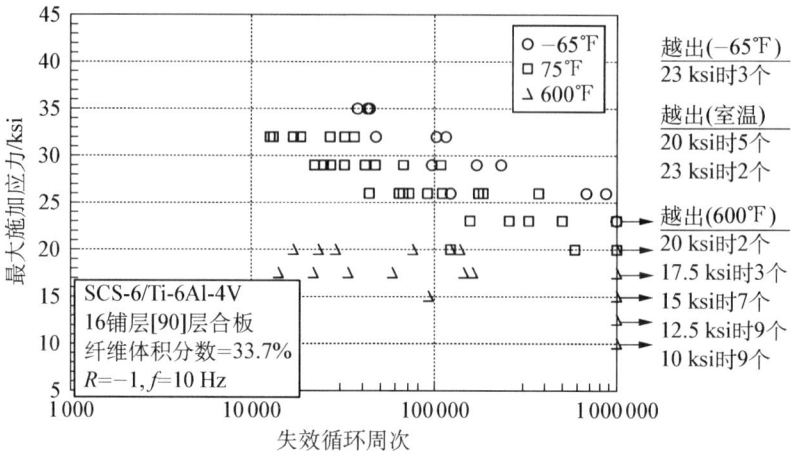

图 3.8.2.3.3（g）　[90]₁₆层合板在所有测试温度下 $R=-1$ 时的疲劳寿命（在 10^6 次循环处的箭头表示在失效之前停止测试）

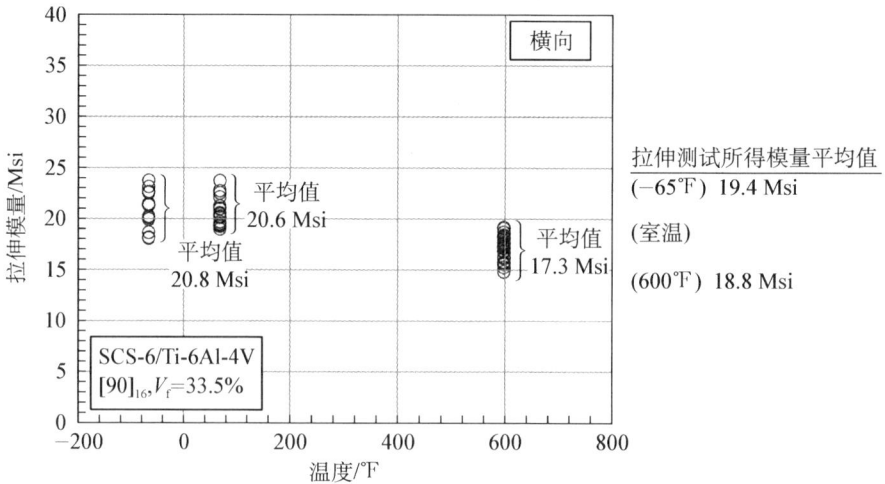

图 3.8.2.3.3（h）　[90]₁₆层合板第一次加载循环时测得的拉伸模量（$R=-1$）

值同样低于75℉时模量平均值，并且这些数据的分散性小于 $R=0.1$ 时的疲劳测试数据。此外，由于测试期间引伸计结冰，很难测试-65℉时的模量数据。

3.8.2.3.4　疲劳裂纹扩展

所有的疲劳裂纹扩展实验均根据 ASTM 标准 E 647-00（疲劳裂纹扩展速率标准测试方法）进行。

75℉和600℉时的疲劳裂纹扩展测试结果如图 3.8.2.3.4（b）[①]~（d）所示。一

[①] 原文为图 3.8.2.3.3（b），下同。——编注

如预期,在所有测试条件下,数据按照远场施加的应力情况分层。此外,初始扩展速率可与先前工作[见文献 3.8.2.3(b)]得到的未桥联(刚度修正的基体数据)复合材料行为相比较。

室温条件下的疲劳裂纹扩展数据很难得到,这是因为裂纹前缘曲率很难描绘并测量。与裂纹尾迹桥联的纤维倾向于保持裂纹闭合,因此测试后断裂表面的氧化(氧化着色)不是裂纹前沿良好扩展的指示。有些试样的断裂表面几乎没有氧化(氧化着色),所以不能精确地定位裂纹前沿。一些情况下,在测试可以停止之前试样已经断裂,因此不能使用氧化着色。在其他测试中,表面裂纹延伸超过了试样的边缘。对于难以确定裂纹前缘曲率改正的情况,需要从具有可用曲率数据的试样获得的信息推导出合适的曲率改正。

尽管准确标出试验后的裂纹前缘存在各种挑战,但是仍得到了所有室温下裂纹扩展试验数据并将其绘制出来,如图 3.8.2.3.4(b)所示。施加应力为 96 ksi 时的实验清晰地展示出非桥联疲劳裂纹扩展特性,其中疲劳裂纹扩展速率随着应力密度(ΔK)的增大而增大。施加应力为 80 ksi 时的实验一部分表现为非桥联形式,而其他的则表现为桥联形式。施加应力为 55 ksi 时的实验,所得数据均表现为完全桥联行为。这些实验中所表现出的各种不同类型的疲劳裂纹扩展行为已在图 3.8.2.3.4(a)中给出。疲劳裂纹扩展行为的详细介绍参见文献3.8.2.3(b)~(e)。

对于完全桥联和非桥联情况,不同批次材料裂纹扩展行为的重复性似乎相当好。施加应力为 55 ksi 时的所有实验均表现出相似的趋势和扩展速率,施加应力为 96 ksi 时的实验亦是如此。施加应力为 80 ksi 时的实验或表现为部分桥联,或表现为非桥联,与材料批次无关。此外,♯34 和♯91 试样(均取自 1 批次)表现出不同的桥联行为,然而却有相似的扩展速率且扩展速率逐渐增加。这种现象与一些在 $R = 0.1$ 和 105 ksi 条件下高温实验测试结果一致,这些高温实验中部分实验可以观察到部分桥联的裂纹扩展,而部分试验由于裂纹扩展太快而无法获得裂纹扩展数据。

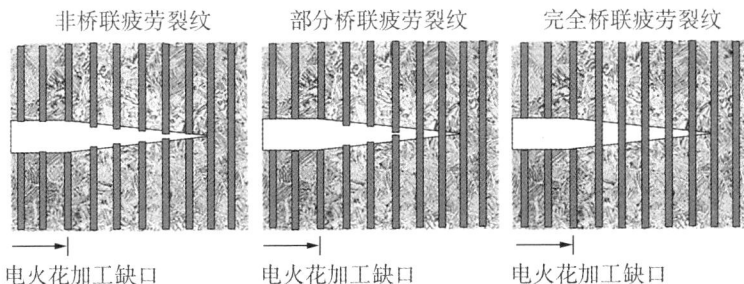

图 3.8.2.3.4(a) 钛基复合材料中观察到的疲劳裂纹扩展桥联现象

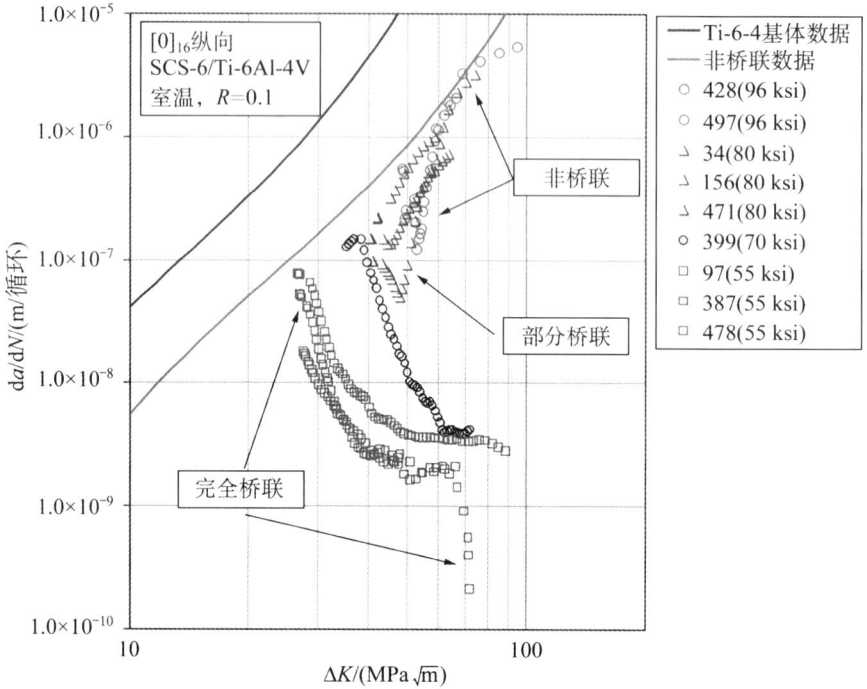

图 3.8.2.3.4(b)　在室温和 $R=0.1$ 时在"选定"应力条件下的裂纹扩展结果,包括未增强基体数据和刚度修正的非增强或"非桥联"行为数据

　　600℉时的断裂表面更容易检测到,因为在测试期间它们一直暴露于高温下。此时,裂纹在载荷作用下被打开,裂纹表面趋于氧化(氧化着色)。实验后在炉中放置 1 h,这些表面的可见度将进一步增加,因此 600℉条件下,所有实验的裂纹前缘曲率均可直接测量。

　　文献中提供的数据较少,不能为 600℉下实验选择合适的应力水平提供依据。由于室温下施加 55 ksi 应力时可得到完全桥联行为,因此这一应力被选择为 600℉时完全桥联应力条件的切入点。由图 3.8.2.3.4(c)中的结果可知,很容易地实现了完全桥联行为。因此,后续选择的施加应力以 10 ksi 间隔变化,以确定部分桥联和非桥联裂纹扩展行为何时开始。

　　测试的所有高于 55 ksi 的应力(65,75,85,95 和 105 ksi)均表现出部分桥联行为,并且随着应力的增加,裂纹桥联的程度下降。选择 65 ksi 应力水平作为重复应力水平,因为这一应力水平似乎可以更好地反映预期出现完全桥联行为的阈值,此条件下一部分实验表现出完全桥联,一部分实验表现出部分桥联。

　　有意思的是,600℉时即使施加应力为 105 ksi,裂纹扩展行为仍然表现为部分桥联。然而,在室温下,施加 95 ksi 的应力,已可观察到非桥联现象,在相同应力下进

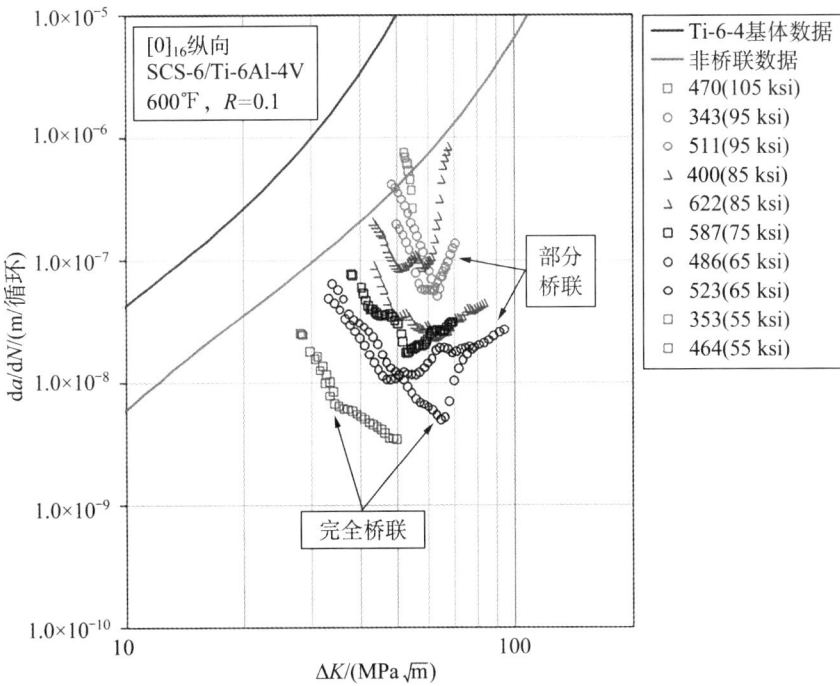

图 3. 8. 2. 3. 4(c) 在 **600℉** 和 **R＝0.1** 时在"选定"应力条件下的裂纹扩展结果,包括非增强基体数据和刚度修正的非增强或"非桥联"行为数据

行的两个实验均为部分桥联。尝试在 110 ksi 应力下进行测试,然而不是在加载过程中失效,就是仅仅可累计几百次循环,这不足以获得有意义的裂纹扩展数据。上述现象可能是由于在高温下纤维上的夹紧应力减小,从而允许缺口根部区域纤维和基体之间发生更大的滑移。尽管在 105 ksi 应力水平下可测试裂纹扩展的实验中并未观测到非桥联行为,但却认定其为"非桥联"条件的复证。"加载时失效"的实验结果被认为是有效的,因为其给出了该几何形状的复合材料在该加载条件下的行为,并且提供了在更高应力水平下可以预期的行为变化性的一些测量。

事实上,文献中没有可用数据能为 R＝0.5 条件下实验选择合适的应力水平提供依据。由于在 600℉、R＝0.1 条件下 65 ksi 的应力水平可作为完全桥联行为的有效阈值,因此这一应力水平用来作为 R＝0.5 时产生完全桥联所需应力的估计值。从图 3.8.2.3.4(d)中的实验结果可知,确实实现了完全桥联行为。随后在75 ksi应力下的实验结果显示为部分桥联。然后以 10 ksi 的应力间隔进行实验以确定部分桥联和非桥联行为的应力水平。

测试的所有高于 65 ksi 的应力水平包括 75,85,95 和 105 ksi,这些条件下均表现出部分桥联行为,并且随着应力的增加,裂纹桥联的程度下降。65 ksi 应力下,

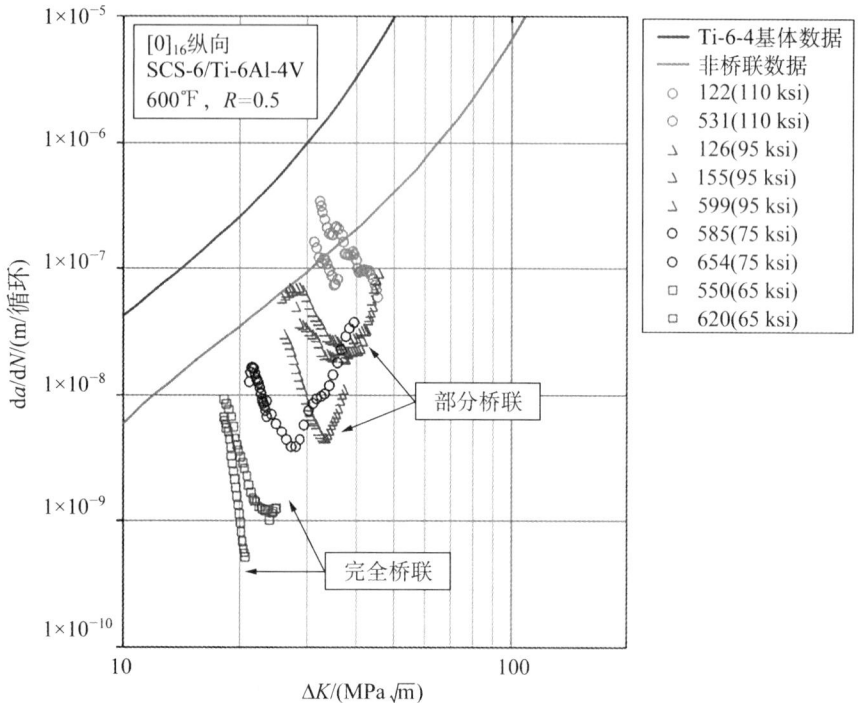

图 3.8.2.3.4(d)　在 600℉和 $R=0.5$ 时在"选定"应力条件下的裂纹扩展结果,包括非增强基体数据和刚度修正的非增强或"非桥联"行为数据

$R=0.5$ 时的实验一致性比 $R=0.1$ 时更好,没有观察到部分桥联,因此认定 65 ksi 为 $R=0.5$ 条件下的完全桥联应力水平。为了得出非桥联条件,尽可能在高应力水平下进行测试,因此在 110 和 115 ksi 应力下进行实验。实验结果表明,在 115 ksi 应力条件下试样在加载时失效,而在 110 ksi 应力下显示出裂纹扩展,并获得了裂纹扩展速率数据。因此选用 110 ksi 的应力进行测试。对于部分桥联条件,重复实验在 95 ksi 下进行。

参 考 文 献

3.8.2.3(a)　AFRL-RX-WP-TR-2009-0000,Delivery Order 0011:Engineering Properties,Fatigue,and Crack Growth Data on SCS-6/Ti-6Al-4V Titanium Matrix Composite(16 Ply) Panels [S]. May 2009.

3.8.2.3(b)　Larsen J M,Jira J R,John R,et al. Crack-Bridging Effects in Notch Fatigue of SCS-6/TIMETAL 21S Composite Laminates,Life Prediction Methodology for Titanium Matrix Composites [S]. ASTM STP 1253,1996,114-136.

3.8.2.3(c)　Warrier S G,Majumdar B S,Miracle D B. Interface Effects on Crack Deflection and Bridging during Fatigue Crack Growth of Titanium Matrix Composites [J].

Acta Mater 1997,45(12): 4969 – 4980.

3. 8. 2. 3(d)　Herrmann D J, Hillberry B M. A new Approach to the Analysis of Unidirectional Titanium Matrix Composites with Bridge and Unbridged Cracks [J]. Engineering Fracture Mechanics 1997,546(5): 711 – 726.

3. 8. 2. 3(e)　John R, Jira J R, Larsen J M, Effect of Stress and Geometry on Fatigue Crack Growth Perpendicular to Fibers in Ti-6Al-4V Reinforced with Unidirectional SiC Fibers, Composite Materials: Fatigue and Fracture [S]. ASTM STP 1330,1998, 122 – 144.

3. 8. 2. 3(f)　Metallic Materials Properties Development and Standardization (MMPDS) [S]. formerly MIL-HDBK-5, 2012, MMPDS-07.

3.8.3　氧化铝/钛

本章节留待以后补充。

3.8.4　其他/钛

本章节留待以后补充。

3.9　其他基体复合材料

本章节留待以后补充。

附录 A　典型压出试验数据

A1. 纤维压出

表 A1(a)　SCS - 6/Ti - 24 - 11 的脱粘载荷和试样厚度(1.4.2.13.1 节)

试样厚度/mm	脱粘载荷/N	试样厚度/mm	脱粘载荷/N
0.149	4.56	0.414	18.8
0.211	6.06	0.452	21.8
0.312	15.6	0.483	26.8
0.322	14.3	0.534	31.8
0.343	15.8	0.569	45.3
0.382	19.6		

表 A1(b)　不同直径 WC 压头时的典型失效载荷(1.4.2.13.1 节)

压头直径/mm	失效载荷/N	压头直径/mm	失效载荷/N
25	2	100	40
50	5	115	50~55
75	20	127	60~70

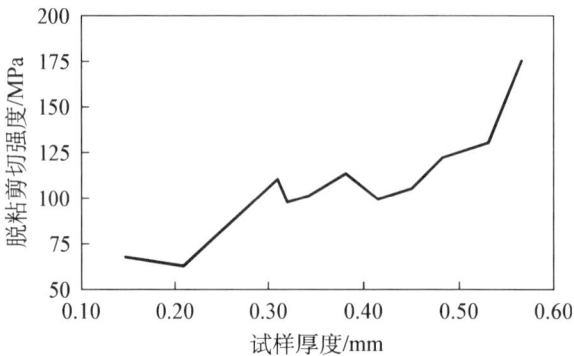

图 A1(a)　试样厚度对 SCS - 6/Ti24 - 11 复合材料脱粘强度的影响(1.4.2.13.11 节)

压出试验数据记录表			
试样号:			
材料:			
试样厚度:			
备注:			
纤维数	脱粘载荷	摩擦载荷	A.E.

图 A1(b) 压出试验数据记录表(1. 4. 2. 13. 14 节)

附录 B　基体材料原始数据表

如何读原始数据表?

原始数据表中的行是按试样号排列的,每一列给出了相对应试样的具体试验数据。由于每个试样测试的试验种类数目繁多,有 20 种甚至更多,因此每组试样的所有数据分列在两个表格中。每个表格交叉引用试样号,并且相继出现。如果测试试样数量较少,两个表格将在同一页上给出。否则,需要两页或更多页来给出试样的所有数据。

每个表格的右上角会有一个单独的小表,这个表给出了下面整个表格的概述。

---

① 表 B4.1(a)(第 1 页,共 2 页)
② Ti - 15 - 3
③ 拉伸
④ [0]₁
⑤ NASA
⑥ 原始数据

---

① 这一行包含三个词条,第一个词条是表编号,与目录对应;第二个词条是字母标识,表示表格的子节。通常子节根据测试类型来组织。最后一个词条表示此表格子节的页码和总页数。

② 材料名称。

③ 试验种类,即拉伸、压缩、疲劳。

④ 需要时给出试样的方向和层数。

⑤ 数据来源。

⑥ 数据类型,原始数据或归一化数据。

B1. 铝

本章节留待以后补充。

B2. 铜

本章节留待以后补充。

B3. 镁

本章节留待以后补充。

B4. 钛

B4.1　Ti 15V 3Cr 3Al-3Sn(3.3.5.1节)

材料:　Ti-15-3
基体:　Ti-15V-3Cr-3Al-3Sn
热处理:　1 292°F/24 h(真空)
试验方法:　见1.9.2.1节

表 B4.1(a)(第1页,共2页)
Ti-15-3 拉伸
NASA-GRC 原始数据

试样号	批次号(板)	试验温度/°F	应变率/s⁻¹	$E^{(1)}$/Msi	F^{tpl}/ksi	$F^{ty0.02}$/ksi	$F^{ty0.2}$/ksi	F^{tu}/ksi	ε^{tu}/%	RA/%	产品形态	试验环境	ν^m
T36	B934021	800	1×10^{-6}	10.8	20	29	43	—	>3	—	HIP板	空气	—
T42	B934021	800	1×10^{-4}	11.3	59	73	84	—	>3.8	—	HIP板	空气	—
T33	B934021	800	1×10^{-8}	17	5.2	40	—	—	>1	—	HIP板	空气	—
T27	B934021	900	1×10^{-4}	10.9	50	65	75	—	>8	—	HIP板	空气	—
T45	B934021	600	1×10^{-4}	11.4	69	78	87	—	>8	—	HIP板	空气	—
T40	B934021	400	1×10^{-4}	12.6	65	84	96	—	>8	—	HIP板	空气	—
T37	B934021	75	1×10^{-4}	13	94	108	117	—	>8	—	HIP板	空气	—
7_1	B934027	1 000	1×10^{-4}	10.5	23	33	42	43	>8	—	HIP板	空气	—
7_22	B934027	900	1×10^{-4}	10.7	57	65	74	75	>8	—	HIP板	空气	—
7_15	B934027	1 000	1×10^{-6}	5.3	6	6	8	24	>8	—	HIP板	空气	—
7_ex	B934027	400	1×10^{-6}	12	80	85	96	—	>8	—	HIP板	空气	—
7_6	B934027	400	1×10^{-3}	12.3	81	87	95	—	>8	—	HIP板	空气	—
7_18	B934027	1 000	1×10^{-3}	11	50	60	67	67	>8	—	HIP板	空气	—
B8	B934027	800	1×10^{-5}	10.8	56	69	83	—	>4	—	HIP板	空气	—
V700-1	87H?	75	2×10^{-3}	13	111	117	124	127	20.2	—	HIP箔	空气	—
16211_B	B934027	75	8.3×10^{-5}	12.4	—	—	114	124	20.7	37.8	HIP板	5 ksi 氦气	—
16210_A	B934027	75	8.3×10^{-5}	11.9	—	—	110	120	20.3	40.3	HIP板	5 ksi 氦气	—
16215_F	B934027	75	8.3×10^{-5}	12.1	—	—	112	122	22.1	39.5	HIP板	5 ksi 氦气	—
16212_C	B934027	75	8.3×10^{-5}	12	—	—	116	125	16.8	22	HIP板	5 ksi 氢气	—
16213_D	B934027	75	8.3×10^{-5}	12.5	—	—	114	125	17.2	27.1	HIP板	5 ksi 氢气	—
16214_E	B934027	75	8.3×10^{-5}	12.3	—	—	114	124	17.5	27.6	HIP板	5 ksi 氢气	—

(1) 模量由比例极限范围内进行最小二乘法分析确定。

材料：Ti-15-3　　　Ti-15V-3Cr-3Al-3Sn
基体：　　　　　　1 292℉/24 h(真空)
热处理：　　　　　见1.9.2.1节
试验方法：

表 B4.1(a)(第 2 页,共 2 页)
Ti-15-3 拉伸
NASA-GRC 原始数据

试样号	机加工方法	试样几何形状	试样尺寸/in	表面状态	测试日期	断裂部位	断裂模式
T36	车削和研磨	狗骨形	0.25 直径×0.5 标距	研磨	5/2/96	中止	—
T42	车削和研磨	狗骨形	0.25 直径×0.5 标距	研磨	5/3/96	中止	—
T33	车削和研磨	狗骨形	0.25 直径×0.5 标距	研磨	5/6/96	中止	—
T27	车削和研磨	狗骨形	0.25 直径×0.5 标距	研磨	11/13/96	中止	—
T45	车削和研磨	狗骨形	0.25 直径×0.5 标距	研磨	11/14/96	中止	—
T40	车削和研磨	狗骨形	0.25 直径×0.5 标距	研磨	11/14/96	中止	—
T37	车削和研磨	狗骨形	0.25 直径×0.5 标距	研磨	11/14/96	中止	—
7_1	车削和研磨	狗骨形	0.25 直径×0.5 标距	研磨	2/6/97	中止	—
7_22	车削和研磨	狗骨形	0.25 直径×0.5 标距	研磨	2/6/97	中止	—
7_15	车削和研磨	狗骨形	0.25 直径×0.5 标距	研磨	3/22/97	中止	—
7_ex	车削和研磨	狗骨形	0.25 直径×0.5 标距	研磨	3/23/97	中止	—
7_6	车削和研磨	狗骨形	0.25 直径×0.5 标距	研磨	4/11/97	中止	—
7_18	车削和研磨	狗骨形	0.25 直径×0.5 标距	研磨	4/11/97	中止	—
B8	车削和研磨	狗骨形	0.25 直径×0.5 标距	研磨	7/31/97	中止	—
V700-1	车削和研磨	狗骨形	0.125 直径×0.815 标距	研磨	3/5/88	标距内	韧性断裂
16211_B	车削和研磨	狗骨形	0.188 直径×0.75 标距	研磨	7/2/97	标距内	韧性断裂
16210_A	车削和研磨	狗骨形	0.188 直径×0.75 标距	研磨	7/2/97	标距内	韧性断裂
16215_F	车削和研磨	狗骨形	0.188 直径×0.75 标距	研磨	7/3/97	标距内	韧性断裂
16212_C	车削和研磨	狗骨形	0.188 直径×0.75 标距	研磨	7/3/97	标距内	韧性断裂
16213_D	车削和研磨	狗骨形	0.188 直径×0.75 标距	研磨	7/3/97	标距内	韧性断裂
16214_E	车削和研磨	狗骨形	0.188 直径×0.75 标距	研磨	7/3/97	标距内	韧性断裂

表 B4.1(b)(第 1 页，共 2 页)
Ti-15-3 疲劳
NASA GRC 原始数据

材料：Ti-15-3

基体：Ti-15V-3Cr-3Al-3Sn
产品形态：热等静压箔
产品尺寸：10"×14"×0.44"*
铺层数：
加工方法：车削和研磨

试验方法：见 1.9.2.4 节疲劳
波形：三角形
试验前暴露：1 292°F/24 h
试验环境：空气
试样形状：圆柱狗骨形
表面状态：研磨
试样尺寸：5"×0.406"直径

试样号	纤维体积分数	批号(板)	试验温度/°F	E(N=1)/Msi	E/Msi	总应变率/s⁻¹	ε_{max}/%	ε_{min}/%	ε_{max}/psi	ε_{min}/psi	频率/Hz	N_f
									$N = N_f/2$			
T1		B934021	800	11.8	—	0.001	0.500	-0.500	68 550	-64 264	0.05	4 956
T2		B934021	800	11.7	13.6	0.001	0.300	-0.300	43 621	-37 808	0.08	22 237
T3		B934021	800	11.6	—	0.001	0.221	-0.219	37 147	-22 211	0.11	30 191
T4		B934021	800	11.9	—	0.001	0.200	-0.200	—	—	0.13	>419 714
T5		B934021	800	12.2	14.0	0.001	0.350	-0.350	52 235	-45 754	0.07	>119 325
T7		B934021	800	11.9	13.6	0.001	0.500	-0.500	—	—	0.05	38 026
T6		B934021	800	11.8	12.5	0.001	1.500	0.075	91 351	-86 628	0.04	1 435
T8		B934021	800	11.5	12.7	0.001	1.200	0.060	71 774	-73 228	0.04	6 260
T10		B934021	400	12.6	12.6	0.001	0.500	-0.500	60 967	-65 459	0.05	15 100
T11		B934021	400	12.1	12.3	0.001	0.450	-0.450	53 763	-57 064	0.06	21 509
T13		B934021	400	12.1	12.1	0.001	0.700	-0.700	81 689	-85 372	0.04	2 050
T16		B934021	400	11.9	12.5	0.001	0.400	-0.400	48 483	-50 925	0.06	>118 058
T14		B934021	400	12.0	12.0	0.001	2.000	0.100	96 811	-93 243	0.03	668
T15		B934021	400	12.1	12.0	0.001	1.200	0.060	88 213	-47 048	0.04	4 011
T17		B934021	75	13.1	13.1	0.001	0.600	-0.600	76 888	-79 348	0.04	9 643
T18		B934021	75	13.3	13.2	0.001	1.200	0.060	117 951	-30 213	0.04	4 447
T19		B934021	75	13.2	13.2	0.001	1.050	0.053	118 764	-10 543	0.05	7 272

*"为英制的长度单位英寸。

材料:Ti-15-3
纤维:
基体:Ti-15V-3Cr-3Al-3Sn
产品形态:热等静压箔
产品尺寸:10″×14″×0.44″
铺层数:
加工方法:车削和研磨

试验方法:见1.9.2.4节疲劳
波形:三角形
试验前暴露:1292°F/24 h
试验环境:空气
试样形状:圆柱狗骨形
表面状态:研磨
试样尺寸:5″×0.406″直径

表 B4.1(b)(第2页,共2页)　Ti-15-3 疲劳　NASA GRC 原始数据

| 试样号 | 控制模式 | R | 工作段尺寸 | | | 试验日期 | 断裂部位 | 备注 | 试样尺寸 | 失效模式 |
			l/in	d/in	t/in					
T1	应变	−1	0.5	0.406	—	5/17/94	标距内		—	—
T2	应变	−1	0.5	0.406	—	5/25/94	标距内	提前断裂	—	—
T3	应变	−1	0.5	0.406	—	5/31/94	标距内	提前断裂	—	—
T4	应变	−1	0.5	0.406	—	6/8/94	越出		—	—
T5	应变	−1	0.5	0.406	—	7/1/94	越出		—	—
T7	应变	−1	0.5	0.406	—	8/30/94	圆弧段		—	—
T6	应变	0.05	0.5	0.406	—	8/16/94	标距内		—	—
T8	应变	0.05	0.5	0.406	—	9/9/94	圆弧段		—	—
T10	应变	−1	0.5	0.406	—	5/10/95	标距内		—	—
T11	应变	−1	0.5	0.406	—	5/16/95	标距内		—	—
T13	应变	−1	0.5	0.406	—	5/23/95	标距内		—	—
T16	应变	−1	0.5	0.406	—	6/14/95	越出		—	—
T14	应变	0.05	0.5	0.406	—	5/25/95	标距内		—	—
T15	应变	0.05	0.5	0.406	—	5/30/95	标距内		—	—
T17	应变	−1	0.5	0.406	—	7/17/95	标距内		—	—
T18	应变	0.05	0.5	0.406	—	7/20/95	标距内		—	—
T19	应变	0.05	0.5	0.406	—	7/24/95	标距内		—	—

附录 C　金属基复合材料的原始数据表

如何读原始数据表?

原始数据表中的行是按试样号排列的,每一列给出了相对应试样的具体试验数据。由于每个试样测试的试验种类数目繁多,有 20 种甚至更多,因此每组试样的所有数据分列在两个表格中。每个表格交叉引用试样号,并且相继出现。如果测试试样数量较少,两个表格将在同一页上给出。否则,需要两页或更多页来给出试样的所有数据。

每个表格的右上角会有一个单独的小表,这个表给出了下面整个表格的概述。

---

① 表 B4.1(a)(第 1 页,共 2 页)
② Ti‑15‑3
③ 拉伸
④ $[0]_1$
⑤ NASA
⑥ 原始数据

---

① 这一行包含三个词条,第一个词条是表编号,与目录对应;第二个词条是字母标识,表示表格的子节。通常子节根据测试类型来组织。最后一个词条表示此表格子节的页码和总页数。

② 材料名称。

③ 试验种类,即拉伸、压缩、疲劳。

④ 需要时给出试样的方向和层数。

⑤ 数据来源。

⑥ 数据类型,原始数据或归一化数据。

C1. 铝

C1.1 Nextel 610/SP Al (3.5.2.1 节)

材料: Nextel 610/SP Al
纤维: Nextel 610
基体: 99.99% Al
产品形态: 平板
铺层方式: 0°
试验方法: MMC‑TM‑401

筛选数据
试样形状: 长条形
表面状态: 接收状态
加工方法: 金刚石切割片
试验前暴露: 无
试验环境: 实验室空气

表 C1.1(a)(第 1 页, 共 6 页)
Nextel 610/SP Al
拉伸 0°3M
原始数据

试样号	纤维体积分数/%	批次号(平板)	试验温度/°F	应变率/s⁻¹	E_1/Msi	F^{pl}/ksi	$F^{ty0.02}$/ksi	$F^{ty0.2}$/ksi	F_1^{tu}/ksi	ε_1^{tf}/%	ν_{12}	备注
551/4‑L1	65.0	551	73	0.0100	36.8				266.8	0.790		
551/4‑L2	65.0	551	73	0.0100	37.9				272.5	0.780		
551/4‑L3	65.0	551	73	0.0100	38.1				268.7	0.760		
551/4‑L4	65.0	551	73	0.0100	37.1				272.8	0.790		
551/4‑L5	65.0	551	73	0.0100	38.1				271.7	0.770		
551/4‑L6	65.0	551	73	0.0100	37.2				270.9	0.780		
551/4‑L7	65.0	551	73	0.0100	36.4				260.3	0.760		
599/3‑L2	65.0	599	73	0.0100	39.8				283.8			
599/3‑L3	65.0	599	73	0.0100	39.3				267.6	0.740		
599/3‑L4	65.0	599	73	0.0100	39.2				281.7	0.780		
599/3‑L5	65.0	599	73	0.0100	38.3				282.3	0.780		
599/3‑L6	65.0	599	73	0.0100	39.5				277.1	0.720		
600/4‑L1	65.0	600	73	0.0100	34.8				243.5	0.760		
600/4‑L3	65.0	600	73	0.0100	39.2				270.8	0.730		
600/4‑L4	65.0	600	73	0.0100	38.4				271.6			
600/4‑L5	65.0	600	73	0.0100	37.9				268.1	0.760		

材料: Nextel 610/SP Al
纤维: Nextel 610
基体: 99.99% Al
产品形态: 平板
铺层方式: 0°
试验方法: MMC-TM-401

筛选数据
试样形状: 长条形
表面状态: 接收状态
加工方法: 金刚石切割片
试验前暴露: 无
试验环境: 实验室空气

表 C1.1(a)(第 2 页, 共 6 页)
Nextel 610/SP Al
拉伸 0°3M
原始数据

试样号	测试日期	失效部位	失效模式	截面收缩率/%	伸长量/in	截面积/in²	0.2%偏移时载荷/lbf	极限载荷/lbf	宽度/in	厚度/in	初始标距/in	最终标距/in	最终宽度/in	最终厚度/in	最终截面积/in²
551/4-L1	4/13/95	标距内				0.020 0		5 337			1.500 0				
551/4-L2	4/13/95	加强片处				0.020 1		5 458			1.500 0				
551/4-L3	4/13/95	标距内				0.020 2		5 425			1.500 0				
551/4-L4	4/13/95	加强片处				0.020 2		5 519			1.500 0				
551/4-L5	4/13/95	加强片处				0.020 3		5 501			1.500 0				
551/4-L6	4/13/95	加强片处				0.020 2		5 481			1.500 0				
551/4-L7	4/13/95	标距内				0.020 1		5 238			1.500 0				
599/3-L2	6/1/95	加强片处				0.019 1		5 431			1.500 0				
599/3-L3	6/1/95	加强片处				0.019 4		5 184			1.500 0				
599/3-L4	6/1/95	标距内				0.019 7		5 546			1.500 0				
599/3-L5	6/1/95	标距内				0.019 6		5 546			1.500 0				
599/3-L6	6/1/95	标距内				0.019 5		5 398			1.500 0				
600/4-L1	6/1/95	标距内				0.020 3		4 948			1.500 0				
600/4-L3	6/1/95	标距内				0.020 3		5 321			1.500 0				
600/4-L4	6/1/95	标距内				0.020 3		5 508			1.500 0				
600/4-L5	6/1/95	标距内				0.020 2		5 404			1.500 0				

材料: Nextel 610/SP Al
纤维: Nextel 610
基体: 99.99% Al
产品形态: 平板
铺层方式: 0°
试验方法: MMC-TM-401

筛选数据
试样形状: 长条形
表面状态: 接收状态
加工方法: 金刚石切割片
试验前暴露: 无
试验环境: 实验室空气

表 C1.1(a)(第 3 页,共 6 页)
Nextel 610/SP Al
拉伸 0°3M
原始数据

试样号	纤维体积分数/%	批次号(平板)	试验温度/°F	应变率/s^{-1}	E_1/Msi	F_1^{tp1}/ksi	$F_1^{ty0.02}$/ksi	$F_1^{ty0.2}$/ksi	F_1^{tu}/ksi	ε_1^{tf}/%	ν_{12}	备注
600/4-L6	65.0	600	73	0.010 0	39.4				267.7	0.740		
600/4-L7	65.0	600	73	0.010 0	37.5				252.8	0.730		
602/4-L1	65.0	602	73	0.010 0	37.2				253.5	0.740		
602/4-L2	65.0	602	73	0.010 0	38.8				240.2	0.650		
602/4-L3	65.0	602	73	0.010 0	39.0				269.6			试验 2 次
602/4-L4	65.0	602	73	0.010 0	36.9				263.7			
602/4-L5	65.0	602	73	0.010 0	37.0				267.5	0.770		
602/4-L6	65.0	602	73	0.010 0	38.2				261.6	0.720		
602/4-L7	65.0	602	73	0.010 0	36.6				247.5	0.740		
883A/3-L1	65.0	883A	73	0.015 0					251.8	0.630		
883A/3-L2	65.0	883A	73	0.015 0					271.7	0.670		
883A/3-L3	65.0	883A	73	0.015 0					266.2	0.770		
883A/3-L4	65.0	883A	73	0.015 0					284.8	0.750		
883A/3-L5	65.0	883A	73	0.015 0					258.3	0.760		

表 C1.1(a)(第 4 页,共 6 页)
Nextel 610/SP Al
拉伸 0°3M
原始数据

材料: Nextel 610/SP Al
纤维: Nextel 610
基体: 99.99% Al
产品形态: 平板
铺层方式: 0°
试验方法: MMC-TM-401

筛选数据
试样形状: 长条形
表面状态: 接收状态
加工方法: 金刚石切割片
试验前暴露: 无
试验环境: 实验室空气

试样号	测试日期	失效部位	失效模式	截面收缩率/%	伸长量/in	截面积/in²	0.2%偏移时载荷	极限载荷/lbf	宽度/in	厚度/in	初始标距/in	最终标距/in	最终宽度/in	最终厚度/in	最终截面积/in²
600/4-L6	6/1/95	标距内				0.020 4		5 371			1.500 0				
600/4-L7	6/1/95	标距内				0.020 4		5 454			1.500 0				
602/4-L1	6/1/95	标距内				0.020 4		5 337			1.500 0				
602/4-L2	6/1/95	标距内				0.020 4		5 040			1.500 0				
602/4-L3	6/20/96	标距内				0.022 1		5 571			1.500 0				
602/4-L4	6/20/96	加强片处				0.022 4		6 072	0.375 3	0.059 0	1.500 0				
602/4-L5	6/20/96	标距内				0.022 1		5 872	0.377 2	0.059 3	1.500 0				
602/4-L6	6/20/96	标距内				0.021 9		6 244	0.375 2	0.058 8	1.500 0				
602/4-L7	6/20/96	标距内				0.022 0		5 682	0.375 8	0.058 4	1.500 0				
883A/3-L1	6/1/95	加强片处				0.019 8		5 310	0.375 1	0.058 7	1.500 0				
883A/3-L2	6/1/95	标距内				0.019 8		5 002			1.500 0				
883A/3-L3	6/1/95	加强片处				0.020 3		5 146			1.500 0				
883A/3-L4	6/1/95	加强片处				0.020 3		4 865			1.500 0				
883A/3-L5	6/1/95	标距内				0.020 4		5 501			1.500 0				

材料：Nextel 610/SP Al　　　　　筛选数据
纤维：Nextel 610　　　　　　　　试样形状：长条形
基体：99.99% Al　　　　　　　　表面状态：接收状态
产品形态：平板　　　　　　　　加工方法：金刚石切割片
铺层方式：0°　　　　　　　　　试验前暴露：无
试验方法：MMC-TM-401　　　　试验环境：实验室空气

表 C1.1(a)(第 5 页，共 6 页)
Nextel 610/SP Al
拉伸 0°3M
原始数据

试样号	纤维体积分数/%	批次号(平板)	试验温度/°F	应变率/s^{-1}	E_1^t/Msi	F_1^{tpl}/ksi	$F_1^{ty0.02}$/ksi	$F_1^{ty0.2}$/ksi	F_1^{tu}/ksi	ε_1^{tf}/%	ν_{12}^t	备注
883B/1-L2	65.0	883B	73	0.015 0					255.3	0.660		
883B/1-L3	65.0	883B	73	0.015 0					274.5	0.700		
883B/1-L4	65.0	883B	73	0.015 0					279.6	0.710		
883B/1-L5	65.0	883B	73	0.015 0					281.4	0.690		
883B/1-L6	65.0	883B	73	0.015 0					270.2	0.690		
601/1-L3	65.0	601	73	0.015 0	39.5				266.1	0.720	0.27	测量泊松比
601/2-L3	65.0	601	73	0.015 0	38.7				252.5	0.690	0.31	测量泊松比
602/1-L3	65.0	602	73	0.015 0	39.2				256.3	0.700	0.31	测量泊松比

材料：Nextel 610/SP Al
纤维：Nextel 610
基体：99.99% Al
产品形态：平板
铺层方式：0°
试验方法：MMC-TM-401

筛选数据
试样形状：长条形
表面状态：接收状态
加工方法：金刚石切割片
试验前暴露：无
试验环境：实验室空气

表C1.1(a)(第6页，共6页)
Nextel 610/SP Al
拉伸 0°3M
原始数据

试样号	测试日期	失效部位	失效模式	截面收缩率/%	伸长量/in	截面积/in²	0.2%偏移时载荷	极限载荷/lbf	宽度/in	厚度/in	初始标距/in	最终标距/in	最终宽度/in	最终厚度/in	最终截面积/in²
883B/1-L2	6/20/96	标距内						6 021	0.374 7	0.059 3	1.500 0				
883B/1-L3	6/20/96	加强片处						5 643	0.376 9	0.059 6	1.500 0				
883B/1-L4	6/20/96	标距内						5 837	0.376 2	0.058 5	1.500 0				
883B/1-L5	6/20/96	标距内						5 637	0.375 3	0.058 9	1.500 0				
883B/1-L6	6/20/96	标距内						6 063	0.375 7	0.058 8	1.500 0				
601/1-L3	6/20/96	标距内						6 218	0.375 0	0.059 3	1.500 0				
601/2-L3	6/20/96	标距内						6 177	0.375 2	0.058 5	1.500 0				
602/1-L3	6/20/96	标距内						5 969	0.375 7	0.058 8	1.500 0				

材料: Nextel 610/SP Al
纤维: Nextel 610
基体: 99.99% Al
产品形态: 平板
铺层方式: 90°
试验方法: MMC-TM-401

筛选数据
试样形状: 长条形
表面状态: 接收状态
加工方法: 金刚石切割削片
试验前暴露: 无
试验环境: 实验室空气

表 C1.1(b)(第 1 页,共 4 页)
Nextel 610/SP Al
拉伸 90°3M
原始数据

试样号	纤维体积分数 /%	批次号 (平板)	试验温度/°F	应变率 /s⁻¹	E_2/Msi	F_2^{tpl}/ksi	$F_2^{y0.02}$ /ksi	$F_2^{y0.2}$/ksi	F_2^{tu}/ksi	ε_2^{tf}/%	ν_{23}^t	备注
448/3 - T1	65.0	448	73	0.010					25.8	3.01		
448/3 - T2	65.0	448	73	0.010	17.06				27.5	4.16		
448/3 - T3	65.0	448	73	0.010	16.72				28.2			
558/3 - T4	65.0	558	73	0.010					23.7			
558/3 - T5	65.0	558	73	0.010					24.2			
601/3 - T1	65.0	601	73	0.010	17.56				26.3	0.78		
601/3 - T2	65.0	601	73	0.010	19.32				25.1	0.78		
601/3 - T3	65.0	601	73	0.010	19.42				25.2	0.73		
601/3 - T7	65.0	601	73	0.010	16.74				22.6	1.27		
601/3 - T8	65.0	601	73	0.010	16.85				22.8	1.25		
601/3 - T9	65.0	601	73	0.010	18.47				22.4	1.13		
883A/2 - T1	65.0	883A	73	0.010					26.4	1.12		
883A/2 - T2	65.0	883A	73	0.010					27.4	1.08		
883A/2 - T3	65.0	883A	73	0.010					23.6	0.83		
883A/2 - T4	65.0	883A	73	0.010					26.9	0.91		

材料：Nextel 610/SP Al
纤维：Nextel 610
基体：99.99% Al
产品形态：平板
铺层方式：90°
试验方法：MMC-TM-401

筛选数据
试样形状：长条形
表面状态：接收状态
加工方法：金刚石切割削片
试验前暴露：无
试验环境：实验室空气

试样号	测试日期	失效部位	失效模式	截面收缩率/%	伸长量/in	截面积/in²	0.2%偏移时载荷	极限载荷/lbf	宽度/in	厚度/in	初始标距/in	最终标距/in	最终宽度/in	最终厚度/in	最终面积/in²
448/3-T1	1/18/95	标距内	标距内		0.080 6		2 075				0.062 5				
448/3-T2	1/18/95	标距内	标距内		0.080 9		2 226				0.062 5				
448/3-T3	1/18/95	标距内	标距内		0.079 7		2 248				0.062 5				
558/3-T4	4/18/95	标距内	标距内		0.051 1		1 214				0.394 0				
558/3-T5	4/18/95	标距内	标距内		0.051 2		1 236				0.394 0				
601/3-T1	6/16/95	标距内	标距内		0.020 3		533				0.500 0				
601/3-T2	6/16/95	标距内	标距内		0.020 2		506				0.500 0				
601/3-T3	6/16/95	标距内	标距内		0.020 1		506				0.500 0				
601/3-T7	6/16/95	标距内	标距内		0.020 6		463				0.500 0				
601/3-T8	6/16/95	标距内	标距内		0.020 7		472				0.500 0				
601/3-T9	6/16/95	标距内	标距内		0.020 9		468				0.500 0				
883A/2-T1	6/20/96	标距内	标距内		0.021 1		527		0.374 15	0.056 40	0.500 0				
883A/2-T2	6/20/96	标距内	标距内		0.021 3		497		0.374 40	0.056 95	0.500 0				
883A/2-T3	6/20/96	标距内	标距内		0.020 9		532		0.374 85	0.055 75	0.500 0				
883A/2-T4	6/20/96	标距内	标距内		0.021 1		554		0.375 50	0.056 25	0.500 0				

表 C1.1(b)(第 3 页, 共 4 页) Nextel 610/SP Al 拉伸 90° 3M 原始数据

材料: Nextel 610/SP Al　　　　筛选数据
纤维: Nextel 610　　　　试样形状: 长条形
基体: 99.99% Al　　　　表面状态: 接收状态
产品形态: 平板　　　　加工方法: 金刚石切割片
铺层方式: 90°　　　　试验前暴露: 无
试验方法: MMC-TM-401　　　　试验环境: 实验室空气

试样号	纤维体积分数 /%	批次号 (平板)	试验温度/°F	应变率 /s⁻¹	E_2/Msi	F_1^{tpl}/ksi	$F_2^{ty0.02}$ /ksi	$F_2^{ty0.2}$ /ksi	F_2^{tu}/ksi	ε_2^{tf}/%	ν_{23}	备注
883A/2 - T5	65.0	883A	73	0.010					24.7	0.77		
883A/2 - T6	65.0	883A	73	0.010					23.8	0.75		
883A/2 - T7	65.0	883A	73	0.010					25.2	0.80		
883A/2 - T8	65.0	883A	73	0.010					26.4	0.81		
883A/2 - T9	65.0	883A	73	0.010					24.2	0.72		
883A/2 - T10	65.0	883A	73	0.010					24.3	0.75		
883A/2 - T11	65.0	883A	73	0.010					29.7	1.01		
883A/2 - T12	65.0	883A	73	0.010					27.7	0.92		
883A/2 - T13	65.0	883A	73	0.010					29.1	0.96		
883A/2 - T14	65.0	883A	73	0.010					27.9	0.91		
883B/2 - T1	65.0	883B	73	0.010					28.0	1.21		
883B/2 - T2	65.0	883B	73	0.010					27.2	1.18		
883B/2 - T3	65.0	883B	73	0.010					27.1	1.26		
883B/2 - T4	65.0	883B	73	0.010					25.1	1.00		
883A/2 - T5	65.0	883A	73	0.010					24.6	1.02		
883A/2 - T6	65.0	883B	73	0.010					23.8	0.75		
883B/2 - T7	65.0	883B	73	0.010					27.1	1.44		
883B/2 - T8	65.0	883B	73	0.010					26.3	1.13		
883B/2 - T9	65.0	883B	73	0.010					25.6	1.13		
883B/2 - T10	65.0	883B	73	0.010					25.5	1.01		
883B/2 - T11	65.0	883B	73	0.010					26.5	1.18		
883B/2 - T12	65.0	883B	73	0.010					27.3	1.22		
883B/2 - T13	65.0	883B	73	0.010					27.6	1.20		
883B/2 - T14	65.0	883B	73	0.010					27.9	1.33		

表 C1.1(b)(第 4 页，共 4 页)　Nextel 610/SP Al　拉伸 90°3M　原始数据

材料：Nextel 610/SP Al
纤维：Nextel 610
基体：99.99% Al
产品形态：平板
铺层方式：90°
试验方法：MMC-TM-401

筛选数据
试样形状：长条形
表面状态：接收状态
加工方法：金刚石切割片
试验前暴露：无
试验环境：实验室空气

试样号	测试日期	失效部位	失效模式	截面收缩率/%	伸长量/in	截面面积/in²	0.2%偏移时载荷	极限载荷/lbf	宽度/in	厚度/in	初始标距/in	最终标距/in	最终宽度/in	最终厚度/in	最终截面积/in²
883A/2-T5	6/21/96	标距内			0.022 1			582	0.375 70	0.058 90	0.500 0				
883A/2-T6	6/21/96	标距内						567			0.500 0				
883A/2-T7	6/20/96	标距内			0.021 1			554	0.375 50	0.056 25	0.500 0				
883A/2-T8	6/20/96	标距内						514			0.500 0				
883A/2-T9	6/20/96	标距内						508			0.500 0				
883A/2-T10	6/20/96	标距内						615			0.500 0				
883A/2-T11	6/20/96	标距内						575			0.500 0				
883A/2-T12	6/20/96	标距内						603			0.500 0				
883A/2-T13	6/20/96	标距内						579			0.500 0				
883A/2-T14	6/20/96	标距内						514			0.500 0				
883B/2-T1	6/20/96	标距内						508			0.500 0				
883B/2-T2	6/20/96	标距内						615			0.500 0				
883B/2-T3	6/20/96	标距内						575			0.500 0				
883B/2-T4	6/20/96	标距内						603			0.500 0				
883B/2-T5	6/20/96	标距内						579			0.500 0				
883A/2-T6	6/21/96	标距内			0.021 0			599	0.375 70	0.058 90	0.500 0				
883B/2-T7	6/21/96	标距内						563			0.500 0				
883B/2-T8	6/21/96	标距内						593			0.500 0				
883B/2-T9	6/21/96	标距内						604			0.500 0				
883B/2-T10	6/21/96	标距内						610			0.500 0				
883B/2-T11	6/21/96	标距内						618			0.500 0				
883B/2-T12	6/20/96	标距内						508			0.500 0				
883B/2-T13	6/20/96	标距内									0.500 0				
883B/2-T14	6/20/96	标距内									0.500 0				

C2. 铜

本章节留待以后补充。

C3. 镁

本章节留待以后补充。

C4. 钛

C4.1　SiC/Ti-15-3 (3.8.2.1.1和3.8.2.1.2节)

材料: SiC/Ti-15-3
纤维: SCS-6
基体: Ti-15V-3Cr-3Al-3Sn
产品形态: 箔/纤维/箔
产品尺寸: 10"×14"
铺层方式: 单向
层数: 8层

测试方法: 见1.4.2.1节拉伸
试验前暴露: 1292°F/24 h(真空)
试验环境: 空气

| | | | | | | | 表C4.1(a)(第1页,共2页) SiC/Ti-15-3 拉伸[0]8 NASA-GRC 原始数据 | | | | | |

试样号	纤维体积分数/%	批次号(平板)	试验温度/°F	应变率/s⁻¹	E_1/Msi	F_1^{pl}/ksi	$F_1^{ty0.02}$/ksi	$F_1^{ty0.2}$/ksi	F_1^{tu}/ksi	ε_1^{tf}/%	ν_{12}	备注
L1_15	15	F914005	75	1×10^{-4}	20	123	141	172	185	1.21	—	钼-织物
15_1	15	F914007	800	1×10^{-3}	19	—	116	—	138	0.86	0.39	钼-织物
15-2	15	F914007	800	1×10^{-3}	19	—	115	—	136	0.75	0.37	钼-织物
25-1	25	B934026	800	1×10^{-3}	24	—	164	—	197	0.88	0.32	钛-铌织物
25-2	25	B934026	800	1×10^{-3}	24	—	151	—	192	0.91	0.31	钛-铌织物
29	35	87H153	800	1×10^{-4}	32	17	42	—	200	0.77	—	钛-织物
30	35	87H153	800	1×10^{-3}	26	31	147	—	201	0.89	—	钛-织物
4	35	87H153	75	1×10^{-4}	25	121	160	—	196	0.84	—	钛-织物(1)
2	35	87H153	75	1×10^{-4}	26	133	168	—	168	0.66	—	钛-织物(1)
5	35	87H153	75	1×10^{-4}	37	142	140	—	194	0.67	—	钛-织物

（续表）

试样号	纤维体积分数/%	批次号(平板)	试验温度/°F	应变率/s⁻¹	E_1/Msi	F_1^{pl}/ksi	$F_1^{py0.02}$/ksi	$F_1^{py0.2}$/ksi	F_1^{tu}/ksi	ε_1^{tf}/%	ν_{12}	备注
6	35	87H153	75	1×10^{-4}	28	33	82	—	194	0.85	—	钛-织物
7	35	87H153	75	1×10^{-4}	26	83	83	—	206	1	—	钛-织物
8	35	87H153	75	1×10^{-4}	26	127	157	—	204	0.89	—	钛-织物
9	35	87H153	75	1×10^{-4}	28	112	160	—	217	0.88	—	钛-织物
33	35	87H153	800	1×10^{-5}	29	24	90	—	198	0.82	—	钛-织物
27	35	87H153	75	1×10^{-4}	25	141	169	—	208	0.96	0.28	钛-织物
53	35	D890054	75	1×10^{-4}	29	150	186	—	211	0.77	—	钼-织物
5_36	35	J890505	800	1×10^{-3}	27	151	185	—	209	0.84	—	钼-织物(2)
35_8	35	B934025	800	1×10^{-3}	29	—	187	—	252	1	—	钛-铌织物
35-10	35	B934025	800	1×10^{-3}	26	—	182	—	243	1.06	—	钛-铌织物
L1-45	41	D910518	75	1×10^{-4}	31	151	160	—	201	0.73	—	钼-织物
L4	41	D910518	75	1×10^{-4}	31	128	192	—	252	0.9	—	钼-织物
42-1	41	D910519	800	1×10^{-3}	30	—	212	—	245	0.84	0.31	钼-织物
42-2	41	D910519	800	1×10^{-3}	32	—	187	—	251	0.83	0.28	钼-织物

(1) 长条形试样;
(2) 32层材料。

材料：SiC/Ti-15-3
纤维：SCS-6
基体：Ti-15V-3Cr-3Al-3Sn
产品形态：箔/纤维/箔
产品尺寸：10"×14"
铺层方式：单向
层数：8层

测试方法：见1.4.2.1节拉伸
试验前暴露：1 292℉/24 h(真空)
试验环境：空气

表C4.1(a)(第2页，共2页)
SiC/Ti-15-3
拉伸[0]₈NASA-GRC
原始数据

试样号	加工方法	试样形状	试样尺寸/in	表面状态	测试日期	失效部位	失效模式
L1_15	电火花加工	狗骨形	0.5×6.0×0.12	加工工状态	9/25/92	圆弧处	—
15_1	水射流+金刚石研磨	狗骨形	0.5×6.0×0.12	加工工状态	10/2/96	标距外	—
15-2	水射流+金刚石研磨	狗骨形	0.5×6.0×0.10	加工工状态	10/2/96	标距中部	—
25-1	水射流+金刚石研磨	狗骨形	0.5×6.0×0.10	加工工状态	10/2/96	标距中部	—
25-2	水射流+金刚石研磨	狗骨形	0.5×6.0×0.10	加工工状态	8/21/89	标距内	—
29	电火花加工	狗骨形	0.5×5.5×0.08	加工工状态	8/21/89	标距内	—
30	电火花加工	狗骨形	0.5×5.5×0.08	加工工状态	8/9/88	标距中部	—
4	电火花加工	长条形	0.5×4.0×0.08	加工工状态	6/29/88	标距中部	—
2	电火花加工	长条形	0.5×4.0×0.08	加工工状态	6/29/88	夹持区域	—
5	电火花加工	狗骨形	0.5×4.0×0.08	加工工状态	11/16/88	圆弧处	—
6	电火花加工	狗骨形	0.5×4.0×0.08	加工工状态	7/8/88	圆弧处	—
7	电火花加工	狗骨形	0.5×4.0×0.08	加工工状态	8/22/88	圆弧处	—
8	电火花加工	狗骨形	0.5×4.0×0.08	加工工状态	6/30/88	标距内	—
9	电火花加工	狗骨形	0.5×4.0×0.08	加工工状态	7/7/88	标距中部	—
33	电火花加工	狗骨形	0.5×5.5×0.08	加工工状态	8/21/89	标距内	—
27	电火花加工	狗骨形	0.5×5.5×0.08	加工工状态	10/17/89	标距内	—
53	电火花加工	狗骨形	0.5×5.5×0.07	加工工状态	9/10/90	圆弧处	—
5_36	电火花加工+金刚石研磨	狗骨形	0.5×6.0×0.3	加工工状态	5/23/95	圆弧处	—
35-8	水射流+金刚石研磨	狗骨形	0.5×6.0×0.07	加工工状态	5/21/96	圆弧处	—
35-10	水射流+金刚石研磨	狗骨形	0.5×6.0×0.07	加工工状态	7/2/96	圆弧处	—
L1-45	电火花加工	狗骨形	0.5×6.0×0.06	加工工状态	9/25/92	标距外	—
L4	电火花加工	狗骨形	0.5×6.0×0.06	加工工状态	10/14/92	标距中部	—
42-1	水射流+金刚石研磨	狗骨形	0.5×6.0×0.06	加工工状态	10/2/96	圆弧处	—
42-2	水射流+金刚石研磨	狗骨形	0.5×6.0×0.06	加工工状态	10/2/96	标距内	—

材料：SiC/Ti-15-3
纤维：SCS-6
基体：Ti-15V-3Cr-3Al-3Sn
产品形态：箔/纤维/箔
产品尺寸：10"×14"
铺层方式：单向
层数：8层

测试方法：见1.4.2.1节拉伸
试验前暴露：1 292℉/24 h（真空）
试验环境：空气

表 C4.1(b)(第 1 页,共 2 页)
SiC/Ti-15-3
拉伸[90]$_8$ NASA-GRC
原始数据

试样号	纤维体积分数/%	批次号（平板）	试验温度/℉	应变率/s^{-1}	E_2/Msi	F_2^{pl}/ksi	$F_2^{ty0.02}$/ksi	$F_2^{ty0.2}$/ksi	F_2^{tu}/ksi	ε_2^{tu}/%	ν_{21}^t	备注
T2_15	15	F914005	75	1×10^{-4}	17	42	44	75	96	1.91	—	钼-织物
41	35	87H153	75	1×10^{-4}	19	17	38	49	59	1.43	0.17	钛-织物
42	35	87H153	75	1×10^{-4}	17	15	40	50	62	1.38	0.18	钛-织物
43	35	87H153	800	1×10^{-4}	17	16	25	34	42	0.71	—	钛-织物
44	35	87H153	800	1×10^{-5}	17	15	22	30	41	0.99	—	钛-织物
T1_45	41	D910518	75	1×10^{-4}	18	—	—	—	23	0.12	—	钼-织物(1)
T2_45	41	D910518	75	1×10^{-4}	18	—	—	—	33	0.19	—	钼-织物

(1) 在弹性段断裂。

材料：SiC/Ti-15-3
纤维：SCS-6
基体：Ti-15V-3Cr-3Al-3Sn
产品形态：箔/纤维/箔
产品尺寸：10"×14"
铺层方式：单向
层数：8层

测试方法：见1.4.2.1节拉伸
试验前暴露：1 292°F/24 h(真空)
试验环境：空气

表C4.1(b)（第2页，共2页）
SiC/Ti-15-3
拉伸[90]₈NASA-GRC
原始数据

试样号	加工方法	试样形状	试样尺寸/in	表面状态	测试日期	失效部位	失效模式
T2_15	电火花加工	狗骨形	0.5×6.0×0.12	加工状态	9/25/92	标距外	—
41	电火花加工	狗骨形	0.5×5.5×0.08	加工状态	10/19/89	标距内	—
42	电火花加工	狗骨形	0.5×5.5×0.08	加工状态	10/27/89	标距内	—
43	电火花加工	狗骨形	0.5×5.5×0.08	加工状态	8/22/89	标距内	—
44	电火花加工	狗骨形	0.5×5.5×0.08	加工状态	8/23/89	标距内	—
T1_45	电火花加工	狗骨形	0.5×5.5×0.06	加工状态	9/25/92	标距内	—
T2_45	电火花加工	狗骨形	0.5×5.5×0.06	加工状态	9/25/92	圆弧处	—

材料:SiC/Ti-15-3
纤维:SCS-6
基体:Ti-15V-3Cr-3Al-3Sn
产品形态:箔/纤维/箔
产品尺寸:10"×14"
铺层方式:正交层合板
层数:8层
纤维体积分数:35

测试方法:见1.4.2.1节拉伸
试验前暴露:1292°F/24h(真空)
试验环境:空气

表 C4.1(c)(第1页,共2页)　SiC/Ti-15-3 拉伸层合板 NASA-GRC 原始数据

试样号	铺层方式	批次号(平板)	试验温度/°F	应变率/s^{-1}	E_x/Msi	F_x^{pl}/ksi	$F_x^{\text{py0.02}}$/ksi	$F_x^{\text{py0.2}}$/ksi	F_x^{tu}/ksi	$\varepsilon_x^{\text{tu}}$/%	ν_{xy}	备注
H3	±30	D890053	75	1×10^{-4}	23	44	60	105	—	—	—	钼-织物(1)
H16	±30	D890053	75	1×10^{-4}	23	48	60	108	179	1.66	—	钼-织物
26	±30	87H149	75	1×10^{-4}	24	58	74	114	148	1.14	—	钛-织物
25	±30	87H149	75	1×10^{-4}	21	62	73	114	145	1.11	—	钛-织物
24	±30	87H149	75	1×10^{-4}	22	67	75	112	144	>1.5	—	钛-织物(2)
23	±30	87H149	75	1×10^{-4}	24	48	71	115	145	0.99	—	钛-织物
22	±30	87H149	75	1×10^{-4}	20	65	97	146	147	1.04	—	钛-织物
19	±30	87H149	75	1×10^{-4}	22	61	79	121	153	1.2	—	钛-织物(3)
18	±30	87H149	75	1×10^{-4}	21	33	26	95	133	1.44	—	钛-织物
12	±30	87H149	75	1×10^{-4}	22	59	64	91	146	1.32	—	钛-织物
11	±30	87H149	75	1×10^{-4}	22	63	81	113	140	1.26	—	钛-织物
9_23	±30	J890509	800	1×10^{-3}	20	40	50	86	134	1.52	—	钼-织物(4)
A11	±45	87H148	75	1×10^{-4}	17	30	40	52	77	>4.0	—	钛-织物(2)
A6	±45	87H148	800	1×10^{-4}	13	21	35	47	68	7.29	—	钛-织物(2)
A13	±45	87H148	800	1×10^{-5}	17	28	30	29	64	>4.6	—	钛-织物(2)
F1	±60	87H149	75	1×10^{-4}	17	36	41	50	57	1.8	—	钛-织物
F4	±60	87H149	800	1×10^{-4}	14	26	28	35	48	2.95	—	钛-织物
B2	0/90	87H150	75	1×10^{-4}	21	23	37	115	143	1	—	钛-织物
B4	0/90	87H150	75	1×10^{-4}	23	47	72	136	149	1.08	—	钛-织物
C5	90/0	87H150	75	1×10^{-4}	15	40	80	135	145	1.21	0.15	钛-织物
C4	90/0	87H150	75	1×10^{-4}	25	23	46	118	154	1.07	0.21	钛-织物

(1)夹持处打滑;(2)测试中止;(3)屈服点处应力不连续;(4)32层材料。

材料：SiC/Ti-15-3
纤维：SCS-6
基体：Ti-15V-3Cr-3Al-3Sn
产品形态：箔/纤维/箔
产品尺寸：10"×14"
铺层数：8层
铺层方式：正交层合板
纤维体积分数：35

测试方法：见1.4.2.1节拉伸
试验前暴露：1292℉/24h(真空)
试验环境：空气

表C4.1(c)(第2页，共2页)
SiC/Ti-15-3
拉伸层合板 NASA-GRC
原始数据

试样号	加工方法	试样形状	试样尺寸/in	表面状态	测试日期	失效部位	失效模式
H3	电火花加工	狗骨形	0.5×6.0×0.07	加工状态	9/6/90	—	
H16	电火花加工	狗骨形	0.5×6.0×0.07	加工状态	9/7/90	标距内	
26	电火花加工	长条形	0.75×6.0×0.08	加工状态	6/13/89	标距内	
25	电火花加工	长条形	0.75×6.0×0.08	加工状态	6/13/89	标距内	
24	电火花加工	长条形	1.0×6.0×0.08	加工状态	6/13/89	标距中部	
23	电火花加工	长条形	1.0×6.0×0.08	加工状态	6/13/89	标距内	
22	电火花加工	狗骨形	0.5×6.0×0.08	加工状态	12/1/88	标距内	
19	电火花加工	狗骨形	0.5×6.0×0.08	加工状态	12/1/88	圆弧处	
18	电火花加工	狗骨形	0.5×4.0×0.08	加工状态	7/13/88	圆弧处	
12	电火花加工	狗骨形	0.5×4.0×0.08	加工状态	8/9/88	夹持区域	
11	电火花加工	狗骨形	0.5×4.0×0.08	加工状态	11/15/88	标距内	
9_23	电火花加工＋金刚石研磨	狗骨形	0.5×6.0×0.3	加工状态	11/24/92	标距中部	
A11	电火花加工	狗骨形	0.5×6.0×0.08	加工状态	1/24/90	—	
A6	电火花加工	狗骨形	0.5×6.0×0.08	加工状态	3/3/89	圆弧处	
A13	电火花加工	狗骨形	0.5×6.0×0.08	加工状态	2/1/90	—	
F1	电火花加工	狗骨形	0.5×6.0×0.08	加工状态	1/24/90	标距内	
F4	电火花加工	狗骨形	0.5×6.0×0.08	加工状态	2/1/90	圆弧处	
B2	电火花加工	狗骨形	0.5×6.0×0.08	加工状态	6/7/89	标距处	
B4	电火花加工	狗骨形	0.5×6.0×0.08	加工状态	4/4/89	标距内	
C5	电火花加工	狗骨形	0.5×6.0×0.08	加工状态	10/27/89	标距内	
C4	电火花加工	狗骨形	0.5×6.0×0.08	加工状态	10/19/89	标距内	

材料: SiC/Ti-15-3
纤维: SCS-6
基体: Ti-15V-3Cr-3Al-3Sn
产品形态: 箔/纤维/箔
产品尺寸: 10″×14″×0.30″
铺层方式: 单向
层数: 32层
加工方法: 电火花加工+金刚石研磨

测试方法: 见1.4.2.4节疲劳
波形: 三角形
试验前暴露: 1 292°F/24 h
几何形状: 狗骨形
试验环境: 空气
表面状态: 研磨

表C4.1(d)(第1页，共8页)
SiC/Ti-15-3
疲劳[0]$_{32}$ NASA-GRC
原始数据

试样号	纤维体积含量/%	批次号(平板)	试验温度/°F	$E(N=1)$/Msi	E/Msi	总应变率/s^{-1}	ε_{max}/%	ε_{min}/%	σ_{max}/psi	σ_{min}/psi	频率/Hz	N_f
								$N=N_f/2$				
4-5	35	J890504	800	26.9	27.3	0.000 9	0.640	0.185	130 800	5 500	0.10	37 974
4-12	35	J890504	800	27.5	27.6	0.001 2	0.840	0.240	171 000	6 900	0.10	9 132
4-15	35	J890504	800	26.9	26.7	0.001 4	0.897	0.213	190 960	7 890	0.10	2 898
4-18	35	J890504	800	25.4	25.3	0.001 5	0.883	0.137	197 000	8 000	0.10	1 118
4-19	35	J890504	800	25.4	25.7	0.001 0	0.757	0.270	131 400	5 300	0.10	31 811
5-7	35	J890505	800	27.0	26.6	0.001 0	0.831	0.134	190 600	9 700	0.07	922
5-8	35	J890505	800	27.1	27.4	0.001 0	0.705	0.202	143 500	7 200	0.10	20 303
4-13	35	J890504	800	26.3	26.6	0.001 0	0.654	-0.654	163 600	-181 900	0.04	4 519
4-16	35	J890504	800	27.0	26.8	0.001 0	0.744	-0.743	187 800	-208 100	0.03	948
4-14	35	J890504	800	27.5	—	0.001 0	0.654	-0.655	163 600	-195 700	0.04	3 218
4-17	35	J890504	800	27.2	—	0.001 0	0.484	-0.484	113 900	-151 100	0.05	12 050
4-2	35	J890504	800	26.2	—	0.001 0	0.652	-0.656	167 000	-171 000	0.04	2 433
4-3	35	J890504	800	26.5	26.6	0.001 0	0.481	-0.483	119 000	-132 000	0.05	10 347
4-20	35	J890504	800	26.2	28.1	0.001 0	0.400	-0.410	93 400	-126 400	0.06	24 592
4-23	35	J890504	800	26.7	27.5	0.001 0	0.304	-0.304	70 500	-97 200	0.08	63 392
4-25	35	J890504	800	25.3	24.3	0.001 0	0.403	-0.304	96 800	-101 060	0.06	36 775
4-26	35	J890504	800	27.2	28.5	0.001 0	0.300	-0.300	74 700	-98 100	0.08	74 754

表C4.1(d)（第2页，共8页）
SiC/Ti-15-3
疲劳[0]₃₂ NASA-GRC
原始数据

材料：SiC/Ti-15-3　　　　测试方法：见1.4.2.4节疲劳
纤维：SCS-6　　　　　　波形：三角形
基体：Ti-15V-3Cr-3Al-3Sn　试验前暴露：1 292°F/24 h
产品形态：箔/纤维/箔　　几何形状：狗骨形
产品尺寸：10"×14"×0.30"　试验环境：空气
铺层方式：单向　　　　　表面状态：研磨
层数：32层
加工方法：电火花加工＋金刚石研磨

试样号	控制模式	R	工作段尺寸			试验日期	失效部位	备注	试样尺寸/in	失效模式
			l/in	w/in	t/in					
4-5	应力	0.05	0.5	0.401	0.299	1/13/93	标距内	钼-织物	0.5×6×0.3	—
4-12	应力	0.05	0.5	0.390	0.299	2/1/93	标距内	钼-织物	0.5×6×0.3	—
4-15	应力	0.05	0.5	0.391	0.300	2/8/93	标距内	钼-织物	0.5×6×0.3	—
4-18	应力	0.05	0.5	0.390	0.300	7/14/93	标距内	钼-织物	0.5×7×0.3	—
4-19	应力	0.05	0.5	0.390	0.300	7/19/93	标距内	钼-织物	0.5×7×0.3	—
5-7	应力	0.05	1.0	0.389	0.299	3/28/94	圆弧处	钼-织物	0.5×6×0.3	—
5-8	应力	0.05	1.0	0.389	0.299	3/29/94	圆弧处	钼-织物	0.5×6×0.3	—
4-13	应变	-1	0.5	0.391	0.299	2/22/93	圆弧处	钼-织物	0.5×6×0.3	—
4-16	应变	-1	0.5	0.391	0.299	2/25/93	标距内	钼-织物	0.5×6×0.3	—
4-14	应变	-1	0.5	0.390	0.300	2/30/93	标距内	钼-织物	0.5×6×0.3	—
4-17	应变	-1	0.5	0.390	0.299	3/11/93	标距内	钼-织物	0.5×6×0.3	—
4-2	应变	-1	0.5	0.294	—	3/24/99	标距内	钼-织物(1)	6×0.294	—
4-3	应变	-1	0.5	0.294	—	3/25/93	标距内	钼-织物(1)	6×0.294	—
4-20	应变	-1	0.5	0.388	0.298	7/26/93	标距内	钼-织物	0.5×7×0.3	—
4-23	应变	-1	0.5	0.389	0.300	9/3/93	圆弧处	钼-织物	0.5×7×0.3	—
4-25	应变	-1	0.5	0.298	—	9/29/93	标距内	钼-织物(1)	7×0.298	—
4-26	应变	-1	0.5	0.298	—	10/6/93	圆弧处	钼-织物(1)	7×0.298	—

材料：SiC/Ti-15-3
纤维：SCS-6
基体：Ti-15V-3Cr-3Al-3Sn
产品形态：箔/纤维/箔
产品尺寸：10″×14″×0.30″
铺层方式：单向
层数：32层
加工方法：电火花加工+金刚石研磨

测试方法：见1.4.2.4节疲劳
波形：三角形
试验前暴露：1 292°F/24 h
几何形状：狗骨形
试验环境：空气
表面状态：研磨

表C4.1(d)(第3页，共8页)
SiC/Ti-15-3
疲劳[0]$_{32}$ NASA-GRC
原始数据

试样号	纤维体积分数/%	批次号(平板)	试验温度/°F	$E(N=1)$/Msi	E/Msi	总应变率/s^{-1}	ε_{max}/%	ε_{min}/%	σ_{max}/psi	σ_{min}/psi	频率/Hz	N_f
									$N=N_f/2$			
4-27	35	J890504	800	26.1	25.4	0.001 0	0.652	-0.653	162 700	-167 700	0.04	4 340
4-28	35	J890504	800	27.8	—	0.001 0	0.273	-0.273	70 600	-87 500	0.09	121 116
5-1	35	J890505	800	26.0	27.2	0.001 0	0.655	-0.656	169 700	-188 400	0.04	2 019
5-2	35	J890505	800	27.3	27.4	0.001 0	0.305	-0.305	79 200	-89 100	0.08	84 622
5-3	35	J890505	800	27.2	27.7	0.001 0	0.635	0.026	134 900	-31 700	0.08	11 010
5-4	35	J890505	800	27.3	28.2	0.001 0	0.486	0.018	104 400	-25 900	0.10	94 738
5-5	35	J890505	800	27.1	27.4	0.001 0	0.705	0.029	145 000	-36 500	0.09	12 761
5-6	35	J890505	800	26.9	27.4	0.001 0	0.586	0.024	121 700	-29 500	0.09	26 542
5-14	35	J890505	800	27.2	27.5	0.001 0	0.725	0.030	149 500	-36 100	0.07	9 904
5-9	35	J890505	800	26.7	27.6	0.001 0	0.515	-0.323	116 500	-116 000	0.06	13 015
5-10	35	J890505	800	27.4	28.6	0.001 0	0.325	-0.250	82 100	-81 600	0.09	76 127
5-13	35	J890505	800	25.5	25.6	0.001 0	0.674	-0.625	167 000	-167 000	0.04	2 401
5-24	35	J890505	800	27.6	—	0.001 0	0.710	0.030	163 700	0	0.07	6 437
5-25	35	J890505	800	27.0	26.7	0.001 0	0.595	0.120	127 900	-948	0.09	23 197
5-26	35	J890505	800	26.8	26.7	0.001 0	0.710	0.180	140 200	-1 100	0.08	14 130
5-21	35	J890505	800	26.9	28.3	0.001 0	0.586	0.011	123 800	-36 900	0.09	20 879
5-22	35	J890505	800	27.5	28.9	0.001 0	0.594	0.033	123 700	-36 700	0.09	27 695
5-28	35	J890505	800	26.8	26.5	0.001 0	—	—	155 900	-46 900	0.07	6 469

材料：SiC/Ti - 15 - 3
纤维：SCS - 6
基体：Ti - 15V - 3Cr - 3Al - 3Sn
产品形态：箔/纤维/箔
产品尺寸：10"×14"×0.30"
铺层方式：单向
层数：32 层
加工方法：电火花加工＋金刚石研磨

测试方法：见 1.4.2.4 节疲劳
波形：三角形
试验前暴露：1 292°F/24 h
几何形状：狗骨形
试验环境：空气
表面状态：研磨

表 C4.1(d)（第 4 页，共 8 页）
SiC/Ti - 15 - 3
疲劳[0]$_{32}$ NASA - GRC
原始数据

试样号	控制模式	R	工作段尺寸 l/in	工作段尺寸 w/in	工作段尺寸 t/in	测试日期	失效部位	备注	试样尺寸/in	失效模式
4 - 27	应变	−1	0.5	0.298	—	10/19/93	标距内	铝-织物(1)	7×0.298	—
4 - 28	应变	−1	0.5	0.298	—	10/22/93	标距内	铝-织物(1)	7×0.298	—
5 - 1	应变	−1	1.0	0.390	0.300	2/14/94	标距内	铝-织物	0.5×6×0.3	—
5 - 2	应变	−1	1.0	0.389	0.300	2/15/94	圆弧处	铝-织物	0.5×6×0.3	—
5 - 3	应变	0.05	1.0	0.389	0.299	3/2/94	圆弧处	铝-织物	0.5×6×0.3	—
5 - 4	应变	0.05	1.0	0.389	0.299	3/7/94	标距内	铝-织物	0.5×6×0.3	—
5 - 5	应变	0.05	1.0	0.389	0.299	3/21/94	标距内	铝-织物	0.5×6×0.3	—
5 - 6	应变	0.05	1.0	0.389	0.298	3/24/94	标距内	铝-织物	0.5×6×0.3	—
5 - 14	应变	0.05	1.0	0.388	0.301	5/18/94	标距内	铝-织物	0.5×6×0.3	—
5 - 9	应力	−1	1.0	0.389	0.299	4/4/94	标距内	铝-织物	0.5×6×0.3	—
5 - 10	应力	−1	1.0	0.388	0.299	4/7/94	圆弧处	铝-织物	0.5×6×0.3	—
5 - 13	应力	−1	1.0	0.388	0.300	5/6/94	圆弧处	铝-织物	0.5×6×0.3	—
5 - 24	混合(2)	0.05	1.0	0.388	0.300	10/4/94	圆弧处	铝-织物	0.5×6×0.3	—
5 - 25	混合(2)	0.05	1.0	0.388	0.298	10/11/94	标距内	铝-织物	0.5×6×0.3	—
5 - 26	混合(2)	0.05	1.0	0.388	0.299	10/20/94	标距内	铝-织物	0.5×6×0.3	—
5 - 21	应力	−0.3	1.0	0.387	0.300	8/1/94	标距内	铝-织物	0.5×6×0.3	—
5 - 22	应力	−0.3	1.0	0.387	0.300	8/4/94	标距内	铝-织物	0.5×6×0.3	—
5 - 28	应力	−0.3	1.0	0.388	0.300	11/7/94	标距内	铝-织物	0.5×6×0.3	—

(1)圆柱形标距内部分；(2)应变控制模式试验，最小载荷仅限于拉伸应力。

材料：SiC/Ti-15-3
纤维：SCS-6
基体：Ti-15V-3Cr-3Al-3Sn
产品形态：箔/纤维/箔
产品尺寸：10"×14"×0.30"
铺层方式：单向
层数：32层
加工方法：电火花加工+金刚石研磨

测试方法：见1.4.2.4节疲劳
波形：三角形
试验前暴露：1292℉/24 h
几何形状：狗骨形
试验环境：空气
表面状态：研磨

表 C4.1(d)（第 5 页，共 8 页）
SiC/Ti-15-3
疲劳 $[0]_{32}$ NASA-GRC
原始数据

试样号	纤维体积分数/%	批次号(平板)	试验温度/℉	E(N=1)/Msi	E/Msi	总应变率/s⁻¹	ε_{max}/%	ε_{min}/%	σ_{max}/psi	σ_{min}/psi	频率/Hz	N_f
								$N=N_f/2$				
5-20	35	J890505	800	27.4	28.6	0.0010	0.475	-0.153	111 700	-66 700	0.08	34 829
5-16	35	J890505	800	27.8	—	0.0010	0.593	-0.266	147 000	-92 000	0.06	6 220
5-17	35	J890505	800	27.1	27.4	0.0010	0.789	0.397	148 700	43 200	0.13	24 431
5-18	35	J890505	800	26.7	27.1	0.0010	0.655	0.316	130 400	38 600	0.15	29 669
5-29	35	J890505	800	26.6	26.1	0.0010	0.752	0.571	153 600	106 000	0.30	5 986
5-30	35	J890505	800	27.1	26.9	0.0010	0.855	0.658	177 000	123 000	0.25	3 740
5-31	35	J890505	800	26.9	27.2	0.0010	0.758	0.608	136 300	95 400	0.30	463 000
5-32	35	J890505	800	26.9	26.8	0.0010	0.887	0.564	173 500	86 400	0.15	6 176
5-33	35	J890505	800	26.9	27.4	0.0010	0.726	0.480	133 400	66 000	0.20	353 147
5-34	35	J890505	800	26.7	26.5	0.0010	0.868	0.583	150 400	74 300	0.18	97 761
5-35	35	J890505	800	27.1	26.5	0.0010	0.822	0.477	195 600	96 500	0.13	681
5-19	35	J890505	800	27.3	27.1	0.0010	0.851	0.551	155 200	76 700	0.15	14 477

材料：SiC/Ti-15-3
纤维：SCS-6
基体：Ti-15V-3Cr-3Al-3Sn
产品形态：箔/纤维/箔
产品尺寸：10"×14"×0.30"
铺层方式：单向
层数：32层
加工方法：电火花加工＋金刚石研磨

测试方法：见1.4.2.4节疲劳
波形：三角形
试验前暴露：1292°F/24 h
几何形状：狗骨形
试验环境：空气
表面状态：研磨

表C4.1(d)(第6页，共8页)
SiC/Ti-15-3
疲劳[0]$_{32}$ NASA-GRC
原始数据

试样号	控制模式	R	工作段尺寸			试验日期	失效部位	备注	试样尺寸/in	失效模式
			l/in	w/in	t/in					
5-20	应力	-0.6	1.0	0.388	0.300	7/22/94	标距内	钼织物	0.5×6×0.3	—
5-16	应力	-0.6	1.0	0.388	0.301	11/10/94	标距内	钼织物	0.5×6×0.3	—
5-17	应力	0.3	1.0	0.387	0.300	11/21/94	标距内	钼织物	0.5×6×0.3	—
5-18	应力	0.3	1.0	0.390	0.306	12/6/94	标距内	钼织物	0.5×6×0.3	—
5-29	应力	0.7	1.0	0.388	0.302	3/14/95	标距内	钼织物	0.5×6×0.3	—
5-30	应力	0.7	1.0	0.388	0.299	3/21/95	标距内	钼织物	0.5×6×0.3	—
5-31	应力	0.7	1.0	0.390	0.300	3/24/95	越出	钼织物	0.5×6×0.3	—
5-32	应力	0.5	1.0	0.389	0.299	4/13/95	标距内	钼织物	0.5×6×0.3	—
5-33	应力	0.5	1.0	0.388	0.299	4/18/95	越出	钼织物	0.5×6×0.3	—
5-34	应力	0.5	1.0	0.388	0.299	5/9/95	圆弧处	钼织物	0.5×6×0.3	—
5-35	应力	0.5	1.0	0.388	0.299	5/17/95	标距内	钼织物	0.5×6×0.3	—
5-19	应力	0.5	1.0	0.390	0.308	11/30/94	标距内	钼织物	0.5×6×0.3	—

材料：SiC/Ti-15-3
纤维：SCS-6
基体：Ti-15V-3Cr-3Al-3Sn
产品形态：箔/纤维/箔
产品尺寸：10"×14"
铺层方式：单向
层数：8层
加工方法：水射流＋金刚石研磨

测试方法：见1.4.2.4节疲劳[1]
波形：三角形
试验前暴露：1 292°F/24 h
几何形状：狗骨形
试验环境：空气
表面状态：研磨

表 C4.1(d)(第7页,共8页)
SiC/Ti-15-3
疲劳[0]$_8$ NASA-GRC
原始数据

试样号	纤维体积分数/%	批次号(平板)	试验温度/°F	$E(N=1)$/Msi	E/Msi	总应变率/s^{-1}	$N=N_f/2$				频率/Hz	N_f
							ε_{max}/%	ε_{min}/%	σ_{max}/psi	σ_{min}/psi		
35-5	35	B934025	800	26.4	26.4	0.001	0.650	-0.650	167 967	-188 309	0.04	2 769
35-7	35	B934025	800	29.4	28.5	0.001	0.425	-0.425	116 086	-131 500	0.06	22 375
35-11	35	B934025	800	27.7	27.4	0.001	0.625	-0.625	176 883	-185 611	0.04	3 240
42-3	42	D910519	800	33.5	32.3	0.001	0.500	-0.500	178 052	-152 000	0.05	2 390
42-4	42	D910519	800	—	33.0	0.001	0.300	-0.300	106 086	-91 445	0.08	45 860
42-5	42	D910519	800	30.3	29.3	0.001	0.500	-0.500	161 490	-149 344	0.05	4 435
42-6	42	D910519	800	31.5	30.6	0.001	0.300	-0.300	94 603	-95 945	0.08	79 800
25-3	25	B934026	800	24.3	24.4	0.001	0.300	-0.300	73 490	-69 808	0.08	72 700
25-4	25	B934026	800	23.9	23.6	0.001	0.425	-0.425	93 389	-110 882	0.06	20 889
25-5	25	B934026	800	23.4	24.2	0.001	0.425	-0.425	105 631	-102 545	0.06	16 550
25-6	25	B934026	800	—	22.6	0.001	0.500	-0.500	114 609	-110 822	0.05	13 370
15-3	15	F914007	800	17.9	18.6	0.001	0.425	-0.425	75 020	-86 000	0.06	18 205
15-4	15	F914007	800	18.1	19.4	0.001	0.500	-0.500	95 579	-94 476	0.05	9 443
15-6	15	F914007	800	17.3	—	0.001	0.425	-0.425	81 000	-75 580	0.06	16 200

(1) 使用防屈曲导向装置进行实验。

材料：SiC/Ti-15-3
纤维：SCS-6
基体：Ti-15V-3Cr-3Al-3Sn
产品形态：箔/纤维/箔
产品尺寸：10"×14"
铺层方式：单向
层数：8层
加工方法：水射流＋金刚石研磨

测试方法：见1.4.2.4节疲劳[1]
波形：三角形
试验前暴露：1 292°F/24 h
几何形状：狗骨形
试验环境：空气
表面状态：研磨

表C4.1(d)(第8页，共8页)
SiC/Ti-15-3
疲劳[0]$_8$ NASA-GRC
原始数据

试样号	控制模式	R	工作段尺寸			测试日期	失效部位	备注	试样尺寸/in	失效模式
			l/in	w/in	t/in					
35-5	应变	-1	0.5	0.358	0.071	7/31/96	标距内	钛-铌织物	0.5×6×0.07	—
35-7	应变	-1	0.5	0.357	0.070	8/6/96	标距内	钛-铌织物	0.5×6×0.07	—
35-11	应变	-1	0.5	0.357	0.071	8/12/96	圆弧处	钛-铌织物	0.5×6×0.07	—
42-3	应变	-1	0.5	0.355	0.062	11/19/96	标距内	钼织物	0.5×6×0.06	—
42-4	应变	-1	0.5	0.355	0.062	11/20/96	圆弧处	钼织物	0.5×6×0.06	—
42-5	应变	-1	0.5	0.353	0.062	11/27/96	圆弧处	钼织物	0.5×6×0.06	—
42-6	应变	-1	0.5	0.355	0.062	11/29/96	圆弧处	钼织物	0.5×6×0.06	—
25-3	应变	-1	0.5	0.356	0.097	12/12/96	圆弧处	钛-铌织物	0.5×6×0.09	—
25-4	应变	-1	0.5	0.355	0.098	12/27/96	标距内	钛-铌织物	0.5×6×0.09	—
25-5	应变	-1	0.5	0.357	0.098	12/31/96	圆弧处	钛-铌织物	0.5×6×0.09	—
25-6	应变	-1	0.5	0.357	0.098	1/6/97	圆弧处	钛-铌织物	0.5×6×0.09	—
15-3	应变	-1	0.5	0.349	0.116	1/10/97	圆弧处	钼织物	0.5×6×0.12	—
15-4	应变	-1	0.5	0.354	0.116	1/14/97	圆弧处	钼织物	0.5×6×0.12	—
15-6	应变	-1	0.5	0.358	0.116	1/28/97	圆弧处	钼织物	0.5×6×0.12	—

表 C4.1(e)(第 1 页,共 8 页)
SiC/Ti-15-3
疲劳层合板 NASA-GRC
原始数据

材料:SiC/Ti-15-3
纤维:SCS-6
基体:Ti-15V-3Cr-3Al-3Sn
产品形态:箔/纤维/箔
产品尺寸:12"×12"
铺层方式:层合板
层数:8层
加工方法:电火花加工

测试方法:见 1.4.2.4 节疲劳
波形:三角形
试验前暴露:1 292℉/24 h
几何形状:狗骨形
试验环境:空气
表面状态:加工状

试样号	纤维体积分数/%	批次号(平板)	试验温度/℉	$E(N=1)$/Msi	E/Msi	总应变率/s^{-1}	ε_{max}/%	ε_{min}/%	σ_{max}/psi	σ_{min}/psi	频率/Hz	N_f
						$N=N_f/2$						
[0]												
31	35	87H153	800	23.6	—	—	—	—	121 600	4 600	0.17	>104 000
32	35	87H153	75	25.5	—	—	—	—	142 400	4 600	0.17	9 947
34	35	87H153	800	26.9	—	0.0010	0.633	0.021	121 800	4 600	0.17	139 581
35	35	87H153	75	27.3	—	0.0008	0.498	0.018	132 500	4 100	0.17	18 045
36	35	87H153	800	—	—	—	—	—	132 700	4 300	0.17	17 519
37	35	87H153	800	26.5	—	0.0011	0.653	0.022	121 500	4 500	0.17	32 804
[90]												
38	35	87H153	75	17.7	—	0.0002	0.154	0.023	25 300	2 200	0.17	35 867
45	35	87H153	75	18.2	—	0.0003	0.186	0.023	30 400	2 600	0.17	9 562
[90/0]												
C10	35	87H150	75	27.0	—	0.0005	0.397	0.090	53 400	2 000	0.17	42 293
C9	35	87H150	75	34.5	—	0.0008	0.516	0.068	88 200	3 100	0.17	4 480
C8	35	87H150	75	30.5	—	—	—	—	76 000	2 900	0.17	10 157
C6	35	87H150	75	25.0	—	0.0007	0.451	0.061	60 700	2 200	0.17	31 935

材料：SiC/Ti-15-3 纤维：SCS-6 基体：Ti-15V-3Cr-3Al-3Sn 产品形态：箔/纤维/箔 产品尺寸：12"×12" 铺层方式：层合板 层数：8层 加工方法：电火花加工	测试方法：见1.4.2.4节疲劳 波形：三角形 试验前暴露：1292°F/24 h 几何形状：狗骨形 试验环境：空气 表面状态：加工状态	表C4.1(e)(第2页，共8页) SiC/Ti-15-3 疲劳层合板 NASA-GRC 原始数据

试样号	控制模式	R	工作段尺寸 l/in	工作段尺寸 w/in	工作段尺寸 t/in	测试日期	失效部位	备注	试样尺寸/in	失效模式
31	应力	0.05	0.5	0.336	0.085	1/3/90	无失效	钛-织物 真空测试	0.5×6×0.09	—
32	应力	0.05	0.5	0.335	0.082	8/25/89	—	钛-织物	0.5×6×0.09	—
34	应力	0.05	0.5	0.335	0.083	12/1/89	—	钛-织物 真空测试	0.5×6×0.09	—
35	应力	0.05	0.5	0.309	0.084	8/30/89	—	钛-织物	0.5×6×0.09	—
36	应力	0.05	0.5	0.310	0.084	9/28/89	—	钛-织物	0.5×6×0.09	—
37	应力	0.05	0.5	0.309	0.083	10/1/89	—	钛-织物	0.5×6×0.09	—
38	应力	0.05	0.5	0.328	0.083	9/11/89	—	钛-织物	0.5×6×0.09	—
45	应力	0.05	0.5	0.312	0.084	9/6/89	—	钛-织物	0.5×6×0.09	—
C10	应力	0.05	0.5	0.329	0.077	3/7/90	—	钛-织物	0.5×6×0.09	—
C9	应力	0.05	0.5	0.329	0.077	3/1/90	—	钛-织物	0.5×6×0.09	—
C8	应力	0.05	0.5	0.329	0.077	10/26/89	—	钛-织物	0.5×6×0.09	—
C6	应力	0.05	0.5	0.329	0.077	10/23/89	—	钛-织物	0.5×6×0.09	—

材料: SiC/Ti-15-3
纤维: SCS-6
基体: Ti-15V-3Cr-3Al-3Sn
产品形态: 箔/纤维/箔
产品尺寸: 12″×12″
铺层方式: 层合板
层数: 8层
加工方法: 电火花加工

测试方法: 见 1.4.2.4 节疲劳
波形: 三角形
试验前暴露: 1 292℉/24 h
几何形状: 狗骨形
试验环境: 空气
表面状态: 加工状态

表 C4.1(e)(第 3 页,共 8 页)
SiC/Ti-15-3
疲劳层合板 NASA-GRC
原始数据

$N = N_f/2$

试样号	铺陈纤维体积分数/%	批次号(平板)	试验温度/℉	$E(N=1)$/Msi	E/Msi	总应变率/s^{-1}	ε_{max}/%	ε_{min}/%	σ_{max}/psi	σ_{min}/psi	频率/Hz	N_f
[0/90]												
B1	35	87H150	75	26.1	—	—	—	—	71 200	2 300	0.17	17 056
B3	35	87H150	75	27.3	—	0.0010	0.586	0.021	61 000	2 000	0.17	41 914
B5	35	87H150	75	22.2	—	0.0010	0.668	0.104	101 900	2 900	0.17	5 368
B6	35	87H150	75	21.7	—	0.0008	0.694	0.24	50 800	2 500	0.17	183 718
[±45]												
A7	35	87H148	800	11.7	—	0.0008	1.260	0.810	38 800	1 000	0.17	6 276
A8	35	87H148	800	13.4	—	0.0004	1.861	1.636	30 600	800	0.17	90 709
A9	35	87H148	800	15.5	—	0.0011	1.112	0.488	47 700	1 000	0.17	1 946
A14	35	87H148	800	15.4	—	0.0007	2.120	1.719	33 500	1 100	0.17	47 213
A3	35	87H148	800	19.5	—	0.0006	1.490	1.158	33 700	800	0.17	16 857
A4	35	87H148	800	16.9	—	0.0008	1.573	1.121	33 400	800	0.17	14 062
A5	35	87H148	800	12.7	—	0.0005	1.612	1.324	31 600	900	0.17	20 866

材料：SiC/Ti – 15 – 3
纤维：SCS – 6
基体：Ti – 15V – 3Cr – 3Al – 3Sn
产品形态：箔/纤维/箔
产品尺寸：12"×12"
铺层方式：层合板
层数：8 层
加工方法：电火花加工

测试方法：见 1.4.2.4 节疲劳
波形：三角形
试验前暴露：1 292°F/24 h
几何形状：狗骨形
试验环境：空气
表面状态：加工状态

表 C4.1(e)(第 4 页，共 8 页)
SiC/Ti – 15 – 3
疲劳层合板 NASA – GRC
原始数据

试样号	控制模式	R	工作段尺寸 l/in	工作段尺寸 w/in	工作段尺寸 t/in	测试日期	失效部位	备注	试样尺寸/in	失效模式
B1	应力	0.05	0.5	0.309	0.075	4/21/89	—	钛-织物	0.5×6×0.09	—
B3	应力	0.05	0.5	0.309	0.075	4/30/89	—	钛-织物	0.5×6×0.09	—
B5	应力	0.05	0.5	0.306	0.075	4/17/89	—	钛-织物	0.5×6×0.09	—
B6	应力	0.05	0.5	0.306	0.075	4/4/89	—	钛-织物	0.5×6×0.09	—
A7	应力	0.05	0.5	0.312	0.075	3/8/89	—	钛-织物	0.5×6×0.8	—
A8	应力	0.05	0.5	0.316	0.076	3/9/89	—	钛-织物	0.5×6×0.8	—
A9	应力	0.05	0.5	0.317	0.075	3/3/89	—	钛-织物	0.5×6×0.8	—
A14	应力	0.05	0.5	0.310	0.076	2/21/90	—	钛-织物 真空测试	0.5×6×0.8	—
A3	应力	0.05	0.5	0.318	0.076	3/18/89	—	钛-织物	0.5×6×0.8	—
A4	应力	0.05	0.5	0.312	0.076	3/20/89	—	钛-织物	0.5×6×0.8	—
A5	应力	0.05	0.5	0.316	0.077	3/23/89	—	钛-织物	0.5×6×0.8	—

材料: SiC/Ti-15-3
纤维: SCS-6
基体: Ti-15V-3Cr-3Al-3Sn
产品形态: 箔/纤维/箔
产品尺寸: 12"×12"
铺层方式: 层合板
层数: 8层
加工方法: 电火花加工

测试方法: 见1.4.2.4节疲劳
波形: 三角形
试验前暴露: 1292°F/24h
几何形状: 狗骨形
试验环境: 空气
表面状态: 加工状态

表 C4.1(e)(第 5 页, 共 8 页)
SiC/Ti-15-3
疲劳层合板 NASA-GRC
原始数据

[±30]

试样号	铺陈纤维体积分数/%	批次号(平板)	试验温度/°F	$E(N=1)$/Msi	E/Msi	总应变率/s^{-1}	ε_{max}/%	ε_{min}/%	σ_{max}/psi	σ_{min}/psi	频率/Hz	N_f
							$N=N_f/2$					
H4	35	D890053	75	25.2	—	—	—	—	135 300	5 400	0.17	4 144
H12	35	D890053	75	24.7	21.7	0.000 7	0.572	0.133	90 900	3 600	0.17	13 810
H13	35	D890053	75	25.8	—	—	—	—	119 100	4 800	0.17	6 884
H14	35	D890053	75	25.0	12.0	0.001 0	1.076	0.471	70 700	2 800	0.17	105 984
H19	35	D890053	75	22.0	14.3	0.000 8	0.654	0.168	70 500	2 800	0.17	109 447
H20	35	D890053	75	23.0	19.8	0.000 6	0.498	0.117	70 500	2 700	0.17	54 261
D3	35	87H149	75	21.4	—	0.000 9	0.690	0.164	100 700	4 200	0.17	6 233
D7	35	87H149	75	22.1	—	0.000 6	0.484	0.109	68 800	3 000	0.17	33 288
D11	35	87H149	75	20.6	—	—	—	—	80 600	3 300	0.17	22 477
H2[1]	35	D890053	75	26.2	—	0.001 1	0.768	0.139	135 300	5 300	0.17	6 397
H15[1]	35	D890053	75	24.9	20.6	0.000 5	0.356	0.039	70 700	2 900	0.17	55 950
H17A[1]	35	D890053	75	24.9	—	—	—	—	70 400	2 900	0.17	54 898
H18A[1]	35	D890053	75	23.9	22.3	0.000 7	0.483	0.068	90 900	3 600	0.17	18 133
H5[2]	35	D890053	75	24.9	—	0.001 1	0.774	0.109	135 200	5 600	0.17	544
H17B[2]	35	D890053	75	23.7	—	0.000 7	0.508	0.068	90 500	3 600	0.17	2 519
H18B[2]	35	D890053	75	23.3	—	0.000 6	0.379	0.031	70 700	2 800	0.17	18 803

(1) 热处理: 真空中 700℃/24 h + 427℃/24 h。　(2) 热处理: 真空中 788℃/15 min + 300℃/24 h。

材料：SiC/Ti-15-3
纤维：SCS-6
基体：Ti-15V-3Cr-3Al-3Sn
产品形态：箔/纤维/箔
产品尺寸：12"×12"
铺层方式：层合板
层数：8层
加工方法：电火花加工

测试方法：见1.4.2.4节疲劳
波形：三角形
试验前暴露：1292°F/24 h
几何形状：狗骨形
试验环境：空气
表面状态：加工状态

表C4.1(e)(第6页,共8页)
SiC/Ti-15-3
疲劳层合板 NASA-GRC
原始数据

试样号	控制模式	R	工作段尺寸 l/in	工作段尺寸 w/in	工作段尺寸 t/in	测试日期	失效部位	备注	试样尺寸/in	失效模式
H4	应力	0.05	0.5	0.323	0.068	9/25/90	标距内	钼-织物	0.5×6×0.07	—
H12	应力	0.05	0.5	0.323	0.066	7/10/90	—	钼-织物	0.5×6×0.07	—
H13	应力	0.05	0.5	0.323	0.067	9/20/90	标距内	钼-织物	0.5×6×0.07	—
H14	应力	0.05	0.5	0.322	0.068	9/12/90	标距内	钼-织物	0.5×6×0.07	—
H19	应力	0.05	0.5	0.312	0.067	3/11/91	—	钼-织物	0.5×6×0.07	—
H20	应力	0.05	0.5	0.312	0.068	2/25/91	圆弧处	钼-织物	0.5×6×0.07	—
D3	应力	0.05	0.5	0.292	0.079	10/18/90	标距内	钛-织物	0.5×6×0.08	—
D7	应力	0.05	0.5	0.292	0.077	10/19/90	圆弧处	钛-织物	0.5×6×0.08	—
D11	应力	0.05	0.5	0.292	0.075	10/17/90	圆弧处	钛-织物	0.5×6×0.08	—
H2	应力	0.05	0.5	0.324	0.066	10/1/90	标距内	钼-织物	0.5×6×0.07	—
H15	应力	0.05	0.5	0.324	0.068	3/4/91	—	钼-织物	0.5×6×0.07	—
H17A	应力	0.05	0.5	0.313	0.067	11/7/90	标距内	钼-织物	0.5×6×0.07	—
H18A	应力	0.05	0.5	0.312	0.068	11/13/90	标距内	钼-织物	0.5×6×0.07	—
H5	应力	0.05	0.5	0.317	0.066	10/23/90	圆弧处	钼-织物	0.5×6×0.07	—
H17B	应力	0.05	0.5	0.312	0.068	11/27/90	圆弧处	钼-织物	0.5×6×0.07	—
H18B	应力	0.05	0.5	0.314	0.067	11/28/90	圆弧处	钼-织物	0.5×6×0.07	—

材料：SiC/Ti-15-3
纤维：SCS-6
基体：Ti-15V-3Cr-3Al-3Sn
产品形态：箔/纤维/箔
产品尺寸：10"×14"
铺层方式：[±30]₈₅

铺层方式：[±30]$_{85}$
层数：32层
加工方法：电火花加工+金刚石研磨

测试方法：见1.4.2.4节疲劳
波形：三角形
试验前暴露：1 292°F/24 h
几何形状：狗骨形
试验环境：空气
表面状态：加工状态

表 C4.1(e)(第 7 页，共 8 页)
SiC/Ti-15-3
疲劳层合板 NASA-GRC
原始数据

试样号	铺陈纤维体积分数/% [±30]	批次号 (平板)	试验温度/°F	$E(N=1)$/Msi	E/Msi	总应变率/s^{-1}	ε_{max}/%	ε_{min}/%	σ_{max}/psi	σ_{min}/psi	频率/Hz	N_f
G2	35	J890508	75	21.5	14.6	0.002 3	0.350	−0.350	65 000	−72 000	0.16	>177 434
8-15	35	J890508	800	19.7	14.4	0.001 0	0.603	−0.599	66 700	−69 200	0.04	2 056
9-1	35	J890509	75	22.8	21.0	0.001 0	0.500	−0.500	90 000	−100 000	0.05	5 453
9-2	35	J890509	75	21.3	19.2	0.001 0	0.400	−0.400	71 000	−73 000	0.06	16 109
9-3	35	J890509	75	21.6	19.6	0.001 0	0.300	−0.300	53 000	−59 000	0.08	36 823
9-6	35	J890509	800	19.5	16.9	0.001 0	0.305	−0.305	45 000	−45 000	0.08	56 303
9-10	35	J890509	800	19.7	17.5	0.001 0	0.405	−0.405	45 000	−58 000	0.06	28 269
9-11	35	J890509	800	20.2	12.7	0.001 0	0.500	−0.500	62 000	−65 000	0.05	4 921
9-12	35	J890509	800	20.0	14.0	0.001 0	0.455	−0.455	55 000	−61 000	0.05	9 531
9-13	35	J890509	800	20.2	16.9	0.001 0	0.355	−0.355	42 000	−47 000	0.07	45 547
9-14	35	J890509	800	19.5	12.8	0.001 1	1.170	0.640	70 300	3 200	0.10	2 003
9-15	35	J890509	800	20.8	13.5	0.001 4	1.520	1.150	50 300	2 200	0.19	39 432
9-17	35	J890509	800	20.3	13.8	0.002 4	1.400	0.500	62 500	3 400	0.13	3 342
9-18	35	J890509	800	21.2	14.3	0.001 3	2.700	2.200	55 300	2 400	0.13	12 412
9-19	35	J890509	800	20.5	14.6	0.001 1	1.800	1.100	95 500	4 300	0.08	244
9-20	35	J890509	800	20.9	13.3	0.001 0	0.705	−0.705	71 100	−73 200	0.04	841

材料：SiC/Ti-15-3
纤维：SCS-6
基体：Ti-15V-3Cr-3Al-3Sn
产品形态：箔/纤维/箔
产品尺寸：10"×14"
铺层方式：[±30]8s
层数：32层
加工方法：电火花加工+金刚石研磨

测试方法：见1.4.2.4节疲劳
波形：三角形
试验前暴露：1292℉/24 h
几何形状：狗骨形
试验环境：空气
表面状态：加工状态

表C4.1(e)(第8页，共8页)
SiC/Ti-15-3
疲劳层合板NASA-GRC
原始数据

试样号	控制模式	R	工作段尺寸			测试日期	失效部位	备注	试样尺寸/in	失效模式
			l/in	w/in	t/in					
G2	应变	−1	0.5	0.330	0.299	4/9/90	—(1)	钼-织物	0.5×6.0×0.3	—
8-15	应变	−1	0.5	0.390	0.299	3/9/93	标距内	钼-织物	0.5×6.0×0.3	—
9-1	应变	−1	0.5	0.399	0.299	4/29/91	标距内	钼-织物	0.5×6.0×0.3	—
9-2	应变	−1	0.5	0.399	0.299	5/13/91	标距内	钼-织物	0.5×6.0×0.3	—
9-3	应变	−1	0.5	0.399	0.300	3/18/92	标距内(1)	钼-织物	0.5×6.0×0.3	—
9-6	应变	−1	0.5	0.398	0.300	3/31/92	标距内	钼-织物	0.5×6.0×0.3	—
9-10	应变	−1	0.5	0.390	0.301	4/29/92	标距内	钼-织物	0.5×6.0×0.3	—
9-11	应变	−1	0.5	0.390	0.301	5/6/92	圆弧处	钼-织物	0.5×6.0×0.3	—
9-12	应变	−1	0.5	0.390	0.300	5/11/92	圆弧处	钼-织物	0.5×6.0×0.3	—
9-13	应变	−1	0.5	0.390	0.301	5/18/92	标距内(1)	钼-织物	0.5×6.0×0.3	—
9-14	应力	0.05	0.5	0.390	0.301	6/11/92	标距内	钼-织物	0.5×6.0×0.3	—
9-15	应力	0.05	0.5	0.390	0.301	6/15/92	标距内	钼-织物	0.5×6.0×0.3	—
9-17	应力	0.05	0.5	0.390	0.300	6/19/92	圆弧处	钼-织物	0.5×6.0×0.3	—
9-18	应力	0.05	0.5	0.389	0.299	6/29/92	标距内	钼-织物	0.5×6.0×0.3	—
9-19	应力	0.05	0.5	0.389	0.299	7/6/92	标距内	钼-织物	0.5×6.0×0.3	—
9-20	应变	−1	0.5	0.388	0.299	7/8/92	标距内	钼-织物	0.5×6.0×0.3	—

(1) 在施加载荷30%时失效。

C4.2　TRIMARC-1/Ti6-2-4-2(3.8.2.2节)

材料：TRIMARC-1/Ti6-2-4-2
纤维：TRIMARC-1
基体：Ti-6Al-2Sn-4Zr-2Mo
产品形态：平板
产品尺寸：10"×14"
铺层方式：[0]₁₀
测试方法：见1.4.2.1节

筛选数据
试样几何形状：长条形
表面状态：接收状态
加工方法：水射流+金刚石研磨
试验前暴露：无
试验环境：空气

表C4.2(a)(第1页，共4页)
TRIMARC-1/Ti6-2-4-2
拉伸[0]₁₀
空军研究实验室(AFRL/MLLMN)
原始数据

试样编号	纤维体积分数/%	批次号(平板)	试验温度/°F	应变率/s⁻¹	E_1^t/Msi	F_1^{p1}/ksi	$F_1^{py0.02}$/ksi	$F_1^{py0.2}$/ksi	F_1^{tu}/ksi	ε_1^{tf}/%	v_{12}^t	备注
94-H89	32.4	2-5410418-1	73	0.0008	注解5	注解5	注解5	注解5	注解5	注解7	0.28	注解6。引伸计滑脱；达到最大伸长量
96-J85	29.2	1-7353451-2	73	0.0001	29.5	注解1	注解2	注解3	225.4	0.760		注解6
96-J86	29.3	1-7353451-2	73	0.0001	29.5	229.9	注解2	注解3	236.6	0.810		注解6
96-J87	30.1	1-7353451-2	73	0.0001	29.6	注解1	注解2	注解3	210.3	0.690		注解6
96-J90	29.9	1-7353451-3	325	0.001	29.7	注解4	注解4	注解4	179.5	注解7		注解6。引伸计滑脱；达到最大伸长量
96-J91	29.6	1-7353451-3	325	0.001	28.7	210.9	注解2	注解3	214.1	0.760		注解6
96-J92	29.5	1-7353451-3	325	0.001	30.4	200.9	207.8	注解3	227.4	0.770		注解6
96-J93	29.4	1-7353451-3	325	0.001	28.7	203.2	注解2	注解3	217.3	0.770		注解6
96-J94	29.4	1-7353451-3	325	0.0001	28.9	注解1	注解4	注解4	187.1	注解7		注解6。引伸计滑脱；达到最大伸长量
96-J95	29.6	1-7353451-3	325	0.00001	27.5	注解1	注解2	注解3	165.9	0.570		注解6

（续表）

试样编号	纤维体积分数/%	批次号（平板）	试验温度/°F	应变速率/s⁻¹	E_i/Msi	F_i^{p1}/ksi	$F_i^{py0.02}$/ksi	$F_i^{py0.2}$/ksi	F_i^{tu}/ksi	ε_i^f/%	ν_{12}	备注
96-J96	29.2	1-7353451-3	700	0.001	26.1	180.6	191.4	注解 3	202.7	0.820		注解 6
96-J97	29.3	1-7353451-3	700	0.001	31.3	注解 4	注解 4	注解 4	191.8	0.680		注解 6
96-J98	29.1	1-7353451-3	700	0.001	注解 4	注解 4	注解 4	注解 4	186.5	0.620		注解 6
96-J99	29.2	1-7353451-3	700	0.0001	28.0	注解 1	注解 2	注解 3	141.6	0.510		注解 6
96-K00	29.3	1-7353451-3	700	0.00001	27.7	165.0	191.0	注解 3	207.1	0.760		注解 6
96-P97	27.5	2-7353451-6	73	0.0001	28.4	注解 1	注解 2	注解 3	251.3	注解 7		注解 6。引伸计滑脱；达到最大伸长量
96-P98	27.3	2-7353451-6	73	0.0001	30.2	167.9	173.9	注解 3	229.7	0.800		注解 6
96-P99	27.3	2-7353451-6	73	0.0001	29.0	注解 1	注解 2	注解 3	216.7	注解 7		注解 6。引伸计滑脱；达到最大伸长量

注解 1：失效前应力-应变呈近似线性关系。　注解 2：失效前未达到 0.02% 变形。　注解 3：失效前未达到 0.2% 变形。　注解 4：未给出数据。　注解 5：无可用应力-应变数据。　注解 6：试样在标距范围外断裂，最大失效应变值是测得的最大值。　注解 7：未给出数据，临近测试结束引伸计滑脱。

① 表后注解与表中注解数量不同，原文如此，下同。——译注

材料：TRIMARC－1/Ti 6－2－4－2
纤维：TRIMARC－1
基体：Ti－6Al－2Sn－4Zr－2Mo
产品形态：平板
产品尺寸：10"×14"
铺层方式：[0]$_{10}$
测试方法：见 1.4.2.1 节

筛选数据
试样几何形状：长条形
表面状态：接收状态
加工方法：水射流＋金刚石研磨
试验前暴露：无
试验环境：实验室空气

表 C4.2(a)(第 2 页，共 4 页)
TRIMARC－1/Ti 6－2－4－2
拉伸[0]$_{10}$
空军研究实验室（AFRL/MLLMN）
原始数据

试样编号	测试日期	失效位置	失效模式	截面收缩率/%	延伸率/%	截面积/in²	宽度/in	厚度/in	初始标距/in	最终标距/in	最终宽度/in	最终厚度/in	最终截面积/in²
94－H89	1994	注解 6				0.031 1	0.389 0	0.080 0	1.015 8	1.017 6	0.388 0	0.080 0	0.031 0
96－J85	1996	注解 6		1.79		0.028 0	0.315 1	0.088 9	1.00				
96－J86	1996	注解 6		0.72		0.027 9	0.315 2	0.088 6	1.00				
96－J87	1996	注解 6		1.48		0.027 1	0.315 4	0.086 0	1.00				
96－J90	1996	注解 6		1.10		0.027 3	0.315 7	0.086 6	1.00				
96－J91	1996	注解 6		0.73		0.027 6	0.315 7	0.087 5	1.00				
96－J92	1996	注解 6		1.44		0.027 7	0.315 7	0.087 8	1.00				
96－J93	1996	注解 6		1.44		0.027 8	0.315 4	0.088 2	1.00				
96－J94	1996	注解 6		0.72		0.027 8	0.315 3	0.088 1	1.00				
96－J95	1996	注解 6		0.36		0.027 6	0.315 0	0.087 7	1.00				
96－J96	1996	注解 6		2.86		0.028 0	0.315 6	0.088 7	1.00				
96－J97	1996	注解 6		1.79		0.027 9	0.315 2	0.088 5	1.00				
96－J98	1996	注解 6		3.56		0.028 1	0.315 8	0.089 1	1.00				
96－J99	1996	注解 6		1.42		0.028 1	0.315 9	0.088 8	1.00				
96－K00	1996	注解 6		0.71		0.028 0	0.316 2	0.088 5	1.00				
96－P97	1996	注解 6		2.69		0.029 8	0.315 7	0.094 3	1.00				
96－P98	1996	注解 6		0.67		0.030 0	0.316 3	0.095 0	1.00				
96－P99	1996	注解 6		1.33		0.030 0	0.316 2	0.095 0	1.00				

注解 1：失效前应力-应变呈近线性关系。　注解 2：失效前未达到 0.02%变形。　注解 3：失效前未达到 0.2%变形。　注解 4：未给出数值，应力-应变数据异常。　注解 5：无可用应力-应变数据。　注解 6：试样在标距范围内断裂；最大失效应变是测试束引伸计计算得。　注解 7：未给出数值，临近测试结束引伸计滑脱。

材料：TRIMARC-1/Ti 6-2-4-2
纤维：TRIMARC-1
基体：Ti-6Al-2Sn-4Zr-2Mo
产品形态：平板
产品尺寸：10″×14″
铺层方式：[0]₁₀
测试方法：见 1.4.2.1 节

筛选数据
试样几何形状：长条形
表面状态：接收状态
加工方法：水射流+金刚石研磨
试验前暴露：无
试验环境：实验室空气

表 C4.2(a)(第 3 页，共 4 页)
TRIMARC-1/Ti 6-2-4-2
拉伸[0]₁₀
空军研究实验室(AFRL/MLLMN)
原始数据

试样号	纤维体积分数 /%	批次号 (平板)	试验温度 /°F	应变率 /s⁻¹	E_i /Msi	F_i^{pl} /ksi	$F_i^{py0.02}$ /ksi	$F_i^{py0.2}$ /ksi	F_i^{tu} /ksi	ε_i^{tf} /%	ν_{12}	备注
96-Q00	27.2	2-7353451-6	325	0.001	28.0	注解 1	注解 2	注解 3	200.7	注解 7		注解 6. 引伸计滑脱；达到最大伸长量
96-Q01	27.3	2-7353451-6	325	0.001	28.0	208.1	211.0	注解 3	216.5	0.800		注解 6
96-Q02	27.7	2-7353451-6	325	0.001	29.9	注解 4	注解 4	注解 3	209.1	0.730		注解 6
96-Q03	27.6	2-7353451-6	325	0.001	27.3	注解 1	注解 2	注解 3	186.9	0.680		注解 6
96-Q04	27.5	2-7353451-6	325	0.0001	28.2	189.5	204.4	注解 3	212.4	0.740		注解 6
96-Q05	27.3	2-7353451-6	325	0.00001	27.1	注解 1	注解 2	注解 3	198.3	0.720		注解 6
96-Q06	27.4	2-7353451-6	700	0.001	30.7	注解 4	注解 4	注解 4	178.6	0.630		注解 6
96-Q07	27.5	2-7353451-6	700	0.001	25.2	184.7	191.3	注解 3	199.7	0.830		注解 6
96-Q08	27.6	2-7353451-6	700	0.001	29.4	175.0	185.1	注解 3	197.6	0.680		注解 6
96-Q09	27.4	2-7353451-6	700	0.0001	27.1	注解 4	174.4	注解 3	185.3	0.710		注解 6
96-Q10	27.4	2-7353451-6	700	0.00001	26.2	167.4	181.4	注解 3	185.6	0.750		注解 6
96-Q73	29.5	3-7353451-10	73	0.0001	28.3	注解 1	注解 2	注解 3	223.4	0.770		注解 6
96-Q74	29.7	3-7353451-10	73	0.0001	28.6	注解 1	注解 2	注解 3	240.1	0.840		注解 6

(续表)

试样号	纤维体积分数/%	批次号(平板)	试验温度/°F	应变率/s^{-1}	E_1/Msi	F_1^{tp1}/ksi	$F_1^{ty0.02}$/ksi	$F_1^{ty0.2}$/ksi	F_1^{tu}/ksi	ε_1^{tf}/%	ν_{12}^{t}	备注
96-Q75	29.8	3-7353451-10	73	0.0001	28.6	注解1	注解2	注解3	239.9	0.850		注解6
96-Q76	29.5	3-7353451-10	325	0.001	27.8	注解1	注解2	注解3	205.0	0.740		注解6
96-Q77	29.4	3-7353451-10	325	0.001	27.6	注解1	注解2	注解3	203.4	注解7		注解6、引伸计滑脱；达到最大伸长量
96-Q78	29.4	3-7353451-10	325	0.001	31.7	注解4	注解4	注解4	215.1	0.750		注解6
96-Q79	29.5	3-7353451-10	325	0.001	注解4	注解4	注解4	注解4	219.1	0.690		注解6
96-Q80	29.4	3-7353451-10	325	0.0001	27.7	注解1	注解2	注解3	206.8	0.750		注解6
96-Q81	29.7	3-7353451-10	325	0.00001	28.3	175.0	183.4	注解3	217.8	0.850		注解6
96-Q82	29.2	3-7353451-10	700	0.001	28.3	181.7	182.3	注解3	200.7	0.760		注解6
96-Q83	29.1	3-7353451-10	700	0.001	28.9	160.0	172.1	注解3	179.7	0.650		注解6
96-Q84	29.0	3-7353451-10	700	0.001								试样夹装过程中损坏
96-Q85	28.9	3-7353451-10	700	0.0001	27.6	178.4	182.5	注解3	195.1	0.740		注解6
96-Q86	29.0	3-7353451-10	700	0.00001	27.9	150.2	159.6	注解3	189.0	0.720		注解6

注解1：失效前应力-应变呈线性关系。 注解2：失效前未达到0.02%变形。 注解3：失效前未达到0.2%变形。 注解4：未给出数值，应力-应变数据异常。 注解5：无可用应力-应变数据。 注解6：试样在标距范围外断裂；最大失效应变应值是可测得的最大值。 注解7：未给出数据；临近测试结束引伸计滑脱。

表C4.2(a)(第4页, 共4页)
TRIMARC-1/Ti 6-2-4-2
拉伸[0]₁₀
空军研究实验室(AFRL/MLLMN)
原始数据

材料: TRIMARC-1/Ti 6-2-4-2
纤维: TRIMARC-1
基体: Ti-6Al-2Sn-4Zr-2Mo
产品形态: 平板
产品尺寸: 10"×14"
铺层方式: [0]₁₀
测试方法: 见1.4.2.1节

筛选数据
试样几何形状: 长条形
表面状态: 接收状态
加工方法: 水射流+金刚石研磨
试验前暴露: 无
试验环境: 实验室空气

试样编号	测试日期	失效位置	失效模式	截面收缩率/%	延伸率/%	截面积/in²	宽度/in	厚度/in	初始标距/in	最终标距/in	最终宽度/in	最终厚度/in	最终截面积/in²
96-Q00	1996	注解6		1.00		0.0301	0.3164	0.0952	1.00				
96-Q01	1996	注解6		1.33		0.0300	0.3163	0.0949	1.00				
96-Q02	1996	注解6		1.35		0.0296	0.3156	0.0937	1.00				
96-Q03	1996	注解6		1.35		0.0297	0.3163	0.0939	1.00				
96-Q04	1996	注解6		1.00		0.0299	0.3163	0.0944	1.00				
96-Q05	1996	注解6		1.00		0.0300	0.3155	0.0951	1.00				
96-Q06	1996	注解6		2.00		0.0300	0.3166	0.0946	1.00				
96-Q07	1996	注解6		1.34		0.0298	0.3158	0.0943	1.00				
96-Q08	1996	注解6		1.01		0.0296	0.3156	0.0938	1.00				
96-Q09	1996	注解6		1.34		0.0299	0.3158	0.0948	1.00				
96-Q10	1996	注解6		2.01		0.0299	0.3158	0.0946	1.00				
96-Q73	1996	注解6		2.52		0.0278	0.3161	0.0879	1.00				
96-Q74	1996	注解6		1.81		0.0277	0.3170	0.0873	1.00				
96-Q75	1996	注解6		1.09		0.0276	0.3171	0.0871	1.00				
96-Q76	1996	注解6		0.72		0.0278	0.3158	0.0880	1.00				
96-Q77	1996	注解6		0.72		0.0279	0.3159	0.0882	1.00				
96-Q78	1996	注解6		0.72		0.0279	0.3160	0.0883	1.00				
96-Q79	1996	注解6		0.72		0.0278	0.3157	0.0880	1.00				

注解1: 失效前应力-应变呈近线性关系。 注解2: 失效前未达到0.02%变形。 注解3: 失效前未达到0.2%变形。 注解4: 未给出数据,应力-应变数据异常。 注解5: 无可用应力-应变数据。 注解6: 试样在标距范围外断裂。最大失效应变值是测得的最大值。 注解7: 未给出数据,临近测试结束引伸计滑脱。

表 C4.2(b)(第 1 页,共 1 页)
TRIMARC-1/Ti 6-2-4-2
拉伸[0]₈
空军研究实验室(AFRL/MLLMN)
原始数据

材料:TRIMARC-1/Ti 6-2-4-2
纤维:TRIMARC-1
基体:Ti-6Al-2Sn-4Zr-2Mo
产品形态:平板
产品尺寸:10"×14"
铺层方式:[0]₈
测试方法:见 1.4.2.1 节

筛选数据
试样几何形状:长条形
表面状态:接收状态
加工方法:水射流+金刚石研磨
试验前暴露:无
试验环境:实验室空气

试样编号	纤维体积分数 /%	批次号(平板)	失效位置	失效模式	测试温度 /°F	应变率 /s⁻¹	E_1 /Msi	F_1^{pl} /ksi	$F^{py0.02}$ /ksi	$F^{py0.2}$ /ksi	F^{tu} /ksi	ε^f 注解6 /%	v_{12}	备注
94-H81	30.5	7-5410422-1			700	0.0008	23.3	153.0	188.3	注解3	189.8	0.840		注解6
94-H82	30.7	7-5410422-1			700	0.0008	注解5	注解5	注解5	注解5	205.5	0.860		注解6
94-H83	30.5	7-5410422-1			700	0.0008	26.8	注解1	注解2	注解3	191.3	0.730		注解6
94-H84	31.0	7-5410422-1			325	0.0008	注解5	注解5	注解5	注解5	220.1	0.870		注解6
94-H85	31.0	7-5410422-1			325	0.0008	25.8	206.8	210.0	注解3	230.2	0.960		注解6
94-H86	30.5	7-5410422-1			325	0.0008	26.5	210.9	215.2	注解3	230.2	0.920		注解6
94-H87	30.7	7-5410422-1			73	0.0008	30.8	232.7	238.3	注解3	239.4	0.810	0.29	注解6
94-H88	30.5	7-5410422-1			73	0.0008	28.7	240.6	245.3	注解3	254.7	0.920	0.30	注解6

试样编号	测试日期	截面收缩率 /%	延伸率 /%	截面积 /in²	宽度 /in	厚度 /in	初始标距 /in	最终标距 /in	最终宽度 /in	最终厚度 /in	最终截面积 /in²
94-H81	1994			0.0247	0.3630	0.0680	1.0102	1.0105	0.3630	0.0670	0.0243
94-H82	1994			0.0245	0.3630	0.0675	1.0096	1.0103	0.3630	0.0675	0.0245
94-H83	1994			0.0247	0.3630	0.0680	1.0070	1.0074	0.3630	0.0675	0.0245
94-H84	1994			0.0243	0.3630	0.0670	1.0104	1.0109	0.3630	0.0670	0.0243
94-H85	1994			0.0243	0.3630	0.0670	1.0091	1.0100	0.3630	0.0670	0.0243
94-H86	1994			0.0247	0.3630	0.0680	1.0102	1.0107	0.3630	0.0680	0.0247
94-H87	1994			0.0245	0.3630	0.0675	1.0200	1.0213	0.3630	0.0675	0.0245
94-H88	1994			0.0248	0.3640	0.0680	1.0057	1.0067	0.3640	0.0680	0.0248

注解 1:失效前应力-应变呈线性关系。　注解 2:失效前未达到 0.02%变形。　注解 3:失效前未达到 0.2%变形。　注解 4:未给出数值,应力-应变数据异常。　注解 5:无可用应力-应变数据。　注解 6:试样在标距范围外断裂,最大失效应变是测得的最大值。

材料：TRIMARC-1/Ti 6-2-4-2
纤维：TRIMARC-1
基体：Ti-6Al-2Sn-4Zr-2Mo
产品形态：平板
铺层形态：[90]₁₀
测试方法：见1.4.2.1节

筛选数据
试样几何形状：长条形
表面状态：接收状态
加工方法：水射流+金刚石研磨
试验前暴露：无
试验环境：实验室空气

表C4.2(c)(第1页，共4页)
TRIMARC-1/Ti 6-2-4-2
空军研究实验室(AFRL/MLLMN)
拉伸[90]₁₀
原始数据

试样号	纤维体积分数 /%	批次号(平板)	试验温度 /°F	应变率 /s⁻¹	E_2 /Msi	F_2^{y1} /ksi	$F_2^{yo.02}$ /ksi	$F_2^{yo.2}$ /ksi	F_2^{tu} /ksi	ε_2^{tu} /%	v_{22}	备注
94-H79	32.2	1-5410417-1	73	0.0008	23.2	24.0	33.9	注解3	37.3	0.200	0.20	注解6
94-H80	32.2	2-5410418-1	73	0.0008	注解5	注解5	注解5	注解3	35.3	0.150	0.23	注解6
96-K45	28.7	1-7353452-2	73	0.0001	23.4	24.6	42.5	注解3	59.3	0.660		
96-K46	28.7	1-7353452-2	73	0.0001	20.5	23.3	50.7	注解3	59.4	0.680		
96-K47	28.7	1-7353452-2	73	0.0001	23.0	33.2	46.3	注解3	56.0	0.620		试样装夹过程中损坏
96-K48	28.8	1-7353452-2	325	0.001	19.8	32.9	38.5	注解3	63.2	0.960		注解6
96-K49	28.7	1-7353452-2	325	0.001	20.1	29.2	36.5	注解3	58.8	0.820		注解6
96-K50	28.8	1-7353452-2	325	0.00001	18.9	28.1	35.4	注解3	56.7	0.880		注解6、引伸计滑脱
96-K51	28.8	1-7353452-2	700	0.001	18.5	20.5	28.3	52.5	55.3	1.120		注解6
96-K52	28.9	1-7353452-2	700	0.0001	14.2	22.4	24.7	注解7	57.0	注解7		
96-K55	28.8	1-7353452-1	700	0.00001	20.4	25.3	27.0	48.8	57.7	1.640		
96-K56	28.7	2-7353452-3	73	0.0001	24.1	38.3	47.5	注解3	54.3	0.520		
96-Q21	29.2	2-7353452-3	73	0.0001	22.8	28.1	46.6	注解3	49.1	0.480		
96-Q22	29.2	2-7353452-3	325	0.0001	21.9	21.9	48.3	注解3	53.5	0.600		
96-Q23	29.3	2-7353452-3	325	0.0001	21.6	25.4	34.5	注解3	63.2	1.260		
96-Q24	29.5	2-7353452-3	325	0.001	21.8	27.6	37.6	57.6	60.1	1.000		
96-Q25	29.5	2-7353452-3	325	0.00001	22.3	24.5	36.7	57.8	62.2	1.000		
96-Q26	29.6	2-7353452-3	325	0.001	注解4	注解4	注解4	61.1	53.8	注解7		注解6
96-Q27	29.9	2-7353452-3	700	0.0001	23.1	17.5	24.8	注解4	49.6	1.060		引伸计滑脱
96-Q28	30.0	2-7353452-3	700	0.00001	16.4	18.7	25.0	45.6	47.1	1.040		
96-Q30	30.1	2-7353452-3	700	0.0001	注解5	注解4	注解5	45.6	47.6	注解5		
96-Q89	29.2	3-7353452-6	73	0.0001	注解5	注解4	注解5	注解4	41.6	0.380		注解5
96-Q90	29.5	3-7353452-6	73	0.0001	22.0	25.1	42.8	注解3	45.5	0.420		注解6
96-Q91	29.0	3-7353452-6	73	0.0001	19.8	17.7	注解2	注解3	46.1	0.500		

注解1：失效前应力-应变呈近似线性关系。　注解2：失效前未达到0.02%变形。　注解3：失效前未达到0.2%变形。　注解4：未给出数据，应力-应变数据异常。　注解5：无可用应力-应变数据。　注解6：试样在标距范围外断裂；最大失效应变值是测得的最大值。　注解7：未给出数据，临近测试结束引伸计滑脱。

材料：TRIMARC-1/Ti 6-2-4-2
纤维：TRIMARC-1
基体：Ti-6Al-2Sn-4Zr-2Mo
产品形态：平板
铺层方式：[90]₁₀
测试方法：见 1.4.2.1 节

筛选数据
试样几何形状：长条形
表面状态：接收状态
加工方法：水射流＋金刚石研磨
试验前暴露：无
试验环境：实验室空气

表 C4.2(c)（第 2 页，共 4 页）
TRIMARC-1/Ti 6-2-4-2
空军研究实验室（AFRL/MLLMN）
原始数据

试样编号	测试日期	失效位置	失效模式	截面收缩率 /%	延伸率 /%	截面积 /in²	宽度 /in	厚度 /in	初始标距 /in	最终标距 /in	最终宽度 /in	最终厚度 /in	最终截面积 /in²
94-H79	1994	注解 6				0.031 2	0.387 0	0.080 5	0.996 6	0.997 5	0.387 0	0.080 5	0.031 2
94-H80	1994	注解 6				0.031 2	0.387 0	0.080 5	1.018 8	1.020 4	0.387 0	0.080 5	0.031 2
96-K45	1996	标距内		0.35	0.57	0.028 5	0.314 0	0.090 4	1.00				
96-K46	1996	标距内		1.40	0.62	0.028 4	0.314 4	0.090 5	1.00				
96-K47	1996	标距内		0.00	0.59	0.028 4	0.314 1	0.090 5					
96-K48	1996					0.028 4	0.315 3	0.090 0					
96-K49	1996	注解 6		1.76	0.74	0.028 4	0.315 2	0.090 2	1.00				
96-K50	1996	标距内		1.76		0.028 4	0.315 5	0.089 9	1.00				
96-K51	1996	注解 6		1.06		0.028 4	0.315 9	0.089 9	1.00				
96-K52	1996	注解 6		1.41		0.028 4	0.316 6	0.089 8	1.00				
96-K55	1996	注解 6		0.70		0.028 5	0.317 0	0.090 0	1.00				
96-K56	1996	标距内		1.40	0.50	0.028 6	0.317 1	0.090 2	1.00				
96-Q21	1996	标距内		1.43	0.46	0.028 0	0.315 5	0.088 9	1.00				
96-Q22	1996	标距内		1.08	0.57	0.027 9	0.314 9	0.088 7	1.00				
96-Q23	1996	标距内		1.43	0.77	0.028 0	0.315 4	0.088 6	1.00				
96-Q24	1996	标距内		1.81	0.92	0.027 7	0.314 9	0.087 8	1.00				
96-Q25	1996	标距内		1.09		0.027 6	0.314 8	0.087 8	1.00				
96-Q26	1996	标距内		0.36		0.027 7	0.314 9	0.087 3	1.00				
96-Q27	1996	标距内		1.45	0.59	0.027 6	0.315 0	0.087 5	1.00				
96-Q28	1996	标距内		1.09	0.95	0.027 6	0.315 4	0.086 8	1.00				
96-Q29	1996	标距内		1.09	0.62	0.027 5	0.314 6	0.086 4	1.00				
96-Q30	1996	标距内		1.46	1.33	0.027 5	0.315 4	0.086 0	1.00				
96-Q89	1996	注解 6		0.00		0.027 9	0.314 6	0.088 8	1.00				
96-Q90	1996	标距内		1.40	0.39	0.027 7	0.314 3	0.088 0	1.00				
96-Q91	1996	标距内		2.13	0.49	0.028 2	0.315 8	0.089 4	1.00				

注解 1：失效前应力-应变呈近线性关系。 注解 2：失效前未达到 0.02%变形。 注解 3：失效前未达到 0.2%变形。 注解 4：未给出数值，应力-应变数据异常。
注解 5：无可用应力-应变数据。 注解 6：试样在标距范围外断裂；最大失效应变值是测得的最大值。 注解 7：未给出数据，临近测试结束引伸计滑脱。

表 C4.2(c)(第 3 页, 共 4 页)
TRIMARC-1/Ti 6-2-4-2
拉伸[90]₁₀
空军研究实验室(AFRL/MLLMN)
原始数据

材料: TRIMARC-1/Ti 6-2-4-2
纤维: TRIMARC-1
基体: Ti-6Al-2Sn-4Zr-2Mo
产品形态: 平板
铺层方式: [90]₁₀
测试方法: 见 1.4.2.1 节

筛选数据
试样几何形状: 长条形
表面状态: 接收状态
加工方法: 水射流+金刚石研磨
试验前暴露: 无
试验环境: 实验室空气

试样号	纤维体积分数 /%	批次号 (平板)	试验温度 /°F	应变率 /s⁻¹	E_2^t /Msi	F_2^{pl} /ksi	$F_2^{py0.02}$ /ksi	$F_2^{py0.2}$ /ksi	F_2^{tu} /ksi	ε_2^{tu} /%	υ_{23}^t	备注
96-Q92	29.5	3-7353452-6	325	0.001	18.2	20.3	38.4	注释 3	56.5	0.920		注释 6
96-Q93	29.5	3-7353452-6	325	0.001	注释 4	注释 4	注释 4	注释 4	57.8	注释 7		注释 6。引伸计滑脱
96-Q94	29.2	3-7353452-6	325	0.0001	20.5	25.7	35.4	注释 3	52.3	0.740		
96-Q95	29.2	3-7353452-6	325	0.00001								试样装夹过程中损坏
96-Q96	29.1	3-7353452-6	700	0.001	17.6	21.7	25.6	49.8	55.5	1.480		
96-Q97	29.0	3-7353452-6	700	0.0001	22.1	22.6	25.3	47.4	57.4	1.860		注释 6
96-Q98	29.1	3-7353452-6	700	0.00001	18.2	19.4	26.2	47.3	49.5	1.120		注释 6

注解 1: 失效前应力-应变呈近线性关系。　注解 2: 失效前未达到 0.02% 变形。　注解 3: 失效前未达到 0.2% 变形。　注解 4: 未给出数值,应力-应变数据异常。　注解 5: 无可用应力-应变数据。　注解 6: 试样在标距范围外断裂;最大失效应变值是测得的最大值。　注解 7: 未给出数据,临近试验结束引伸计滑脱。

材料: TRIMARC-1/Ti 6-2-4-2
纤维: TRIMARC-1
基体: Ti-6Al-2Sn-4Zr-2Mo
产品形态: 平板
铺层方式: [90]₁₀
测试方法: 见 1.4.2.1 节

筛选数据
试样几何形状: 长条形
表面状态: 接收状态
加工方法: 水射流+金刚石研磨
试验前暴露: 无
试验环境: 实验室空气

表 C4.2(c)(第 4 页, 共 4 页)
TRIMARC-1/Ti 6-2-4-2
拉伸[90]₁₀
空军研究实验室(AFRL/MLLMN)
原始数据

试样编号	测试日期	失效位置	失效模式	截面收缩率 /%	延伸率 /%	截面积 /in2	宽度 /in	厚度 /in	初始标距 /in	最终标距 /in	最终宽度 /in	最终厚度 /in	最终截面积 /in²
96-Q92	1996	注解 6		1.08		0.027 8	0.315 7	0.088 0	1.00				
96-Q93	1996	注解 6		1.08		0.027 7	0.315 1	0.088 0	1.00				
96-Q94	1996	标距内		1.43	0.09	0.027 9	0.314 4	0.088 7	1.00				
96-Q95	1996					0.028 0	0.315 4	0.088 8					
96-Q96	1996	标距内		2.13	0.63	0.028 2	0.316 1	0.089 1	1.00				
96-Q97	1996	注解 6		2.13		0.028 2	0.315 4	0.089 3	1.00				
96-Q98	1996	注解 6		1.42		0.028 1	0.315 4	0.089 2	1.00				

注解 1: 失效前应力-应变呈近线性关系。　注解 2: 失效前未达到 0.02%变形。　注解 3: 失效前未达到 0.2%变形。　注解 4: 未给出数值,应力-应变数据异常。　注解 5: 无可用应力-应变数据。　注解 6: 试件在标距范围外断裂;最大失效应变值是测得的最大值。　注解 7: 未给出数据,临近测试结束引伸计滑脱。

表C4.2(d)(第1页，共1页)
TRIMARC-1/Ti 6-2-4-2
拉伸[90]₈
空军研究实验室(AFRL/MLLMN)
原始数据

材料：TRIMARC-1/Ti 6-2-4-2
纤维：TRIMARC-1
基体：Ti-6Al-2Sn-4Zr-2Mo
产品形态：平板
铺层方式：[90]₈
测试方法：见1.4.2.1节

筛选数据
试样几何形状：长条形
表面状态：接收状态
加工方法：水射流+金刚石研磨
试验前暴露：无
试验环境：实验室空气

试样号	纤维体积分数 /%	批次号(平板)	试验温度 /°F	应变率 /s⁻¹	E_2 /Msi	F_2^{pl} /ksi	$F_2^{y0.02}$ /ksi	$F_2^{y0.2}$ /ksi	F_2^{tu} /ksi	ε_2^{tu} /ksi	ν_{23}^{t} /%	备注
94-H72	30.5	7-5410422-1	325	0.0008	16.5	25.6	33.3	51.9	52.2	0.520		注解6
94-H73	30.5	7-5410422-1	700	0.0008	13.2	23.1	27.0	43.4	45.6	0.620		注解6
94-H74	30.5	7-5410422-1	700	0.0008	注解5	注解5	注解5	注解5	41.7	0.490		
94-H75	30.3	7-5410422-1	700	0.0008	15.1	22.0	25.7	43.8	45.2	0.530		注解6
94-H76	30.3	7-5410422-1	325	0.0008	17.8	29.1	33.2	注解3	49.2	0.430		注解6
94-H77	30.3	7-5410422-1	325	0.0008	注解5	注解5	注解5	注解5	50.0	0.430		注解6
94-H78	30.5	7-5410422-1	73	0.0008	22.3	28.4	38.1	注解3	45.7	0.260	0.22	注解6

试样编号	测试日期	失效位置	失效模式	截面收缩率 /%	延伸率 /%	截面积 /in²	宽度 /in	厚度 /in	初始标距 /in	最终标距 /in	最终宽度 /in	最终厚度 /in	最终截面积 /in²
94-H72	1994					0.0247	0.3630	0.0680	1.0121	1.0123	0.3630	0.0680	0.0247
94-H73	1994					0.0252	0.3700	0.0680	1.0108	1.0199	0.3700	0.0675	0.0250
94-H74	1994					0.0254	0.3730	0.0680	1.0102	1.0107	0.3730	0.0675	0.0252
94-H75	1994					0.0256	0.3740	0.0685	1.0113	1.0116	0.3740	0.0680	0.0254
94-H76	1994					0.0256	0.3730	0.0685	1.0104	1.0108	0.3730	0.0680	0.0254
94-H77	1994					0.0256	0.3740	0.0685	1.0068	1.0075	0.3740	0.0680	0.0254
94-H78	1994					0.0254	0.3740	0.0680	0.9969	0.9989	0.3740	0.0680	0.0254

注解1：失效前应力-应变呈线性关系。　注解2：失效前未达到0.02%变形。　注解3：失效前未达到0.2%变形。　注解4：未给出数值，应力-应变变形异常。　注解5：无可用应力-应变数据。　注解6：试样在标距范围外断裂；最大失效应力是测得的最大值。　注解7：未给出数值，临近试验结束时引伸计滑脱。

材料: TRIMARC-1/Ti 6-2-4-2
纤维: TRIMARC-1
基体: Ti-6Al-2Sn-4Zr-2Mo
产品形态: 平板
铺层方式: [0]₁₀ → [0]$_{10}$
测试方法: 见 1.4.2.2 节

筛选数据
试样几何形状: 长条形
表面状态: 接收状态
加工方法: 水射流+金刚石研磨
试验前暴露: 无
试验环境: 实验室空气

表 C4.2(e)(第1页, 共2页)
TRIMARC-1/Ti 6-2-4-2
压缩[0]$_{10}$
空军研究实验室(AFRL/MLLMN)
原始数据

试样号	纤维体积分数 /%	批次号(平板)	试验温度 /°F	应变率 /s^{-1}	E_1^c /Msi	F_1^{cpl} /ksi	$F_1^{cyp0.02}$ /ksi	$F_1^{cy0.2}$ /ksi	F_1^{cu} /ksi	ε_2^{cf} /%	ν_{12}^c	备注
94-H54	32.4	1-5410417-1	73	0.0008	28.4	171.3	185.1	329.9	333.5	注解6		注解6
94-H55	31.8	1-5410417-1	73	0.0008	注解4	注解4	注解4	注解4	352.2	注解6		注解6. 引伸计滑脱
94-H56	32.4	2-5410418-1	73	0.0008	31.5	注解1	注解1	注解1	375.1	注解6		注解6
94-H57	32.8	2-5410418-1	325	0.0008	30.3	注解1	注解1	注解1	386.6	注解6		注解6
94-H58	32.8	2-5410418-1	325	0.0008	29.6	342.0	375.1	注解3	414.0	注解6		注解6
94-H59	32.8	2-5410418-1	325	0.0008	27.0	290.7	291.7	注解3	302.4	注解6		注解6
94-H60	32.8	2-5410418-1	700	0.0008	24.0	258.1	257.0	308.4	341.8	注解6		注解6. 测试开始阶段应力-应变数据异常
94-H61	32.8	2-5410418-1	325	0.0008	注解5	注解5	注解5	注解5	注解5	注解5		无可用应力-应变数据
94-H62	32.6	2-5410418-1	73	0.0008	注解5	注解5	注解5	注解5	注解5	注解5		无可用应力-应变数据
96-K21	28.3	1-7353451-4	73	0.0001	29.7	234.3	237.8	251.1	286.3	注解6		安装过程中试样损坏
96-K22	27.9	1-7353451-4	73	0.0001	25.2	注解4	注解4	注解4	342.4	注解6		注解6. 数据异常
96-K23	27.8	1-7353451-4	325	0.0001	26.4	310.0	317.7	注解3	352.1	注解6		注解6
96-K24	28.4	1-7353451-4	325	0.0001	25.8	256.0	278.9	注解3	346.1	注解6		注解6
96-K25	28.2	1-7353451-4	700	0.0001						注解6		注解6

（续表）

试样号	纤维体积分数 /%	批次号（平板）	试验温度 /°F	应变率 /s⁻¹	E_1^c /Msi	F_1^{cpl} /ksi	$F_1^{cy0.02}$ /ksi	$F_1^{cy0.2}$ /ksi	F_1^{cu} /ksi	ε_2^{cf} /%	v_{12}^f	备注
96-K26	28.0	1-7353451-4	700	0.001	26.0	256.0	277.1	注解3	346.0	注解6		注解6
96-Q15	29.2	2-7353452-3	73	0.0001	28.6	145.2	154.8	272.0	333.7	注解6		注解6
96-Q16	29.1	2-7353452-3	73	0.0001	28.3	注解4	注解4	注解4	335.2	注解6		注解6. 引伸计滑脱
96-Q17	29.2	2-7353452-3	325	0.0001	26.6	319.0	324.8	注解3	359.0	注解6		注解6
96-Q18	29.3	2-7353452-3	325	0.0001	27.9	322.0	327.4	注解3	361.0	注解6		注解6
96-Q19	29.2	2-7353452-3	700	0.0001	27.5	250.0	257.7	注解4	359.7	注解6		注解6
96-Q20	29.5	2-7353452-3	700	0.00001	28.6	245.0	247.2	351.2	357.5	注解6		注解6
96-R02	29.2	3-7353452-6	73	0.0001	30.9	注解1	注解1	注解1	359.7	注解6		注解6
96-R03	29.1	3-7353452-6	73	0.0001	29.0	注解1	注解1	注解1	357.7	注解6		注解6
96-R04	29.0	3-7353452-6	325	0.0001	27.2	344.0	351.8	注解3	357.1	注解6		注解6
96-R05	29.0	3-7353452-6	325	0.0001	28.3	335.0	341.1	注解3	357.7	注解6		注解6
96-R06	28.9	3-7353452-6	700	0.0001	25.9	注解1	注解1	注解1	260.2	注解6		注解6. 测试开始阶段应力-应变数据异常
96-R07	28.9	3-7353452-6	700	0.0001	注解4	注解4	注解4	注解4	332.1	注解6		注解6

注解 1: 失效前应力-应变呈线性关系。　注解 2: 失效前未达到 0.02% 变形。　注解 3: 失效前未达到 0.2% 变形。　注解 4: 未给出数值,应力-应变段应力-应变呈线性关系。注解 5: 无可用应力-应变数据。　注解 6: 测试在压缩失效前最大应力时停止。

材料: TRIMARC - 1/Ti 6 - 2 - 4 - 2
纤维: TRIMARC - 1
基体: Ti - 6Al - 2Sn - 4Zr - 2Mo
产品形态: 平板
铺层方式: [0]₁₀
测试方法: 见 1.4.2.2 节

筛选数据
试样几何形状: 长条形
表面状态: 接收状态
加工方法: 水射流＋金刚石研磨
试验前暴露: 无
试验环境: 实验室空气

表 C4. 2(e)(第 2 页, 共 2 页)
TRIMARC - 1/Ti 6 - 2 - 4 - 2
压缩[0]₁₀
空军研究实验室(AFRL/MLLMN)
原始数据

试样编号	测试日期	失效位置	失效模式	截面收缩率 /%	延伸率 /%	截面积 /in²	宽度 /in	厚度 /in	初始标距 /in	最终标距 /in	最终宽度 /in	最终厚度 /in	最终截面积 /in²
94 - H54	1994	注解 6	注解 6			0.048 6	0.608 0	0.080 0	1.00				
94 - H55	1994	注解 6	注解 6			0.049 6	0.608 0	0.081 5	1.00				
94 - H56	1994	注解 6	注解 6			0.048 6	0.608 0	0.080 0	1.00				
94 - H57	1994	注解 6	注解 6			0.048 3	0.611 0	0.079 0	1.00				
94 - H58	1994	注解 6	注解 6			0.048 3	0.612 0	0.079 0	1.00				
94 - H59	1994	注解 6	注解 6			0.048 3	0.612 0	0.079 0	1.00				
94 - H60	1994	注解 6	注解 6			0.048 3	0.611 0	0.079 0	1.00				
94 - H61	1994	注解 6	注解 6			0.048 3	0.611 0	0.079 0	1.00				
94 - H62	1994	注解 6	注解 6			0.048 5	0.610 0	0.079 5	1.00				
96 - K21	1996					0.057 3	0.626 1	0.091 5					
96 - K22	1996	注解 6	注解 6			0.057 8	0.621 8	0.093 0	1.00				
96 - K23	1996	注解 6	注解 6			0.058 4	0.624 8	0.093 4	1.00				
96 - K24	1996	注解 6	注解 6			0.056 8	0.622 3	0.091 2	1.00				

（续表）

试样编号	测试日期	失效位置	失效模式	截面收缩率/%	延伸率/%	截面积/in²	宽度/in	厚度/in	初始标距/in	最终标距/in	最终宽度/in	最终厚度/in	最终截面积/in²
96－K25	1996	注解6	注解6			0.057 2	0.622 6	0.091 8	1.00				
96－K26	1996	注解6	注解6			0.057 8	0.623 0	0.092 7	1.00				
96－Q15	1996	注解6	注解6			0.055 5	0.625 4	0.088 7	1.00				
96－Q16	1996	注解6	注解6			0.055 9	0.626 2	0.089 2	1.00				
96－Q17	1996	注解6	注解6			0.055 7	0.626 5	0.088 9	1.00				
96－Q18	1996	注解6	注解6			0.055 4	0.626 4	0.088 5	1.00				
96－Q19	1996	注解6	注解6			0.055 6	0.626 2	0.088 8	1.00				
96－Q20	1996	注解6	注解6			0.055 0	0.625 3	0.088 0	1.00				
96－R02	1996	注解6	注解6			0.055 6	0.626 3	0.088 7	1.00				
96－R03	1996	注解6	注解6			0.055 9	0.626 2	0.089 2	1.00				
96－R04	1996	注解6	注解6			0.056 0	0.626 8	0.089 4	1.00				
96－R05	1996	注解6	注解6			0.055 9	0.625 7	0.089 3	1.00				
96－R06	1996	注解6	注解6			0.056 1	0.626 6	0.089 6	1.00				
96－R07	1996	注解6	注解6			0.056 2	0.626 7	0.089 6	1.00				

注解1: 失效前应力－应变呈近线性关系。　注解2: 失效前未达到0.02%变形。　注解3: 失效前未达到0.2%变形。　注解4: 未给出数值,应力－应变数据异常。　注解5: 无可用应力－应变数据。　注解6: 测试在压缩失效前最大应力时停止。

材料：TRIMARC-1/Ti 6-2-4-2
纤维：TRIMARC-1
基体：Ti-6Al-2Sn-4Zr-2Mo
产品形态：平板
铺层方式：[90]₁₀
测试方法：见 1.4.2.2 节

筛选数据
试样几何形状：长条形
表面状态：接收状态
加工方法：水射流＋金刚石研磨
试验前暴露：无
试验环境：实验室空气

表 C4.2(f)(第 1 页，共 2 页)
TRIMARC-1/Ti 6-2-4-2
压缩[90]₁₀
空军研究实验室(AFRL/MLLMN)
原始数据

试样号	纤维体积分数 /%	批次号(平板)	试验温度 /$^\circ F$	应变率 /s^{-1}	F_2^c /Msi	F_2^{cpl} /ksi	$F_2^{cp0.02}$ /ksi	$F_2^{cy0.2}$ /ksi	F_2^{cu} /ksi	ε_2^{cf} /%	ν_{23}^c	备注
94-H63	32.4	1-5410417-1	73	0.0008	22.0	97.8	120.3	注解3	注解6	注解6		注解6
94-H64	32.4	1-5410417-1	73	0.0008	22.6	111.7	126.9	192.4	注解6	注解6		注解6
94-H65	32.4	2-5410418-1	73	0.0008	22.3	129.5	138.2	196.4	注解6	注解6		注解6
94-H66	32.4	2-5410418-1	325	0.0008	21.2	88.5	104.6	154.5	注解6	注解6		注解6
94-H67	32.4	2-5410418-1	325	0.0008	21.5	92.4	105.9	155.0	注解6	注解6		注解6
94-H68	32.4	2-5410418-1	325	0.0008	21.4	84.2	104.6	155.7	注解6	注解6		注解6
94-H69	32.4	2-5410418-1	700	0.0008	19.4	78.2	86.9	116.5	注解6	注解6		注解6
94-H70	32.4	2-5410418-1	700	0.0008	注解5	注解5	注解5	注解5		注解6		注解5
94-H71	32.8	2-5410418-1	700	0.0008	20.5	79.5	86.9	116.6	注解6	注解6		注解6
96-J65	29.0	1-7353451-1	73	0.0001	23.4	126.3	138.8	193.7	注解6	注解6		注解6
96-J66	28.9	1-7353451-1	73	0.0001	22.9	147.8	154.1	196.2	注解6	注解6		注解6
96-J88	29.7	1-7353451-2	325	0.0001								安装过程中试样损坏
96-J89	30.0	1-7353451-2	325	0.0001	20.5	104.4	114.8	151.7	注解6	注解6		注解6

（续表）

试样号	纤维体积分数 /%	批次号(平板)	试验温度 /℉	应变率 /s⁻¹	F_2 /Msi	F_2^{p1} /ksi	$F_2^{p0.02}$ /ksi	$F_2^{p0.2}$ /ksi	F_2^{cu} /ksi	ε_2^{cf} /%	ε_{23}^{cu}	备注
96-K11	30.0	1-7353451-3	700	0.000 1	21.2	60.3	85.7	117.5	注解6	注解6		注解6
96-K12	29.8	1-7353451-3	700	0.001	21.3	84.5	92.2	122.5	注解6	注解6		注解6
96-P89	28.8	2-7353451-5	73	0.000 1	23.2	135.5	147.2	197.1	注解6	注解6		注解6
96-P90	28.4	2-7353451-5	73	0.000 1	24.0	118.1	136.6	195.2	注解6	注解6		注解6
96-Q11	27.3	2-7353451-6	325	0.000 1	19.9	98.5	108.4	148.4	注解6	注解6		注解6
96-Q12	27.3	2-7353451-6	325	0.000 1	19.5	98.8	107.9	146.2	注解6	注解6		注解6
96-Q31	28.1	2-7353452-4	700	0.000 1	21.3	78.6	86.7	113.5	注解6	注解6		注解6
96-Q32	28.1	2-7353452-4	700	0.000 01	21.5	65.8	87.8	111.1	注解6	注解6		注解6
96-Q65	29.8	3-7353451-9	73	0.000 1	22.7	128.4	143.3	198.2	注解6	注解6		注解6
96-Q66	29.0	3-7353451-9	73	0.000 1	23.7	117.8	132.7	194.8	注解6	注解6		注解6
96-Q87	29.5	3-7353451-10	325	0.000 1	20.9	92.7	108.3	152.9	注解6	注解6		注解6
96-Q88	28.9	3-7353451-10	325	0.000 1	20.1	95.7	110.0	150.8	注解6	注解6		注解6
96-Q99	28.9	3-7353452-6	700	0.000 1	18.8	96.5	99.0	116.0	注解6	注解6		注解6
96-RO8	29.7	3-7353452-5	700	0.000 1	22.9	75.2	86.0	114.5	注解6	注解6		注解6

注解 1：失效前应力-应变呈近线性关系。　注解 2：失效前未达到 0.02% 变形。　注解 3：失效前未达到 0.2% 变形。　注解 4：未给出数值,应力-应变数据异常。　注解 5：无可用应力-应变数据。　注解 6：测试在压缩失效前最大应力时停止。

材料:TRIMARC-1/Ti 6-2-4-2
纤维:TRIMARC-1
基体:Ti-6Al-2Sn-4Zr-2Mo
产品形态:平板
铺层方式:[90]₁₀
测试方法:见 1.4.2.2 节

筛选数据
试样几何形状:长条形
表面状态:接收状态
加工方法:水射流+金刚石研磨
试验前暴露:无
试验环境:实验室空气

表 C4.2(f)(第 2 页,共 2 页)
TRIMARC-1/Ti 6-2-4-2
压缩[90]₁₀
空军研究实验室(AFRL/MLLMN)
原始数据

试样编号	测试日期	失效位置	失效模式	截面收缩率 /%	延伸率 /%	截面积 /in²	宽度 /in	厚度 /in	初始标距 /in	最终标距 /in	最终宽度 /in	最终厚度 /in	最终截面积 /in²
94-H63	1994	注解6	注解6			0.0486	0.6070	0.0800	1.00				
94-H64	1994	注解6	注解6			0.0485	0.6060	0.0800	1.00				
94-H65	1994	注解6	注解6			0.0488	0.6100	0.0800	1.00				
94-H66	1994	注解6	注解6			0.0489	0.6110	0.0800	1.00				
94-H67	1994	注解6	注解6			0.0490	0.6120	0.0800	1.00				
94-H68	1994	注解6	注解6			0.0489	0.6110	0.0800	1.00				
94-H69	1994	注解6	注解6			0.0489	0.6110	0.0800	1.00				
94-H70	1994	注解6	注解6			0.0487	0.6090	0.0800	1.00				
94-H71	1994	注解6	注解6			0.0479	0.6060	0.0790	1.00				
96-J65	1996	注解6	注解6			0.0561	0.6271	0.0895	1.00				
96-J66	1996	注解6	注解6			0.0562	0.6274	0.0896	1.00				
96-J88	1996	注解6				0.0548	0.6282	0.0873					
96-J89	1996	注解6	注解6			0.0543	0.6272	0.0865	1.00				

（续表）

试样编号	测试日期	失效位置	失效模式	截面收缩率/%	延伸率/%	截面积/in²	宽度/in	厚度/in	初始标距/in	最终标距/in	最终宽度/in	最终厚度/in	最终截面积/in²
96 - K11	1996	注解 6	注解 6			0.054 3	0.628 1	0.086 5	1.00				
96 - K12	1996	注解 6	注解 6			0.054 6	0.627 6	0.087 0	1.00				
96 - P89	1996	注解 6	注解 6			0.056 5	0.627 4	0.090 0	1.00				
96 - P90	1996	注解 6	注解 6			0.057 3	0.627 8	0.091 2	1.00				
96 - Q11	1996	注解 6	注解 6			0.059 5	0.626 7	0.094 9	1.00				
96 - Q12	1996	注解 6	注解 6			0.059 7	0.628 3	0.095 0	1.00				
96 - Q31	1996	注解 6	注解 6			0.057 9	0.626 4	0.092 4	1.00				
96 - Q32	1996	注解 6	注解 6			0.057 8	0.627 0	0.092 2	1.00				
96 - Q65	1996	注解 6	注解 6			0.054 7	0.627 7	0.087 1	1.00				
96 - Q66	1996	注解 6	注解 6			0.056 2	0.627 7	0.089 5	1.00				
96 - Q87	1996	注解 6	注解 6			0.054 9	0.624 2	0.088 0	1.00				
96 - Q88	1996	注解 6	注解 6			0.056 3	0.628 0	0.089 6	1.00				
96 - Q99	1996	注解 6	注解 6			0.056 4	0.628 0	0.089 8	1.00				
96 - RO8	1996	注解 6	注解 6			0.054 6	0.626 3	0.087 2	1.00				

注解 1: 失效前应力-应变呈近线性关系。　注解 2: 失效前未达到 0.02% 变形。　注解 3: 失效前未达到 0.2% 变形。　注解 4: 未给出数值, 应力-应变数据异常。　注解 5: 无可用应力-应变数据。　注解 6: 测试在压缩失效前最大应力时停止。

C4.3　钛基复合板(3.8.2.3节)

材料：钛基复合材料板
纤维：SCS-6(碳化硅)
基体：Ti-6Al-4V
产品形态：热等静压平板(6 in×9 in)
铺层方式：[0]16单向
加工制备：FMW复合材料系统

试样几何形状：狗骨形
试样厚度：0.134 in(平均)
试样宽度：0.400 in(平均)
测试方法：ASTM D 3553-96(金属基复合材料)
试验环境：实验室空气/电阻加热
测试日期：1月6日—4月7日

表C4.3(a)(第1页,共7页)
SCS-6/Ti-6Al-4V
纵向拉伸[0]16
UDRI/TRL原始数据

试样编号	纤维体积分数/%	批次号(平板)	试验温度/°F	应变率/s^-1	应变传感器	E/Msi	比例极限/ksi	屈服强度0.06%/ksi	屈服强度0.2%/ksi	抗拉强度/ksi	ε_f/%	备注
411-01	32.5	B0432004-101-154	-65	0.01	引伸计	31.9	144.5	注解7	注解7	247.3	注解7	边缘试样
411-05	33.2	B0432004-101-154	-65	0.01	引伸计	28.7	200.0	233.8	注解3	255.6	1.047	注解8
421-02	32.8	B0432004-101-157	-65	0.01	引伸计	26.7	注解7	注解7	注解7	254.8	注解7	
431-03	33.3	B0432004-101-160	-65	0.01	引伸计	25.3	144.0	207.1	注解3	250.7	1.162	用平滑处理(7点滑动平均法)后数据算平均
431-06	33.4	B0432004-101-160	-65	0.01	引伸计	21.7	203.6	注解10	注解10	223.4	1.067	1个应变计数据不可用；E和屈服强度由剩余应变应计提供数据算得
441-04	33.5	B0432004-101-163	-65	0.01	引伸计	26.1	注解7	注解7	注解7	257.4	注解7	
531-07	33.5	B0432004-101-175	-65	0.01	引伸计	22.1	208.2	注解10	注解10	240.8	1.109	1个应变计数据不可用；E和屈服强度由剩余应变应计提供数据算得
531-10	33.0	B0432004-101-175	-65	0.01	引伸计	25.1	177.2	205.1	注解3	252.7	1.166	
541-08	33.9	B0432004-101-178	-65	0.01	引伸计	27.9	192.2	222.9	注解3	260.0	1.085	
541-11	34.0	B0432004-101-178	-65	0.01	引伸计	26.5	194.6	211.5	注解3	243.5	1.029	

（续表）

试样编号	纤维体积分数 /%	批次号（平板）	试验温度 /°F	应变率 /s⁻¹	应变传感器	E /Msi	比例极限 /ksi	屈服强度 0.06% /ksi	屈服强度 0.2% /ksi	抗拉强度 /ksi	ε_f /%	备注
551-09	33.2	B0432004-101-181	-65	0.01	引伸计	26.5	206.6	223.8	注解3	257.8	1.145	用平滑处理（7点滑动平均法）后数据算得
551-12	33.3	B0432004-101-181	-65	0.01	引伸计	27.5	188.0	212.2	注解4	249.5	注解4	
平均	33					26.3	185.9	216.6		249.5	1.101	
111-01	33.9	B0432004-101-109	70	0.01	引伸计	29.7	161.3	192.4	注解7	251.1	0.860	第一次加载时加强片脱粘（<200 ksi）；第一次加载数据;边缘试样
112-05	33.4	B0432004-101-110	70	0.01	引伸计	30.6	155.3	194.2	251.5	251.8	注解4	
112-10	33.2	B0432004-101-110	70	0.01	引伸计	31.0	163.9	199.0	注解3	247.6	0.958	调整了3次数据跳跃
113-08	33.5	B0432004-101-111	70	0.01	应变计	29.1	169.1	199.9	注解3	241.7	0.975	
121-02	34.0	B0432004-101-112	70	0.01	引伸计	31.7	166.6	204.4	注解3	262.8	注解4	调整了1次数据跳跃
122-01	33.6	B0432004-101-113	70	0.01	引伸计	28.0	159.1	189.8	注解3	244.0	1.059	边缘试样
122-07	33.1	B0432004-101-113	70	0.01	引伸计	30.4	155.2	187.7	注解3	244.6	注解4	调整了3次数据跳跃
123-10	33.8	B0432004-101-114	70	0.01	应变计	28.6	166.4	195.0	注解3	236.9	0.991	
131-03	33.6	B0432004-101-115	70	0.01	引伸计	30.1	162.8	197.8	注解3	258.0	注解4	调整了2次数据跳跃
132-07	33.1	B0432004-101-116	70	0.01	引伸计	30.3	159.2	191.1	注解3	246.9	1.011	
132-10	33.2	B0432004-101-116	70	0.01	引伸计	31.5	注解4	注解4	注解4	注解4	注解4	夹持处失效

材料：钛基复合材料板
纤维：SCS-6（碳化硅）
基体：Ti-6Al-4V
产品形态：热等静压平板（6 in×9 in）
铺层方式：[0]₁₆单向
加工制备：FMW复合材料系统

试样几何形状：狗骨形
试样厚度：0.134 in（平均）
试样宽度：0.400 in（平均）
测试方法：ASTM D 3553-96（金属基复合材料）
试验环境：实验室空气/电阻加热
测试日期：1月6日—4月7日

表 C4.3(a)（第 2 页，共 7 页）
SCS-6/Ti-6Al-4V
纵向拉伸 [0]₁₆
UDRI/TRL 原始数据

试样编号	纤维体积分数 /%	批次号（平板）	试验温度 /°F	应变率 /s⁻¹	应变传感器	E /Msi	比例极限 /ksi	屈服强度 0.06% /ksi	屈服强度 0.2% /ksi	抗拉强度 /ksi	ε_t /%	备注
133-01	33.1	B0432004-101-117	70	0.01	应变计	31.3	注解 7	注解 7	注解 7	243.4	0.834	只有第一次加载的数据是有效的，随后的循环产生加工硬化；边缘试样
141-04	33.0	B0432004-101-118	70	0.01	引伸计	28.4	241.9	注解 4	注解 4	253.5	注解 4	加载至～11 kips；中断；重新加载至断裂（屈服强度数值应审核）
143-01	32.5	B0432004-101-120	70	0.01	应变计	30.6	168.5	202.7	注解 3	256.4	1.052	边缘试样
151-03	33.0	B0432004-101-121	70	0.01	引伸计	27.8	190.1	213.8	注解 3	254.9	注解 4	边缘试样
152-01	33.7	B0432004-101-122	70	0.01	引伸计	27.7	155.7	185.8	注解 4	264.3	注解 4	边缘试样
153-11	32.9	B0432004-101-123	70	0.01	应变计	29.6	163.4	196.5	注解 3	242.2	1.012	加载至断裂前加载到 8 kN
211-05	34.1	B0432004-101-124	70	0.01	引伸计	29.0	168.2	196.0	250.3	277.3	1.232	第一次加载数据为应变计和引伸计的平均值；抗拉强度和失效应变来自二次加载数据
211-14	34.2	B0432004-101-124	70	0.01	应变计	29.1	161.3	189.0	241.5	265.5	0.969	

（续表）

试样编号	纤维体积分数/%	批次号（平板）	试验温度/°F	应变率/s⁻¹	应变传感器	E/Msi	比例极限/ksi	屈服强度0.06%/ksi	屈服强度0.2%/ksi	抗拉强度/ksi	εf/%	备注
212-09	33.7	B0432004-101-125	70	0.01	引伸计	31.3	177.9	214.0	注解3	261.8	0.983	
213-01	33.5	B0432004-101-126	70	0.01	应变计	28.3	176.1	196.7	注解3	221.4	0.890	边缘试样
231-07	33.3	B0432004-101-130	70	0.01	引伸计	30.2	171.0	204.7	268.0	271.6	1.098	
232-13	34.4	B0432004-101-131	70	0.01	引伸计	29.2	167.4	196.7	256.1	267.3	1.142	
233-01	33.8	B0432004-101-132	70	0.01	应变计	28.3	164.3	172.2	注解3	236.3	0.988	
241-08	33.4	B0432004-101-133	70	0.01	引伸计	28.8	167.8	198.3	注解3	257.5	1.089	
242-11	33.2	B0432004-101-134	70	0.01	引伸计	28.7	161.4	191.0	249.7	257.3	1.112	
243-06	33.4	B0432004-101-135	70	0.01	引伸计	29.5	166.7	196.6	注解3	258.0	1.068	
251-01	33.4	B0432004-101-136	70	0.01	应变计	26.0	142.8	171.1	注解3	222.3	1.035	边缘试样
252-01	33.6	B0432004-101-137	70	0.01	引伸计	29.2	165.5	196.2	253.1	259.6	1.102	边缘试样
253-01	33.7	B0432004-101-138	70	0.01	引伸计	30.7	163.6	196.6	253.0	260.0	1.061	边缘试样
311-09	33.6	B0432004-101-139	70	0.01	引伸计	30.1	158.9	193.9	注解3	241.9	0.980	
312-08	33.8	B0432004-101-140	70	0.01	应变计	30.4	166.8	200.8	注解3	252.1	0.999	
313-01	34.1	B0432004-101-141	70	0.01	引伸计	30.2	164.2	198.0	注解3	255.0	1.027	边缘试样
321-10	33.2	B0432004-101-142	70	0.01	引伸计	30.6	169.5	201.6	注解3	249.7	0.979	边缘试样
322-01	34.8	B0432004-101-143	70	0.01	应变计	31.0	166.3	199.4	注解3	247.8	0.949	边缘试样
323-10	32.9	B0432004-101-144	70	0.01	引伸计	31.6	164.9	195.3	注解3	231.7	0.873	边缘试样

材料：钛基复合材料板
纤维：SCS-6(碳化硅)
基体：Ti-6Al-4V
产品形态：热等静压平板(6 in×9 in)
铺层方式：[0]₁₆单向
加工制备：FMW复合材料系统

试样几何形状：狗骨形
试样厚度：0.134 in(平均)
试样宽度：0.400 in(平均)
测试方法：ASTM D 3553-96(金属基复合材料)
试验环境：实验室空气/电阻加热
测试日期：1月6日-4月7日

表 C4.3(a)(第 3 页,共 7 页)
SCS-6/Ti-6Al-4V
纵向拉伸[0]₁₆
UDRI/TRL 原始数据

试样编号	纤维体积分数/%	批次号(平板)	试验温度/°F	应变率/s⁻¹	应变传感器	E/Msi	比例极限/ksi	屈服强度 0.06%/ksi	屈服强度 0.2%/ksi	抗拉强度/ksi	ε_f/%	备注
331-10	33.9	B0432004-101-145	70	0.01	引伸计	30.5	170.7	205.0	注解 3	260.0	1.029	
332-10	33.2	B0432004-101-146	70	0.01	应变计	29.5	168.2	198.6	注解 3	234.2	0.927	
333-08	32.8	B0432004-101-147	70	0.01	引伸计	34.0	160.9	197.7	注解 3	246.5	0.887	
341-06	33.5	B0432004-101-148	70	0.01	引伸计	34.2	172.2	209.4	注解 3	273.8	0.982	
342-02	34.5	B0432004-101-149	70	0.01	应变计	31.6	173.1	207.9	注解 3	258.9	0.984	
343-01	34.2	B0432004-101-150	70	0.01	引伸计	31.1	165.4	204.4	注解 3	260.9	1.016	边缘试样
351-02	35.0	B0432004-101-151	70	0.01	引伸计	30.3	165.8	201.6	注解 3	250.6	0.997	
352-01	34.6	B0432004-101-152	70	0.01	应变计	31.7	161.5	198.8	注解 3	250.1	0.960	边缘试样
353-11	33.3	B0432004-101-153	70	0.01	引伸计	32.9	161.9	195.9	注解 3	244.2	0.917	
411-11	32.8	B0432004-101-154	70	0.01	引伸计	32.8	168.9	199.8	注解 3	238.1	0.886	
412-09	32.5	B0432004-101-155	70	0.01	引伸计	26.3	174.1	196.0	245.9	248.5	1.150	
413-01	32.7	B0432004-101-156	70	0.01	引伸计	32.4	166.9	198.4	注解 3	205.5	0.707	边缘试样
421-12	32.9	B0432004-101-157	70	0.01	引伸计	33.7	161.7	199.1	注解 3	232.3	0.828	

（续表）

试样编号	纤维体积分数/%	批次号（平板）	试验温度/℉	应变率/s⁻¹	应变传感器	E/Msi	比例极限/ksi	屈服强度0.06%/ksi	屈服强度0.2%/ksi	抗拉强度/ksi	ε_f/%	备注
422－11	33.3	B0432004－101－158	70	0.01	引伸计	27.1	180.0	206.3	注解 3	218.2	0.910	
423－10	33.6	B0432004－101－159	70	0.01	引伸计	34.1	165.3	200.4	注解 3	228.1	0.808	
431－13	33.5	B0432004－101－160	70	0.01	引伸计	32.7	171.4	202.9	注解 3	244.7	0.896	
432－08	33.1	B0432004－101－161	70	0.01	引伸计	26.8	165.9	192.9	注解 3	233.5	1.046	
433－08	33.3	B0432004－101－162	70	0.01	引伸计	31.7	163.5	195.2	注解 3	231.2	0.864	
441－01	34.2	B0432004－101－163	70	0.01	引伸计	33.6	165.6	199.8	注解 3	251.4	0.918	边缘试样
442－03	33.7	B0432004－101－164	70	0.01	应变计	29.3	163.8	192.8	注解 3	232.2	0.947	
443－10	33.2	B0432004－101－165	70	0.01	引伸计	33.4	168.8	200.2	注解 3	240.5	0.858	
451－02	34.6	B0432004－101－166	70	0.01	引伸计	32.8	173.8	201.3	注解 3	248.3	0.920	
452－09	33.5	B0432004－101－167	70	0.01	引伸计	25.3	169.0	195.3	注解 3	226.0	1.029	
453－01	34.5	B0432004－101－168	70	0.01	引伸计	33.4	165.4	199.8	注解 3	228.3	0.794	边缘试样
511－03	33.9	B0432004－101－169	70	0.01	引伸计	32.7	162.0	196.1	注解 3	250.8	0.965	
512－01	33.6	B0432004－101－170	70	0.01	引伸计	27.5	161.5	191.2	注解 3	230.0	0.994	边缘试样
513－02	34.1	B0432004－101－171	70	0.01	引伸计	32.3	164.9	193.9	注解 3	231.2	0.853	
521－12	33.2	B0432004－101－172	70	0.01	引伸计	32.5	168.2	198.5	注解 3	240.6	0.895	
522－11	34.2	B0432004－101－173	70	0.01	引伸计	26.0	170.4	196.5	注解 3	238.1	1.084	
523－01	34.6	B0432004－101－174	70	0.01	引伸计	31.3	163.1	197.5	注解 3	223.8	0.840	边缘试样
531－06	33.3	B0432004－101－175	70	0.01	引伸计	32.5	167.0	199.4	注解 3	232.7	0.851	
532－02	34.8	B0432004－101－176	70	0.01	引伸计	26.3	163.9	193.4	注解 3	239.8	注解 4	
533－10	33.4	B0432004－101－177	70	0.01	引伸计	32.7	164.7	197.6	注解 3	231.7	0.850	
541－07	34.0	B0432004－101－178	70	0.01	引伸计	33.5	169.9	202.7	注解 3	240.6	0.852	

材料：钛基复合材料板
纤维：SCS-6(碳化硅)
基体：Ti-6Al-4V
产品形态：热等静压平板(6 in×9 in)
铺层方式：[0]16单向
加工制备：FMW复合材料系统

试样几何形状：狗骨形
试样厚度：0.134 in(平均)
试样宽度：0.400 in(平均)
测试方法：ASTM D 3553-96(金属基复合材料)
试验环境：实验室空气/电阻加热
测试日期：1月6日-4月7日

表 C4.3(a)(第 4 页，共 7 页)
SCS-6/Ti-6Al-4V
纵向拉伸[0]16
UDRI/TRL 原始数据

试样编号	纤维体积分数 /%	批次号(平板)	试验温度 /°F	应变率 /s⁻¹	应变传感器	E /Msi	比例极限 /ksi	屈服强度 0.06% /ksi	屈服强度 0.2% /ksi	抗拉强度 /ksi	ε_f /%	备注
542-11	33.8	B0432004-101-179	70	0.01	引伸计	27.9	172.0	193.5	注解 3	246.0	1.074	
543-01	34.0	B0432004-101-180	70	0.01	引伸计	31.8	167.1	197.8	注解 3	236.1	0.887	边缘试样
551-08	33.3	B0432004-101-181	70	0.01	引伸计	32.8	164.0	195.7	注解 3	225.1	0.809	
552-08	33.8	B0432004-101-182	70	0.01	引伸计	29.6	159.1	189.6	注解 3	230.0	0.943	
553-11	34.2	B0432004-101-183	70	0.01	引伸计	29.5	173.4	198.9	注解 3	247.5	1.011	
611-09	34.0	B0432004-101-184	70	0.01	引伸计	31.0	163.2	196.8	222.2	236.6	1.096	
612-01	32.9	B0432004-101-185	70	0.01	引伸计	28.6	159.1	187.2	注解 3	214.1	0.902	边缘试样
613-10	34.3	B0432004-101-186	70	0.01	引伸计	28.1	100.2	214.0	注解 3	237.4	0.953	
621-11	35.0	B0432004-101-187	70	0.01	引伸计	29.9	171.4	197.9	注解 3	243.7	0.998	
622-03	33.2	B0432004-101-188	70	0.01	引伸计	29.0	152.5	180.8	注解 3	210.3	0.872	
623-01	33.7	B0432004-101-189	70	0.01	引伸计	30.0	156.4	186.2	注解 3	217.7	0.862	边缘试样
631-12	35.3	B0432004-101-190	70	0.01	引伸计	30.4	157.7	190.1	232.1	240.2	1.493	
632-11	33.8	B0432004-101-191	70	0.01	引伸计	29.3	154.9	184.5	227.8	228.2	0.982	

（续表）

试样编号	纤维体积分数 /%	批次号（平板）	试验温度 /°F	应变率 /s⁻¹	应变传感器	E /Msi	比例极限 /ksi	屈服强度 0.06% /ksi	屈服强度 0.2% /ksi	抗拉强度 /ksi	ε_f /%	备注
633-10	33.8	B0432004-101-192	70	0.01	引伸计	28.4	156.5	187.2	244.0	258.6	1.160	
641-13	34.9	B0432004-101-193	70	0.01	引伸计	29.7	169.5	197.0	注解3	242.0	0.975	
642-11	34.0	B0432004-101-194	70	0.01	引伸计	29.5	152.8	183.6	注解3	223.7	0.937	
643-10	34.2	B0432004-101-195	70	0.01	引伸计	29.3	167.2	196.8	注解3	231.3	0.987	
651-01	35.1	B0432004-101-196	70	0.01	引伸计	30.3	148.8	192.4	222.1	228.2	0.987	边缘试样
652-08	33.8	B0432004-101-197	70	0.01	引伸计	29.4	154.0	185.3	注解3	227.8	0.970	边缘试样
653-01	34.2	B0432004-101-198	70	0.01	引伸计	29.1	173.9	191.0	212.1	248.2	1.308	
711-12	32.7	B0432004-101-199	70	0.01	引伸计	28.9	152.7	183.0	228.8	237.5	1.053	左边缘试样
712-12	33.2	B0432004-101-200	70	0.01	引伸计	26.0	165.1	189.1	注解3	233.8	1.081	
713-03	33.5	B0432004-101-201	70	0.01	引伸计	27.6	161.6	187.4	注解3	230.9	1.015	
721-04	33.1	B0432004-101-202	70	0.01	引伸计	27.9	163.6	189.8	注解3	233.5	1.005	
722-01	34.3	B0432004-101-203	70	0.01	引伸计	26.7	153.4	183.6	223.3	235.9	1.127	边缘试样
723-01	34.3	B0432004-101-204	70	0.01	引伸计	28.4	159.6	190.0	注解3	242.8	1.036	边缘试样
731-13	32.8	B0432004-101-205	70	0.01	引伸计	26.8	166.6	189.8	220.9	237.9	1.153	
732-04	33.1	B0432004-101-206	70	0.01	引伸计	27.8	167.1	193.3	注解3	236.8	1.024	
733-01	33.1	B0432004-101-207	70	0.01	引伸计	30.1	153.6	186.4	注解3	232.6	0.955	边缘试样
741-06	33.1	B0432004-101-208	70	0.01	引伸计	27.9	168.5	192.6	236.3	240.4	1.070	
742-12	33.9	B0432004-101-209	70	0.01	引伸计	28.4	166.2	197.7	注解3	245.3	1.026	
743-10	33.3	B0432004-101-210	70	0.01	引伸计	28.2	155.9	186.0	注解3	238.7	1.031	
751-07	33.4	B0432004-101-211	70	0.01	引伸计	29.6	158.6	190.2	232.7	239.7	1.023	
752-12	34.0	B0432004-101-212	70	0.01	引伸计	28.6	158.1	189.2	注解3	238.2	1.013	

材料：钛基复合材料板
纤维：SCS-6(碳化硅)
基体：Ti-6Al-4V
产品形态：热等静压平板(6 in×9 in)
铺层方式：[0]₁₆单向
加工制备：FMW 复合材料系统

试样几何形状：狗骨形
试样厚度：0.134 in(平均)
试样宽度：0.400 in(平均)
测试方法：ASTM D 3553-96(金属基复合材料)
试验环境：实验室空气/电阻加热
测试日期：1月6日-4月7日

表 C4.3(a)(第 5 页，共 7 页)
SCS-6/Ti-6Al-4V
纵向拉伸[0]₁₆
UDRI/TRL 原始数据

试样编号	批次号(平板)	纤维体积分数 /%	试验温度 /°F	应变率 /s⁻¹	应变传感器	E /Msi	比例极限 /ksi	屈服强度 0.06% /ksi	屈服强度 0.2% /ksi	抗拉强度 /ksi	εf /%	备注
753-08	B0432004-101-213	33.2	70	0.01	引伸计	29.2	162.4	192.1	注解 3	246.3	1.041	
811-08	B0432004-101-214	33.6	70	0.01	引伸计	30.1	161.1	192.0	注解 3	246.4	1.011	
812-01	B0432004-101-215	34.8	70	0.01	引伸计	26.6	160.9	189.8	注解 3	242.7	1.104	边缘试样
813-09	B0432004-101-216	33.2	70	0.01	引伸计	28.3	171.9	195.4	注解 3	245.3	1.042	
821-10	B0432004-101-217	33.4	70	0.01	引伸计	29.1	167.6	194.8	注解 3	236.9	0.975	
822-09	B0432004-101-218	34.3	70	0.01	引伸计	26.5	161.9	189.1	注解 3	240.5	1.098	
823-01	B0432004-101-219	34.2	70	0.01	引伸计	30.8	158.1	190.4	注解 3	243.5	0.975	边缘试样
831-11	B0432004-101-220	32.9	70	0.01	引伸计	29.0	163.4	190.9	注解 3	232.0	0.956	边缘试样
832-01	B0432004-101-221	33.6	70	0.01	引伸计	28.4	169.9	195.9	注解 3	242.7	1.034	边缘试样
833-10	B0432004-101-222	35.7	70	0.01	引伸计	29.9	162.4	194.7	注解 3	251.3	1.030	
841-12	B0432004-101-223	33.1	70	0.01	引伸计	28.8	161.2	189.9	注解 3	250.2	1.036	
842-01	B0432004-101-224	33.7	70	0.01	引伸计	25.8	164.3	190.1	243.3	255.1	1.226	边缘试样
843-01	B0432004-101-225	34.7	70	0.01	引伸计	30.5	145.1	182.9	注解 3	231.1	0.948	边缘试样

（续表）

试样编号	纤维体积分数 /%	批次号（平板）	试验温度 /°F	应变率 /s⁻¹	应变传感器	E /Msi	比例极限 /ksi	屈服强度 0.06% /ksi	屈服强度 0.2% /ksi	抗拉强度 /ksi	ε_f /%	备注
851 - 13	33.6	B0432004 - 101 - 226	70	0.01	引伸计	28.7	162.2	192.1	注解3	250.2	1.070	
852 - 08	33.2	B0432004 - 101 - 227	70	0.01	引伸计	26.5	160.9	188.9	241.9	243.2	1.120	
853 - 11	34.1	B0432004 - 101 - 228	70	0.01	引伸计	29.7	157.9	188.9	注解3	240.5	0.997	边缘试样
平均	33.7					29.8	164.3	194.7	240.0	242.5	0.993	
211 - 01	34.5	B0432004 - 101 - 124	400	0.01	引伸计	25.5	128.9	155.4	212.8	247.4	1.264	
211 - 04	33.8	B0432004 - 101 - 124	400	0.01	引伸计	25.0	129.7	157.5	207.7	242.5	1.272	
243 - 02	33.5	B0432004 - 101 - 135	400	0.01	引伸计	26.0	119.5	149.2	203.4	229.8	1.157	
243 - 05	33.6	B0432004 - 101 - 135	400	0.01	引伸计	25.7	121.5	149.2	208.4	223.8	1.111	
241 - 03	33.4	B0432004 - 101 - 133	400	0.01	引伸计	25.7	124.8	153.1	208.9	232.8	1.198	
241 - 06	33.3	B0432004 - 101 - 133	400	0.01	引伸计	25.8	115.4	155.4	215.4	228.3	1.111	
611 - 07	33.9	B0432004 - 101 - 184	400	0.01	引伸计	27.5	128.1	154.1	198.0	211.7	1.028	
613 - 08	34.3	B0432004 - 101 - 186	400	0.01	引伸计	28.0	133.7	160.4	212.2	222.8	1.025	
631 - 09	35.3	B0432004 - 101 - 190	400	0.01	引伸计	26.6	117.3	143.5	注解3	164.9	0.707	
631 - 11	35.1	B0432004 - 101 - 190	400	0.01	引伸计	27.9	140.3	164.9	注解3	193.1	0.827	
641 - 10	37.2	B0432004 - 101 - 193	400	0.01	引伸计	28.6	127.6	152.6	210.9	212.2	0.943	
641 - 12	34.7	B0432004 - 101 - 193	400	0.01	引伸计	28.4	126.7	154.6	注解3	210.3	0.923	
平均	34.4					26.7	126.1	154.2	208.6	218.3	1.047	
111 - 02	33.9	B0432004 - 101 - 109	600	0.01	引伸计	26.3	98.9	139.6	注解3	200.8	注解7	
111 - 06	34.2	B0432004 - 101 - 109	600	0.01	应变计	注解4	121.5	注解4	注解3	210.3	注解7	
121 - 03	33.9	B0432004 - 101 - 112	600	0.01	引伸计	29.0	127.9	154.8	注解3	212.8	注解7	

材料：钛基复合材料板
纤维：SCS-6(碳化硅)
基体：Ti-6Al-4V
产品形态：热等静压平板(6 in×9 in)
铺层方式：[0]₁₆ 单向
加工制备：FMW 复合材料系统

试样几何形状：狗骨形
试样厚度：0.134 in(平均)
试样宽度：0.400 in(平均)
测试方法：ASTM D 3553-96(金属基复合材料)
试验环境：实验室空气/电阻加热
测试日期：1 月 6 日—4 月 7 日

表 C4.3(a)(第 6 页，共 7 页)
SCS-6/Ti-6Al-4V
纵向拉伸[0]₁₆ 原始数据
UDRI/TRL 原始数据

试样编号	纤维体积分数 /%	批次号(平板)	试验温度 /°F	应变率 /s⁻¹	应变传感器	E /Msi	比例极限 /ksi	屈服强度 0.06% /ksi	屈服强度 0.2% /ksi	抗拉强度 /ksi	ε_f /%	备注
121-07	33.8	B0432004-101-112	600	0.01	引伸计	27.2	120.9	156.4	223.1	224.4	1.026	
131-04	33.6	B0432004-101-115	600	0.01	应变计	29.0	注解 4	注解 4	注解 4	注解 4	注解 4	应力-应变曲线差,除 E 值其他均不可用
131-08	34.0	B0432004-101-115	600	0.01	引伸计	25.3	110.0	156.6	注解 4	207.2	0.970	注解 8
132-05	33.1	B0432004-101-116	600	0.01	引伸计	27.7	116.3	152.0	注解 3	192.4	0.863	
211-03	33.7	B0432004-101-124	600	0.01	引伸计	24.9	117.8	144.9	198.4	234.2	1.259	
211-06	34.1	B0432004-101-124	600	0.01	应变计	28.8	114.1	145.3	注解 4	220.1	注解 4	
241-05	33.2	B0432004-101-133	600	0.01	应变计	30.1	115.0	149.9	注解 3	210.9	0.878	
241-09	33.3	B0432004-101-133	600	0.01	引伸计	25.6	110.8	141.0	198.9	212.5	1.076	
243-04	33.2	B0432004-101-135	600	0.01	引伸计	25.2	114.6	141.4	196.5	219.5	1.135	
243-11	33.4	B0432004-101-135	600	0.01	引伸计	24.7	117.8	141.4	198.1	218.5	1.133	
311-06	34.0	B0432004-101-139	600	0.01	引伸计	25.5	117.9	145.1	注解 3	190.8	0.918	
311-10	33.6	B0432004-101-139	600	0.01	应变计	32.4	121.1	159.6	注解 3	195.4	0.720	

（续表）

试样编号	纤维体积分数 /%	批次号（平板）	试验温度 /°F	应变率 /s⁻¹	应变传感器	E /Msi	比例极限 /ksi	屈服强度 0.06% /ksi	屈服强度 0.2% /ksi	抗拉强度 /ksi	ε_f /%	备注
321-07	33.4	B0432004-101-142	600	0.01	引伸计	26.0	120.2	147.4	注解 3	195.0	0.919	
321-11	33.6	B0432004-101-142	600	0.01	引伸计	25.6	122.9	148.6	注解 3	200.9	0.962	
331-01	34.4	B0432004-101-145	600	0.01	应变计	30.2	122.2	158.4	注解 3	227.6	0.923	边缘试样
331-09	33.5	B0432004-101-145	600	0.01	引伸计	27.0	116.7	146.6	注解 3	205.2	0.946	
411-02	33.7	B0432004-101-154	600	0.01	引伸计	31.0	117.3	146.5	注解 3	186.5	0.766	
411-10	32.8	B0432004-101-154	600	0.01	应变计	注解 4	注解 4	注解 4	注解 4	199.4	注解 4	
421-03	32.8	B0432004-101-157	600	0.01	引伸计	30.6	118.8	150.9	注解 3	195.5	0.830	
431-04	33.5	B0432004-101-160	600	0.01	引伸计	29.0	114.9	142.3	注解 3	191.5	0.825	
431-10	33.6	B0432004-101-160	600	0.01	应变计	32.1	118.0	156.2	注解 3	184.1	注解 4	
441-05	33.2	B0432004-101-163	600	0.01	引伸计	30.6	118.5	148.7	注解 3	189.2	0.758	
511-06	33.2	B0432004-101-169	600	0.01	引伸计	26.3	123.2	146.6	200.6	205.3	0.997	
511-12	33.2	B0432004-101-169	600	0.01	引伸计	26.9	106.5	143.1	202.9	203.1	0.950	
513-07	33.1	B0432004-101-171	600	0.01	引伸计	25.6	107.1	135.5	注解 3	192.5	0.952	
513-13	33.4	B0432004-101-171	600	0.01	引伸计	27.2	113.7	140.1	197.3	202.4	0.958	
521-01	33.6	B0432004-101-172	600	0.01	引伸计	27.5	110.6	142.2	注解 3	196.9	0.905	边缘试样
521-08	33.6	B0432004-101-172	600	0.01	引伸计	27.0	124.3	151.0	注解 3	201.2	0.914	
611-10	34.2	B0432004-101-184	600	0.01	引伸计	28.6	120.2	147.2	203.4	214.2	0.997	
613-11	33.1	B0432004-101-186	600	0.01	引伸计	25.1	116.9	141.6	注解 3	186.7	0.949	
621-02	34.6	B0432004-101-187	600	0.01	引伸计	26.2	123.8	144.6	201.1	206.4	1.014	
621-12	35.1	B0432004-101-187	600	0.01	引伸计	28.2	111.5	145.3	198.2	198.4	0.903	
641-01	33.0	B0432004-101-193	600	0.01	引伸计	27.2	101.3	132.4	注解 3	171.7	注解 4	边缘试样

材料:钛基复合材料板
纤维:SCS-6(碳化硅)
基体:Ti-6Al-4V
产品形态:热等静压平板(6 in×9 in)
铺层方式:[0]₁₆单向
加工制备:FMW复合材料系统

试样几何形状:狗骨形
试样厚度:0.134 in(平均)
试样宽度:0.400 in(平均)
测试方法:ASTM D 3553-96(金属基复合材料)
试验环境:实验室空气/电阻加热
测试日期:1月6日~4月7日

表 C.4.3(a)(第7页,共7页)
SCS-6/Ti-6Al-4V
纵向拉伸$[0]_{16}$
UDRI/TRL 原始数据

试样编号	纤维体积分数 /%	批次号(平板)	试验温度 /°F	应变率 /s⁻¹	应变传感器	E /Msi	比例极限 /ksi	屈服强度 0.06% /ksi	屈服强度 0.2% /ksi	抗拉强度 /ksi	ε_f /%	备注
641-03	34.5	B0432004-101-193	600	0.01	引伸计	27.9	113.0	140.4	166.0	181.4	0.925	需要修正…… 7.14.07
711-03	33.2	B0432004-101-199	600	0.01	引伸计	27.4	115.7	142.2	190.7	191.5	0.891	
711-04	32.9	B0432004-101-199	600	0.01	引伸计	26.4	114.1	145.8	注解3	189.8	0.868	
721-05	33.2	B0432004-101-202	600	0.01	引伸计	26.7	109.1	135.0	注解3	188.0	0.891	
721-09	33.2	B0432004-101-202	600	0.01	引伸计	26.7	119.9	144.3	注解3	199.8	0.926	
732-01	33.1	B0432004-101-206	600	0.01	引伸计	24.0	112.9	139.2	注解3	188.1	0.949	
732-03	33.3	B0432004-101-206	600	0.01	引伸计	26.5	104.7	136.5	192.5	198.7	0.958	边缘试样
813-02	34.3	B0432004-101-216	600	0.01	引伸计	25.4	115.1	139.4	197.6	209.5	1.062	
813-04	33.2	B0432004-101-216	600	0.01	引伸计	26.1	118.5	141.3	注解3	197.6	0.930	
822-10	34.3	B0432004-101-218	600	0.01	引伸计	25.8	124.0	145.6	205.9	206.4	1.000	
832-02	34.3	B0432004-101-221	600	0.01	引伸计	25.9	109.0	136.0	188.7	202.6	1.020	
842-11	33.8	B0432004-101-224	600	0.01	引伸计	24.3	118.9	147.1	注解3	197.4	0.986	

（续表）

试样编号	纤维体积分数 /%	批次号（平板）	试验温度 /°F	应变率 /s⁻¹	应变传感器	E /Msi	比例极限 /ksi	屈服强度 0.06% /ksi	屈服强度 0.2% /ksi	抗拉强度 /ksi	ε_f /%	备注
851-12	34.1	B0432004-101-226	600	0.01	引伸计	27.0	116.4	142.0	202.0	212.7	1.019	
	33.6 平均					27.2	115.8	145.2	197.9	201.4	0.948	

注解1: 测试终止前应力-应变呈线性关系。　注解2: 失效前未达到0.02%变形。　注解3: 失效前未达到0.2%变形。　注解4: 未给出数值,应力-应变数据异常。　注解5: 无可用应力-应变数据。　注解6: 试样在标距范围外断裂;测得了最大失效应变。　注解7: 未给出数据,临近测试结束引伸计滑脱。　注解8: 手动确定比例极限。　注解9: 没有足够的数据点进行计算。　注解10: 失效前未达到0.06%变形。

① 表后注解与表中注解数量不同,原文如此,下同。 ——译注

材料：钛基复合材料板
纤维：SCS-6（碳化硅）
基体：Ti-6Al-4V
产品形态：热等静压平板（6 in×9 in）
铺层方式：[0]₁₆单向
加工制备：FMW复合材料系统

试样几何形状：狗骨形
试样厚度：0.134 in（平均）
试样宽度：0.400 in（平均）
测试方法：ASTM D 3553-96（金属基复合材料）
试验环境：实验室空气/电阻加热
测试日期：1月6日－4月7日

表 C4.3(b)（第 1 页，共 4 页）
SCS-6/Ti-6Al-4V
横向拉伸[0]₁₆
UDRI/TRL 原始数据

试样编号	纤维体积分数 /%	批次号（平板）	试验温度 /°F	应变率 /s⁻¹	应变传感器	E /Msi	比例极限 /ksi	屈服强度 0.06% /ksi	屈服强度 0.2% /ksi	抗拉强度 /ksi	εf /%	备注
213-03	33.2	B0432004-101-126	-65	0.01	引伸计	18.7	37.3	48.8	66.2	74.44	0.780	
253-09	33.6	B0432004-101-138	-65	0.01	引伸计	20.4	39.7	50.5	67.0	77.2	0.870	
232-10	33.7	B0432004-101-131	-65	0.01	引伸计	18.4	30.4	50.0	64.7	76.0	0.910	
232-02	33.3	B0432004-101-131	-65	0.01	引伸计	20.2	37.5	50.3	68.3	74.6	0.680	
233-04	33.3	B0432004-101-132	-65	0.01	引伸计	18.2	42.8	47.9	64.9	71.2	0.710	
233-08	33.6	B0432004-101-132	-65	0.01	引伸计	19.5	38.7	50.9	67.2	76.9	0.840	
612-07	33.5	B0432004-101-185	-65	0.01	引伸计	19.3	44.5	50.8	66.2	73.7	0.740	
623-06	33.8	B0432004-101-189	-65	0.01	引伸计	20.8	44.8	53.9	注解7	74.7	注解7	
633-04	33.2	B0432004-101-192	-65	0.01	引伸计	18.1	46.4	52.0	68.3	77.3	0.890	
642-09	33.9	B0432004-101-194	-65	0.01	引伸计	20.2	44.7	51.9	67.3	74.3	0.750	
653-07	33.3	B0432004-101-198	-65	0.01	引伸计	18.9	36.1	注解7	注解7	77.0	注解7	
653-12	33.1	B0432004-101-198	-65	0.01	引伸计	20.2	46.0	52.7	67.1	76.7	0.910	
平均	33.5					19.4	40.8	50.9	66.7	75.3	0.808	
123-01	32.8	B0432004-101-114	70	0.01	应变计	20.5	28.5	42.2	58.4	65.3	0.762	注解8

（续表）

试样编号	纤维体积分数 /%	批次号（平板）	试验温度 /℉	应变率 /s⁻¹	应变传感器	E /Msi	比例极限 /ksi	屈服强度 0.06% /ksi	屈服强度 0.2% /ksi	抗拉强度 /ksi	ε_f /%	备注
123-05	33.3	B0432004-101-114	70	0.01	引伸计	21.3	37.2	44.8	59.6	61.9	0.542	
133-04	32.7	B0432004-101-117	70	0.01	引伸计	20.4	35.3	43.3	注解3	56.7	0.475	
133-08	33.3	B0432004-101-117	70	0.01	引伸计	21.6	36.3	44.7	58.8	60.5	0.518	
143-03	33.3	B0432004-101-120	70	0.01	引伸计	22.8	36.2	46.4	注解10	注解10	注解10	注解10
153-09	32.6	B0432004-101-123	70	0.01	引伸计	19.8	35.5	45.1	60.4	64.8	0.621	
212-05	34.5	B0432004-101-125	70	0.01	应变计	21.4	34.3	42.4	56.4	62.4	0.663	
213-04	33.1	B0432004-101-126	70	0.01	应变计	20.4	35.4	44.7	60.0	66.3	0.646	
253-10	33.7	B0432004-101-138	70	0.01	引伸计	21.4	35.9	44.0	58.6	64.7	0.671	
253-12	33.7	B0432004-101-138	70	0.01	引伸计	21.3	37.7	44.8	59.0	62.8	0.591	
233-05	33.5	B0432004-101-132	70	0.01	引伸计	19.9	36.6	44.5	59.4	65.3	0.709	
242-09	35.4	B0432004-101-134	70	0.01	引伸计	21.1	38.3	47.6	62.3	67.3	0.642	
313-09	33.1	B0432004-101-141	70	0.01	应变计	21.7	34.0	44.6	59.4	67.4	0.832	
343-04	32.6	B0432004-101-150	70	0.01	引伸计	22.6	34.0	44.3	58.8	61.8	0.546	
343-08	33.1	B0432004-101-150	70	0.01	引伸计	24.3	36.8	44.9	59.5	61.1	0.487	
352-07	33.1	B0432004-101-152	70	0.01	引伸计	22.5	37.0	46.0	60.7	67.3	0.690	
353-06	32.8	B0432004-101-153	70	0.01	引伸计	23.0	34.7	46.0	60.5	64.4	0.573	
353-10	33.4	B0432004-101-153	70	0.01	引伸计	22.6	35.2	45.0	59.0	62.4	0.565	
413-09	34.6	B0432004-101-156	70	0.01	应变计	21.6	34.9	44.8	58.0	64.9	0.736	
423-02	34.0	B0432004-101-159	70	0.01	引伸计	22.9	33.6	43.6	57.4	60.9	0.574	
443-03	33.5	B0432004-101-165	70	0.01	引伸计	23.3	36.2	46.4	61.5	66.5	0.627	

材料：钛基复合材料板
纤维：SCS-6（碳化硅）
基体：Ti-6Al-4V
产品形态：热等静压平板（6 in×9 in）
铺层方式：[0]₁₆ 单向
加工制备：FMW复合材料系统

试样几何形状：狗骨形
试样厚度：0.134 in（平均）
试样宽度：0.400 in（平均）
测试方法：ASTM D 3553-96（金属基复合材料）
试验环境：实验室空气/电阻加热
测试日期：1月6日—4月7日

表 C4.3(b)（第 2 页，共 4 页）
SCS-6/Ti-6Al-4V
横向拉伸[0]₁₆
UDRI/TRL 原始数据

试样编号	纤维体积分数 /%	批次号（平板）	试验温度 /°F	应变率 /s⁻¹	应变传感器	E /Msi	比例极限 /ksi	屈服强度 0.06% /ksi	屈服强度 0.2% /ksi	抗拉强度 /ksi	ε_f /%
443-07	33.8	B0432004-101-165	70	0.01	应变计	19.6	38.8	47.6	63.5	70.2	0.794
453-06	34.3	B0432004-101-168	70	0.01	引伸计	23.2	38.0	46.9	62.1	63.1	0.489
453-10	33.8	B0432004-101-168	70	0.01	引伸计	24.2	38.4	47.1	61.3	62.5	0.491
512-08	33.7	B0432004-101-170	70	0.01	引伸计	19.3	37.9	46.5	60.5	68.1	0.905
522-04	33.4	B0432004-101-173	70	0.01	引伸计	23.5	36.7	46.2	60.6	63.7	0.542
543-05	33.1	B0432004-101-180	70	0.01	引伸计	20.9	37.7	46.8	61.1	66.7	0.716
543-09	33.1	B0432004-101-180	70	0.01	引伸计	20.2	41.4	48.6	63.0	68.9	0.687
552-04	33.5	B0432004-101-182	70	0.01	引伸计	23.7	38.5	48.6	63.6	69.6	0.710
553-07	34.1	B0432004-101-183	70	0.01	引伸计	21.0	38.2	47.3	60.4	63.1	0.580
622-10	33.3	B0432004-101-188	70	0.01	应变计	19.5	36.1	44.2	57.5	64.1	0.765
632-09	34.0	B0432004-101-191	70	0.01	引伸计	21.9	38.1	46.6	59.7	67.8	1.071
643-04	33.2	B0432004-101-195	70	0.01	引伸计	20.0	35.7	45.2	59.4	65.0	0.697
643-08	33.6	B0432004-101-195	70	0.01	应变计	21.0	36.2	45.3	59.5	66.3	0.755
653-08	32.9	B0432004-101-198	70	0.01	引伸计	19.4	38.6	44.9	58.5	64.3	0.832

（续表）

试样编号	纤维体积分数 /%	批次号（平板）	试验温度 /°F	应变率 /s⁻¹	应变传感器	E /Msi	比例极限 /ksi	屈服强度 0.06% /ksi	屈服强度 0.2% /ksi	抗拉强度 /ksi	ε_f /%	备注
653 - 11	33.1	B0432004 - 101 - 198	70	0.01	引伸计	22.5	36.6	45.9	59.2	63.4	0.617	
712 - 07	32.7	B0432004 - 101 - 200	70	0.01	引伸计	18.8	38.4	45.2	59.3	63.6	0.628	
732 - 11	33.2	B0432004 - 101 - 206	70	0.01	引伸计	19.9	35.1	43.8	55.3	61.3	0.693	
742 - 04	33.3	B0432004 - 101 - 209	70	0.01	引伸计	20.4	35.1	43.4	55.8	58.1	0.550	
743 - 04	33.3	B0432004 - 101 - 210	70	0.01	引伸计	20.2	39.2	46.4	61.2	65.4	0.625	
753 - 05	33.2	B0432004 - 101 - 213	70	0.01	引伸计	20.4	39.3	45.2	58.8	65.3	0.778	
753 - 07	33.6	B0432004 - 101 - 213	70	0.01	引伸计	20.6	37.5	46.2	注解 3	59.3	0.485	
812 - 08	34.5	B0432004 - 101 - 215	70	0.01	引伸计	20.0	36.0	43.4	54.7	56.4	0.531	
822 - 06	34.2	B0432004 - 101 - 218	70	0.01	引伸计	20.8	36.6	43.7	56.2	59.7	0.583	
833 - 06	34.2	B0432004 - 101 - 222	70	0.01	引伸计	21.3	35.3	42.7	54.0	55.3	0.496	
843 - 04	34.2	B0432004 - 101 - 225	70	0.01	引伸计	19.1	38.7	45.3	58.4	61.7	0.609	
852 - 05	33.8	B0432004 - 101 - 227	70	0.01	引伸计	21.3	38.9	47.1	60.4	62.2	0.561	
853 - 06	33.0	B0432004 - 101 - 228	70	0.01	引伸计	22.3	38.4	45.5	59.4	63.6	0.606	
平均	33.5					21.3	36.6	45.3	59.4	63.7	0.644	
322 - 05	34.6	B0432004 - 101 - 143	400	0.01	引伸计	23.2	23.8	33.6	46.2	52.2	1.640	
322 - 09	33.1	B0432004 - 101 - 143	400	0.01	引伸计	21.9	25.3	33.2	45.7	50.5	1.301	
333 - 04	32.8	B0432004 - 101 - 147	400	0.01	引伸计	20.7	21.2	33.3	46.0	50.9	1.575	
343 - 02	32.7	B0432004 - 101 - 150	400	0.01	引伸计	20.6	25.7	33.6	46.0	51.3	1.352	
353 - 05	32.8	B0432004 - 101 - 153	400	0.01	引伸计	20.7	23.1	33.8	47.0	52.6	1.747	
353 - 09	33.7	B0432004 - 101 - 153	400	0.01	引伸计	20.2	25.9	34.6	46.6	51.8	1.577	

材料：钛基复合材料板
纤维：SCS-6(碳化硅)
基体：Ti-6Al-4V
产品形态：热等静压平板(6 in×9 in)
铺层方式：[0]16单向
加工制备：FMW 复合材料系统

试样几何形状：狗骨形
试样厚度：0.134 in(平均)
试样宽度：0.400 in(平均)
测试方法：ASTM D 3553-96(金属基复合材料)
试验环境：实验室空气/电阻加热
测试日期：1月6日-4月7日

表 C4.3(b)(第 3 页，共 4 页)
SCS-6/Ti-6Al-4V
横向拉伸[0]16
UDRI/TRL 原始数据

试样编号	纤维体积分数 /%	批次号(平板)	试验温度 /°F	应变率 /s⁻¹	应变传感器	E /Msi	比例极限 /ksi	屈服强度 0.06% /ksi	屈服强度 0.2% /ksi	抗拉强度 /ksi	ε_f /%	备注
732-09	33.3	B0432004-101-206	400	0.01	引伸计	19.2	26.0	32.8	44.9	50.1	1.579	
732-12	33.1	B0432004-101-206	400	0.01	引伸计	19.5	26.7	35.1	47.3	52.4	1.149	
733-07	32.3	B0432004-101-207	400	0.01	引伸计	18.3	25.4	32.4	44.8	49.8	1.797	
743-08	33.3	B0432004-101-210	400	0.01	引伸计	19.5	27.0	34.7	47.5	53.0	1.587	
752-07	33.2	B0432004-101-212	400	0.01	引伸计	19.6	26.4	33.1	45.0	51.3	1.275	
753-04	33.0	B0432004-101-213	400	0.01	引伸计	18.8	26.7	34.2	45.9	51.8	1.404	
	33.2	平均				20.2	25.3	33.7	46.1	51.5	1.499	
133-05	33.4	B0432004-101-117	600	0.01	引伸计	18.7	19.7	27.2	39.1	45.3	1.713	
133-09	33.1	B0432004-101-117	600	0.01	应变计	21.0	20.3	28.8	40.4	47.5	0.649	
143-04	33.4	B0432004-101-120	600	0.01	引伸计	18.7	19.7	26.7	39.1	44.9	1.450	
143-08	33.2	B0432004-101-120	600	0.01	引伸计	18.7	17.7	25.9	38.2	43.5	1.142	
153-02	33.1	B0432004-101-123	600	0.01	应变计	24.7	19.7	30.0	41.7	46.5	0.757	
153-07	32.8	B0432004-101-123	600	0.01	引伸计	17.4	20.1	27.8	40.2	47.4	1.993	
213-05	33.4	B0432004-101-126	600	0.01	引伸计	16.9	22.1	27.1	38.1	44.1	1.739	

（续表）

试样编号	纤维体积分数 /%	批次号（平板）	试验温度 /°F	应变率 /s^{-1}	应变传感器	E /Msi	比例极限 /ksi	屈服强度 0.06% /ksi	屈服强度 0.2% /ksi	抗拉强度 /ksi	ε_f /%	备注
233 - 06	33.7	B0432004 - 101 - 132	600	0.01	应变计	20.7	20.9	29.6	40.8	44.9	0.973	根据绘图仪所得曲线估量损失效应变
233 - 10	33.6	B0432004 - 101 - 132	600	0.01	引伸计	16.8	19.6	26.0	37.2	45.0	1.997	
242 - 04	33.8	B0432004 - 101 - 134	600	0.01	引伸计	17.0	22.2	28.8	41.3	48.1	1.982	
251 - 04	33.4	B0432004 - 101 - 136	600	0.01	应变计	20.8	19.7	28.7	40.8	45.7	0.900	
251 - 10	33.5	B0432004 - 101 - 136	600	0.01	引伸计	18.0	18.5	26.5	38.0	43.2	1.083	
313 - 06	32.8	B0432004 - 101 - 141	600	0.01	引伸计	20.3	19.3	28.7	40.3	46.1	2.005	
322 - 07	33.6	B0432004 - 101 - 143	600	0.01	应变计	20.8	20.1	28.8	40.5	47.7	注解 4	
332 - 06	33.2	B0432004 - 101 - 146	600	0.01	引伸计	19.6	22.1	28.6	39.9	43.5	1.238	
342 - 11	32.9	B0432004 - 101 - 149	600	0.01	引伸计	19.4	17.8	25.1	36.6	42.7	1.966	
343 - 05	33.1	B0432004 - 101 - 150	600	0.01	应变计	20.4	20.5	28.2	39.4	44.9	0.915	
353 - 07	32.9	B0432004 - 101 - 153	600	0.01	引伸计	21.7	19.8	29.5	41.7	46.3	1.602	
413 - 07	34.0	B0432004 - 101 - 156	600	0.01	引伸计	19.1	23.3	29.5	40.8	46.1	1.746	
433 - 06	33.2	B0432004 - 101 - 162	600	0.01	引伸计	18.5	20.8	26.4	37.2	44.6	1.887	
443 - 04	33.9	B0432004 - 101 - 165	600	0.01	引伸计	21.0	23.4	30.5	41.8	45.6	1.081	
443 - 08	33.4	B0432004 - 101 - 165	600	0.01	引伸计	21.0	19.0	27.5	40.1	44.8	1.565	
453 - 07	33.9	B0432004 - 101 - 168	600	0.01	应变计	13.1	23.5	30.0	注解 4	46.2	注解 4	
453 - 11	33.7	B0432004 - 101 - 168	600	0.01	引伸计	22.6	18.5	29.4	41.0	45.8	1.673	
512 - 10	33.1	B0432004 - 101 - 170	600	0.01	引伸计	20.1	20.4	30.1	41.6	46.6	1.767	
532 - 10	33.7	B0432004 - 101 - 176	600	0.01	引伸计	17.2	19.8	27.5	38.8	44.7	1.404	

材料：钛基复合材料板
纤维：SCS-6（碳化硅）
基体：Ti-6Al-4V
产品形态：热等静压平板（6 in×9 in）
铺层方式：$[0]_{16}$ 单向
加工制备：FMW 复合材料系统

试样几何形状：狗骨形
试样厚度：0.134 in（平均）
试样宽度：0.400 in（平均）
测试方法：ASTM D 3553-96（金属基复合材料）
试验环境：实验室空气/电阻加热
测试日期：1月6日—4月7日

表 C4.3(b)（第 4 页，共 4 页）
SCS-6/Ti-6Al-4V
横向拉伸 $[0]_{16}$
UDRI/TRL 原始数据

试样编号	纤维体积分数 /%	批次号（平板）	试验温度 /°F	应变率 /s⁻¹	应变传感器	E /Msi	比例极限 /ksi	屈服强度 0.06% /ksi	屈服强度 0.2% /ksi	抗拉强度 /ksi	ε_f /%	备注
543-02	33.1	B0432004-101-180	600	0.01	引伸计	18.2	18.6	28.2	39.2	45.4	1.484	
552-05	33.5	B0432004-101-182	600	0.01	引伸计	18.5	22.3	30.7	41.9	48.1	1.574	
553-04	34.2	B0432004-101-183	600	0.01	引伸计	19.2	22.6	29.6	39.8	45.2	1.515	
553-08	34.1	B0432004-101-183	600	0.01	引伸计	18.6	22.5	29.6	40.8	43.8	0.810	
612-09	33.1	B0432004-101-185	600	0.01	引伸计	17.0	21.4	28.1	37.8	42.2	1.481	
623-08	34.0	B0432004-101-189	600	0.01	引伸计	14.5	17.4	21.9	30.4	44.0	1.844	
633-02	33.6	B0432004-101-192	600	0.01	引伸计	17.7	22.6	28.0	38.9	44.4	1.710	
643-05	33.8	B0432004-101-195	600	0.01	引伸计	20.0	19.8	28.1	39.9	45.3	2.058	
653-05	33.6	B0432004-101-198	600	0.01	引伸计	18.4	21.8	28.3	38.8	43.5	1.599	
653-09	33.3	B0432004-101-198	600	0.01	引伸计	18.1	22.1	28.0	38.7	48.5	1.836	
712-05	33.1	B0432004-101-200	600	0.01	引伸计	19.3	18.4	23.0	38.3	44.9	1.701	
723-08	33.4	B0432004-101-204	600	0.01	引伸计	18.0	20.7	27.0	37.3	41.5	1.101	

（续表）

试样编号	纤维体积分数 /%	批次号（平板）	试验温度 /°F	应变率 /s⁻¹	应变传感器	E /Msi	比例极限 /ksi	屈服强度 0.06% /ksi	屈服强度 0.2% /ksi	抗拉强度 /ksi	ε_f /%	备注
732-10	33.3	B0432004-101-206	600	0.01	引伸计	18.2	22.2	27.2	38.3	44.2	1.676	
742-09	33.6	B0432004-101-209	600	0.01	引伸计	16.9	22.1	28.2	39.2	45.6	1.909	
743-06	33.0	B0432004-101-210	600	0.01	引伸计	17.9	17.1	24.8	36.5	42.8	1.567	
752-10	33.0	B0432004-101-212	600	0.01	引伸计	17.4	20.5	27.0	39.0	44.8	1.422	
822-07	34.3	B0432004-101-218	600	0.01	引伸计	18.6	22.8	28.1	39.0	45.0	1.859	
823-07	33.1	B0432004-101-219	600	0.01	引伸计	17.2	18.2	25.1	35.8	41.6	1.340	
833-08	35.7	B0432004-101-222	600	0.01	引伸计	18.1	22.2	27.9	38.3	43.7	1.909	
843-07	34.3	B0432004-101-225	600	0.01	引伸计	17.3	23.1	28.2	39.0	45.6	1.873	
853-03	33.3	B0432004-101-228	600	0.01	引伸计	18.3	20.3	29.3	41.6	46.6	1.364	
853-05	33.6	B0432004-101-228	600	0.01	引伸计	16.7	21.6	28.8	40.0	46.7	2.268	
平均	33.5					18.7	19.7	27.9	39.2	45.1	1.546	

注解1：测试终止前应力-应变呈线性关系。 注解2：失效前未达到0.2%变形。 注解3：失效前未达到0.02%变形。 注解4：未给出数值，应力-应变数据异常。 注解5：无可用应力-应变数据。 注解6：试样在标距范围外断裂；测得了最大失效应变。 注解7：未给出数据，临近测试结束引伸计滑脱。 注解8：手动确定比例极限。 注解9：没有足够的数据点进行计算。 注解10：失效前加强片脱粘且试样发生滑落。

材料：钛基复合材料板
纤维：SCS-6(碳化硅)
基体：Ti-6Al-4V
产品形态：热等静压平板(6 in×9 in)
铺层方式：[0]₁₆单向
加工制备：FMW复合材料系统

试样几何形状：长条形
试样厚度：0.135 in(平均)
试样宽度：0.499 in(平均)
测试方法：ASTM D 3410-03(金属基复合材料)
试验环境：液氮/实验室环境/电阻加热
测试日期：10月6日—3月8日

表 C4.3(c)(第 1 页，共 5 页)
SCS-6/Ti-6Al-4V
纵向压缩[0]₁₆
UDRI/TRL 原始数据

试样编号	纤维体积分数 /%	批次号(平板)	试验温度 /℉	压头速率 /(in/min)	应变传感器	E /Msi	比例极限 /ksi	屈服强度 0.06% /ksi	屈服强度 0.2% /ksi	抗压强度 /ksi	ε_f /%	备注
211-02	34.0	B0432004-101-124	-65	0.05	应变计	31.4	408.7	418.4	500.1	注解 11	注解 11	数据仅来自 1 个应变计
211-07	34.2	B0432004-101-124	-65	0.05	应变计	30.2	414.3	441.3	注解 4	注解 11	注解 11	试样滑落；重新开始；在 462 ksi 时 2 个应变计均失效
243-03	33.2	B0432004-101-135	-65	0.05	应变计	30.3	447.9	450.4	546.7	注解 11	注解 11	
243-08	33.3	B0432004-101-135	-65	0.05	应变计	30.3	419.8	432.9	530.8	注解 11	注解 11	
231-09	33.3	B0432004-101-130	-65	0.05	应变计	31.9	480.2	484.1	595.0	注解 11	注解 11	
711-06	32.7	B0432004-101-199	-65	0.05	应变计	29.7	477.1	479.8	540.0	注解 11	注解 11	
711-10	32.8	B0432004-101-199	-65	0.05	应变计	30.0	454.8	457.3	注解 4	注解 11	注解 11	
721-06	33.2	B0432004-101-202	-65	0.05	应变计	30.4	409.4	425.3	516.8	注解 11	注解 11	500 ksi 时 1 个应变计失效
721-10	33.1	B0432004-101-202	-65	0.05	应变计	30.6	420.4	432.4	523.0	注解 11	注解 11	
741-07	33.6	B0432004-101-208	-65	0.05	应变计	32.1	418.9	427.2	513.2	注解 11	注解 11	
741-11	32.9	B0432004-101-208	-65	0.05	应变计	29.7	440.1	442.8	524.5	注解 11	注解 11	
平均	33.3					30.6	435.6	444.7	532.2	注解 11	注解 11	
111-03	33.6	B0432004-101-109	70	0.05	应变计	30.5	360.1	392.0	494.1	注解 11	注解 11	注解 11

（续表）

试样编号	纤维体积分数 /%	批次号（平板）	试验温度 /°F	压头速率 /(in/min)	应变传感器	E /Msi	比例极限 /ksi	屈服强度 0.06% /ksi	屈服强度 0.2% /ksi	抗压强度 /ksi	εf /%	备注
111-07	33.7	B0432004-101-109	70	0.05	应变计	32.2	456.3	457.6	596.8	697.4	2.303	
121-08	33.8	B0432004-101-112	70	0.05	应变计	30.6	437.2	442.0	注解9	注解11	注解11	注解11
121-11	33.8	B0432004-101-112	70	0.05	应变计	31.4	424.4	435.1	554.4	注解11	注解11	注解11
131-09	33.8	B0432004-101-115	70	0.05	应变计	32.8	395.6	420.9	559.9	693.1	2.329	
131-13	33.8	B0432004-101-115	70	0.05	应变计	30.4	420.7	423.5	534.1	701.2	2.790	
142-09	32.7	B0432004-101-119	70	0.05	应变计	30.3	361.3	383.5	482.2	注解11	注解11	注解11
151-09	33.3	B0432004-101-121	70	0.05	应变计	29.8	360.5	383.2	473.7	注解11	注解11	第一次加载数据；数据末源于1个应变计
211-08	34.3	B0432004-101-124	70	0.05	应变计	29.7	360.7	373.9	464.2	注解11	注解11	注解11
211-12	34.3	B0432004-101-124	70	0.05	应变计	30.3	373.8	391.6	492.8	747.6	注解9	试验后试样有>10%的弯曲变形
243-09	33.6	B0432004-101-135	70	0.05	应变计	30.3	352.1	381.0	475.0	注解11	注解11	注解11
243-13	33.6	B0432004-101-135	70	0.05	应变计	31.5	362.9	399.6	504.6	注解11	注解11	注解11
231-01	34.1	B0432004-101-130	70	0.05	应变计	31.7	391.2	426.6	注解9	685.1	注解9	达86ksi时试样有>10%的弯曲变形
231-04	33.0	B0432004-101-130	70	0.05	应变计	32.8	379.5	400.8	503.1	注解11	注解11	注解11
231-05	33.1	B0432004-101-130	70	0.05	应变计	29.1	361.5	374.7	463.9	注解11	注解11	注解11
241-11	33.6	B0432004-101-133	70	0.05	应变计	28.7	425.7	426.2	529.9	注解11	注解11	注解11
311-02	34.3	B0432004-101-139	70	0.05	应变计	30.8	363.8	393.6	489.0	注解11	注解11	注解11
311-03	34.1	B0432004-101-139	70	0.05	应变计	31.5	363.0	395.8	497.5	注解11	注解11	注解11
311-07	33.6	B0432004-101-139	70	0.05	应变计	29.1	472.5	490.3	567.3	734.4	注解9	注解11
321-08	33.8	B0432004-101-142	70	0.05	应变计	31.2	363.0	396.8	496.7	注解11	注解11	注解11

材料：钛基复合材料板
纤维：SCS-6（碳化硅）
基体：Ti-6Al-4V
产品形态：热等静压平板（6 in×9 in）
铺层方式：[0]₁₆ 单向
加工制备：FMW 复合材料系统

试样几何形状：长条形
试样厚度：0.135 in（平均）
试样宽度：0.499 in（平均）
测试方法：ASTM D 3410-03（金属基复合材料）
试验环境：液氮/实验室环境/电阻加热
测试日期：10 月 6 日—3 月 8 日

表 C4.3(c)（第 2 页，共 5 页）
SCS-6/Ti-6Al-4V
纵向压缩 [0]₁₆
UDRI/TRL 原始数据

试样编号	纤维体积分数 /%	批次号（平板）	试验温度 /℉	压头速率 /(in/min)	应变传感器	E /Msi	比例极限 /ksi	屈服强度 0.06% /ksi	屈服强度 0.2% /ksi	抗压强度 /ksi	ε_f /%	备注
321-12	33.6	B0432004-101-142	70	0.05	应变计	31.1	422.2	425.1	533.3	注解 11	注解 11	注解 11
341-08	34.0	B0432004-101-148	70	0.05	应变计	31.9	384.1	398.2	503.1	注解 11	注解 11	注解 11
342-03	34.3	B0432004-101-149	70	0.05	应变计	35.0	367.2	411.0	534.7	注解 11	注解 11	注解 11
411-03	32.8	B0432004-101-154	70	0.05	应变计	29.8	387.8	390.4	482.9	注解 11	注解 11	注解 11
421-04	32.3	B0432004-101-157	70	0.05	应变计	30.6	394.6	401.4	注解 9	注解 11	注解 11	注解 11
421-08	32.8	B0432004-101-157	70	0.05	应变计	30.8	363.1	386.8	482.4	注解 11	注解 11	注解 11
431-05	33.6	B0432004-101-160	70	0.05	应变计	28.9	362.7	373.3	459.3	注解 11	注解 11	注解 11
441-06	33.8	B0432004-101-163	70	0.05	应变计	31.6	396.5	409.1	519.3	注解 11	注解 11	注解 11
441-10	33.6	B0432004-101-163	70	0.05	应变计	30.4	注解 9	注解 9	478.3	注解 11	注解 11	注解 11
451-01	34.2	B0432004-101-166	70	0.05	应变计	28.0	430.9	461.5	514.1	注解 11	注解 11	注解 11
451-05	33.7	B0432004-101-166	70	0.05	应变计	29.1	364.9	370.9	456.4	注解 11	注解 11	注解 11
451-09	33.6	B0432004-101-166	70	0.05	应变计	30.3	注解 4	注解 4	注解 4	注解 11	注解 11	注解 11
511-07	33.1	B0432004-101-169	70	0.05	应变计	28.6	363.9	377.1	465.7	注解 11	注解 11	注解 11
511-11	33.2	B0432004-101-169	70	0.05	应变计	28.1	356.4	380.3	502.0	注解 11	注解 11	注解 11

（续表）

试样编号	纤维体积分数 /%	批次号（平板）	试验温度 /°F	压头速率 /(in/min)	应变传感器	E /Msi	比例极限 /ksi	屈服强度 0.06% /ksi	屈服强度 0.2% /ksi	抗压强度 /ksi	ε_f /%	备注
513-08	33.1	B0432004-101-171	70	0.05	应变计	28.9	366.9	373.4	458.6	注解11	注解11	注解11
513-12	33.3	B0432004-101-171	70	0.05	应变计	33.2	注解9	注解9	注解9	注解11	注解11	注解11
521-09	33.3	B0432004-101-172	70	0.05	应变计	27.7	417.0	418.1	507.0	注解11	注解11	注解11
531-11	32.8	B0432004-101-175	70	0.05	应变计	29.3	注解9	注解9	注解9	注解11	注解11	注解11
541-02	35.2	B0432004-101-178	70	0.05	应变计	30.3	387.5	391.5	484.7	注解11	注解11	注解11
541-05	33.5	B0432004-101-178	70	0.05	应变计	29.7	365.3	379.0	472.9	注解11	注解11	注解11
551-01	34.1	B0432004-101-181	70	0.05	应变计	30.0	338.5	注解10	注解3	注解11	注解11	注解11
551-03	33.9	B0432004-101-181	70	0.05	应变计	30.9	337.0	368.9	458.1	注解11	注解11	注解11
551-13	33.6	B0432004-101-181	70	0.05	应变计	29.4	361.5	373.0	460.7	注解11	注解11	注解11	0.2%屈服强度数据由2号应变计算得（其他应变计过早失效）注解11
611-01	32.4	B0432004-101-184	70	0.05	应变计	29.8	313.8	354.1	442.4	注解11	注解11	注解11
611-13	33.6	B0432004-101-184	70	0.05	应变计	29.1	360.0	371.7	461.0	注解11	注解11	注解11
613-02	33.2	B0432004-101-186	70	0.05	应变计	27.6	392.1	393.2	484.8	注解11	注解11	注解11
621-03	33.1	B0432004-101-187	70	0.05	应变计	29.0	319.4	349.3	433.5	注解11	注解11	注解11
621-07	33.3	B0432004-101-187	70	0.05	应变计	29.2	321.7	351.5	437.9	注解11	注解11	注解11
631-04	32.7	B0432004-101-190	70	0.05	应变计	26.6	370.9	371.9	456.3	注解11	注解11	注解11
651-05	33.1	B0432004-101-196	70	0.05	应变计	28.6	356.3	369.6	注解9	注解11	注解11	注解11
651-08	33.7	B0432004-101-196	70	0.05	应变计	28.3	373.9	376.4	466.4	注解11	注解11	注解11
713-06	33.3	B0432004-101-201	70	0.05	应变计	29.3	328.7	356.7	注解9	注解11	注解11	注解11
713-10	33.3	B0432004-101-201	70	0.05	应变计	28.2	359.2	378.2	470.3	注解11	注解11	注解11

材料：钛基复合材料板
纤维：SCS - 6(碳化硅)
基体：Ti - 6Al - 4V
产品形态：热等静压平板(6 in×9 in)
铺层方式：[0]₁₆单向
加工制备：FMW 复合材料系统

试样几何形状：长条形
试样厚度：0.135 in(平均)
试样宽度：0.499 in(平均)
测试方法：ASTM D 3410 - 03(金属基复合材料)
试验环境：液氮/实验室环境/电阻加热
测试日期：10 月 6 日—3 月 8 日

表 C4.3(c)(第 3 页，共 5 页)
SCS - 6/Ti - 6Al - 4V
纵向压缩[0]₁₆
UDRI/TRL 原始数据

试样编号	纤维体积分数 /%	批次号(平板)	试验温度 /℉	压头速率 /(in/min)	应变传感器	E /Msi	比例极限 /ksi	屈服强度 0.06% /ksi	屈服强度 0.2% /ksi	抗压强度 /ksi	εf /%	备注
722 - 02	34.3	B0432004 - 101 - 203	70	0.05	应变计	28.8	386.0	387.4	457.6	注解 11	注解 11	注解 11
722 - 09	33.9	B0432004 - 101 - 203	70	0.05	应变计	30.7	350.0	372.9	459.2	注解 11	注解 11	
722 - 11	33.1	B0432004 - 101 - 203	70	0.05	应变计	29.1	357.3	370.6	注解 9	注解 11	注解 11	注解 11
731 - 06	32.9	B0432004 - 101 - 205	70	0.05	应变计	28.3	354.4	375.3	463.9	注解 11	注解 11	
731 - 10	33.1	B0432004 - 101 - 205	70	0.05	应变计	29.0	381.0	383.7	475.0	注解 11	注解 11	注解 11
742 - 01	34.4	B0432004 - 101 - 209	70	0.05	应变计	30.5	360.4	383.8	477.3	注解 11	注解 11	
751 - 03	33.8	B0432004 - 101 - 211	70	0.05	应变计	29.7	362.3	376.7	467.0	注解 11	注解 11	
751 - 10	32.7	B0432004 - 101 - 211	70	0.05	应变计	29.6	330.8	359.4	447.4	注解 11	注解 11	
752 - 01	33.7	B0432004 - 101 - 212	70	0.05	应变计	28.9	370.7	382.0	476.3	注解 11	注解 11	
811 - 07	33.3	B0432004 - 101 - 214	70	0.05	应变计	30.3	343.4	注解 9	461.2	注解 11	注解 11	注解 11
821 - 08	33.5	B0432004 - 101 - 217	70	0.05	应变计	28.6	360.9	379.9	476.6	注解 11	注解 11	
821 - 12	33.6	B0432004 - 101 - 217	70	0.05	应变计	29.9	339.3	367.7	455.7	注解 11	注解 11	注解 11
831 - 10	33.3	B0432004 - 101 - 220	70	0.05	应变计	28.9	363.4	370.2	458.5	注解 11	注解 11	注解 11

（续表）

试样编号	纤维体积分数/%	批次号（平板）	试验温度/°F	压头速率/(in/min)	应变传感器	E/Msi	比例极限/ksi	屈服强度0.06%/ksi	屈服强度0.2%/ksi	抗压强度/ksi	εf/%	备注
831－13	33.7	B0432004－101－220	70	0.05	应变计	30.1	344.2	374.1	466.6	注解11	注解11	
841－11	33.7	B0432004－101－223	70	0.05	应变计	28.5	360.2	377.6	469.0	注解11	注解11	
851－01	33.1	B0432004－101－226	70	0.05	应变计	29.7	370.3	387.5	注解9	注解11	注解11	注解11
平均	33.5					29.9	372.1	390.5	484.8			
711－01	33.7	B0432004－101－199	400	0.05	应变计	29.8	202.3	239.4	309.7	注解11	注解11	
711－05	32.7	B0432004－101－199	400	0.05	应变计	29.1	209.1	236.6	293.9	注解11	注解11	
721－02	33.4	B0432004－101－202	400	0.05	应变计	27.4	203.1	232.7	285.3	注解11	注解11	
721－07	33.3	B0432004－101－202	400	0.05	应变计	27.7	204.5	233.3	287.1	注解11	注解11	
741－05	33.1	B0432004－101－208	400	0.05	应变计	29.5	200.3	236.8	290.2	注解11	注解11	
741－09	33.1	B0432004－101－208	400	0.05	应变计	28.3	206.3	239.0	296.2	注解11	注解11	
813－05	33.1	B0432004－101－216	400	0.05	应变计	28.3	212.9	236.9	290.0	注解11	注解11	
813－10	33.3	B0432004－101－216	400	0.05	应变计	28.7	202.8	237.2	289.8	注解11	注解11	
822－11	33.6	B0432004－101－218	400	0.05	应变计	28.9	202.9	237.4	293.7	注解11	注解11	
832－03	34.3	B0432004－101－221	400	0.05	应变计	28.9	181.9	234.5	注解4	注解11	注解11	
832－04	34.3	B0432004－101－221	400	0.05	应变计	28.6	191.1	237.5	注解4	注解11	注解11	
841－06	34.3	B0432004－101－223	400	0.05	应变计	28.9	213.1	243.9	299.0	注解11	注解11	
平均	33.5					28.7	202.5	237.1	293.5			
111－09	33.4	B0432004－101－109	600	0.05	应变计	29.9	206.2	230.0	322.9	注解11	注解11	
111－13	33.7	B0432004－101－109	600	0.05	应变计	30.3	224.1	287.3	395.4	注解11	注解11	
121－05	34.2	B0432004－101－112	600	0.05	应变计	32.4	132.0	218.5	注解3	注解11	注解11	
121－09	33.8	B0432004－101－112	600	0.05	应变计	31.2	202.5	233.5	308.1	注解11	注解11	

材料：钛基复合材料板
纤维：SCS-6(碳化硅)
基体：Ti-6Al-4V
产品形态：热等静压平板(6 in×9 in)
铺层方式：[0]₁₆单向
加工制备：FMW复合材料系统

试样几何形状：长条形
试样厚度：0.135 in(平均)
试样宽度：0.499 in(平均)
测试方法：ASTM D 3410-03(金属基复合材料)
试验环境：液氮/实验室环境/电阻加热
测试日期：10月6日—3月8日

表 C4.3(c)(第 4 页，共 5 页)
SCS-6/Ti-6Al-4V
纵向压缩 $[0]_{16}$
UDRI/TRL 原始数据

试样编号	纤维体积分数 /%	批次号(平板)	试验温度 /°F	压头速率 /(in/min)	应变传感器	E /Msi	比例极限 /ksi	屈服强度 0.06% /ksi	屈服强度 0.2% /ksi	抗压强度 /ksi	ε_f /%	备注
131-06	33.5	B0432004-101-115	600	0.05	应力计	30.2	202.9	234.7	301.8	注解11	注解11	
131-10	33.9	B0432004-101-115	600	0.05	应力计	33.0	173.1	241.0	注解3	注解11	注解11	
211-10	34.3	B0432004-101-124	600	0.05	应力计	28.0	216.3	257.5	313.8	注解11	注解11	数据仅来源于 1 个应变计
211-13	34.1	B0432004-101-124	600	0.05	应力计	28.4	202.2	218.3	278.2	注解11	注解11	
243-01	33.7	B0432004-101-135	600	0.05	应力计	31.8	158.4	219.3	注解3	注解11	注解11	
243-10	33.3	B0432004-101-135	600	0.05	应力计	28.8	201.4	219.9	281.7	注解11	注解11	
231-02	33.9	B0432004-101-130	600	0.05	应力计	29.9	202.4	225.6	295.0	注解11	注解11	
231-06	32.9	B0432004-101-130	600	0.05	应力计	31.9	194.2	233.9	注解3	注解11	注解11	
232-12	33.6	B0432004-101-131	600	0.05	应力计	32.4	178.8	210.1	285.2	注解11	注解11	
241-13	33.6	B0432004-101-133	600	0.05	应力计	33.2	176.6	224.4	327.7	注解11	注解11	
311-04	33.7	B0432004-101-139	600	0.05	应力计	31.2	202.9	228.8	295.4	注解11	注解11	
311-08	33.7	B0432004-101-139	600	0.05	应力计	27.9	200.6	214.4	276.7	注解11	注解11	
311-12	32.7	B0432004-101-139	600	0.05	应力计	31.2	191.4	211.4	302.5	注解11	注解11	
312-10	34.0	B0432004-101-140	600	0.05	应力计	31.6	184.5	227.2	注解3	注解11	注解11	

（续表）

试样编号	纤维体积分数 /%	批次号（平板）	试验温度 /°F	压头速率 /(in/min)	应变传感器	E /Msi	比例极限 /ksi	屈服强度 0.06% /ksi	屈服强度 0.2% /ksi	抗压强度 /ksi	ε_f /%	备注
321-02	33.7	B0432004-101-142	600	0.05	应力计	33.3	195.5	228.6	326.6	注解11	注解11	数据在300 ksi有轻微波动
321-04	33.2	B0432004-101-142	600	0.05	应力计	30.0	201.7	226.9	293.3	注解11	注解11	数据仪来源于1个应变计
321-05	33.4	B0432004-101-142	600	0.05	应力计	29.5	191.5	222.4	290.8	注解11	注解11	数据仪来源于1个应变计
321-09	33.6	B0432004-101-142	600	0.05	应力计	29.3	202.2	224.5	286.4	注解11	注解11	
351-04	34.4	B0432004-101-151	600	0.05	应力计	31.6	167.1	229.0	注解3	注解11	注解11	数据仪来源于1个应变计
411-06	32.8	B0432004-101-154	600	0.05	应力计	29.0	203.4	221.2	285.7	注解11	注解11	
421-05	32.4	B0432004-101-157	600	0.05	应力计	31.0	201.7	227.4	318.8	注解11	注解11	数据仪来源于1个应变计
421-09	32.8	B0432004-101-157	600	0.05	应力计	30.1	230.1	237.7	注解3	注解11	注解11	
431-07	33.1	B0432004-101-160	600	0.05	应力计	29.5	178.5	208.5	265.7	注解11	注解11	
441-07	33.6	B0432004-101-163	600	0.05	应力计	29.8	202.7	225.0	292.5	注解11	注解11	
441-11	33.8	B0432004-101-163	600	0.05	应力计	30.6	171.2	220.3	注解3	注解11	注解11	
451-06	33.1	B0432004-101-166	600	0.05	应力计	31.6	199.3	210.4	362.9	注解11	注解11	
451-13	33.4	B0432004-101-166	600	0.05	应力计	32.7	182.2	219.7	322.2	注解11	注解11	
511-04	34.0	B0432004-101-169	600	0.05	应力计	29.1	183.4	215.7	276.5	注解11	注解11	噪声数据
511-08	33.5	B0432004-101-169	600	0.05	应力计	27.8	188.4	212.0	271.6	注解11	注解11	噪声数据
513-05	33.3	B0432004-101-171	600	0.05	应力计	29.6	177.7	214.5	302.6	注解11	注解11	
513-09	33.0	B0432004-101-171	600	0.05	应力计	29.4	212.7	214.9	256.4	注解11	注解11	
521-11	33.3	B0432004-101-172	600	0.05	应力计	30.1	178.3	217.6	277.5	注解11	注解11	
531-03	33.4	B0432004-101-175	600	0.05	应力计	30.9	190.3	218.9	注解3	注解11	注解11	
551-06	33.2	B0432004-101-181	600	0.05	应力计	注解4	注解4	注解4	注解4	注解11	注解11	

材料：钛基复合材料板
纤维：SCS-6(碳化硅)
基体：Ti-6Al-4V
产品形态：热等静压平板(6 in×9 in)
铺层方式：[0]₁₆单向
加工制备：FMW复合材料系统

试样几何形状：长条形
试样厚度：0.135 in(平均)
试样宽度：0.499 in(平均)
测试方法：ASTM D 3410-03(金属基复合材料)
试验环境：液氮/实验室环境/电阻加热
测试日期：10月6日-3月8日

表 C4.3(c)(第5页，共5页)
SCS-6/Ti-6Al-4V
纵向压缩[0]₁₆
UDRI/TRL 原始数据

试样编号	纤维体积分数 /%	批次号(平板)	试验温度 /℉	压头速率 /(in/min)	应变传感器	E /Msi	比例极限 /ksi	屈服强度 0.06% /ksi	屈服强度 0.2% /ksi	抗压强度 /ksi	ε_f /%	备注
611-04	33.0	B0432004-101-184	600	0.05	应变计	28.3	179.6	209.6	266.8	注解11	注解11	注解11
613-06	32.7	B0432004-101-186	600	0.05	应变计	28.2	170.1	201.9	256.9	注解11	注解11	注解11
631-03	32.8	B0432004-101-190	600	0.05	应变计	28.9	193.0	208.5	277.8	注解11	注解11	注解11
631-07	33.4	B0432004-101-190	600	0.05	应变计	28.7	176.4	196.5	260.7	注解11	注解11	注解11
641-06	33.5	B0432004-101-193	600	0.05	应变计	27.7	175.1	201.5	258.0	注解11	注解11	注解11
651-04	33.8	B0432004-101-196	600	0.05	应变计	28.4	200.5	216.7	273.8	注解11	注解11	注解11
651-09	33.1	B0432004-101-196	600	0.05	应变计	28.8	170.8	202.3	272.5	注解11	注解11	注解11
713-04	33.2	B0432004-101-201	600	0.05	应变计	28.2	182.7	208.8	264.9	注解11	注解11	注解11
713-08	33.6	B0432004-101-201	600	0.05	应变计	28.3	179.4	208.2	265.2	注解11	注解11	注解11
722-10	32.9	B0432004-101-203	600	0.05	应变计	29.5	199.8	217.3	291.9	注解11	注解11	注解11
731-01	34.5	B0432004-101-205	600	0.05	应变计	29.3	167.2	206.5	268.5	注解11	注解11	注解11
731-07	32.5	B0432004-101-205	600	0.05	应变计	27.6	210.2	223.4	305.8	注解11	注解11	注解11
751-06	33.2	B0432004-101-211	600	0.05	应变计	28.8	201.1	215.6	276.0	注解11	注解11	注解11
811-02	34.5	B0432004-101-214	600	0.05	应变计	30.6	201.6	229.7	300.1	注解11	注解11	注解11
811-06	33.7	B0432004-101-214	600	0.05	应变计	27.5	245.4	249.3	303.4	注解11	注解11	注解11
821-03	33.4	B0432004-101-217	600	0.05	应变计	29.9	194.5	219.1	296.7	注解11	注解11	注解11
821-07	33.6	B0432004-101-217	600	0.05	应变计	28.1	210.2	221.9	286.9	注解11	注解11	注解11
831-05	33.1	B0432004-101-220	600	0.05	应变计	28.1	190.2	211.6	268.0	注解11	注解11	注解11
851-08	33.4	B0432004-101-226	600	0.05	应变计	29.7	189.8	215.0	285.9	注解11	注解11	注解11
平均	33.5					29.9	191.9	221.3	291.4			

注解1：测试终止前应力-应变呈线性关系。　注解2：失效前未达到0.02%变形。　注解3：失效前未达到0.2%变形。　注解4：未给出数值，应力-应变数据异常。　注解5：无可用应力-应变数据。　注解6：试样在标距范围外断裂；测得了最大失效应变。　注解7：未给出数据，临近测试结束引伸计滑脱。　注解8：手动确定比例极限。　注解9：没有足够的数据点进行计算。　注解10：失效前未达到0.06%变形。　注解11：试样断裂终止测试。

材料：钛基复合材料板
纤维：SCS - 6（碳化硅）
基体：Ti - 6Al - 4V
产品形态：热等静压平板（6 in × 9 in）
铺层方式：[90]₁₆ 单向
加工制备：FMW 复合材料系统

表 C4.3(d)（第 1 页，共 3 页）
SCS - 6/Ti - 6Al - 4V
横向压缩 [90]₁₆
UDRI/TRL 原始数据

试样几何形状：长条形
试样厚度：0.135 in（平均）
试样宽度：0.500 in（平均）
测试方法：ASTM D 3410 - 03（金属基复合材料）
试验环境：液氮/实验室环境/电阻加热
测试日期：2月7日—1月9日

试样编号	纤维体积分数 /%	批次号（平板）	试验温度 /°F	压头速率 /(in/min)	应变传感器	E /Msi	比例极限 /ksi	屈服强度 0.06% /ksi	屈服强度 0.2% /ksi	抗压强度 /ksi	ε_1 /%	备注
113 - 01	33.7	B0432004 - 101 - 111	-65	0.05	应变计	21.8	135.7	166.7	194.2	注解 11	注解 11	注解 11
113 - 02	33.8	B0432004 - 101 - 111	-65	0.05	应变计	22.0	135.6	166.4	194.8	注解 11	注解 11	注解 11
113 - 03	33.7	B0432004 - 101 - 111	-65	0.05	应变计	21.7	145.8	165.5	189.2	注解 11	注解 11	注解 11
152 - 04	33.5	B0432004 - 101 - 122	-65	0.05	应变计	21.6	135.5	166.7	193.4	注解 11	注解 11	注解 11
152 - 05	33.3	B0432004 - 101 - 122	-65	0.05	应变计	21.3	148.4	168.6	193.4	注解 11	注解 11	注解 11
152 - 06	33.5	B0432004 - 101 - 122	-65	0.05	应变计	21.3	126.1	158.2	184.1	注解 11	注解 11	注解 11
723 - 04	33.2	B0432004 - 101 - 204	-65	0.05	应变计	21.1	133.0	162.1	190.0	注解 11	注解 11	注解 11
723 - 05	33.4	B0432004 - 101 - 204	-65	0.05	应变计	21.2	149.2	168.8	193.1	注解 11	注解 11	注解 11
733 - 03	33.2	B0432004 - 101 - 207	-65	0.05	应变计	21.3	152.8	172.4	197.7	注解 11	注解 11	注解 11
743 - 03	33.2	B0432004 - 101 - 210	-65	0.05	应变计	21.5	134.6	163.5	189.7	注解 11	注解 11	注解 11
743 - 07	33.3	B0432004 - 101 - 210	-65	0.05	应变计	21.8	135.4	166.3	192.5	注解 11	注解 11	注解 11
753 - 03	33.1	B0432004 - 101 - 213	-65	0.05	应变计	21.4	134.5	161.9	188.8	注解 11	注解 11	注解 11
平均	33.4					21.5	138.9	165.6	191.7			
213 - 06	33.5	B0432004 - 101 - 126	70	0.05	应变计	20.1	110.8	141.3	165.2	182.3	2.649	失效应变是 2 个应变计数据的平均值

（续表）

试样编号	纤维体积分数 /%	批次号（平板）	试验温度 /℉	压头速率 /(in/min)	应变传感器	E /Msi	比例极限 /ksi	屈服强度 0.06% /ksi	屈服强度 0.2% /ksi	抗压强度 /ksi	ε₁ /%	备注
213 - 07	33.2	B0432004 - 101 - 126	70	0.05	应变计	20.3	113.3	141.7	164.5	187.4	4.342	失效应变是2个应变计数据的平均值
232 - 03	33.4	B0432004 - 101 - 131	70	0.05	应变计	20.2	108.1	138.0	158.4	180.8	2.701	仅1个应变计数据，其他应变计在高应力下失效；15 ksi以上，比例极限以下弯曲变形<5%
242 - 01	33.1	B0432004 - 101 - 134	70	0.05	应变计	20.6	112.0	147.1	169.3	192.8	注解4	
242 - 02	33.2	B0432004 - 101 - 134	70	0.05	应变计	21.7	120.3	150.1	174.2	199.3	4.704	失效应变是2个应变计数据的平均值
252 - 05	33.5	B0432004 - 101 - 137	70	0.05	应变计	20.7	108.5	139.1	160.8	注解11	注解11	
313 - 03	33.2	B0432004 - 101 - 141	70	0.05	应变计	20.4	109.0	139.1	164.3	注解11	注解11	
313 - 05	32.8	B0432004 - 101 - 141	70	0.05	应变计	20.6	112.2	141.2	164.6	186.1	4.387	失效应变是2个应变计数据的平均值
323 - 03	33.3	B0432004 - 101 - 144	70	0.05	应变计	20.7	110.1	141.0	164.8	注解11	注解11	
333 - 02	33.0	B0432004 - 101 - 147	70	0.05	应变计	20.4	122.2	143.4	160.4	注解11	注解11	
333 - 03	33.0	B0432004 - 101 - 147	70	0.05	应变计	20.9	112.6	141.9	162.7	190.3	5.040	失效应变是2个应变计数据的平均值
352 - 05	33.6	B0432004 - 101 - 152	70	0.05	应变计	21.3	113.5	144.4	167.5	注解11	注解11	
413 - 03	34.2	B0432004 - 101 - 156	70	0.05	应变计	23.2	111.3	138.0	157.4	注解11	注解11	

材料：钛基复合材料板
纤维：SCS-6（碳化硅）
基体：Ti-6Al-4V
产品形态：热等静压平板（6 in×9 in）
铺层方式：[90]₁₆ 单向
加工制备：FMW复合材料系统

试样几何形状：长条形
试样厚度：0.135 in（平均）
试样宽度：0.500 in（平均）
测试方法：ASTM D 3410-03（金属基复合材料）
试验环境：液氮/实验室环境/电阻加热
测试日期：2月7日—1月9日

表 C4.3(d)（第 2 页，共 3 页）
SCS-6/Ti-6Al-4V
横向压缩 [90]₁₆
UDRI/TRL 原始数据

试样编号	纤维体积分数 /%	批次号（平板）	试验温度 /°F	压头速率 /(in/min)	应变传感器	E /Msi	比例极限 /ksi	屈服强度 0.06% /ksi	屈服强度 0.2% /ksi	抗压强度 /ksi	ε_1 /%	备注
413-04	34.3	B0432004-101-156	70	0.05	应变计	20.1	135.4	149.7	170.2	192.7	4.774	1个应变计!!!；审查数据
423-05	33.0	B0432004-101-159	70	0.05	应变计	24.3	108.5	143.3	163.4	注解11	注解11	
423-07	33.0	B0432004-101-159	70	0.05	应变计	24.1	107.1	142.1	165.6	注解11	注解11	
433-01	33.6	B0432004-101-162	70	0.05	应变计	20.0	97.2	162.7	177.6	194.3	2.593	失效应变是2个应变计数据的平均值
433-02	33.8	B0432004-101-162	70	0.05	应变计	23.6	130.5	150.8	170.4	注解11	注解11	
612-04	33.2	B0432004-101-185	70	0.05	应变计	20.5	109.4	137.0	158.5	注解11	注解11	
612-05	33.4	B0432004-101-185	70	0.05	应变计	19.1	127.7	140.5	157.4	注解11	注解11	
623-04	33.8	B0432004-101-189	70	0.05	应变计	23.4	107.1	138.7	158.4	注解11	注解11	
633-05	33.9	B0432004-101-192	70	0.05	应变计	23.9	110.3	143.3	163.7	注解11	注解11	
633-07	34.8	B0432004-101-192	70	0.05	应变计	20.4	130.0	146.8	167.4	注解11	注解11	
652-01	34.6	B0432004-101-197	70	0.05	应变计	24.2	108.5	139.3	158.7	注解11	注解11	
812-04	34.8	B0432004-101-215	70	0.05	应变计	24.6	131.2	153.0	171.3	注解11	注解11	

（续表）

试样编号	纤维体积分数 /%	批次号（平板）	试验温度 /°F	压头速率 /(in/min)	应变传感器	E /Msi	比例极限 /ksi	屈服强度 0.06% /ksi	屈服强度 0.2% /ksi	抗压强度 /ksi	ε₁ /%	备注
812-06	34.4	B0432004-101-215	70	0.05	应变计	19.6	126.1	140.8	160.6	注解11	注解11	
823-04	33.2	B0432004-101-219	70	0.05	应变计	24.7	112.3	145.4	163.1	注解11	注解11	
833-03	34.7	B0432004-101-222	70	0.05	应变计	24.9	110.0	142.7	161.8	注解11	注解11	
833-05	34.8	B0432004-101-222	70	0.05	应变计	19.5	123.8	138.2	157.2	注解11	注解11	
852-02	34.0	B0432004-101-227	70	0.05	应变计	25.4	108.6	139.0	156.2	注解11	注解11	
平均	33.7					21.8	114.9	143.3	163.8			
232-07	33.7	B0432004-101-131	600	0.05	应变计	21.2	60.1	85.3	103.5	注解11	注解11	
252-06	33.3	B0432004-101-137	600	0.05	应变计	20.0	73.2	89.5	101.6	117.66	1.640	
323-07	33.0	B0432004-101-144	600	0.05	应变计	19.5	67.5	83.2	95.7	注解11	注解11	
352-10	32.9	B0432004-101-152	600	0.05	应变计	20.9	59.2	84.7	100.5	注解11	注解11	仅1个应变计数据
523-03	33.4	B0432004-101-174	600	0.05	应变计	21.4	80.9	90.8	103.0	注解11	注解11	仅1个应变计数据
552-03	33.7	B0432004-101-182	600	0.05	应变计	20.4	75.8	90.4	104.3	注解11	注解11	
623-05	33.6	B0432004-101-189	600	0.05	应变计	19.5	64.7	82.1	96.7	注解11	注解11	
652-03	33.7	B0432004-101-197	600	0.05	应变计	22.3	57.3	83.9	99.5	注解11	注解11	
823-05	33.2	B0432004-101-219	600	0.05	应变计	20.1	75.5	90.2	101.2	注解11	注解11	
852-03	34.1	B0432004-101-227	600	0.05	应变计	22.9	65.4	88.3	103.4	注解11	注解11	
平均	33.5					20.8	68.0	86.9	100.9			

表 C4.3(d)(第 3 页,共 3 页)
SCS - 6/Ti - 6Al - 4V
横向压缩[90]₁₆
UDRI/TRL 原始数据

材料:钛基复合材料板
纤维:SCS - 6(碳化硅)
基体:Ti - 6Al - 4V
产品形态:热等静压平板(6 in×9 in)
铺层方式:[90]₁₆单向
加工制备:FMW 复合材料系统

试样几何形状:长条形
试样厚度:0.135 in(平均)
试样宽度:0.500 in(平均)
测试方法:ASTM D 3410 - 03(金属基复合材料)
试验环境:液氮/实验室环境/电阻加热
测试日期:2月7日-1月9日

注解 1:测试终止前应力-应变呈线性关系。　注解 2:失效前未达到 0.02 变形。　注解 3:失效前未达到 0.2 变形。　注解 4:未给出数据,应力-应变值异常。
注解 5:无可用应力-应变数据。　注解 6:试样在标距范围内断裂;测得了最大失效应变。　注解 7:未给出数据,临近测试结束引伸计滑脱。　注解 8:手动确定
比例极限。　注解 9:没有足够的数据点进行计算。　注解 10:失效前未达到 0.06 变形。　注解 11:试样断裂前终止测试。

表 C4.3(e)(第 1 页,共 5 页)
SCS-6/Ti-6Al-4V
纵向剪切[0]₁₆
UDRI/TRL 原始数据

材料:钛基复合材料板
纤维:SCS-6(碳化硅)
基体:Ti-6Al-4V
产品形态:热等静压平板(6 in×9 in)
铺层方式:[0]₁₆单向
加工制备:FMW复合材料系统

试样几何形状:长条形
试样厚度:0.134 in(平均)
试样宽度:0.443 in(平均)
测试方法:ASTM D 5379-98(复合材料)
试验环境:液氮/实验室环境/电阻加热
测试日期:1月7日—2月9日

试样编号	纤维体积分数 /%	批次号(平板)	试验温度 /°F	压头速率 /(in/min)	应变传感器	G /Msi	比例极限 /ksi	屈服强度 0.2% /ksi	备注
231-14A	34.2	B0432004-101-130	-65	0.01	应变计	8.1	67.3	72.5	试样断裂前终止测试
231-14B	34.1	B0432004-101-130	-65	0.01	应变计	8.0	62.1	71.6	试样断裂前终止测试
233-03A	33.3	B0432004-101-132	-65	0.01	应变计	7.6	62.6	注解4	试样断裂前终止测试;注解 4-应变计失效
233-03B	33.0	B0432004-101-132	-65	0.01	应变计	7.7	61.5	76.8	试样断裂前终止测试;1 个应变计失效;由 1 个应变计数据手动算得屈服强度;注解 8
242-12A	33.4	B0432004-101-134	-65	0.01	应变计	7.7	71.8	75.8	试样断裂前终止测试
242-12B	33.5	B0432004-101-134	-65	0.01	应变计	7.4	68.5	75.2	试样断裂前终止测试
722-03A	34.2	B0432004-101-203	-65	0.01	应变计	8.0	67.5	73.3	试样断裂前终止测试
722-03B	33.9	B0432004-101-203	-65	0.01	应变计	7.8	67.0	75.0	试样断裂前终止测试
743-09A	33.2	B0432004-101-210	-65	0.01	应变计	8.0	69.2	76.1	试样断裂前终止测试
743-09B	33.1	B0432004-101-210	-65	0.01	应变计	7.9	72.6	76.7	试样断裂前终止测试
平均	33.6					7.8	67.0	74.8	

（续表）

试样编号	纤维体积分数 /%	批次号（平板）	试验温度 /℉	压头速率 /(in/min)	应变传感器	G /Msi	比例极限 /ksi	屈服强度 0.2% /ksi	备注
112-06A	33.8	B0432004-101-110	70	0.01	应变计	7.9	51.5	64.2	当剪切应变达到1.6%时数据截断（1个应变计失效；试样断裂前终止测试
112-06B	33.4	B0432004-101-110	70	0.01	应变计	7.4	39.8	55.2	试样断裂前终止测试
122-02A	33.6	B0432004-101-113	70	0.01	应变计	7.6	47.9	54.7	试样断裂前终止测试
122-02B	33.4	B0432004-101-113	70	0.01	应变计	7.6	56.0	62.0	试样断裂前终止测试
132-04A	33.0	B0432004-101-116	70	0.01	应变计	注解5	注解5	注解5	
132-04B	33.0	B0432004-101-116	70	0.01	应变计	7.9	56.2	64.1	试样断裂前终止测试
151-07A	注解5	B0432004-101-121	70	0.01	应变计	注解5	注解5	注解5	
151-07B	32.8	B0432004-101-121	70	0.01	应变计	12.2	60.8	66.2	试样断裂前终止测试
213-02A	33.5	B0432004-101-126	70	0.01	应变计	7.2	62.3	67.9	试样断裂前终止测试
213-02B	33.3	B0432004-101-126	70	0.01	应变计	7.9	54.6	63.2	试样断裂前终止测试
241-14A	33.6	B0432004-101-133	70	0.01	应变计	8.0	51.9	61.3	试样断裂前终止测试
241-14B	34.1	B0432004-101-133	70	0.01	应变计	7.4	58.5	64.8	试样断裂前终止测试
252-02A	33.1	B0432004-101-137	70	0.01	应变计	7.6	59.5	67.2	试样断裂前终止测试
252-02B	33.2	B0432004-101-137	70	0.01	应变计	7.5	58.7	67.2	试样断裂前终止测试

材料：钛基复合材料板　　　　　　　　试样几何形状：长条形
纤维：SCS-6(碳化硅)　　　　　　　　 试样厚度：0.134 in(平均)
基体：Ti-6Al-4V　　　　　　　　　　 试样宽度：0.443 in(平均)
产品形态：热等静压平板(6 in×9 in)　　测试方法：ASTM D 5379-98(复合材料)
铺层方式：[0]16单向　　　　　　　　　试验环境：液氮/实验室环境/电阻加热
加工制备：FMW复合材料系统　　　　　 测试日期：1月7日-2月9日

表C4.3(e)(第2页,共5页)
SCS-6/Ti-6Al-4V
纵向剪切[0]16
UDRI/TRL 原始数据

试样编号	纤维体积分数/%	批次号(平板)	试验温度/°F	压头速率/(in/min)	应变传感器	G/Msi	比例极限/ksi	屈服强度0.2%/ksi	备注
331-05A	34.2	B0432004-101-145	70	0.01	应变计	8.0	66.8	71.4	试样断裂前终止测试
331-05B	34.0	B0432004-101-145	70	0.01	应变计	8.2	60.7	65.9	试样断裂前终止测试
341-05A	34.0	B0432004-101-148	70	0.01	应变计	7.5	55.0	62.6	试样断裂前终止测试
341-05B	34.2	B0432004-101-148	70	0.01	应变计	7.8	59.8	66.1	试样断裂前终止测试
351-08A	34.0	B0432004-101-151	70	0.01	应变计	8.0	54.3	62.4	试样断裂前终止测试
351-08B	34.0	B0432004-101-151	70	0.01	应变计	7.9	61.5	68.2	试样断裂前终止测试
412-04A	33.6	B0432004-101-155	70	0.01	应变计	7.7	61.5	67.3	试样断裂前终止测试
412-04B	33.1	B0432004-101-155	70	0.01	应变计	6.0	26.9	45.5	试样断裂前终止测试
432-11A	注解5	B0432004-101-161	70	0.01	应变计	7.6	58.4	65.0	试样断裂前终止测试
432-11B	注解5	B0432004-101-161	70	0.01	应变计	7.7	60.7	67.8	试样断裂前终止测试
442-09A	33.6	B0432004-101-164	70	0.01	应变计	8.0	51.8	60.3	试样断裂前终止测试
442-09B	33.7	B0432004-101-164	70	0.01	应变计	7.7	60.5	66.8	试样断裂前终止测试

（续表）

试样编号	纤维体积分数 /%	批次号（平板）	试验温度 /°F	压头速率 /(in/min)	应变传感器	G /Msi	比例极限 /ksi	屈服强度 0.2% /ksi	备注
512-02A	35.0	B0432004-101-170	70	0.01	应变计	7.9	65.1	70.9	试样断裂前终止测试
512-02B	34.7	B0432004-101-170	70	0.01	应变计	8.2	61.5	64.1	试样断裂前终止测试
523-02A	34.9	B0432004-101-174	70	0.01	应变计	7.8	64.6	69.1	试样断裂前终止测试
523-02B	34.9	B0432004-101-174	70	0.01	应变计	7.8	55.5	65.4	试样断裂前终止测试
533-01A	35.0	B0432004-101-177	70	0.01	应变计	8.1	48.3	58.4	试样断裂前终止测试
533-01B	35.1	B0432004-101-177	70	0.01	应变计	7.5	55.1	64.3	试样断裂前终止测试
612-02A	32.7	B0432004-101-185	70	0.01	应变计	7.6	62.4	67.8	试样断裂前终止测试
612-02B	33.3	B0432004-101-185	70	0.01	应变计	8.3	56.1	63.7	试样断裂前终止测试
623-10A	35.4	B0432004-101-189	70	0.01	应变计	7.9	58.1	66.7	试样断裂前终止测试
623-10B	35.6	B0432004-101-189	70	0.01	应变计	7.7	54.3	66.0	试样断裂前终止测试
633-01A	33.0	B0432004-101-192	70	0.01	应变计	8.1	63.0	67.2	试样断裂前终止测试
633-01B	32.6	B0432004-101-192	70	0.01	应变计	7.7	58.8	70.3	试样断裂前终止测试
722-04A	34.0	B0432004-101-203	70	0.01	应变计	7.6	60.0	注解4	
722-04B	33.9	B0432004-101-203	70	0.01	应变计	8.0	58.9	63.6	试样断裂前终止测试
723-03A	34.0	B0432004-101-204	70	0.01	应变计	7.7	54.7	66.4	试样断裂前终止测试
723-03B	33.8	B0432004-101-204	70	0.01	应变计	7.8	58.1	66.7	试样断裂前终止测试
733-02A	34.4	B0432004-101-207	70	0.01	应变计	8.3	61.5	64.5	试样断裂前终止测试
733-02B	33.9	B0432004-101-207	70	0.01	应变计	7.8	61.1	68.1	试样断裂前终止测试

材料：钛基复合材料板
纤维：SCS-6(碳化硅)
基体：Ti-6Al-4V
产品形态：热等静压平板(6 in×9 in)
铺层方式：[0]₁₆单向
加工制备：FMW复合材料系统

试样几何形状：长条形
试样厚度：0.134 in(平均)
试样宽度：0.443 in(平均)
测试方法：ASTM D 5379-98(复合材料)
试验环境：液氮/实验室环境/电阻加热
测试日期：1月7日-2月9日

表 C4.3(e)(第 3 页,共 5 页)
SCS-6/Ti-6Al-4V
纵向剪切[0]₁₆
UDRI/TRL 原始数据

试样编号	纤维体积分数 /%	批次号(平板)	测试温度 /°F	压头速率 /(in/min)	应变传感器	G /Msi	比例极限 /ksi	屈服强度 0.2% /ksi	备注
812-02A	34.3	B0432004-101-215	70	0.01	应变计	7.8	58.9	67.0	试样断裂前终止测试
812-02B	34.3	B0432004-101-215	70	0.01	应变计	8.0	57.5	63.3	试样断裂前终止测试
823-02A	33.7	B0432004-101-219	70	0.01	应变计	7.8	64.0	68.7	试样断裂前终止测试
823-02B	34.0	B0432004-101-219	70	0.01	应变计	7.8	62.5	68.7	试样断裂前终止测试
843-11A	33.5	B0432004-101-225	70	0.01	应变计	7.8	55.1	61.5	试样断裂前终止测试
843-11B	33.1	B0432004-101-225	70	0.01	应变计	7.5	57.7	65.9	试样断裂前终止测试
平均	33.9					7.8	57.3	64.8	
412-02A	33.4	B0432004-101-155	400	0.01	应变计	7.4	42.0	48.8	试样断裂前终止测试
412-02B	33.5	B0432004-101-155	400	0.01	应变计	11.3	注解4	注解4	试样断裂前终止测试
422-04A	33.3	B0432004-101-158	400	0.01	应变计	7.6	43.9	48.0	试样断裂前终止测试
422-04B	33.1	B0432004-101-158	400	0.01	应变计	7.6	43.6	49.6	试样断裂前终止测试
432-01A	34.5	B0432004-101-161	400	0.01	应变计	7.8	47.1	54.5	试样断裂前终止测试

（续表）

试样编号	纤维体积分数 /%	批次号（平板）	测试温度 /°F	压头速率 /(in/min)	应变传感器	G /Msi	比例极限 /ksi	屈服强度 0.2% /ksi	备注
432-01B	34.8	B0432004-101-161	400	0.01	应变计	7.6	46.2	51.1	试样断裂前终止测试
823-10A	33.9	B0432004-101-219	400	0.01	应变计	7.5	46.0	50.6	试样断裂前终止测试
823-10B	33.4	B0432004-101-219	400	0.01	应变计	7.8	46.1	50.8	试样断裂前终止测试
833-09A	34.6	B0432004-101-222	400	0.01	应变计	7.7	42.3	50.9	试样断裂前终止测试
833-09B	34.4	B0432004-101-222	400	0.01	应变计	7.5	41.2	49.7	试样断裂前终止测试
852-09A	33.4	B0432004-101-227	400	0.01	应变计	7.5	41.2	49.7	试样断裂前终止测试
852-09B	33.5	B0432004-101-227	400	0.01	应变计	注解5	注解5	注解5	
平均	33.8					7.9	44.0	50.4	
112-08A	32.9	B0432004-101-110	600	0.01	应变计	9.3	40.1	注解4	在0.06%屈服之前应变计失效
112-08B	33.7	B0432004-101-110	600	0.01	应变计	注解5	注解5	注解5	试样丢失
122-04A	33.9	B0432004-101-113	600	0.01	应变计	4.1	16.2	32.4	试样断裂前终止测试
122-04B	33.8	B0432004-101-113	600	0.01	应变计	4.4	41.1	注解4	在0.06%屈服之前应变计失效
132-06A	33.4	B0432004-101-116	600	0.01	应变计	8.5	41.3	注解4	在0.2%屈服之前应变计失效
132-06B	33.1	B0432004-101-116	600	0.01	应变计	8.9	43.4	注解4	在0.2%屈服之前应变计失效
233-02A	33.5	B0432004-101-132	600	0.01	应变计	9.4	42.7	注解4	在0.2%屈服之前应变计失效
233-02B	33.5	B0432004-101-132	600	0.01	应变计	11.6	41.0	43.8	试样断裂前终止测试
242-13A	33.9	B0432004-101-134	600	0.01	应变计	15.3	45.7	注解4	试样断裂前终止测试
242-13B	33.7	B0432004-101-134	600	0.01	应变计	6.1	42.5	44.1	试样断裂前终止测试

材料：钛基复合材料板　　　　　　　　　试样几何形状：长条形

表 C4.3(e)(第 4 页，共 5 页)
SCS-6/Ti-6Al-4V
纵向剪切[0]₁₆
UDRI/TRL 原始数据

材料：钛基复合材料板
纤维：SCS-6(碳化硅)
基体：Ti-6Al-4V
产品形态：热等静压平板(6 in×9 in)
铺层方式：[0]₁₆ 单向
加工制备：FMW 复合材料系统

试样几何形状：长条形
试样厚度：0.134 in(平均)
试样宽度：0.443 in(平均)
测试方法：ASTM D 5379-98(复合材料)
试验环境：液氩/实验室环境/电阻加热
测试日期：1 月 7 日~2 月 9 日

试样编号	纤维体积分数 /%	批次号(平板)	测试温度 /°F	压头速率 /(in/min)	应变传感器	G /Msi	比例极限 /ksi	屈服强度 0.02% /ksi	备注
252-03A	33.0	B0432004-101-137	600	0.01	应变计	4.7	21.9	39.9	试样断裂之前终止测试
252-03B	33.2	B0432004-101-137	600	0.01	应变计	23.2	36.8	注解 4	试样断裂之前终止测试
312-04A	33.6	B0432004-101-140	600	0.01	应变计	8.7	41.9	45.8	试样断裂之前终止测试
312-04B	33.5	B0432004-101-140	600	0.01	应变计	5.7	39.9	注解 9	应变计在测试中失效
341-01A	34.5	B0432004-101-148	600	0.01	应变计	11.3	17.7	44.2	试样断裂之前终止测试
341-01B	34.8	B0432004-101-148	600	0.01	应变计	12.5	42.8	47.1	0.2%屈服强度手动确定
351-10A	34.1	B0432004-101-151	600	0.01	应变计	6.0	38.9	42.8	试样断裂之前终止测试
351-10B	33.7	B0432004-101-151	600	0.01	应变计	29.5	34.7	注解 4	试样断裂之前终止测试
422-07A	33.4	B0432004-101-158	600	0.01	应变计	9.9	19.2	46.5	数据仅来源于 1 个应变计；其他应变计在测试中过早失效
422-07B	33.1	B0432004-101-158	600	0.01	应变计	5.2	注解 5	注解 5	应变计过早失效；E 由 1 ksi 前数据算得
442-07A	33.4	B0432004-101-164	600	0.01	应变计	9.0	42.2	45.9	试样断裂之前终止测试

（续表）

试样编号	纤维体积分数 /%	批次号（平板）	测试温度 /°F	压头速率 /(in/min)	应变传感器	G /Msi	比例极限 /ksi	屈服强度 0.02% /ksi	备注
442-07B	33.8	B0432004-101-164	600	0.01	应变计	9.0	43.1	45.3	试样断裂之前终止测试
452-02A	33.1	B0432004-101-167	600	0.01	应变计	6.1	36.5	40.1	试样断裂之前终止测试
452-02B	34.3	B0432004-101-167	600	0.01	应变计	10.5	29.1	注解4	试样断裂之前终止测试
512-03A	34.3	B0432004-101-170	600	0.01	应变计	12.4	26.4	注解4	试样断裂之前终止测试
512-03B	34.4	B0432004-101-170	600	0.01	应变计	注解4	注解4	注解4	应变计数据有问题；不可用
523-10A	34.2	B0432004-101-174	600	0.01	应变计	12.4	26.9	注解4	试样断裂之前终止测试
523-10B	34.8	B0432004-101-174	600	0.01	应变计	12.3	18.7	46.6	比例极限和屈服强度由背部应变数据算得
533-09A	33.3	B0432004-101-177	600	0.01	应变计	7.4	注解5	注解5	应变计过早失效；E由2ksi前数据算得
533-09B	33.3	B0432004-101-177	600	0.01	应变计	8.7	41.8	44.8	试样断裂之前终止测试
612-03A	32.4	B0432004-101-185	600	0.01	应变计	7.3	36.9	45.7	试样断裂之前终止测试
612-03B	33.1	B0432004-101-185	600	0.01	应变计	4.5	18.4	40.1	试样断裂之前终止测试
623-02A	33.2	B0432004-101-189	600	0.01	应变计	11.6	17.7	44.2	试样断裂之前终止测试
623-02B	33.2	B0432004-101-189	600	0.01	应变计	9.2	40.3	44.0	试样断裂之前终止测试
633-09A	33.2	B0432004-101-192	600	0.01	应变计	5.7	39.5	46.7	试样断裂之前终止测试
633-09B	33.1	B0432004-101-192	600	0.01	应变计	14.5	41.3	注解4	试样断裂之前终止测试

材料：钛基复合材料板
纤维：SCS-6(碳化硅)
基体：Ti-6Al-4V
产品形态：热等静压平板(6 in×9 in)
铺层方式：[0]₁₆单向
加工制备：FMW复合材料系统

试样几何形状：长条形
试样厚度：0.134 in(平均)
试样宽度：0.443 in(平均)
测试方法：ASTM D 5379-98(复合材料)
试验环境：液氮/实验室环境/电阻加热
测试日期：1月7日—2月9日

表 C4.3(e)(第5页，共5页)
SCS-6/Ti-6Al-4V
纵向剪切[0]₁₆
UDRI/TRL 原始数据

试样编号	纤维体积分数 /%	批次号(平板)	测试温度 /°F	压头速率 /(in/min)	应变传感器	G /Msi	比例极限 /ksi	屈服强度 0.02% /ksi	备注
722-05A	33.6	B432004-101-203	600	0.01	应变计	7.3	37.7	44.9	试样断裂前终止测试
722-05B	33.9	B432004-101-203	600	0.01	应变计	6.5	34.7	42.4	试样断裂前终止测试
723-02A	34.6	B432004-101-204	600	0.01	应变计	8.7	42.0	46.4	试样断裂前终止测试
723-02B	34.4	B432004-101-204	600	0.01	应变计	8.0	41.4	45.8	试样断裂前终止测试
743-01A	34.3	B432004-101-210	600	0.01	应变计	5.9	36.6	42.4	试样断裂前终止测试
743-01B	34.2	B432004-101-210	600	0.01	应变计	7.8	42.5	47.4	试样断裂前终止测试
812-03A	33.9	B432004-101-215	600	0.01	应变计	10.1	35.4	46.2	试样断裂前终止测试
812-03B	34.2	B432004-101-215	600	0.01	应变计	4.3	16.8	36.3	第一次加载重新开始测试；引线后应变设计引线未连接测试
833-01A	35.0	B432004-101-222	600	0.01	应变计	9.8	18.5	注解4	弯曲变形严重，0.06%和0.2%屈服强度无用
833-01B	34.9	B432004-101-222	600	0.01	应变计	11.9	注解4	注解4	试样断裂前终止测试；屈服前2个应变均失效
843-12A	33.7	B432004-101-225	600	0.01	应变计	7.3	31.2	42.4	试样断裂前终止测试
843-12B	33.7	B432004-101-225	600	0.01	应变计	11.2	注解4	45.8	试样断裂前终止测试；1个应变设计失效；由1个应变设计数据算得屈服强度
平均	33.7					8.4	34.4	43.8	

注解1：测试终止前应力-应变呈线性关系。　注解2：失效前未达到0.02%变形。　注解3：失效前未达到0.2%变形。　注解4：未给出数值，应力-应变数据异常。　注解5：无可用应力-应变数据。　注解6：试样在标距范围外断裂；测得了最大应力。　注解7：未给出数据，临近测试结束引伸计脱。　注解8：手动确定比例极限。　注解9：没有足够的数据点进行计算。　注解10：失效前未达到0.06%变形。

表C4.3(f)(第1页,共6页) SCS-6/Ti-6Al-4V 纵向疲劳[0]₁₆ UDRI/TRL 原始数据

材料：钛基复合材料板
纤维：SCS-6(碳化硅)
基体：Ti-6Al-4V
产品形态：热等静压平板(6 in×9 in)
铺层方式：[0]$_{16}$单向
加工制备：FMW复合材料系统
应力比：0.1

试样几何形状：狗骨形
试样厚度：0.135 in(平均)
试样宽度：0.401 in(平均)
测试方法：ASTM E 466-96(金属)
试验环境：液氮/实验室环境/电阻加热
测试日期：8月6日—3月9日

试样编号	纤维体积分数/%	批次号(平板)	试验温度/°F	频率/Hz	应变传感器	E_i(N=1)/Msi	E_i(N=N_f/2)/Msi	σ_{max}/ksi	σ_{min}/ksi	N_f	备注
811-01	34.2	B0432004-101-214	-65	1,5	引伸计	30.1	30.4	170	17	16 530	
811-04	33.7	B0432004-101-214	-65	1,5	引伸计	28.7	29.5	150	15	40 745	
811-09	33.7	B0432004-101-214	-65	1,10	引伸计	28.3	注解5	130	13	121 572	
811-13	33.4	B0432004-101-214	-65	15~20	引伸计	30.1	注解5	110	11	363 531	
813-01	34.7	B0432004-101-216	-65	1,10	引伸计	28.4	注解5	90	9	531 222	
813-03	33.6	B0432004-101-216	-65	1	引伸计	28.7	28.6	170	17	13 527	
813-06	32.9	B0432004-101-216	-65	1,10	引伸计	29.0	注解5	130	13	56 471	
813-11	33.2	B0432004-101-216	-65	1,10	引伸计	27.9	注解5	130	13	84 619	
821-02	33.8	B0432004-101-217	-65	1,10	引伸计	29.0	27.6	110	11	78 925	
821-04	33.2	B0432004-101-217	-65	1,10	引伸计	29.0	注解5	90	9	610 189	
821-06	33.3	B0432004-101-217	-65	1	引伸计	28.6	28.5	170	17	15 529	
821-09	33.2	B0432004-101-217	-65	1,5	引伸计	28.7	29.0	150	15	24 591	
831-02	33.9	B0432004-101-220	-65	1,10	引伸计	29.8	注解5	130	13	76 190	

（续表）

试样编号	纤维体积分数 /%	批次号（平板）	试验温度 /°F	频率 /Hz	应变传感器	E_i (N=1) /Msi	E_i (N=$N_f/2$) /Msi	σ_{max} /ksi	σ_{min} /ksi	N_f	备注
831-04	33.2	B0432004-101-220	-65	1,10	引伸计	26.8	注解5	110	11	249 806	液氮用完,在-65℉循环数据未知
831-06	32.8	B0432004-101-220	-65	1,10	无	注解5	注解5	90	9		
831-08	32.8	B0432004-101-220	-65	1	引伸计	28.2	28.3	170	17	7 773	
841-03	33.9	B0432004-101-223	-65	1,5	引伸计	27.4	27.5	150	15	36 822	
841-05	33.9	B0432004-101-223	-65	1,10	引伸计	30.1	注解5	130	13	108 634	
841-07	33.2	B0432004-101-223	-65	1,10	引伸计	27.4	29.2	110	11	215 622	
841-09	33.1	B0432004-101-223	-65	1,10	引伸计	30.6	注解5	90	9	1 000 000	
842-02	34.4	B0432004-101-224	-65	1	引伸计	28.4	28.0	170	17	12 268	
851-05	33.5	B0432004-101-226	-65	1	引伸计	29.0	28.1	150	15	39 900	
851-07	33.6	B0432004-101-226	-65	1,10	引伸计	29.4	注解5	130	13	99 901	
851-09	33.8	B0432004-101-226	-65	1,5,10	引伸计	28.7	28.2	110	11	173 797	
851-11	33.9	B0432004-101-226	-65	1,10	引伸计	30.4	注解5	90	9	590 567	
平均	33.6					28.9					
111-04	33.7	B0432004-101-109	70	20	引伸计	30.6	31.2	110	11	294 833	2万次循环得到 E_i (N=$N_f/2$)
111-08	33.5	B0432004-101-109	70	20	应变计	33.6	32.8	150	15	62 130	
111-12	33.6	B0432004-101-109	70	20	无	注解5	注解5	130	13	129 984	
112-01	33.8	B0432004-101-110	70	20	引伸计	29.2	28.1	110	11	254 971	
121-06	34.2	B0432004-101-112	70	20	引伸计	30.6	29.3	110	11	1 000 000	越出

材料：钛基复合材料板
纤维：SCS-6(碳化硅)
基体：Ti-6Al-4V
产品形态：热等静压平板(6 in×9 in)
铺层方式：[0]₁₆单向
加工制备：FMW复合材料系统
应力比：0.1

试样几何形状：狗骨形
试样厚度：0.135 in(平均)
试样宽度：0.401 in(平均)
测试方法：ASTM E 466-96(金属)
试验环境：液氮/实验室环境/电阻加热
测试日期：8月6日-3月9日

表 C4.3(f)（第 2 页，共 6 页）
SCS-6/Ti-6Al-4V
纵向疲劳[0]₁₆
UDRI/TRL 原始数据

试样编号	纤维体积分数/%	批次号(平板)	试验温度/°F	频率/Hz	应变传感器	E_i (N=1)/Msi	E_i (N=N_f/2)/Msi	σ_{max}/ksi	σ_{min}/ksi	N_f	备注
121-10	33.8	B0432004-101-112	70	20	应变计	33.9	33.5	90	9	1 000 000	越出
121-13	34.4	B0432004-101-112	70	1~10	引伸计	39.5	37.2	130	13	425 482	
122-10	33.4	B0432004-101-113	70	1~20	无	注解5	注解5	170	17	21 104	
131-02	33.6	B0432004-101-115	70	5~20	无	注解5	注解5	130	13	171 087	
131-07	34.3	B0432004-101-115	70	20	应变计	33.7	33.5	150	15	36 387	
131-11	34.2	B0432004-101-115	70	1~10	引伸计	38.6	39.1	170	17	20 198	
132-01	33.2	B0432004-101-116	70	20	应变计	29.6	注解5	90	9	1 000 000	越出
141-01	34.1	B0432004-101-116	70	1~10	引伸计	37.2	35.5	100	11	1 000 000	
141-03	33.3	B0432004-101-116	70	1~20	无	注解5	注解5	170	17	28 641	
141-07	33.3	B0432004-101-118	70	5~20	无	注解5	注解5	130	13	202 776	
141-09	33.5	B0432004-101-118	70	20	无	注解5	注解5	60	6	1 000 000	
141-11	33.6	B0432004-101-118	70	1~10	引伸计	38.7	39.3	110	11	555 198	
142-02	33.2	B0432004-101-118	70	1~10	引伸计	37.5	37.2	170	17	22 817	

（续表）

试样编号	纤维体积分数 /%	批次号（平板）	试验温度 /°F	频率 /Hz	应变传感器	E_i（N=1）/Msi	E_i（N=$N_f/2$）/Msi	σ_{max} /ksi	σ_{min} /ksi	N_f	备注
142-06	33.2	B0432004-101-118	70	20	应变计	31.7	32.0	90	9	1 000 000	越出
151-01	33.9	B0432004-101-119	70	1~20	无	注解5	注解5	170	17	18 537	
151-04	33.2	B0432004-101-119	70	20	应变计	30.0	30.6	150	15	28 155	
151-05	33.3	B0432004-101-121	70	1~10	引伸计	38.6	39.7	130	13	62 385	
411-04	32.7	B0432004-101-169	70	1~10	引伸计	35.6	35.9	170	17	20 811	
411-07	33.2	B0432004-101-169	70	1~10	引伸计	36.7	38.1	150	15	36 002	
411-12	32.8	B0432004-101-169	70	1~20	引伸计	29.9	29.5	130	13	120 552	
412-07	32.7	B0432004-101-171	70	1~20	引伸计	29.0	28.9	90	9	1 000 000	
412-10	32.6	B0432004-101-171	70	20	引伸计	28.7	28.0	110	11	257 745	
421-01	32.7	B0432004-101-171	70	1~10	引伸计	37.8	37.8	170	17	18 557	
421-06	32.5	B0432004-101-172	70	1~10	引伸计	37.0	37.2	150	15	36 838	
421-10	33.1	B0432004-101-172	70	1~10	引伸计	37.1	37.7	130	13	73 223	
422-02	34.3	B0432004-101-172	70	1~20	引伸计	29.7	29.2	90	9	599 082	
422-09	32.7	B0432004-101-172	70	20	引伸计	28.8	28.6	110	11	155 638	
431-01	33.9	B0432004-101-173	70	1~10	引伸计	35.0	34.3	170	17	14 010	
431-08	33.1	B0432004-101-173	70	1~10	引伸计	34.9	35.0	150	15	24 356	
431-12	33.6	B0432004-101-175	70	1~10	引伸计	35.5	34.8	130	13	80 623	
432-02	33.6	B0432004-101-175	70	1~20	引伸计	28.5	28.3	90	9	1 000 000	
432-10	32.8	B0432004-101-175	70	20	引伸计	29.1	29.1	110	11	250 724	
441-03	33.9	B0432004-101-175	70	1~10	引伸计	36.6	36.4	170	17	25 220	

材料：钛基复合材料板
纤维：SCS-6（碳化硅）
基体：Ti-6Al-4V
产品形态：热等静压平板（6 in×9 in）
铺层方式：[0]₁₆单向
加工制备：FMW复合材料系统
应力比：0.1

试样几何形状：狗骨形
试样厚度：0.135 in(平均)
试样宽度：0.401 in(平均)
测试方法：ASTM E 466-96(金属)
试验环境：液氮/实验室环境/电阻加热
测试日期：8月6日-3月9日

表 C4.3(f)(第 3 页，共 6 页)
SCS-6/Ti-6Al-4V
纵向疲劳 [0]₁₆
UDRI/TRL 原始数据

试样编号	纤维体积分数/%	批次号(平板)	试验温度/°F	频率/Hz	应变传感器	E_i ($N=1$)/Msi	E_i ($N=N_f/2$)/Msi	σ_{max}/ksi	σ_{min}/ksi	N_f	备注
441-08	33.1	B0432004-101-176	70	1~10	引伸计	37.4	37.2	150	15	46 632	
441-13	34.7	B0432004-101-178	70	1~10	引伸计	36.7	33.7	130	13	147 083	
442-01	34.8	B0432004-101-178	70	1~20	引伸计	29.4	29.2	90	9	1 000 000	
442-04	33.8	B0432004-101-178	70	20	引伸计	29.3	28.6	110	11	246 258	
451-03	33.9	B0432004-101-178	70	1~10	引伸计	36.6	37.1	170	17	19 297	
451-07	34.0	B0432004-101-179	70	1~10	引伸计	36.0	35.7	150	15	37 847	
451-11	34.2	B0432004-101-179	70	1~10	引伸计	35.5	33.4	130	13	85 696	
452-07	33.5	B0432004-101-181	70	1~20	引伸计	27.3	27.9	90	9	788 072	
452-10	33.4	B0432004-101-181	70	20	引伸计	29.7	29.9	110	11	81 310	
611-02	33.1	B0432004-101-199	70	20	引伸计	29.2	29.5	170	17	11 274	
611-05	32.9	B0432004-101-199	70	1~10	引伸计	36.2	36.1	150	15	14 790	
611-08	32.8	B0432004-101-199	70	1~10	引伸计	35.2	34.2	110	11	88 063	
611-11	33.0	B0432004-101-200	70	20	引伸计	29.7	30.0	130	13	37 824	

（续表）

试样编号	纤维体积分数 /%	批次号（平板）	试验温度 /°F	频率 /Hz	应变传感器	E_i ($N=1$) /Msi	E_i ($N=N_f/2$) /Msi	σ_{max} /ksi	σ_{min} /ksi	N_f	备注
613-05	32.5	B0432004-101-200	70	1~10	引伸计	34.9	32.4	90	9	298 170	
613-09	33.0	B0432004-101-200	70	1~10	引伸计	36.3	36.1	150	15	20 022	
613-13	33.5	B0432004-101-201	70	20	引伸计	29.0	28.1	170	17	11 845	
621-01	32.4	B0432004-101-201	70	1~10	引伸计	35.2	34.1	110	11	116 063	
621-04	32.9	B0432004-101-201	70	1~10	引伸计	35.7	36.4	90	9	331 427	
621-08	33.6	B0432004-101-201	70	20	引伸计	29.7	29.7	130	13	37 125	
621-13	33.6	B0432004-101-202	70	1~10	引伸计	34.7	34.0	150	15	20 045	
622-01	32.2	B0432004-101-202	70	1~10	引伸计	36.0	34.9	110	11	75 640	
622-02	33.1	B0432004-101-202	70	20	引伸计	29.0	29.3	170	17	7 471	
622-04	32.6	B0432004-101-205	70	1~10	引伸计	36.0	36.1	150	15	21 844	
631-02	33.2	B0432004-101-205	70	1~10	引伸计	35.6	35.4	110	11	53 782	
631-06	33.2	B0432004-101-205	70	20	引伸计	28.9	27.6	130	13	41 201	
631-10	34.3	B0432004-101-205	70	1~10	引伸计	37.8	38.1	90	9	258 558	
641-02	33.7	B0432004-101-208	70	1~10	引伸计	36.8	36.6	90	9	383 564	
641-05	33.2	B0432004-101-208	70	20	引伸计	29.1	28.4	170	17	12 139	
641-08	32.6	B0432004-101-208	70	1~10	引伸计	33.8	33.5	150	15	25 849	
642-02	33.9	B0432004-101-208	70	20	引伸计	29.0	27.0	130	13	29 823	
642-12	34.9	B0432004-101-211	70	20	引伸计	30.3	30.8	170	17	12 980	
651-02	34.1	B0432004-101-211	70	1~10	引伸计	36.8	35.7	110	11	140 951	
651-06	33.5	B0432004-101-211	70	1~10	引伸计	35.4	34.7	90	9	399 582	

表 C4.3(f)(第 4 页,共 6 页)
SCS-6/Ti-6Al-4V
纵向疲劳[0]₁₆
UDRI/TRL 原始数据

材料:钛基复合材料板
纤维:SCS-6(碳化硅)
基体:Ti-6Al-4V
产品形态:热等静压平板(6 in×9 in)
铺层方式:[0]₁₆ 单向
加工制备:FMW复合材料系统
应力比:0.1

试样几何形状:狗骨形
试样厚度:0.135 in(平均)
试样宽度:0.401 in(平均)
测试方法:ASTM E 466-96(金属)
试验环境:液氮/实验室环境/电阻加热
测试日期:8月6日-3月9日

试样编号	批次号(平板)	纤维体积分数/%	试验温度/°F	频率/Hz	应变传感器	E_i ($N=1$)/Msi	E_i ($N=N_f/2$)/Msi	σ_{max}/ksi	σ_{min}/ksi	N_f	备注
651-10 平均	B0432004-101-211 平均	33.3 / 33.4	70	20	引伸计	30.0 / 33.4	30.0 / 33.1	130	13	44 386	
311-01	B0432004-101-139	33.4	600	20	应变计	31.9	31.7	140	14	95 650	
311-05	B0432004-101-139	33.9	600	3	引伸计	27.3	26.9	160	16	44 495	
311-11	B0432004-101-139	33.5	600	3,10	引伸计	26.3	25.9	120	12	263 481	
311-13	B0432004-101-139	33.5	600	1	无	注解5	注解5	100	10	913 058	
312-07	B0432004-101-140	33.9	600	20	无	注解5	注解5	80	8	1 000 000	替换#349
312-09	B0432004-101-140	33.9	600	1	无	注解5	注解5	100	10	322 075	停电-槽糕的实验
312-11	B0432004-101-140	34.0	600	20	引伸计	26.6	26.1	140	14	112 877	
321-01	B0432004-101-142	34.1	600	3,20	无	注解5	注解5	100	10	1 000 000	替换#385
321-03	B0432004-101-142	33.6	600	20	引伸计	26.9	26.6	80	8	1 000 000	
321-06	B0432004-101-142	33.2	600	3	引伸计	28.7	28.3	160	16	37 659	
321-13	B0432004-101-142	33.4	600	3	引伸计	28.0	27.9	120	12	360 609	

（续表）

试样编号	纤维体积分数/%	批次号（平板）	试验温度/°F	频率/Hz	应变传感器	E_1（N=1）/Msi	E_1（N=N_f/2）/Msi	σ_{max}/ksi	σ_{min}/ksi	N_f	备注
322-02	35.0	B0432004-101-143	600	20	引伸计	29.0	28.3	140	14	55 298	
322-11	33.4	B0432004-101-143	600	3,20	无	注解5	注解5	100	10		停电-糟糕的实验
322-12	34.2	B0432004-101-143	600	3	引伸计	28.9	29.1	160	16	66 598	
331-02	34.5	B0432004-101-145	600	20	无	注解5	注解5	80	8	1 000 000	
331-11	33.8	B0432004-101-145	600	20	引伸计	29.3	28.6	120	12	472 884	
332-09	33.6	B0432004-101-146	600	3,10	引伸计	25.8	25.9	100	10	924 285	
332-11	33.9	B0432004-101-146	600	20	无	注解5	注解5	140	14	17 659	
332-12	34.3	B0432004-101-146	600	1	引伸计	26.4	注解5	160	16	37 884	
341-02	34.4	B0432004-101-148	600	20	引伸计	28.0	注解5	120	12	415 420	
341-04	34.1	B0432004-101-148	600	20	无	注解5	注解5	80	8	1 000 000	
341-10	33.6	B0432004-101-148	600	3,20	引伸计	28.2	28.1	100	10	1 000 000	
342-01	34.8	B0432004-101-149	600	20	引伸计	27.1	注解5	160	16	92 716	
342-04	34.1	B0432004-101-149	600	20	引伸计	29.5	28.8	140	14	98 211	
351-01	34.7	B0432004-101-151	600	20	引伸计	27.2	注解5	120	12	318 645	
351-03	34.5	B0432004-101-151	600	3,20	引伸计	25.8	25.4	100	10	928 011	
351-05	34.9	B0432004-101-151	600	20	无	注解5	注解5	80	8	1 000 000	
511-02	34.8	B0432004-101-169	600	1,3	引伸计	27.8	注解5	160	16	41 508	
511-05	33.7	B0432004-101-169	600	1,3	引伸计	32.7	注解5	140	14	96 681	
511-09	33.5	B0432004-101-169	600	20	无	注解5	注解5	100	10	476 688	
513-03	33.7	B0432004-101-171	600	1,3	引伸计	31.3	注解5	120	12	143 848	

材料：钛基复合材料板
纤维：SCS-6（碳化硅）
基体：Ti-6Al-4V
产品形态：热等静压平板（6 in×9 in）
铺层方式：[0]₁₆单向
加工制备：FMW复合材料系统
应力比：0.1

试样几何形状：狗骨形
试样厚度：0.135 in（平均）
试样宽度：0.401 in（平均）
测试方法：ASTM E 466-96（金属）
试验环境：液氢/实验室环境/电阻加热
测试日期：8月6日—3月9日

表C4.3(f)(第5页，共6页)
SCS-6/Ti-6Al-4V
纵向疲劳[0]₁₆
UDRI/TRL 原始数据

试样编号	纤维体积分数 /%	批次号（平板）	试验温度 /°F	频率 /Hz	应变传感器	E_i ($N=1$) /Msi	E_i ($N=N_f/2$) /Msi	σ_{max} /ksi	σ_{min} /ksi	N_f	备注
513-06	33.4	B0432004-101-171	600	1,20	引伸计	30.9	30.4	90	9	913 292	
513-10	33.3	B0432004-101-171	600	20	无	注解5	注解5	100	10	376 677	
521-02	34.3	B0432004-101-172	600	1,3	引伸计	25.8	25.7	160	16	38 361	
521-04	33.1	B0432004-101-172	600	1,3	引伸计	23.8	注解5	140	14	66 759	
521-06	33.2	B0432004-101-172	600	1,3,20	引伸计	31.8	注解5	120	12	187 379	
521-10	33.3	B0432004-101-172	600	1,3,20	引伸计	25.9	26.0	90	9	1 000 000	
522-01	34.5	B0432004-101-173	600	1,3	引伸计	26.5	27.0	160	16	36 712	
531-01	33.4	B0432004-101-175	600	20	引伸计	25.9	26.1	100	10	103 086	
531-04	33.2	B0432004-101-175	600	1,3	引伸计	26.2	25.7	140	14	75 977	
531-08	33.2	B0432004-101-175	600	1,3	引伸计	26.4	26.0	120	12	116 448	
531-12	33.5	B0432004-101-175	600	1,3,20	引伸计	27.2	27.4	90	9	887 007	
532-01	34.5	B0432004-101-176	600	1	引伸计	24.9	注解5	160	16	15 937	

（续表）

试样编号	纤维体积分数/%	批次号（平板）	试验温度/°F	频率/Hz	应变传感器	E_i ($N=1$)/Msi	E_i ($N=N_f/2$)/Msi	σ_{max}/ksi	σ_{min}/ksi	N_f	备注
532-11	34.3	B0432004-101-176	600	1,3	引伸计	26.7	26.7	140	14	75 031	糟糕的试验
541-03	33.9	B0432004-101-178	600	20	引伸计	26.9	注解 5	100	10		
541-06	34.2	B0432004-101-178	600	1,3,20	引伸计	26.2	26.1	120	12	256 682	
541-10	33.9	B0432004-101-178	600	1,3,20	引伸计	27.4	注解 5	90	9	1 000 000	
541-13	34.2	B0432004-101-178	600	20	无	注解 5	注解 5	100	10	469 526	
542-09	34.2	B0432004-101-179	600	1,3	引伸计	27.0	注解 5	160	16	32 415	利用 115 ksi 前数据估计算 E 值，超出范围数据不可用
551-04	33.3	B0432004-101-181	600	1,3	引伸计	26.7	注解 5	140	14	46 977	
551-07	33.4	B0432004-101-181	600	1,3,20	引伸计	25.3	注解 5	120	12	215 974	
551-10	33.5	B0432004-101-181	600	1,20	引伸计	23.6	注解 5	90	9	1 000 000	
711-07	32.7	B0432004-101-199	600	1,3	引伸计	29.8	注解 5	140	14	57 116	
711-09	32.6	B0432004-101-199	600	20	引伸计	24.5	24.2	160	16	16 383	
711-11	32.6	B0432004-101-199	600	1,3,20	引伸计	27.6	注解 5	100	10	489 156	
713-01	34.2	B0432004-101-201	600	1,20	引伸计	27.1	注解 5	80	8	1 000 000	
713-05	33.4	B0432004-101-201	600	20	无	注解 5	注解 5	120	12	83 573	
713-09	33.7	B0432004-101-201	600	1,3	引伸计	27.1	注解 5	140	14	77 147	
713-12	32.9	B0432004-101-201	600	1,3,20	引伸计	28.5	注解 5	100	10	456 313	
721-03	32.8	B0432004-101-202	600	20	无	注解 5	注解 5	160	16	18 002	
721-08	33.3	B0432004-101-202	600	1,3,20	引伸计	28.1	28.4	90	9	916 973	
721-12	33.5	B0432004-101-202	600	1,3	引伸计	26.7	25.2	140	14	65 442	
731-02	33.5	B0432004-101-205	600	20	无	注解 5	注解 5	120	12	226 093	

表 C4.3(f)(第 6 页，共 6 页)
SCS-6/Ti-6Al-4V
纵向疲劳[0]16
UDRI/TRL 原始数据

材料：钛基复合材料板
纤维：SCS-6(碳化硅)
基体：Ti-6Al-4V
产品形态：热等静压板(6 in×9 in)
铺层方式：[0]16 单向
加工制备：FMW 复合材料系统有限公司
应力比：0.1

试样几何形状：狗骨形
试样厚度：0.135 in(平均)
试样宽度：0.401 in(平均)
测试方法：ASTM E 466-96(金属)
试验环境：液氮/实验室环境/电阻加热
测试日期：8 月 6 日—3 月 9 日

试样编号	批次号(平板)	纤维体积分数/%	试验温度/°F	频率/Hz	应变传感器	E_i (N=1)/Msi	E_i (N=N_f/2)/Msi	σ_{max}/ksi	σ_{min}/ksi	N_f	备注
731-04	B0432004-101-205	32.8	600	1,3,20	引伸计	26.2	25.4	100	10	583 953	
731-08	B0432004-101-205	32.8	600	20	无	注解5	注解5	160	16	27 500	
731-11	B0432004-101-205	33.0	600	20	引伸计	26.0	25.3	120	12	131 772	
732-02	B0432004-101-206	33.5	600	1,3,20	引伸计	27.0	27.0	90	9	723 680	
741-01	B0432004-101-208	34.0	600	1,3	引伸计	27.3	26.4	140	14	70 676	
741-03	B0432004-101-208	33.2	600	20	无	注解5	注解5	160	16	59 874	
741-08	B0432004-101-208	33.1	600	1,3,20	引伸计	25.3	29.8	100	10	494 899	
741-10	B0432004-101-208	32.9	600	1,3,20	引伸计	26.3	25.6	101	10	655 290	
742-02	B0432004-101-209	34.7	600	20	无	注解5	注解5	120	12	336 640	
742-11	B0432004-101-209	33.6	600	1,20	引伸计	28.4	注解5	140	14	53 916	
751-01	B0432004-101-211	34.5	600	1,3	引伸计	28.7	注解5	100	10	626 019	
751-04	B0432004-101-211	33.3	600	20	引伸计	27.7	27.4	160	16	23 970	
751-08	B0432004-101-211	33.3	600	1	引伸计	24.7	注解5	90	9		电源失效，糟糕的实验
751-11	B0432004-101-211	33.2	600	20	无	注解5	注解5	120	12	215 171	
平均		33.7				27.3	27.1				

注解 1：测试停止前应力-应变呈线性关系。　注解 2：失效前未达到 0.02%变形。　注解 3：失效前未达到 0.2%变形。　注解 4：未给出数值，应力-应变数据异常。　注解 5：无可用应力-应变数据。　注解 6：试样在标距范围外断裂；测得失效时最大应变值。　注解 7：未给出数据，临近测试结束引伸计滑脱。　注解 8：手动确定比例极限。　注解 9：没有足够的数据点来进行计算。

材料：钛基复合材料板
纤维：SCS-6(碳化硅)
基体：Ti-6Al-4V
产品形态：热等静压板(6 in×9 in)
铺层方式：[0]₁₆单向
加工制备：FMW复合材料系统有限公司
应力比：−1

试样几何形状：狗骨形
试样厚度：0.135 in(平均)
试样宽度：0.401 in(平均)
测试方法：ASTM E 466-96(金属)
试验环境：液氮/实验室环境/电阻加热
测试日期：10 月 6 日−4 月 9 日

表 C4.3(g)(第 1 页,共 6 页)
SCS-6/Ti-6Al-4V
纵向疲劳[0]₁₆
UDRI/TRL 原始数据

试样编号	纤维体积分数 /%	批次号(平板)	试验温度 /℉	频率 /Hz	应变传感器	E_1^i (N=1) /Msi	E_1^i (N=N_f/2) /Msi	σ_{max} /ksi	σ_{min} /ksi	N_f	备注
811-03	34.1	B0432004-101-214	−65	1,5	引伸计	28.7	28.4	120	−120	31 817	
811-05	33.8	B0432004-101-214	−65	1,5	引伸计	28.4	27.0	100	−100	61 552	
811-10	33.8	B0432004-101-214	−65	5	引伸计	26.5	注解 5	80	−80	157 546	
811-12	34.2	B0432004-101-214	−65	1,5	引伸计	28.6	注解 5	70	−70	212 719	
813-07	33.5	B0432004-101-216	−65	1,5	引伸计	26.9	注解 5	60	−60	587 922	
813-08	33.4	B0432004-101-216	−65	1,3	引伸计	28.5	27.3	120	−120	31 172	
813-12	33.0	B0432004-101-216	−65	1,3,5	引伸计	27.4	26.3	100	−100	63 548	
813-13	33.4	B0432004-101-216	−65	1,5	引伸计	28.4	注解 5	80	−80	111 680	
821-01	33.6	B0432004-101-217	−65	1,5	引伸计	31.0	注解 5	70	−70	227 045	
821-05	33.1	B0432004-101-217	−65	1,5	引伸计	26.4	注解 5	60	−60	361 436	
821-11	33.1	B0432004-101-217	−65	1	引伸计	28.7	28.7	120	−120	35 509	
821-13	33.5	B0432004-101-218	−65	1,5	无	27.4	27.4	100	−100	68 268	
822-12	34.6	B0432004-101-218	−65	5	引伸计	注解 5	注解 5	60	−60	341 963	
831-01	33.3	B0432004-101-220	−65	1,5	引伸计	28.8	注解 5	80	−80	118 775	

（续表）

试样编号	纤维体积分数 /%	批次号（平板）	试验温度 /℉	频率 /Hz	应变传感器	E_i (N=1) /Msi	E_i (N=N_f/2) /Msi	σ_{max} /ksi	σ_{min} /ksi	N_f	备注
831-03	33.3	B0432004-101-220	-65	1.5	引伸计	28.3	注解5	70	-70	244 206	液氮用完，在-65℉循环
831-07	32.7	B0432004-101-220	-65	1.5	引伸计	26.1	注解5	60	-60		数据未知
831-09	32.8	B0432004-101-220	-65	1	引伸计	27.5	27.7	120	-120	30 681	
841-01	34.3	B0432004-101-223	-65	1.5	引伸计	28.3	28.1	100	-100	56 376	
841-04	33.5	B0432004-101-223	-65	1.5	引伸计	26.9	注解5	80	-80	153 681	
841-08	33.4	B0432004-101-223	-65	5	无	注解5	注解5	70	-70	875 842	
841-10	33.6	B0432004-101-223	-65	5	引伸计	29.3	注解5	60	-60	629 255	
842-12	34.6	B0432004-101-224	-65	1.5	引伸计	28.1	27.9	120	-120	41 743	
851-02	34.0	B0432004-101-226	-65	1.5	引伸计	28.7	27.8	100	-100	61 529	
851-04	33.3	B0432004-101-226	-65	5	引伸计	28.5	注解5	80	-80	135 818	
851-06	33.7	B0432004-101-226	-65	1.5	无	注解5	注解5	70	-70	218 330	
851-10	34.0	B0432004-101-226	-65	1.5	引伸计	28.0	注解5	60	-60	479 395	
平均	33.6										
111-05	33.7	B0432004-101-109	70	3~5	无	注解5	注解5	90	-90	167 753	加强片伸展
111-10	33.4	B0432004-101-109	70	5	应变计	32.3	注解5	110	-110	34 850	加强片伸展；在3个地方断裂
111-11	33.4	B0432004-101-109	70	1~3	无	注解5	注解5	120	-120	20 743	加强片伸展
112-02	33.6	B0432004-101-110	70	15	无	注解5	注解5	70	-70	1 000 000	

表 C4.3(g)(第 2 页，共 6 页)
SCS-6/Ti-6Al-4V
纵向疲劳[0]16
UDRI/TRL 原始数据

材料：钛基复合材料板
纤维：SCS-6(碳化硅)
基体：Ti-6Al-4V
产品形态：热等静压板(6 in×9 in)
铺层方式：[0]16 单向
加工制备：FMW 复合材料系统有限公司
应力比：-1

试样几何形状：狗骨形
试样厚度：0.135 in(平均)
试样宽度：0.401 in(平均)
测试方法：ASTM E 466-96(金属)
试验环境：液氮/实验室环境/电阻加热
测试日期：10 月 6 日-4 月 9 日

试样编号	纤维体积分数 /%	批次号(平板)	试验温度 /°F	频率 /Hz	应变传感器	E_i (N=1) /Msi	E_i (N=$N_f/2$) /Msi	σ_{max} /ksi	σ_{min} /ksi	N_f	备注
112-03	33.3	B0432004-101-110	70	2	引伸计	31.6	31.3	120	-120	21 153	
112-11	33.5	B0432004-101-110	70	5	引伸计	28.6	28.3	60	-60	1 000 000	
113-09	34.0	B0432004-101-111	70	5	无	注解5	注解5	100	-100	33 990	
121-01	33.2	B0432004-101-112	70	1~3	无	注解5	注解5	100	-100	99 391	加强片伸展
121-04	34.1	B0432004-101-112	70	15	无	注解5	注解5	70	-70	1 000 000	
122-06	33.9	B0432004-101-113	70	2	引伸计	28.4	25.6	80	-80	299 968	
122-08	33.1	B0432004-101-113	70	2	引伸计	27.5	27.0	120	-120	19 443	
122-09	33.2	B0432004-101-113	70	5	无	注解5	注解5	60	-60	1 000 000	
122-11	33.3	B0432004-101-113	70	1~5	无	注解5	注解5	90	-90	51 848	加强片伸展
131-05	33.6	B0432004-101-115	70	15	无	注解5	注解5	70	-70	1 000 000	
131-12	33.9	B0432004-101-115	70	1~3	无	注解5	注解5	120	-120	23 021	加强片伸展
132-02	33.2	B0432004-101-116	70	5	应变计	31.0	注解5	110	-110	33 256	加强片伸展
132-03	33.2	B0432004-101-116	70	5	无	注解5	注解5	80	-80	303 334	加强片伸展
132-09	33.2	B0432004-101-116	70	1~3	无	注解5	注解5	100	-100	60 983	加强片伸展

（续表）

试样编号	纤维体积分数 /%	批次号(平板)	试验温度 /°F	频率 /Hz	应变传感器	E_i (N=1) /Msi	E_i (N=N_f/2) /Msi	σ_{max} /ksi	σ_{min} /ksi	N_f	备注
132-11	33.6	B043Z004-101-116	70	15	无	注解5	注解5	70	-70	449 750	
141-02	33.4	B043Z004-101-118	70	5	应变计	32.2	注解5	110	-110	45 510	加强片伸展
141-05	33.2	B043Z004-101-118	70	2	引伸计	31.2	32.7	120	-120	20 506	
141-06	33.5	B043Z004-101-118	70	1~5	无	注解5	注解5	90	-90	279 084	加强片伸展
141-08	33.2	B043Z004-101-118	70	5	无	注解5	注解5	70	-70	1 000 000	
141-09	33.5	B043Z004-101-118	70	5	无	注解5	注解5	60	-60	1 000 000	
141-10		B043Z004-101-118	70	5	无	注解5	注解5	80	-80	87 672	
141-12	33.7	B043Z004-101-118	70	1~3	无	注解5	注解5	120	-120	30 906	加强片伸展
141-13	33.7	B043Z004-101-118	70	5	引伸计	27.9	27.6	70	-70	1 000 000	
142-10	33.1	B043Z004-101-119	70	1~3	无	注解5	注解5	100	-100	51 498	加强片伸展
142-11	33.3	B043Z004-101-119	70	5	引伸计	28.9	28.0	80	-80	294 366	
151-02	33.5	B043Z004-101-121	70	5	无	注解5	注解5	70	-70	597 835	
151-10	33.4	B043Z004-101-121	70	5	引伸计	31.9	32.6	80	-80	110 439	
153-12	33.3	B043Z004-101-123	70	5	无	注解5	注解5	60	-60	1 000 000	
511-01	34.3	B043Z004-101-169	70	5	无	注解5	注解5	60	-60	1 000 000	
511-10	33.6	B043Z004-101-169	70	1	引伸计	28.7	28.3	120	-120	25 631	
511-13	33.3	B043Z004-101-169	70	10	无	注解5	注解5	70	-70	625 438	
513-01	34.3	B043Z004-101-171	70	5	无	注解5	注解5	60	-60	1 000 000	
513-04	33.3	B043Z004-101-171	70	1.3	引伸计	31.8	32.3	100	-100	58 038	

材料: 钛基复合材料板
纤维: SCS-6(碳化硅)
基体: Ti-6Al-4V
产品形态: 热等静压板(6 in×9 in)
铺层方式: [0]₁₆ 单向
加工制备: FMW 复合材料系统有限公司
应力比: -1

试样几何形状: 狗骨形
试样厚度: 0.135 in(平均)
试样宽度: 0.401 in(平均)
测试方法: ASTM E 466-96(金属)
试验环境: 液氮/实验室环境/电阻加热
测试日期: 10 月 6 日-4 月 9 日

表 C4.3(g)(第 3 页, 共 6 页)
SCS-6/Ti-6Al-4V
纵向疲劳 [0]₁₆
UDRI/TRL 原始数据

试样编号	纤维体积分数 /%	批次号(平板)	试验温度 /°F	频率 /Hz	应变传感器	E_1 ($N=1$) /Msi	E_1 ($N=N_f/2$) /Msi	σ_{max} /ksi	σ_{min} /ksi	N_f	备注
513-11	33.3	B0432004-101-171	70	1,3	无	注解 5	注解 5	80	-80	278 185	
521-03	33.6	B0432004-101-172	70	1	引伸计	28.9	注解 5	120	-120	13 798	
521-05	33.2	B0432004-101-172	70	1 10	无	注解 5	注解 5	70	-70	1 000 000	
521-07	33.3	B0432004-101-172	70	1	引伸计	29.7	29.0	100	-100	79 576	
521-13	33.5	B0432004-101-172	70	5	无	注解 5	注解 5	60	-60	1 000 000	
522-02	34.2	B0432004-101-173	70	1,3	引伸计	27.3	27.6	80	-80	148 094	
522-12	34.6	B0432004-101-173	70	1	引伸计	30.2	30.7	120	-120	23 488	
531-02	34.5	B0432004-101-175	70	1 10	无	注解 5	注解 5	70	-70	647 194	
531-05	33.4	B0432004-101-175	70	1	引伸计	29.4	29.2	100	-100	36 918	
531-09	33.1	B0432004-101-175	70	1,3	引伸计	33.0	注解 5	80	-80	296 243	数据噪声很大
531-13	33.5	B0432004-101-175	70	2	引伸计	28.7	28.7	60	-60	1 000 000	数据噪声很大
532-12	34.7	B0432004-101-176	70	1	引伸计	30.2	注解 5	120	-120	19 641	
541-01	35.2	B0432004-101-178	70	1 10	无	注解 5	注解 5	70	-70		
541-04	33.6	B0432004-101-178	70	1,3	引伸计	30.8	注解 5	100	-100	67 113	

（续表）

试样编号	纤维体积分数 /%	批次号（平板）	试验温度 /°F	频率 /Hz	应变传感器	E_i (N=1) /Msi	E_i (N=N_f/2) /Msi	σ_{max} /ksi	σ_{min} /ksi	N_f	备注
541-09	34.0	B0432004-101-178	70	1,3	引伸计	29.2	注解5	80	-80	371 395	
541-12	33.5	B0432004-101-178	70	1	引伸计	30.2	注解5	120	-120	23 091	
542-10	34.2	B0432004-101-179	70	1 10	无	注解5	注解5	70	-70	1 000 000	
542-12	34.6	B0432004-101-179	70	1,3	引伸计	30.1	注解5	100	-100	46 816	
551-02	34.3	B0432004-101-181	70	1,3	引伸计	29.8	29.1	80	-80	285 590	
551-05	33.6	B0432004-101-181	70	5	无	注解5	注解5	60	-60	1 000 000	
711-02	33.8	B0432004-101-199	70	5	无	注解5	注解5	120	-120	17 132	
711-08	32.7	B0432004-101-199	70	1 10	无	注解5	注解5	70	-70	202 783	
711-13	32.7	B0432004-101-199	70	2	无	注解5	注解5	100	-100	22 172	
712-09	33.4	B0432004-101-200	70	1,3,5	引伸计	28.4	注解5	60	-60	1 000 000	
712-10	33.2	B0432004-101-200	70	1,3	引伸计	28.6	30.5	80	-80	121 487	
712-11	33.1	B0432004-101-200	70	5	无	注解5	注解5	120	-120	18 241	
713-02	34.2	B0432004-101-201	70	1 10	无	注解5	注解5	70	-70	301 355	
713-07	33.5	B0432004-101-201	70	1,3	无	注解5	注解5	60	-60	1 000 000	
713-11	33.0	B0432004-101-201	70	5	无	注解5	注解5	100	-100	40 587	
713-13	33.0	B0432004-101-201	70	1,3	无	注解5	注解5	80	-80	54 280	
721-01	32.9	B0432004-101-202	70	1 10	无	注解5	注解5	70	-70	637 658	
721-11	33.2	B0432004-101-202	70	5	无	注解5	注解5	120	-120	20 691	
721-13	33.1	B0432004-101-202	70	1,3	无	注解5	注解5	60	-60	859 305	

材料：钛基复合材料板
纤维：SCS-6(碳化硅)
基体：Ti-6Al-4V
产品形态：热等静压板(6 in×9 in)
铺层方式：[0]16 单向
加工制备：FMW复合材料系统有限公司
应力比：-1

试样几何形状：狗骨形
试样厚度：0.135 in(平均)
试样宽度：0.401 in(平均)
测试方法：ASTM E 466-96(金属)
试验环境：液氮/实验室环境/电阻加热
测试日期：10月6日-4月9日

表 C4.3(g)(第4页，共6页)
SCS-6/Ti-6Al-4V
纵向疲劳[0]16
UDRI/TRL 原始数据

试样编号	纤维体积分数 /%	批次号(平板)	试验温度 /°F	频率 /Hz	应变传感器	E_i (N=1) /Msi	E_i (N=N_f/2) /Msi	σ_{max} /ksi	σ_{min} /ksi	N_f	备注
731-03	33.2	B0432004-101-205	70	1	无	注解5	注解5	80	-80	229 679	
731-05	32.7	B0432004-101-205	70	5	无	注解5	注解5	100	-100	43 362	
731-09	32.7	B0432004-101-205	70	1 10	无	注解5	注解5	70	-70	346 823	
731-12	33.0	B0432004-101-205	70	1,3,5	引伸计	31.8	31.7	60	-60	838 766	
741-02	33.8	B0432004-101-208	70	2	无	注解5	注解5	120	-120	24 423	
741-04	33.1	B0432004-101-208	70	1,3	引伸计	28.9	27.7	80	-80	376 587	
741-12	32.9	B0432004-101-208	70	1 10	无	注解5	注解5	70	-70	596 011	
741-13	33.1	B0432004-101-208	70	5	无	注解5	注解5	100	-100	50 460	
751-02	34.9	B0432004-101-211	70	5	无	注解5	注解5	120	-120	21 188	
751-05	33.4	B0432004-101-211	70	1,3	引伸计	33.1	33.7	60	-60	950 562	
751-09	33.4	B0432004-101-211	70	5	无	注解5	注解5	100	-100	32 447	
751-12	33.4	B0432004-101-211	70	1,3	引伸计	26.2	25.9	80	-80	300 232	
平均	33.5					29.9	29.4				
211-09	34.2	B0432004-101-124	600	1,3	无	注解5	注解5	110	-110	107 738	

（续表）

试样编号	纤维体积分数 /%	批次号（平板）	试验温度 /°F	频率 /Hz	应变传感器	E_i (N=1) /Msi	E_i (N=N_f/2) /Msi	σ_{max} /ksi	σ_{min} /ksi	N_f	备注
211-11	34.2	B0432004-101-124	600	5	无	注解5	注解5	80	-80	470 327	
212-10	33.3	B0432004-101-125	600		无	注解5	注解5	90	-90	306 774	
212-11	33.8	B0432004-101-125	600		无	注解5	注解5	70	-70	1 000 000	
212-12	33.7	B0432004-101-125	600	5	引伸计	27.2	26.9	80	-80	495 131	
243-07	33.4	B0432004-101-135	600		无	注解5	注解5	110	-110	92 253	
243-12	33.5	B0432004-101-135	600	5	引伸计	25.6	25.8	100	-100	118 839	
253-02	33.8	B0432004-101-138	600	5	无	注解5	注解5	80	-80	424 310	
253-03	33.2	B0432004-101-138	600		无	注解5	注解5	90	-90	250 760	
253-04	33.5	B0432004-101-138	600		无	注解5	注解5	70	-70	784 650	
231-03	32.9	B0432004-101-130	600	5	无	注解5	注解5	100	-100	150 158	
231-08	32.9	B0432004-101-130	600		无	注解5	注解5	110	-110	107 405	
231-10	33.2	B0432004-101-130	600		无	注解5	注解5	90	-90	274 267	
231-11	32.9	B0432004-101-130	600	5	无	注解5	注解5	80	-80	348 944	
231-12	33.0	B0432004-101-130	600		无	注解5	注解5	70	-70	614 439	
231-13	33.1	B0432004-101-130	600	5	无	注解5	注解5	100	-100	156 709	
241-01	33.1	B0432004-101-133	600	5	无	注解5	注解5	80	-80	361 633	
241-02	33.3	B0432004-101-133	600	1 3	引伸计	23.7	23.0	110	-110	90 691	
241-04	33.1	B0432004-101-133	600	1 3	引伸计	27.8	26.7	90	-90	305 367	
241-07	33.4	B0432004-101-133	600	5	无	注解5	注解5	100	-100	155 603	

材料：钛基复合材料板
纤维：SCS-6(碳化硅)
基体：Ti-6Al-4V
产品形态：热等静压板(6 in×9 in)
铺层方式：[0]₁₆单向
加工制备：FMW复合材料系统有限公司
应力比：-1

试样几何形状：狗骨形
试样厚度：0.135 in(平均)
试样宽度：0.401 in(平均)
测试方法：ASTM E 466-96(金属)
试验环境：液氮/实验室环境/电阻加热
测试日期：10月6日-4月9日

表 C4.3(g)(第 5 页,共 6 页)
SCS-6/Ti-6Al-4V
纵向疲劳[0]₁₆
UDRI/TRL 原始数据

试样编号	纤维体积分数 /%	批次号(平板)	试验温度 /°F	频率 /Hz	应变传感器	E_i^t ($N=1$) /Msi	E_i^t ($N=N_f/2$) /Msi	σ_{max} /ksi	σ_{min} /ksi	N_f	备注
241-10	33.4	B0432004-101-133	600	13	引伸计	25.1	25.8	70	-70	1 000 000	
241-12	33.3	B0432004-101-133	600	13	引伸计	26.2	24.7	110	-110	88 894	
251-02	33.0	B0432004-101-136	600	5	无	注解5	注解5	80	-80	443 608	
251-11	33.4	B0432004-101-136	600	13	引伸计	27.1	25.8	90	-90	258 241	
251-12	33.5	B0432004-101-136	600	13	引伸计	27.4	26.5	70	-70	1 000 000	
411-08	33.3	B0432004-101-154	600	5	无	注解5	注解5	110	-110	79 162	
411-09	33.5	B0432004-101-154	600	5	无	注解5	注解5	100	-100	139 864	
411-13	32.9	B0432004-101-154	600	5	无	注解5	注解5	90	-90	225 165	
412-08	32.8	B0432004-101-155	600	5	无	注解5	注解5	70	-70	647 321	
412-11	32.8	B0432004-101-155	600	5	无	注解5	注解5	80	-80	373 420	
421-07	32.8	B0432004-101-157	600	5	无	注解5	注解5	100	-100	94 743	
421-11	32.8	B0432004-101-157	600	5	无	注解5	注解5	100	-100	115 737	
421-13	33.2	B0432004-101-157	600	5	无	注解5	注解5	90	-90	157 958	
422-01	34.2	B0432004-101-158	600	5	无	注解5	注解5	70	-70	760 863	

（续表）

试样编号	纤维体积分数 /%	批次号（平板）	试验温度 /°F	频率 /Hz	应变传感器	E_i^t (N=1) /Msi	E_i^t (N=$N_f/2$) /Msi	σ_{max} /ksi	σ_{min} /ksi	N_f	备注
422-10	33.0	B0432004-101-158	600	5	无	注解5	注解5	80	-80	383 713	
431-02	33.6	B0432004-101-160	600	5	无	注解5	注解5	110	-110	74 268	
431-09	33.2	B0432004-101-160	600	5	无	注解5	注解5	100	-100	120 419	
431-11	34.3	B0432004-101-160	600	5	无	注解5	注解5	90	-90	230 611	
432-04	33.3	B0432004-101-161	600	5	无	注解5	注解5	70	-70	517 295	
432-06	32.8	B0432004-101-161	600	5	无	注解5	注解5	80	-80	250 594	
441-02	34.3	B0432004-101-163	600	5	无	注解5	注解5	110	-110	87 745	
441-09	33.1	B0432004-101-163	600	5	引伸计	26.1	25.2	100	-100	134 875	
441-12	33.5	B0432004-101-163	600	5	引伸计	25.1	24.5	90	-90	217 108	
442-02	34.8	B0432004-101-164	600	5	引伸计	25.4	25.6	70	-70	706 221	
442-05	33.4	B0432004-101-164	600	5	无	注解5	注解5	80	-80	357 972	
451-04	33.7	B0432004-101-166	600	5	引伸计	24.6	23.8	110	-110	73 713	
451-08	34.1	B0432004-101-166	600	5	引伸计	24.8	21.7	100	-100	89 511	
451-12	34.4	B0432004-101-166	600	5	引伸计	25.3	24.3	90	-90	183 727	
452-08	33.5	B0432004-101-167	600	5	引伸计	24.2	23.9	70	-70	476 175	
452-11	33.4	B0432004-101-167	600	5	引伸计	25.2	24.1	80	-80	275 411	
611-03	33.1	B0432004-101-184	600	5	无	注解5	注解5	110	-110	33 911	
611-06	33.1	B0432004-101-184	600	5	无	注解5	注解5	100	-100	49 268	
611-12	33.2	B0432004-101-184	600	5	无	注解5	注解5	90	-90	67 906	

材料：钛基复合材料板
纤维：SCS-6(碳化硅)
基体：Ti-6Al-4V
产品形态：热等静压板(6 in×9 in)
铺层方式：[0]$_{16}$单向
加工制备：FMW复合材料系统有限公司
应力比：-1

试样几何形状：狗骨形
试样厚度：0.135 in(平均)
试样宽度：0.401 in(平均)
测试方法：ASTM E 466-96(金属)
试验环境：液氮/实验室环境/电阻加热
测试日期：10月6日-4月9日

表 C4.3(g)(第 6 页,共 6 页)
SCS-6/Ti-6Al-4V
纵向疲劳[0]$_{16}$
UDRI/TRL 原始数据

试样编号	纤维体积分数 /%	批次号(平板)	试验温度 /°F	频率 /Hz	应变传感器	E_i^t (N=1) /Msi	E_i^t (N=N_f/2) /Msi	σ_{max} /ksi	σ_{min} /ksi	N_f	备注
613-01	33.2	B0432004-101-186	600	5	无	注解 5	注解 5	80	-80	172 745	
613-03	32.0	B0432004-101-186	600	5	无	注解 5	注解 5	70	-70	264 383	
613-07	32.6	B0432004-101-186	600	5	无	注解 5	注解 5	110	-110	39 606	
613-12	33.2	B0432004-101-186	600	5	无	注解 5	注解 5	108	-108	30 978	
621-05	33.0	B0432004-101-187	600	5	无	注解 5	注解 5	80	-80	237 937	
621-06	33.4	B0432004-101-187	600	5	无	注解 5	注解 5	90	-90	125 452	
621-09	33.6	B0432004-101-187	600	5	无	注解 5	注解 5	70	-70	468 676	
631-01	32.5	B0432004-101-190	600	5	无	注解 5	注解 5	100	-100	43 695	
631-05	33.5	B0432004-101-190	600	5	无	注解 5	注解 5	110	-110	19 939	
631-08	33.6	B0432004-101-190	600	5	无	注解 5	注解 5	80	-80	151 590	
631-13	33.7	B0432004-101-190	600	5	无	注解 5	注解 5	70	-70	283 217	
632-01	33.0	B0432004-101-191	600	5	引伸计	26.7	26.8	90	-90	124 015	
632-02	33.0	B0432004-101-191	600	5	引伸计	24.6	24.4	100	-100	35 014	
632-12	34.1	B0432004-101-191	600	5	引伸计	24.8	24.5	80	-80	107 249	

（续表）

试样编号	纤维体积分数 /%	批次号（平板）	试验温度 /℉	频率 /Hz	应变传感器	E_i (N=1) /Msi	E_i (N=N_f/2) /Msi	σ_{max} /ksi	σ_{min} /ksi	N_f	备注
641-04	33.1	B0432004-101-193	600	5	引伸计	26.7	26.6	110	-110	31 589	
641-07	33.5	B0432004-101-193	600	5	引伸计	25.6	25.8	70	-70	190 637	
641-09	33.8	B0432004-101-193	600	5	无	注解5	注解5	90	-90	112 743	
641-11	32.5	B0432004-101-193	600	5	无	注解5	注解5	110	-110	35 907	
642-01	33.5	B0432004-101-194	600	5	引伸计	24.6	25.2	100	-100	42 772	
651-03	33.4	B0432004-101-196	600	5	引伸计	25.3	25.3	80	-80	186 901	
651-07	33.5	B0432004-101-196	600	5	无	注解5	注解5	90	-90	112 075	
651-11	32.7	B0432004-101-196	600	5	引伸计	26.4	25.8	70	-70	288 986	
平均	33.3					25.7					

注解1：测试停止前应力-应变呈线性关系。　注解2：失效前未达到0.02%变形。　注解3：失效前未达到0.2%变形。　注解4：未给出数值，应力-应变数据异常。　注解5：无可用应力-应变数据。　注解6：试样在标距范围外断裂；测得失效时最大应变。　注解7：未给出数据，临近测试结束时引伸计滑脱。　注解8：手动确定比例极限。　注解9：没有足够的数据点来进行计算。

材料：钛基复合材料板
纤维：SCS-6（碳化硅）
基体：Ti-6Al-4V
产品形态：热等静压板（6 in×9 in）
铺层方式：[0]₁₆单向
加工制备：FMW复合材料系统有限公司
应力比：0.1

试样几何形状：狗骨形
试样厚度：0.135 in（平均）
试样宽度：0.401 in（平均）
测试方法：ASTM E 466-96（金属）
试验环境：液氮/实验室环境/电阻加热
测试日期：9月6日-4月9日

表 C4.3(h)（第 1 页，共 3 页）
SCS-6/Ti-6Al-4V
横向疲劳[90]₁₆
UDRI/TRL 原始数据

试样编号	纤维体积分数 /%	批次号（平板）	试验温度 /°F	频率 /Hz	应变传感器	E_i (N=1) /Msi	E_i (N=N_f/2) /Msi	σ_{max} /ksi	σ_{min} /ksi	N_f	备注
612-08	33.6	B0432004-101-185	-65	1,3	引伸计	20.2	19.9	38.0	3.8	96 418	
612-10	33.7	B0432004-101-185	-65	1,3,15	引伸计	20.7	21.1	35.0	3.5	789 988	
622-12	33.9	B0432004-101-188	-65	1,3,15	引伸计	21.0	20.9	32.0	3.2	1 000 000	
623-07	33.9	B0432004-101-189	-65	1,3,15	引伸计	20.9	21.0	29.0	2.9	1 000 000	
623-09	33.9	B0432004-101-189	-65	1,3,15	引伸计	20.4	20.7	26.0	2.6	1 000 000	
632-03	33.0	B0432004-101-191	-65	1,3	引伸计	19.7	18.3	38.0	3.8	102 209	
633-06	33.7	B0432004-101-192	-65	1,3,15	引伸计	19.8	19.4	35.0	3.5	234 612	
633-08	33.8	B0432004-101-192	-65	1,3,15	引伸计	19.5	19.7	32.0	3.2	1 000 000	
642-03	34.0	B0432004-101-194	-65	1,3,15	引伸计	19.7	19.8	29.0	2.9	1 000 000	运行过程中损坏
642-05	34.2	B0432004-101-194	-65	1,3	引伸计	22.7	注解5	26.0	2.6	42 202	
643-01	33.1	B0432004-101-195	-65	1,3	引伸计	18.8	18.2	38.0	3.8	1 000 000	
643-03	33.6	B0432004-101-195	-65	1,3,15	引伸计	20.9	20.7	35.0	3.5	1 000 000	
643-06	33.9	B0432004-101-195	-65	1,3,15	引伸计	20.1	20.0	32.0	3.2	1 000 000	
643-09	33.5	B0432004-101-195	-65	1,3,10	引伸计	20.0	22.2	26.0	2.6	751 006	

（续表）

试样编号	纤维体积分数/%	批次号（平板）	试验温度/°F	频率/Hz	应变传感器	E_i ($N=1$)/Msi	E_i' ($N=N_f/2$)/Msi	σ_{max}/ksi	σ_{min}/ksi	N_f	备注
652-04	34.2	B0432004-101-197	-65	1,3,5	引伸计	22.9	21.6	29.0	2.9	1 000 000	
652-06	34.3	B0432004-101-197	-65	1,3,5	引伸计	19.9	20.9	26.0	2.6	1 000 000	
平均	33.8										
113-04	33.6	B0432004-101-111	70	1~20	引伸计	20.8	21.4	28	2.8	699 244	
113-06	34.0	B0432004-101-111	70	20	引伸计	22.5	21.2	34	3.4	91 240	
123-02	33.4	B0432004-101-114	70	1~20	引伸计	22.9	22.8	28	2.8	316 860	
123-04	33.5	B0432004-101-114	70	20	引伸计	20.2	20.2	25	2.5	1 000 000	
133-06	33.3	B0432004-101-117	70	1~20	引伸计	22.6	22.4	28	2.8	157 706	
133-10	33.1	B0432004-101-117	70	20	引伸计	20.0	19.7	34	3.4	171 377	
143-02	33.3	B0432004-101-120	70	1~20	引伸计	23.4	23.0	37	3.7	30 359	
143-05	34.0	B0432004-101-120	70	20	引伸计	22.5	22.1	25	2.5	1 000 000	
152-08	34.4	B0432004-101-122	70	1~20	引伸计	23.3	23.3	37	3.7	32 682	
152-10	34.2	B0432004-101-122	70	20	引伸计	20.0	20.1	34	3.4	1 000 000	
153-05	32.7	B0432004-101-123	70	20	引伸计	19.8	19.8	25	2.5	1 000 000	
153-08	32.8	B0432004-101-123	70	1~20	引伸计	22.7	21.8	37	3.7	11 793	
213-09	33.2	B0432004-101-126	70	20	引伸计	20.2	19.2	37	3.7	17 190	
253-11	33.6	B0432004-101-138	70	20	无	注解5	注解5	31	3.1	709 192	
232-04	33.6	B0432004-101-131	70	20	引伸计	19.9	20.0	37	3.7	41 094	
233-07	33.6	B0432004-101-132	70	20	引伸计	20.1	20.0	31	3.1	864 579	

材料：钛基复合材料板
纤维：SCS-6（碳化硅）
基体：Ti-6Al-4V
产品形态：热等静压板（6 in×9 in）
铺层方式：[0]₁₆单向
加工制备：FMW复合材料系统有限公司
应力比：0.1

试样几何形状：狗骨形
试样厚度：0.135 in（平均）
试样宽度：0.401 in（平均）
测试方法：ASTM E 466-96（金属）
试验环境：液氮/实验室环境/电阻加热
测试日期：9月6日—4月9日

表 C4.3(h)（第 2 页，共 3 页）
SCS-6/Ti-6Al-4V
横向疲劳[90]₁₆
UDRI/TRL 原始数据

试样编号	纤维体积分数 /%	批次号（平板）	试验温度 /°F	频率 /Hz	应变传感器	E_i ($N=1$) /Msi	E_i ($N=N_f/2$) /Msi	σ_{max} /ksi	σ_{min} /ksi	N_f	备注
242-06	33.6	B0432004-101-134	70	20	引伸计	20.4	19.9	37	3.7	41 911	
252-09	33.2	B0432004-101-137	70	20	引伸计	20.9	20.5	31	3.1	1 000 000	
522-09	34.6	B0432004-101-173	70	20	引伸计	20.9	21.7	28	2.8	1 000 000	
533-06	34.0	B0432004-101-177	70	20	引伸计	22.2	注解5	28	2.8	1 000 000	
542-08	33.2	B0432004-101-179	70	20	无	注解5	注解5	31	3.1	43 524	
543-03	33.5	B0432004-101-180	70	20	引伸计	21.0	20.4	28	2.8	1 000 000	
平均	33.6					21.3	21.0				
313-07	32.7	B0432004-101-141	600	1,3,20	引伸计	18.7	17.7	24.0	2.4	1 000 000	
322-03	33.9	B0432004-101-143	600	5,20	引伸计	17.4	17.2	21.0	2.1	114 628	
323-02	32.8	B0432004-101-144	600	5,20	引伸计	17.6	17.2	12.0	1.2	1 000 000	
323-06	33.1	B0432004-101-144	600	1	引伸计	17.1	15.5	30.0	3.0	12 337	
332-04	33.4	B0432004-101-146	600	20	无	注解5	注解5	21.0	2.1	1 000 000	
332-07	33.5	B0432004-101-146	600	1	引伸计	21.5	20.3	27.0	2.7	41 732	
333-05	33.2	B0432004-101-147	600	1,3,20	引伸计	19.6	19.6	24.0	2.4	1 000 000	

（续表）

试样编号	纤维体积分数 /%	批次号（平板）	试验温度 /°F	频率 /Hz	应变传感器	E_i (N=1) /Msi	E_i (N=N_f/2) /Msi	σ_{max} /ksi	σ_{min} /ksi	N_f	备注
333－07	33.1	B0432004－101－147	600	20	无	注解5	注解5	12.0	1.2	1 000 000	
342－08	33.3	B0432004－101－149	600	1	引伸计	20.3	19.3	30.0	3.0	12 369	15 866 次循环后电源子停止工作,测试停止
342－10	33.4	B0432004－101－149	600	1	引伸计	22.2	21.7	27.0	2.7	39 232	
343－07	33.0	B0432004－101－150	600	1,3,20	引伸计	19.5	注解5	24.0	2.4	无数据	
352－09	33.2	B0432004－101－152	600	1	引伸计	18.0	17.6	30.0	3.0	11 903	
353－02	33.6	B0432004－101－153	600	20	无	注解5	注解5	12.0	1.2	1 000 000	
353－04	33.2	B0432004－101－153	600	1	引伸计	19.5	注解5	27.0	2.7	204 988	
712－04	33.0	B0432004－101－200	600	1,3,20	引伸计	21.3	注解5	24.0	2.4	1 000 000	
712－06	33.0	B0432004－101－200	600	1 3	引伸计	17.8	17.3	27.0	2.7	50 895	
712－08	32.6	B0432004－101－200	600	1	引伸计	21.7	17.2	30.0	3.0	11 032	
723－07	33.6	B0432004－101－204	600	1 20	引伸计	19.0	18.4	21.0	2.1	1 000 000	
723－09	33.6	B0432004－101－204	600	1,3,20	引伸计	19.2	17.8	24.0	2.4	1 000 000	
723－10	33.8	B0432004－101－204	600	1	引伸计	17.1	17.1	27.0	2.7	23 758	
732－08	33.2	B0432004－101－206	600	1	引伸计	17.7	16.7	30.0	3.0	12 324	
733－08	32.6	B0432004－101－207	600	1,3,20	引伸计	24.7	注解5	21.0	2.1	1 000 000	
733－09	32.5	B0432004－101－207	600	1 3	引伸计	19.7	19.5	24.0	2.4	93 377	
742－03	33.7	B0432004－101－209	600	5 20	引伸计	17.0	16.9	15.0	1.5	1 000 000	
742－05	33.8	B0432004－101－209	600	1	引伸计	21.3	注解5	27.0	2.7	20 219	

材料：钛基复合材料板
纤维：SCS-6(碳化硅)
基体：Ti-6Al-4V
产品形态：热等静压板(6 in×9 in)
铺层方式：[0]₁₆单向
加工制备：FMW复合材料系统有限公司
应力比：0.1

试样几何形状：狗骨形
试样厚度：0.135 in(平均)
试样宽度：0.401 in(平均)
测试方法：ASTM E 466-96(金属)
试验环境：液氮/实验室环境/电阻加热
测试日期：9月6日-4月9日

表 C4.3(h)(第3页，共3页)　SCS-6/Ti-6Al-4V　横向疲劳[90]₁₆　UDRI/TRL 原始数据

试样编号	纤维体积分数 /%	批次号(平板)	试验温度 /°F	频率 /Hz	应变传感器	E_i (N=1) /Msi	E_i ($N=N_f/2$) /Msi	σ_{max} /ksi	σ_{min} /ksi	N_f	备注
742-10	33.1	B0432004-101-209	600	1 20	引伸计	16.2	注解5	30.0	3.0	9 467	
752-05	33.2	B0432004-101-212	600	20	无	注解5	注解5	15.0	1.5	1 000 000	
752-09	33.1	B0432004-101-212	600	1,3,20	引伸计	19.5	19.1	21.0	2.1	1 000 000	
812-10	34.9	B0432004-101-215	600	5	引伸计	16.1	15.5	24.0	2.4	21 327	
822-08	33.5	B0432004-101-218	600	1,3,20	引伸计	18.0	17.7	21.0	2.1	1 000 000	
823-06	33.6	B0432004-101-219	600	13	引伸计	20.0	19.6	27.0	2.7	105 368	
832-08	33.7	B0432004-101-221	600	1	引伸计	18.9	18.1	30.0	3.0	7 519	
832-10	34.1	B0432004-101-221	600	1,3,20	引伸计	18.4	18.5	21.0	2.1	1 000 000	
833-02	34.9	B0432004-101-222	600	5 20	引伸计	18.3	18.7	18.0	1.8	1 000 000	
842-03	33.0	B0432004-101-224	600	13	引伸计	18.7	18.6	27.0	2.7	91 357	
842-09	33.4	B0432004-101-224	600	1	引伸计	18.5	17.6	30.0	3.0	23 016	
843-02	33.8	B0432004-101-225	600	5 20	无	注解5	注解5	24.0	2.4	1 000 000	
843-05	33.9	B0432004-101-225	600	1 20	引伸计	16.0	注解5	21.0	2.1	1 000 000	
852-07	32.9	B0432004-101-227	600	1 20	引伸计	19.4	注解5	27.0	2.7	47 442	

(续表)

试样编号	纤维体积分数 /%	批次号(平板)	试验温度 /℉	频率 /Hz	应变传感器	E_1 ($N=1$) /Msi	E_1 ($N=N_f/2$) /Msi	σ_{max} /ksi	σ_{min} /ksi	N_f	备注
853-04	33.2	B0432004-101-228	600	5	引伸计	17.0	17.1	18.0	1.8	100 000	安装过程中断裂
853-07	33.1	B0432004-101-228	600	120	引伸计	21.4	注解5	30.0	3.0	18 537	
平均	33.4					19.0	18.0				

注解 1: 测试停止前应力-应变呈线性关系。　注解 2: 失效前未达到 0.02%变形。　注解 3: 失效前未达到 0.2%变形。　注解 4: 未给出数值，应力-应变数据异常。　注解 5: 无可用应力-应变数据。　注解 6: 试样在标距范围外断裂。　注解 7: 未给出数据，临近测试失效时最大应变点未进行计算。　注解 8: 测得失效时最大应变；测试结束引伸计滑脱。　注解 9: 没有足够的数据点来进行计算。

材料：钛基复合材料板
纤维：SCS-6（碳化硅）
基体：Ti-6Al-4V
产品形态：热等静压板（6 in×9 in）
铺层方式：[0]₁₆ 单向
加工制备：FMW 复合材料系统有限公司
应力比：0.1

试样几何形状：狗骨形
试样厚度：0.135 in（平均）
试样宽度：0.401 in（平均）
测试方法：ASTM E 466-96（金属）
试验环境：液氮/实验室环境/电阻加热
测试日期：11月 6 日—4月 9 日

表 C4.3(i)（第 1 页，共 4 页）
SCS-6/Ti-6Al-4V
横向疲劳[90]₁₆
UDRI/TRL 原始数据

试样编号	纤维体积分数/%	批次号（平板）	试验温度/°F	频率/Hz	应变传感器	E_i ($N=1$)	E_i ($N=N_f/2$)/Msi	σ_{max}/Msi	σ_{min}/ksi	N_f/ksi	备注
413-06	34.2	B0432004-101-156	-65	1,3	引伸计	22.4	21.7	35.0	-35	44 102	
413-08	34.8	B0432004-101-156	-65	1	引伸计	23.7	22.7	32.0	-32	47 214	
423-04	33.1	B0432004-101-159	-65	1,5	引伸计	22.6	24.0	29.0	-29	230 630	
423-06	33.1	B0432004-101-159	-65	1,5	引伸计	19.9	20.4	26.0	-26	678 678	
423-08	33.0	B0432004-101-159	-65	1,3,5	引伸计	20.0	20.4	23.0	-23	1 000 000	
433-04	33.1	B0432004-101-162	-65	1,3	引伸计	21.4	21.5	35.0	-35	37 785	
433-05	33.0	B0432004-101-162	-65	1,3	引伸计	23.1	25.9	32.0	-32	113 903	
433-07	33.1	B0432004-101-162	-65	1,5	引伸计	20.1	20.3	29.0	-29	96 263	
443-01	34.0	B0432004-101-165	-65	1,5	引伸计	21.4	21.5	26.0	-26	121 654	
443-02	34.2	B0432004-101-165	-65	1,3,5	引伸计	18.6	18.6	23.0	-23	1 000 000	
443-05	33.6	B0432004-101-165	-65	1,3	引伸计	21.2	注解5	35.0	-35	42 955	
443-06	33.4	B0432004-101-165	-65	1,3	无	注解5	注解5	32.0	-32	102 924	
453-04	34.2	B0432004-101-168	-65	1,5	引伸计	21.3	21.1	29.0	-29	169 658	
453-08	33.7	B0432004-101-168	-65	1,3,5	引伸计	18.1	20.4	26.0	-26	873 808	

(续表)

试样编号	纤维体积分数 /%	批次号(平板)	试验温度 /°F	频率 /Hz	应变传感器	E_1^t (N=1)	E_1^t (N=N_f/2) /Msi	σ_{max} /Msi	σ_{min} /ksi	N_f /ksi	备注
453-12	33.9	B0432004-101-168	-65	1,3,5	引伸计	18.0	19.1	23.0	-23	1 000 000	
	33.6	平均									
113-05	33.9	B0432004-101-111	70	5	无	注解5	注解5	29	-29	31 893	加强片伸展
113-07	33.8	B0432004-101-111	70	1~5	无	注解5	注解5	23	-23	156 758	加强片伸展
123-03	33.3	B0432004-101-114	70	1~5	无	注解5	注解5	26	-26	70 870	加强片伸展
123-07	注解5	B0432004-101-114	70	5	无	注解5	注解5	20	-20	122 964	加强片伸展
133-07	33.1	B0432004-101-117	70	1~5	无	注解5	注解5	32	-32	12 984	加强片伸展
133-11	33.0	B0432004-101-117	70	1~5	无	注解5	注解5	23	-23	253 585	加强片伸展
133-12	33.1	B0432004-101-117	70	5	应变计	21.1	18.1	29	-29	41 728	加强片伸展
143-06	33.5	B0432004-101-120	70	1~5	无	注解5	注解5	26	-26	110 133	加强片伸展
143-07	33.5	B0432004-101-120	70	1~5	无	注解5	注解5	32	-32	12 664	加强片伸展
143-10	注解5	B0432004-101-120	70	5	无	注解5	注解5	29	-29	27 112	加强片伸展
152-07	33.7	B0432004-101-122	70	5	引伸计	20.9	20.6	20	-20	1 000 000	
152-09	34.2	B0432004-101-122	70	1~5	无	注解5	注解5	23	-23	328 834	加强片伸展
153-04	注解5	B0432004-101-123	70	5	无	注解5	注解5	20	-20	1 000 000	
153-06	33.1	B0432004-101-123	70	1~5	无	注解5	注解5	26	-26	172 894	加强片伸展
153-10	33.0	B0432004-101-123	70	1~5	无	注解5	注解5	32	-32	36 211	加强片伸展
212-04	34.6	B0432004-101-125	70	1~3	无	注解5	注解5	32	-32	26 923	加强片伸展
212-07	34.0	B0432004-101-125	70	1~3	引伸计	20.2	20.5	29	-29	107 821	

材料：钛基复合材料板
纤维：SCS-6（碳化硅）
基体：Ti-6Al-4V
产品形态：热等静压板（6 in×9 in）
铺层方式：[0]16单向
加工制备：FMW复合材料系统有限公司
应力比：0.1

试样几何形状：狗骨形
试样厚度：0.135 in（平均）
试样宽度：0.401 in（平均）
测试方法：ASTM E 466-96（金属）
试验环境：液氮/实验室环境/电阻室加热
测试日期：11月6日-4月9日

表 C.4.3(i)（第 2 页，共 4 页）
SCS-6/Ti-6Al-4V
横向疲劳[90]16
UDRI/TRL 原始数据

E 值是 $R = 0.1$ 时的值

试样编号	纤维体积分数 /%	批次号（平板）	试验温度 /°F	频率 /Hz	应变传感器	E_i ($N=1$) /Msi	E_i ($N=N_f/2$) /Msi	σ_{max} /ksi	σ_{min} /ksi	N_f	备注
213-10	33.3	B0432004-101-126	70	1,3,5	引伸计	20.9	21.5	26	-26	182 763	
213-12	33.0	B0432004-101-126	70	1,3,5	引伸计	20.5	19.7	20	-20	1 000 000	
232-11	33.8	B0432004-101-131	70	1~3	引伸计	19.3	19.0	29	-29	24 729	
232-06	34.0	B0432004-101-131	70	5	无	注解5	注解5	23	-23	1 000 000	
232-08	34.1	B0432004-101-131	70	1~3	无	注解5	注解5	32	-32	31 875	
233-09	33.7	B0432004-101-132	70	1,3,5	引伸计	19.3	注解5	26	-26	66 444	
233-12	33.2	B0432004-101-132	70	1,3,5	引伸计	19.6	19.3	20	-20	1 000 000	
242-10	33.2	B0432004-101-134	70	1~5	引伸计	20.9	注解5	29	-29	41 154	
242-05	33.6	B0432004-101-134	70	2,5	引伸计	注解5	注解5	23	-23	1 000 000	
242-07	33.8	B0432004-101-134	70	1	无	注解5	注解5	32	-32	16 801	
251-05	33.4	B0432004-101-136	70	1~5	引伸计	22.4	23.1	26	-26	43 706	
252-08	33.0	B0432004-101-137	70	1~5	引伸计	19.4	注解5	20	-20	1 000 000	
512-09	34.2	B0432004-101-170	70	5	无	注解5	注解5	32	-32	36 040	
522-05	34.2	B0432004-101-173	70	1,3	引伸计	18.9	18.3	29	-29	66 336	

（续表）

试样编号	纤维体积分数/%	批状号（平板）	试验温度/℉	频率/Hz	应变传感器	E_i^r（$N=1$）/Msi	E_i^r（$N=N_f/2$）/Msi	σ_{max}/ksi	σ_{min}/ksi	N_f	备注
523-07	33.1	B0432004-101-174	70	5	无	注解5	注解5	26	-26	63 011	
523-09	34.1	B0432004-101-174	70	1,3,5	引伸计	19.4	19.5	20	-20	590 927	
532-03	33.9	B0432004-101-176	70	1,3	引伸计	22.0	23.0	29	-29	21 940	
532-07	34.3	B0432004-101-176	70	2	无	注解5	注解5	32	-32	18 398	
533-04	34.0	B0432004-101-177	70	1,3,5	引伸计	23.7	20.3	23	-23	501 458	
533-08	33.8	B0432004-101-177	70	1,3,5	引伸计	20.0	20.4	20	-20	1 000 000	$N_f/2$ 时数据很不稳定
542-04	34.3	B0432004-101-179	70	5	无	注解5	注解5	26	-26	90 672	
542-06	34.4	B0432004-101-179	70	1,5	引伸计	22.7	注解5	29	-29	46 796	
543-04	33.4	B0432004-101-180	70	1,3,5	引伸计	19.2	17.8	23	-23	258 314	
543-07	33.5	B0432004-101-180	70	2	无	注解5	注解5	32	-32	36 049	
553-03	33.8	B0432004-101-183	70	1,5	引伸计	20.3	注解5	20	-20	1 000 000	
553-05	34.3	B0432004-101-183	70	2,5	无	注解5	注解5	26	-26	372 568	
平均	33.7					20.6	20.1				
313-08	33.0	B0432004-101-141	600	1 3 5	引伸计	19.0	19.7	20.0	-20.0	22 982	
322-10	34.3	B0432004-101-143	600	5	无	注解5	注解5	17.5	-17.5	161 229	
323-04	32.7	B0432004-101-144	600	5	引伸计	17.6	17.8	10.0	-10.0	1 000 000	
323-08	32.9	B0432004-101-144	600	1 3 5	引伸计	17.2	无	15.0	-15.0	1 000 000	
332-05	33.5	B0432004-101-146	600	5	无	注解5	注解5	17.5	-17.5	1 000 000	
332-08	33.8	B0432004-101-146	600	1 3 5	引伸计	18.2	17.4	12.5	-12.5	1 000 000	

材料：钛基复合材料板
纤维：SCS-6(碳化硅)
基体：Ti-6Al-4V
产品形态：热等静压板(6 in×9 in)
铺层方式：[0]16单向
加工制备：FMW复合材料系统有限公司
应力比：0.1

试样几何形状：狗骨形
试样厚度：0.135 in(平均)
试样宽度：0.401 in(平均)
测试方法：ASTM E 466-96(金属)
试验环境：液氮/实验室环境/电阻加热
测试日期：11月6日-4月9日

表C4.3(i)(第3页，共4页)
SCS-6/Ti-6Al-4V
横向疲劳[90]16 原始数据
UDRI/TRL

试样编号	纤维体积分数/%	批次号(平板)	试验温度/°F	频率/Hz	应变传感器	E_i^1(N=1)/Msi	E_i^1(N=$N_f/2$)/Msi	σ_{max}/ksi	σ_{min}/ksi	N_f	备注
333-06	32.7	B0432004-101-147	600	13.5	引伸计	17.1	17.8	20.0	-20.0	123 029	
342-09	33.6	B0432004-101-149	600	5	无	注解5	注解5	10.0	-10.0	1 000 000	
342-12	33.5	B0432004-101-149	600	13.5	引伸计	15.7	16.6	15.0	-15.0	1 000 000	
343-06	33.2	B0432004-101-150	600	13.5	引伸计	17.8	注解5	12.5	-12.5	1 000 000	
343-09	33.4	B0432004-101-150	600	5	无	注解5	注解5	17.5	-17.5	1 000 000	
352-04	33.2	B0432004-101-152	600	13	引伸计	15.5	注解5	20.0	-20.0	1 000 000	
352-09	33.2	B0432004-101-152	600	13.5	引伸计	18.3	17.9	15.0	-15.0	11 903	
353-03	33.7	B0432004-101-153	600	5	无	注解5	注解5	10.0	-10.0	1 000 000	
353-08	34.6	B0432004-101-153	600	13.5	引伸计	18.0	18.3	12.5	-12.5	1 000 000	
622-08	33.9	B0432004-101-188	600	13.5	引伸计	18.6	无	20.0	-20.0	137 855	
622-09	33.9	B0432004-101-188	600	5	无	注解5	注解5	12.5	-12.5	1 000 000	
622-11	33.9	B0432004-101-188	600	13.5	引伸计	19.1	注解5	17.5	-17.5	1 000 000	
632-04	33.6	B0432004-101-191	600	13.5	引伸计	19.0	注解5	15.0	-15.0	1 000 000	
632-05	34.3	B0432004-101-191	600	13.5	引伸计	17.5	注解5	10.0	-10.0	1 000 000	

（续表）

试样编号	纤维体积分数 /%	批次号（平板）	试验温度 /℉	频率 /Hz	应变传感器	E_1 (N=1) /Msi	E_1 (N=N_f/2) /Msi	σ_{max} /ksi	σ_{min} /ksi	N_f	备注
632 - 10	33.1	B0432004 - 101 - 191	600	13 5	引伸计	17.1	16.9	20.0	-20.0	28 856	
642 - 07	34.2	B0432004 - 101 - 194	600	13 5	引伸计	17.5	17.2	17.5	-17.5	33 721	
642 - 10	34.0	B0432004 - 101 - 194	600	5	引伸计	18.1	21.3	12.5	-12.5	1 000 000	
643 - 02	33.3	B0432004 - 101 - 195	600	13 5	引伸计	17.2	17.2	15.0	-15.0	1 000 000	
643 - 07	33.9	B0432004 - 101 - 195	600	13 5	引伸计	16.7	16.2	10.0	-10.0	1 000 000	
652 - 05	34.2	B0432004 - 101 - 197	600	13 5	引伸计	15.5	14.9	20.0	-20.0	16 977	
652 - 07	34.0	B0432004 - 101 - 197	600	13 5	引伸计	14.8	15.3	17.5	-17.5	14 036	
653 - 04	32.8	B0432004 - 101 - 198	600	13 5	引伸计	15.2	14.5	15.0	-15.0	92 959	
653 - 06	33.5	B0432004 - 101 - 198	600	5	无	注解 5	注解 5	12.5	-12.5	1 000 000	
653 - 10	33.5	B0432004 - 101 - 198	600	13 5	引伸计	15.6	15.4	10.0	-10.0	1 000 000	
812 - 07	34.6	B0432004 - 101 - 215	600	13 5	引伸计	19.1	18.8	17.5	-17.5	21 887	
812 - 09	34.8	B0432004 - 101 - 215	600	2	无	注解 5	注解 5	20.0	-20.0	75 734	
822 - 05	34.1	B0432004 - 101 - 218	600	13 5	引伸计	17.4	17.5	12.5	-12.5	1 000 000	
823 - 09	33.2	B0432004 - 101 - 219	600	13 5	引伸计	18.3	18.0	10.0	-10.0	1 000 000	
832 - 09	34.3	B0432004 - 101 - 221	600	5	无	注解 5	注解 5	15.0	-15.0	1 000 000	
832 - 11	34.2	B0432004 - 101 - 221	600	13 5	引伸计	18.6	注解 5	17.5	-17.5	145 385	
833 - 04	35.0	B0432004 - 101 - 222	600	13 5	引伸计	16.2	注解 5	12.5	-12.5	1 000 000	
842 - 04	33.3	B0432004 - 101 - 224	600	5	无	注解 5	注解 5	20.0	-20.0	1 000 000	
842 - 10	33.3	B0432004 - 101 - 224	600	13 5	引伸计	16.1	注解 5	10.0	-10.0	1 000 000	

材料:钛基复合材料板
纤维:SCS－6(碳化硅)
基体:Ti－6Al－4V
产品形态:热等静压板(6 in×9 in)
铺层方式:[0]₁₆ 单向
加工制备:FMW 复合材料系统有限公司
应力比:0.1

试样几何形状:狗骨形
试样厚度:0.135 in(平均)
试样宽度:0.401 in(平均)
测试方法:ASTM E 466－96(金属)
试验环境:液氮/实验室环境/电阻加热
测试日期:11月6日－4月9日

表 C4.3(i)(第 4 页,共 4 页)
SCS－6/Ti－6Al－4V
横向疲劳[90]₁₆
UDRI/TRL 原始数据

试样编号	纤维体积分数 /%	批次号 (平均)	试验温度 /°F	频率 /Hz	应变传感器	E_i (N＝1) /Msi	E_i (N＝N_i/2) /Msi	σ_{max} /ksi	σ_{min} /ksi	N_i	备注
843－03	34.2	B0432004－101－225	600	13.5	引伸计	16.8	17.6	17.5	－17.5	58 755	
843－06	33.9	B0432004－101－225	600	5	无	注解 5	注解 5	15.0	－15.0	1 000 000	
843－08	34.2	B0432004－101－225	600	5	无	注解 5	注解 5	20.0	－20.0	76 562	
852－04	34.7	B0432004－101－227	600	13.5	引伸计	17.3	17.9	12.5	－12.5	1 000 000	
852－06	33.0	B0432004－101－227	600	5	引伸计	18.3	18.3	15.0	－15.0	1 000 000	
853－02	33.2	B0432004－101－228	600	13.5	引伸计	16.8	16.8	10.0	－10.0	1 000 000	
平均	33.7					17.3	17.4				

注解 1:测试停止前应力－应变呈线性关系。　注解 2:失效前未达到 0.02%变形。　注解 3:失效前未达到 0.2%变形。　注解 4:未给出数值,应力－应变数据异常。　注解 5:无可用应力－应变数据。　注解 6:试样在标距范围内断裂。　注解 7:未给出数据,临近测试结束引伸计滑脱。　注解 8:手动确定比例极限。　注解 9:没有足够的数据点来进行计算。

材料：钛基复合材料板
纤维：SCS-6(碳化硅)
基体：Ti-6Al-4V
产品形态：热等静压板(6 in×9 in)
铺层方式：[0]₁₆单向
加工制备：FMW 复合材料系统有限公司

试样几何形状：狗骨形
试样厚度：0.135 in(平均)
试样宽度：0.750 in(平均)
测试方法：ASTM E 647-00(金属)
试验环境：实验室环境/电阻加热
测试日期：1 月 7 日～4 月 9 日

表 C4.3(j)（第 1 页，共 3 页）
SCS-6/Ti-6Al-4V
纵向裂纹扩展[0]$_{16}$
UDRI/TRL 原始数据

试样编号	纤维体积分数 /%	批次号（平板）	试样温度 /°F	频率 /Hz	R	σ_{max} /ksi	缺口长度 /in	裂纹桥联（完全，部分，无）	N_f	备注
113-10	33.5	B0432004-101-111	70	5	0.1	80	0.0772	部分	9 099	
122-05	33.4	B0432004-101-113	70	5	0.1	55	0.0735	完全	1 993 139	
123-12	34.4	B0432004-101-114	70	5	0.1	100	0.0778	无	3 071	
132-08	33.4	B0432004-101-116	70	5	0.1	80	0.0775	部分	8 610	
133-03	33.8	B0432004-101-117	70	5	0.1	55	0.0730	完全	3 365 134	
142-01	33.6	B0432004-101-119	70	5	0.1	100	0.0745	无	3 314	
143-11	33.5	B0432004-101-120	70	5	0.1	100	0.0778	无	2 761	
143-12	33.3	B0432004-101-120	70	1	0.1	95	0.0812	无	2 006	
151-08	33.2	B0432004-101-121	70	5	0.1	55	0.0735	完全	938 888	
152-03	33.2	B0432004-101-122	70	5	0.1	80	0.0778	无	4 095	
313-10	33.1	B0432004-101-141	70	5	0.1	100	0.0768	无	4 982	
323-01	34.3	B0432004-101-144	70	5	0.1	55	0.0730	完全	1 993 139	
331-03	34.3	B0432004-101-145	70	5	0.1	70	0.0778	部分	402 198	
331-08	33.7	B0432004-101-145	70	5	0.1	80	0.0769	部分	15 683	
333-09	33.0	B0432004-101-147	70	5	0.1	100	0.0774	无	2 552	

（续表）

试样编号	纤维体积分数 /%	批次号（平板）	试样温度 /°F	频率 /Hz	R	σ_{max} /ksi	缺口长度 /in	裂纹桥联（完全、部分、无）	N_f	备注
341-07	33.0	B0432004-101-148	70	5	0.1	80	0.0770	部分	29 977	
341-11	34.0	B0432004-101-148	70	5	0.1	55	0.0771	完全	965 766	
343-11	33.2	B0432004-101-150	70	5	0.1	95	0.0774	无	5 707	
351-07	33.9	B0432004-101-151	70	5	0.1	80	0.0765	部分	16 710	
352-03	33.5	B0432004-101-152	70	5	0.1	55	0.0772	完全	1 710 493	
353-12	33.6	B0432004-101-153	70	5	0.1	100	0.0767	无	3 415	
平均	33.7						0.0765			
312-01	33.7	B0432004-101-140	600	10	0.1	65	0.0771	完全	357 868	
312-03	33.6	B0432004-101-140	600	1	0.1	95	0.0774	部分	18 020	
313-02	34.1	B0432004-101-141	600	10	0.1	55	0.0773	完全	512 895	
323-09	32.5	B0432004-101-144	600	1	0.1	110	0.0770	无	30	
331-04	34.3	B0432004-101-145	600	10	0.1	85	0.0777	部分	95 100	
331-07	33.9	B0432004-101-145	600	1	0.1	105	0.0772	部分	9 891	
333-10	33.8	B0432004-101-147	600	10	0.1	85	0.0774	部分	20 945	
341-03	34.0	B0432004-101-148	600	5	0.1	65	0.0775	完全	466 692	

材料:钛基复合材料板
纤维:SCS-6(碳化硅)
基体:Ti-6Al-4V
产品形态:热等静压板(6 in×9 in)
铺层方式:[0]₁₆单向
加工制备:FMW复合材料系统有限公司

试样几何形状:狗骨形
试样厚度:0.135 in(平均)
试样宽度:0.750 in(平均)
测试方法:ASTM E 647-00(金属)
试验环境:实验室环境/电阻加热
测试日期:1月7日—4月9日

表C4.3(j)(第2页,共3页) SCS-6/Ti-6Al-4V 纵向裂纹扩展[0]₁₆ UDRI/TRL 原始数据

试样编号	纤维体积分数 /%	批次号	试样温度 /°F	频率 /Hz	R	σ_{max} /ksi	缺口长度 /in	裂纹桥联(完全,部分,无)	N_f	备注
341-09	33.4	B0432004-101-148	600	1	0.1	115	0.0770	无	1	
343-12	33.4	B0432004-101-150	600	5	0.1	55	0.0776	完全	71 091	
351-06	34.6	B0432004-101-151	600	1	0.1	105	0.0776	无	588	
351-09	33.8	B0432004-101-151	600	10	0.1	85	0.0773	部分	97 303	
352-02	33.9	B0432004-101-152	600	1	0.1	115	0.0770	无	1	
353-01	34.0	B0432004-101-153	600	10	0.1	65	0.0790	完全	380 394	
412-01	33.8	B0432004-101-155	600	1	0.1	95	0.0772	部分	16 710	
412-05	33.5	B0432004-101-155	600	2	0.1	85	0.0773	部分	23 000	
413-02	34.4	B0432004-101-156	600	10	0.1	65	0.0779	完全	304 012	
422-03	33.2	B0432004-101-158	600	注解5	0.1	75	0.0770	部分	注解5	
422-05	33.1	B0432004-101-158	600	10	0.1	65	0.0778	完全	415 736	
423-01	34.5	B0432004-101-159	600	1	0.1	105	0.0776	无	183	
432-03	33.4	B0432004-101-161	600	2	0.1	85	0.0781	部分	21 456	
432-09	33.2	B0432004-101-161	600	10	0.1	75	0.0778	部分	106 348	

（续表）

试样编号	纤维体积分数 /%	批次号	试样温度 /℉	频率 /Hz	R	σ_{max} /ksi	缺口长度 /in	裂纹桥联 (完全，部分，无)	N_f	备注
433-09	33.3	B0432004-101-162	600	1	0.1	105	0.0772	无	320	
442-06	33.3	B0432004-101-164	600	5	0.1	55	0.0776	完全	352 452	
442-10	33.3	B0432004-101-164	600	2	0.1	85	0.0773	部分	12 652	
452-01	33.9	B0432004-101-167	600	5	0.1	65	0.0779	完全	137 233	
452-04	33.5	B0432004-101-167	600	1	0.1	105	0.0770	无	30	
453-02	34.6	B0432004-101-168	600	5	0.1	55	0.0776	完全	35 454	
	33.7	平均					0.0776			
122-03	33.6	B0432004-101-113	600	1	0.5	110	0.0774	无	1 113	
123-11	33.9	B0432004-101-114	600	10	0.5	95	0.0776	部分	49 941	
142-03	33.2	B0432004-101-119	600	1	0.5	110	0.0774	部分	5 692	
142-07	33.0	B0432004-101-119	600	1	0.5	95	0.0770	部分	210 538	
151-06	33.0	B0432004-101-121	600	1	0.5	110	0.0768	部分	3 117	
152-02	34.0	B0432004-101-122	600	1	0.5	95	0.0767	部分	77 071	
412-06	33.7	B0432004-101-155	600	1	0.5	95	0.0772	部分	56 546	
413-10	32.7	B0432004-101-156	600	1	0.5	110	0.0825	部分	12 833	
422-06	33.1	B0432004-101-158	600	5	0.5	65	0.0777	完全	763 069	

材料：钛基复合材料板
纤维：SCS - 6（碳化硅）
基体：Ti - 6Al - 4V
产品形态：热等静压板（6 in×9 in）
铺层方式：[0]₁₆ 单向
加工制备：FMW复合材料系统有限公司

试样几何形状：狗骨形
试样厚度：0.135 in（平均）
试样宽度：0.750 in（平均）
测试方法：ASTM E 647 - 00（金属）
试验环境：实验室环境/电阻加热
测试日期：1 月 7 日—4 月 9 日

表 C4.3(j)（第 3 页，共 3 页）
SCS - 6/Ti - 6Al - 4V
纵向裂纹扩展 $[0]_{16}$
UDRI/TRL 原始数据

试样编号	纤维体积分数 /%	批次号	试样温度 /°F	频率 /Hz	R	σ_{max} /ksi	缺口长度 /in	裂纹桥联 (完全、部分、无)	N_f	备注
422 - 08	32.6	B0432004 - 101 - 158	600	1	0.5	110	0.077 5	无	1 282	
423 - 09	32.9	B0432004 - 101 - 159	600	1	0.5	115	0.077 0	无	1	
432 - 07	33.3	B0432004 - 101 - 161	600	5	0.5	75	0.077 6	部分	393 761	
433 - 10	33.3	B0432004 - 101 - 162	600	1	0.5	95	0.076 5	部分	29 950	
442 - 08	33.2	B0432004 - 101 - 164	600	5	0.5	65	0.077 5	完全	428 388	
443 - 12	33.5	B0432004 - 101 - 165	600	1	0.5	95	0.076 7	部分	66 930	
452 - 03	33.9	B0432004 - 101 - 167	600	1	0.5	115	0.077 0	无	1	
452 - 06	33.6	B0432004 - 101 - 167	600	5	0.5	75	0.077 6	部分	45 630	

注解 1：测试停止前应力-应变呈线性关系。 注解 2：失效前未达到 0.02%变形。 注解 3：失效前未达到 0.2%变形。 注解 4：未给出数据异常。 注解 5：无可用应力-应变数据。 注解 6：试样在标距范围外断裂；测得失效时最大应变值。 注解 7：未给出数据，临近测试结束引伸计滑脱。 注解 8：手动确定比例极限。 注解 9：没有足够的数据点来进行计算。

材料：钛基复合材料板
纤维：SCS-6(碳化硅)
基体：Ti-6Al-4V
产品形态：热等静压板(6 in×9 in)
铺层方式：[0]₁₆单向
加工制备：FMW复合材料系统有限公司

试样几何形状：狗骨形
试样厚度：0.134 in(平均)
试样宽度：0.400 in(平均)
测试方法：ASTM D 3553-96(金属基复合材料)
试验环境：实验室环境/电阻加热
测试日期：1月6日—4月7日

表 C4.3(k)(第1页，共3页)
SCS-6/Ti-6Al-4V
纵向拉伸[0]₁₆
UDRI/TRL 原始数据

试样编号	纤维体积分数 /%	批次号 (平板)	试验温度 /°F	应变率 /s⁻¹	应变传感器	E /Msi	比例极限 /ksi	屈服强度 0.06% /ksi	屈服强度 0.2% /ksi	抗拉强度 /ksi	ε_f /%	备注
1-6107-1-2	30.1	6107-1	70	0.01	引伸计	28.6	153.2	180.5	226.7	225.1	注解4	调整了数据中的3次跳跃
1-6107-1-3	29.9	6107-1	70	0.01	引伸计	30.6	注解2	注解2	注解3	219.2	注解4	
1-6107-1-4	29.7	6107-1	70	0.01	引伸计	26.7	230.0	244.0	注解2	244.0	0.970	
1-6107-3-3	30.1	6107-1	70	0.01	引伸计	28.4	148.0	180.4	注解3	233.2	1.017	
1-6107-3-4	30.1	6107-3	70	0.01	引伸计	28.0	152.1	176.3	233.2	233.2	1.057	
2-6550-1-1	28.4	6107-3	70	0.01	引伸计	29.8	203.4	221.4	224.4	254.6	注解4	2次加载；E值由第一次加载得到
2-6550-1-2	28.5	6550-1	70	0.01	引伸计	31.0	158.7	190.2	注解3	252.8	1.038	
2-6550-1-3	28.6	6550-1	70	0.01	引伸计	30.4	159.1	188.3	243.5	248.9	1.053	
2-6550-1-4	28.4	6550-1	70	0.01	引伸计	29.1	164.0	188.2	242.2	237.1	注解4	
2-6550-2-9	29.0	6550-1	70	0.01	引伸计	28.3	157.9	183.4	注解4	239.6	1.071	
2-6550-2-10	28.6	6550-2	70	0.01	引伸计	27.5	150.2	175.3	231.6	234.5	1.113	
4-6872-2-8	28.4	6550-2	70	0.01	引伸计	32.3	157.2	188.8	218.2	247.4	0.962	
5-6886-1-2	28.8	6872-2	70	0.01	引伸计	31.4	154.4	184.7	245.6	241.8	0.978	
5-6886-1-5	28.9	6886-1	70	0.01	引伸计	30.2	167.3	187.8	238.0	239.0	0.986	

（续表）

试样编号	纤维体积分数 /%	批次号(平板)	试验温度 /°F	应变率 /s⁻¹	应变传感器	E /Msi	比例极限 /ksi	屈服强度 0.06% /ksi	屈服强度 0.2% /ksi	抗拉强度 /ksi	ε_f /%	备注
5－6886－1－8	29.0	6886－1	70	0.01	引伸计	30.3	165.6	188.1	注解3	236.9	0.966	
5－6886－2－3	28.6	6886－1	70	0.01	引伸计	32.1	152.7	182.2	注解3	229.9	0.913	
5－6886－2－7	28.8	6886－2	70	0.01	引伸计	31.3	160.4	185.7	229.7	229.4	0.929	
5－6886－2－9	28.5	6886－2	70	0.01	引伸计	30.8	150.5	178.6	注解3	230.7	0.960	
6－7286－1－3	28.6	6886－2	70	0.01	引伸计	29.5	156.0	176.1	227.4	195.2	0.794	
6－7286－1－7	28.7	7286－1	70	0.01	引伸计	29.1	142.8	170.2	注解3	192.3	0.801	
7－7356－1－5	29.4	7286－1	70	0.01	引伸计	30.2	150.7	176.5	注解3	208.9	0.846	
7－7356－1－8	29.1	7356－1	70	0.01	引伸计	30.4	154.0	179.4	注解3	220.4	0.898	
7－7356－2－3	28.7	7356－1	70	0.01	引伸计	31.0	144.7	172.7	注解3	225.7	0.947	
7－7356－2－7	29.0	7356－2	70	0.01	引伸计	30.3	153.2	175.1	221.0	219.2	0.908	
7－7356－2－9	29.8	7356－2	70	0.01	引伸计	30.4	151.9	176.0	注解3	215.7	0.882	
8－7546－1－3	29.3	7356－2	70	0.01	引伸计	30.6	154.5	181.3	注解3	242.0	1.020	
8－7546－1－7	29.0	7546－1	70	0.01	引伸计	30.5	150.7	176.8	232.2	228.8	0.965	
8－7546－1－9	29.3	7546－1	70	0.01	引伸计	31.3	153.0	183.5	224.0	241.6	0.989	
8－7546－2－2	28.5	7546－1	70	0.01	引伸计	31.5	154.1	184.5	235.6	249.5	1.010	
8－7546－2－5	28.6	7546－2	70	0.01	引伸计	31.1	154.0	181.8	241.4	248.9	1.042	
平均	29.0											

材料：钛基复合材料板
纤维：SCS-6（碳化硅）
基体：Ti-6Al-4V
产品形态：热等静压板（6 in×9 in）
铺层方式：[0]₁₆单向
加工制备：FMW复合材料系统有限公司

试样几何形状：狗骨形
试样厚度：0.134 in(平均)
试样宽度：0.400 in(平均)
测试方法：ASTM D 3553-96（金属基复合材料）
试验环境：实验室环境/电阻加热
测试日期：1月6日-4月7日

表 C4.3(k)（第 2 页，共 3 页）SCS-6/Ti-6Al-4V 纵向拉伸 $[0]_{16}$ UDRI/TRL 原始数据

试样编号	纤维体积分数 /%	批次号(平板)	试验温度 /°F	应变率 /s⁻¹	应变传感器	E /Msi	比例极限 /ksi	屈服强度 0.06 /ksi	屈服强度 0.2 /ksi	抗拉强度 /ksi	εf /%	备注
1-6107-1-5	29.7	6107-1	600	0.01		注解4	注解4	注解4	注解4	180.5	1.050	数据噪声很大，E 和屈服强度值无效
1-6107-1-6	29.7	6107-1	600	0.01		24.0	107.9	127.2	169.8	175.4	0.958	
1-6107-1-7	29.6	6107-1	600	0.01		25.8	106.9	133.5	184.3	199.5	1.030	
1-6107-1-8	30.2	6107-1	600	0.01		25.0	103.3	128.5	175.2	197.4	1.066	
1-6107-3-1		6107-3	600	0.01								
1-6107-3-2		6107-3	600	0.01								
1-6107-3-5	30.0	6107-3	600	0.01		23.7	100.9	127.9	168.8	193.6	1.108	
1-6107-3-6	29.8	6107-3	600	0.01		24.9	104.3	128.7	173.5	194.2	1.056	
2-6550-1-5	28.1	6550-1	600	0.01		25.4	112.2	135.0	186.8	202.7	注解4	调整了 1 次数据跳跃
2-6550-1-6	28.2	6550-1	600	0.01		26.1	99.6	134.3	187.1	196	注解4	调整了 1 次数据跳跃
2-6550-1-7	28.3	6550-1	600	0.01		25.3	102.0	135.1	179.7	201.4	1.085	
2-6550-1-8	28.5	6550-1	600	0.01		25.9	98.6	134.3	185.8	196.6	注解4	调整了 1 次数据跳跃
2-6550-3-1	28.3	6550-3	600	0.01		22.4	103.1	116.4	148.9	171.9	1.073	
2-6550-3-2	28.8	6550-3	600	0.01		22.7	100.7	119.6	155.0	175.8	1.085	

（续表）

试样编号	纤维体积分数/%	批次号（平板）	试验温度/°F	应变率/s⁻¹	应变传感器	E/Msi	比例极限/ksi	屈服强度 0.06/ksi	屈服强度 0.2/ksi	抗拉强度/ksi	ε_f/%	备注
3-6722-1-3	28.8	6722-1	600	0.01		25.5	98.9	131.0	179.4	196.4	1.029	
3-6722-1-6	28.9	6722-1	600	0.01		25.9	120.9	139.4	184.3	201.6	1.044	
3-6722-1-9	29.2	6722-1	600	0.01		25.4	104.5	128.8	181.1	192.8	1.002	
3-6722-2-1	28.6	6722-2	600	0.01		26.2	106.9	131.3	184.5	202.3	1.016	
3-6722-2-4	28.5	6722-2	600	0.01		24.8	103.6	134.2	179.8	199.7	1.068	
3-6722-2-10	28.7	6722-2	600	0.01		25.7	105.3	132.5	183.9	200.2	1.037	
4-6872-1-1	29.2	6872-1	600	0.01		28.2	102.6	126.5	177.5	189.6	0.911	
4-6872-1-4	28.8	6872-1	600	0.01		30.0	96.7	130.9	187.4	193.5	0.855	
4-6872-1-10	29.4	6872-1	600	0.01		29.4	101.2	133.2	188.8	190.6	0.849	
4-6872-2-3	28.3	6872-2	600	0.01		29.2	108.7	133.0	188.4	215	1.031	
4-6872-2-6	28.2	6872-2	600	0.01		28.9	106.1	130.0	185.8	206.5	0.984	
4-6872-2-9	28.5	6872-2	600	0.01		30.1	105.5	135.4	190.7	207.1	0.945	
5-6886-1-3	28.7	6886-1	600	0.01		28.8	108.9	注解7	注解7	187	注解7	
5-6886-1-6	29.0	6886-1	600	0.01		28.1	107.0	131.0	175.2	175.6	0.834	
5-6886-1-9	29.2	6886-1	600	0.01		28.5	110.0	133.9	183.3	183.3	0.837	
5-6886-2-1	29.5	6886-2	600	0.01		30.2	101.8	135.7	注解7	160.4	注解7	

材料：钛基复合材料板
纤维：SCS-6(碳化硅)
基体：Ti-6Al-4V
产品形态：热等静压板(6 in×9 in)
铺层方式：[0]₁₆单向
加工制备：FMW复合材料系统有限公司

试样几何形状：狗骨形
试样厚度：0.134 in(平均)
试样宽度：0.400 in(平均)
测试方法：ASTM D 3553-96(金属基复合材料)
实验环境：实验室环境/电阻加热
测试日期：1月6日—4月7日

表 C4.3(k)(第 3 页，共 3 页)
SCS-6/Ti-6Al-4V
纵向拉伸[0]₁₆
UDRI/TRL 原始数据

试样编号	纤维体积分数 /%	批次号(平板)	试验温度 /℉	应变率 /s⁻¹	应变传感器	E /Msi	比例极限 /ksi	屈服强度 0.06% /ksi	屈服强度 0.2% /ksi	抗拉强度 /ksi	εf /%	备注
6-7286-1-1	29.6	7286-1	600	0.01		28.1	80.2	121.7	注解 3	148.4	0.729	
6-7286-1-4	28.6	7286-1	600	0.01		27.5	104.6	125.6	注解 3	149.5	0.707	
6-7286-1-10	29.0	7286-1	600	0.01		22.3	92.7	115.2	注解 3	148.9	0.865	
6-7286-2-3	28.1	7286-2	600	0.01		28.6	103.9	133.7	注解 3	172.1	0.800	
6-7286-2-6	28.5	7286-2	600	0.01		30.1	108.3	138.1	176.6	180.7	0.814	
6-7286-2-9	28.3	7286-2	600	0.01		28.1	104.8	130.0	171.7	172.2	0.813	
7-7356-1-3	29.6	7356-1	600	0.01		27.1	105.7	125.5	174.2	175.8	0.858	
7-7356-1-6	29.3	7356-1	600	0.01		27.2	106.5	128.2	注解 3	177.6	0.840	
7-7356-1-9	29.5	7356-1	600	0.01		27.1	102.6	123.8	167.8	167.8	0.815	
7-7356-2-1	29.5	7356-2	600	0.01		27.7	97.0	120.9	172.3	181.1	0.887	
7-7356-2-4	28.8	7356-2	600	0.01		28.0	104.1	128.5	注解 3	170.9	0.764	
7-7356-2-10	29.7	7356-2	600	0.01		28.4	99.7	130.0	注解 3	163.3	0.720	
8-7546-1-1	29.6	7546-1	600	0.01		27.6	101.9	126.8	174.7	197	0.983	
8-7546-1-4	29.4	7546-1	600	0.01		28.2	102.6	129.4	180.3	196.5	0.948	

（续表）

试样编号	纤维体积分数 /%	批次号（平板）	试验温度 /°F	应变率 /s⁻¹	应变传感器	E /Msi	比例极限 /ksi	屈服强度 0.06% /ksi	屈服强度 0.2% /ksi	抗拉强度 /ksi	ε_f /%	备注
8-7546-1-10	29.5	7546-1	600	0.01		28.3	100.5	127.9	181.5	194.2	0.924	
8-7546-2-3	28.9	7546-2	600	0.01		28.0	108.2	134.3	192.3	207.5	0.984	
8-7546-2-6	28.9	7546-2	600	0.01		28.8	110.4	134.7	194.7	221	1.039	
8-7546-2-9	28.7	7546-2	600	0.01		28.6	106.4	130.6	185.2	211.9	1.014	
平均	29.0											

注解 1：测试停止前应力-应变呈线性关系。　注解 2：失效前应力-应变未达到 0.02% 变形。　注解 3：失效前未达到 0.2% 变形。　注解 4：未给出数值，应力-应变数据异常。　注解 5：无可用应力-应变数据。　注解 6：试样在标距范围外断裂；测得失效时最大应变值。　注解 7：未给出数据，临近测试结束引伸计滑脱。　注解 8：手动确定比例极限。　注解 9：没有足够的数据点未进行计算。　注解 10：失效前未达到 0.06% 变形。